Markus Vieten
Claudia Heckrath

unter Mitarbeit von
Dorothea Falkson und
Thomas Jaeger

Via medici Buchreihe
Medical Skills

Die Publikation dieses Buches ist mit freundlicher Unterstützung der Allianz Privaten Krankenversicherung-AG verwirklicht worden.

Via medici

Markus Vieten
Claudia Heckrath

unter Mitarbeit von
Dorothea Falkson und
Thomas Jaeger

Medical Skills
– Arbeitstechniken für Famulatur und PJ

4., komplett überarbeitete Auflage

Thieme Verlag
Stuttgart · New York

Markus Vieten/Dr. Claudia Heckrath
Brüsseler Ring 37c
52074 Aachen
www.markusvieten.de

Dr. Dorothea Falkson/
Dr. Thomas Jaeger
Tropenklinik
Paul-Lechler-Krankenhaus
Paul-Lechler-Str. 24
72076 Tübingen

Bibliographische Information
Der Deutschen Bibliothek

Die Deutsche Bibliothek verzeichnet diese Publikation in der Deutschen Nationalbibliographie; detaillierte bibliographische Daten sind im Internet über http://dnb.ddb.de abrufbar.

Die 1. und 2. Auflage erschien im Antilla Verlag, Berlin unter dem Titel „Famulatur und PJ, Das Praxislexikon".

3. Auflage 2000

Wichtiger Hinweis: Wie jede Wissenschaft ist die Medizin ständigen Entwicklungen unterworfen. Forschung und klinische Erfahrung erweitern unsere Erkenntnisse, insbesondere was Behandlung und medikamentöse Therapie anbelangt. Soweit in diesem Werk eine Dosierung oder eine Applikation erwähnt wird, darf der Leser zwar darauf vertrauen, dass Autoren, Herausgeber und Verlag große Sorgfalt darauf verwandt haben, dass diese Angabe **dem Wissensstand bei Fertigstellung des Werkes** entspricht.

Für Angaben über Dosierungsanweisungen und Applikationsformen kann vom Verlag jedoch keine Gewähr übernommen werden. **Jeder Benutzer ist angehalten,** durch sorgfältige Prüfung der Beipackzettel der verwendeten Präparate und gegebenenfalls nach Konsultation eines Spezialisten festzustellen, ob die dort gegebene Empfehlung für Dosierungen oder die Beachtung von Kontraindikationen gegenüber der Angabe in diesem Buch abweicht. Eine solche Prüfung ist besonders wichtig bei selten verwendeten Präparaten oder solchen, die neu auf den Markt gebracht worden sind. **Jede Dosierung oder Applikation erfolgt auf eigene Gefahr des Benutzers.** Autoren und Verlag appellieren an jeden Benutzer, ihm etwa auffallende Ungenauigkeiten dem Verlag mitzuteilen.

Rüdigerstraße 14
D-70469 Stuttgart
Telefon: + 49/0711/8931-0
Unsere Homepage:
http://www.thieme.de

Printed in Germany

Umschlaggestaltung:
Thieme Verlagsgruppe
Umschlagabbildung:
Christian Schnalke
Satz: Primustype Hurler, Notzingen
Druck und Verarbeitung: Westermann Druck Zwickau GmbH

ISBN 3-13-116114-0 1 2 3 4 5 6

Vorwort zur 4. überarbeiteten Auflage

Seit dem Erscheinen der 1. Auflage unter dem Namen „Famulatur und PJ – Das Praxislexikon“ vor nunmehr 10 Jahren ist das „Medical Skills“ in der Studentenschaft und auch unter den jungen Ärztinnen und Ärzten als praxisnahes Nachschlagewerk nicht mehr wegzudenken. Dies geht nicht zuletzt auf die kontinuierliche Überarbeitung von Auflage zu Auflage zurück, denn einige der beschriebenen Tätigkeiten haben in der vergangenen Dekade doch eine gewisse Wandlung erfahren, die solche Aktualisierungen oder Ergänzungen erforderlich machen.
Diese überarbeitete Auflage entstand durch das große Engagement von Dorothea Falkson und Thomas Jaeger, die das ursprüngliche Anliegen des Buches aufgegriffen und durch ihre reiche klinische Erfahrung weitergeführt haben.

Wir erhoffen uns auch für die Zukunft weiterhin nicht nur die positiven Zuschriften und das gute Leserecho sondern auch kritische Rückmeldungen und Ergänzungen, damit die Sammlung von Tipps und Tricks aus dem Praxisalltag weiter wachsen kann, um die gemachten Erfahrungen weitergeben zu können.

Aachen und Tübingen, Oktober 2004

Markus Vieten, Dr. Claudia Heckrath, Dr. Dorothea Falkson und Dr. Thomas Jaeger

Danksagung

Wir danken unseren klinischen Lehrern, Herrn Dr. Peter Schulte und Herrn Dr. Gert Clemens, für die Motivation und Freude an der klinisch-ärztlichen Arbeit, die sie uns während der gemeinsamen Tätigkeit vermittelt haben. Außerdem danken wir Frau Dr. Petra Dieckmann für die Durchsicht der chirurgischen Kapitel.

Für ihre Mitarbeit an den Vorauflagen dieses Buches bedanken wir uns bei:

Andreas Achterberg, Esma Attas, Annette Boering, na Brunello, Pascal Cordowa, Dr. Ute Eckermannm, Miriam Fiedler, Michael Graupe, Jan Grefen, Heike Harmeyer, Monika Heinzelmann, Markus Kaminski, Uma Keller, Max Kemper, Achim Kersting, Andrea Kersting, Martin Lauterbach, Victoria Lidwiskaja, Sarah Müller-Stöver, Karin Münzer, Andrea Neitzke, Cord Neitzke, Anke Opitz, Dr. Frieder Otterbach, Prof. Dr. Dr. Andreas Podbielski, Markus Ritzerfeld, Eva Rößel, PD Dr. Med. Eva Rozdzinski, Dr. med. Dipl.-Psych. Joachim Schmitt, Theresa Schmitz, Victoria Schneider, Uta Stepper, Wolfgang Vieten, Rainer Weigmann, Dr. Stefan Westphalen, Sabine Wien, Gabi Wolf, Hannes Wüller, Martin Zachariae.

Inhaltsverzeichnis

A Patientenbetreuung auf Station

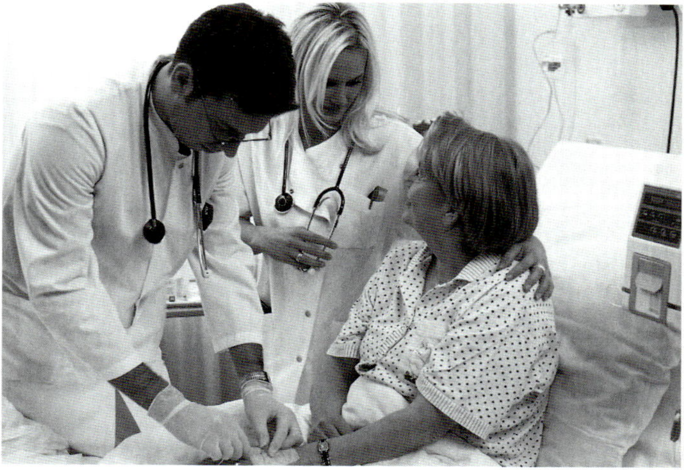

Allgemeine Einführung

Allgemeines zur Famulatur

Es empfiehlt sich, die Famulatur-Phase mit einem operativen Fach einzuleiten. Dort ist vieles anschaulicher und handfester als z. B. in einer internistischen Abteilung. Die in der Inneren Medizin so wichtige Pharmakologie wird häufig erst im 4. oder 5. Studienjahr gelehrt. Deshalb sollten Sie sich erst zuletzt um eine internistische Famulatur bemühen, damit Sie aus dieser Zeit mehr mitnehmen können. So wichtig Ihnen eine internistische Famulatur auch erscheinen mag, denken Sie daran, dass im PJ auf jeden Fall noch mindestens 3 Monate Innere Medizin abgeleistet werden müssen. Sie haben dagegen nur noch selten die Möglichkeit, Erfahrungen in anderen Fächern zu sammeln.
Auch in einer Ambulanz-Famulatur können Sie besonders zu Beginn der praktischen Ausbildung viele praktische Tätigkeiten einüben. Durch die Vielzahl der Patienten verschaffen Sie sich überdies einen guten Überblick über das Spektrum häufiger Krankheiten.
Tipp: Während der Famulatur sollte man von der Möglichkeit Gebrauch machen, auch andere Abteilungen oder assoziierte Praxen, wie z. B. die krankengymnastische Abteilung, das Labor oder eine Röntgenpraxis, zu besuchen.

Allgemeines zum PJ

PJ bedeutet „praktisches Jahr". Es geht darum, praktische ärztliche Tätigkeiten einzuüben und sich mit der ärztlichen Routine vertraut zu machen. Erst an zweiter Stelle steht die Theorie. Das bedeutet, weniger zu lesen und um so mehr zu tun. Das PJ hat üblicherweise 3 Tertiale mit je 4 Monaten Dauer. Pflicht sind die Fächer Innere Medizin und Chirurgie, das dritte (Wahl-)Fach kann man je nach Angebot der Klinik wählen. Insgesamt hat man während des PJ 4 Wochen Urlaub, die in den meisten Kliniken im letzten Tertial als „Lernpause" vor dem 3. Staatsexamen genommen werden, nach neuer AO entsprechend vor dem sog. Hammerexamen.
Standardaufgaben für PJler sind Blutentnahmen, venöse Zugänge legen, Anamnese und körperliche Untersuchung. Deshalb ist es sinnvoll, wenn möglich mit dem Innere-Tertial zu beginnen, da diese Fertigkeiten hier sehr gut eingeübt werden können und dann im chirurgischen Tertial und im Wahlfach beherrscht werden. Anspruchsvolle Tätigkeiten wie ZVK-Anlage (s. S. 97), Pleurapunktion (s. S. 168) und Beckenkammbiopsie (s. S. 183) werden im PJ je nach Krankenhaus unterschiedlich gehandhabt. Es geht nicht darum, sich bei diesen Tätigkeiten um jeden Preis vorzudrängeln; jedoch ist die Bereitschaft und der Mut, auch solche Fertigkeiten zu lernen, eine wichtige Voraussetzung für ein wirklich effektives praktisches Jahr.
Es spielt auch eine Rolle, ob man sich in einem kleinen oder einem großen Krankenhaus befindet. In kleinen Häusern herrscht oft eine eher familiäre Atmosphäre, und Chefs und Oberärzte kennen ihre PJler besser als in großen Häusern. Unter Umständen entsteht dadurch ein größeres Vertrauen in die Leistung eines PJlers und verantwortungsvolle Aufgaben werden ihm leichter übertragen. Andererseits sind in kleinen Häusern die diagnostischen und therapeutischen Möglichkeiten geringer und das Spektrum der Krankheiten gegenüber den großen Häusern kleiner. Wenn

Sie eine Universitätslaufbahn anstreben, sollten Sie Ihr PJ wenn möglich an einer Uniklinik absolvieren.
Es ist nicht immer leicht, genau die richtige Mischung aller Voraussetzungen zu finden. Nicht zuletzt ist ein ständiger Informationsfluss zwischen den Studenten verschiedener Jahrgänge wichtig, um die persönlich richtige Wahl zu treffen.
Bei der Entscheidung für das Wahlfach im PJ sollte nach Möglichkeit die später angestrebte Fachrichtung berücksichtigt werden. Eine Differenz zwischen Berufswunsch und Wahlfach ist nicht tragisch. Allerdings sollten Sie für eventuelle Nachfragen eine plausible Erklärung haben. Assoziierte, kleinere Fächer lassen oft mehrere Möglichkeiten der weiteren Spezialisierung offen. So passt z. B. Radiologie sowohl zu Innere als auch zu Chirurgie, Neuroradiologie zu Neurologie und Radiologie, Neurochirurgie zu Neurologie und Chirurgie, Kinderchirurgie zu Pädiatrie und Chirurgie usw.

Konkrete Vorbereitung

Vor einer Famulatur oder dem Beginn des praktischen Jahres ist es sinnvoll, sich thematisch vorzubereiten, was schwierig ist, wenn Sie das Fach noch nicht kennen. Das führt dazu, dass Sie sich entweder gar nicht vorbereiten oder im Vorfeld zu viel lesen und dabei die wirklich wesentlichen Themen zu wenig beachten. In Tab. 1 finden Sie eine unverbindliche Liste mit wichtigen Krankheitsbildern zu den jeweiligen Fächern, mit deren Hilfe Sie sich auf das jeweilige Fachgebiet ein wenig vorbereiten können.

Tabelle 1 Häufige Krankheitsbilder in verschiedenen Fachgebieten

Fach	Krankheitsbild
Innere Medizin	koronare Herzkrankheit (KHK) arterielle Hypertonie chronisch obstruktive Lungenerkrankung (COLD) Bronchialkarzinom Anämie Ulkusleiden Herzinsuffizienz chronische Niereninsuffizienz Diabetes mellitus Hyperthyreose
Chirurgie	Appendizitis Leistenhernie Cholezystolithiasis, Cholezystitis Struma kolorektales Karzinom, Divertikulitis Coxarthrose, proximale Femurfraktur Magenkarzinom
Neurologie	zerebraler Insult (Schlaganfall, Apoplex) Kopfschmerz Polyneuropathie Multiple Sklerose

Fortsetzung ►

Tabelle 1 Häufige Krankheitsbilder in verschiedenen Fachgebieten (Fortsetzung)

Fach	Krankheitsbild
	Morbus Parkinson zerebrales Anfallsleiden (Epilepsie) lumbales Bandscheibenleiden Meningitis Hirntumor Commotio cerebri (Gehirnerschütterung)
Pädiatrie	Appendizitis Gastroenteritis Asthma Pneumonie (Lungenentzündung) Harnwegsinfekt Atemnotsyndrom Hepatitis Meningitis Pfeiffer-Drüsenfieber Mukoviszidose akute Leukämien Epiglottitis
Orthopädie	Meniskusschäden Hüftgelenkdysplasie Fußdeformitäten rheumatische Polyarthritis Arthrose Morbus Scheuermann Morbus Bechterew Osteoporose Sehnenscheidenentzündung Knochenmetastasen, primäre Knochentumoren
Gynäkologie und Geburtshilfe	Endometriose Zervixcarcinom Mammakarzinom EPH-Gestose Fibroadenom der Brust Plazenta praevia Descensus genitalis Abort Uterus myomatosus
Ophthalmologie	Glaukom Katarakt diabetische Retinopathie hypertensive Retinopathie Ablatio retinae (Netzhautablösung) Strabismus (Schielen) Konjunktivitis Iridozyklitis Hyperopie (Weitsichtigkeit) Myopie (Kurzsichtigkeit)

Fortsetzung ▶

Tabelle 1 Häufige Krankheitsbilder in verschiedenen Fachgebieten (Fortsetzung)

Fach	**Krankheitsbild**
Urologie	Harnröhrenstriktur Nierenzysten Sterilität Prostatatumoren Urolithiasis Pyelonephritis Impotentia coeundi Zystitis Phimose Hydrozele
Dermatologie	Psoriasis Neurodermitis malignes Melanom Furunkel Kandidose allergische Reaktion Acne vulgaris Geschlechtskrankheiten Verrucae vulgares primäre Varikose
Hals-Nasen-Ohrenheilkunde	Otitis media chronische Sinusitis Hypakusis Tinnitus akute Tonsillitis akute Laryngitis Larynxkarzinom Epiglottitis allergische Rhinitis Septumdeviation

Verhalten auf Station

Allgemeines

Während Famulatur und PJ sind Sie nicht mehr richtig Student, aber auch noch nicht Arzt: In dieser schwierigen Situation will Ihnen dieses Kapitel ein paar Tipps für diesen Zwischenstatus geben.

Die Entwicklung zum Arzt während des Medizinstudiums und besonders während Famulatur und PJ betrifft hauptsächlich das eigene Rollenverständnis, Werte und Einstellungen gegenüber Patienten, Krankheit allgemein, anderen Ärzten, Pflegepersonal usw.

Die Position als Famulant und PJler ist nicht festgelegt, es gibt keine eindeutigen Erwartungen an das Verhalten. Die subjektive Arbeitsbelastung im PJ wird von Medizinern als besonders hoch eingeschätzt. Dafür ist nicht eine größere zeitliche Belastung verantwortlich, sondern der unklare Status. Häufig müssen Sie auf einer neuen Station zunächst eine Position in der Hierarchie finden und manchmal auch erkämpfen. Einer Untersuchung unter PJ-Absolventen zufolge war für den Ausbildungserfolg die Eigeninitiative ausschlaggebend.

Umgang mit Pflegepersonal und Kollegen

- Nehmen Sie das Pflegepersonal unbedingt ernst, und stellen Sie sich zu Beginn vor. Stellen Sie sich auch im Labor vor. Ein persönlicher Kontakt erleichtert dort den Alltag ungemein. Nicht selten hat man gerade als Anfänger Sonderwünsche, ohne es zu wissen.
- Unsicherheit wird häufig als Arroganz interpretiert: Fragen Sie ruhig nach, wenn Ihnen etwas nicht klar ist. Setzen Sie sich keine Maske auf, sondern verhalten Sie sich mit Ihren Unsicherheiten und Fähigkeiten möglichst natürlich.
- Überheblichkeit ist unangebracht. Gehen Sie mit eigenen Vorschlägen vorsichtig um. Sie sind vielleicht der 1000. Student auf der Station. Der Grat zwischen zuviel und zuwenig Zurückhaltung ist hier besonders schmal. Versuchen Sie, Vorurteile gegenüber Studenten möglichst nicht zu bestätigen.
- Spülen Sie Ihre Kaffeetasse selber (auch wenn der Stationsarzt das nicht tut).
- Es erleichtert die Zusammenarbeit, wenn Sie auch bei Tätigkeiten des Pflegepersonals zufassen, z. B. dem Patienten im Bett beim Aufrichten helfen oder eine Infusion anhängen, wenn sie sowieso das Patientenzimmer betreten.

  Tipp: Wenn Sie das Pflegepersonal begleiten, bekommen Sie eventuell die Gelegenheit, einmal einen Blasenkatheter oder eine Magensonde zu legen und werden in die Geheimnisse der Infusomat- und Perfusor-Bedienung sowie anderer technischer Fertigkeiten eingeweiht.

Umgang mit Stationsärzten

- Suchen Sie sich bei mehreren Stationsärzten möglichst einen als „Ausbilder“ , und nehmen Sie ihn damit auch in die Verantwortung.
- Lassen Sie sich auf den Handel Arbeit - Lernen ein. Dann müssen Sie auch nicht akzeptieren, wenn Sie (z. B. durch rasche Blutentnahmen) einen Zeitgewinn erarbeitet haben, dass die Visite ohne Sie stattfindet oder für Erklärungen keine Zeit ist.
- Bestehen Sie auf Erklärungen und Antworten. Lassen Sie sich nicht durch unangebrachte Äußerungen Ihrer Ausbilder (z. B. „lesen Sie doch ein Buch“) einschüchtern.

Merke: Es gibt keine „dummen Fragen". Sie haben oft relativ viel Zeit, sich um Patienten zu kümmern. Halten Sie die Augen offen, und denken Sie daran, den Stationsarzt zu informieren oder zu fragen, wenn Ihnen etwas Besonderes auffällt.

- Schlucken Sie Ärger nicht (immer) herunter. Ein paar klärende Worte können evtl. die gesamte Praktikumszeit retten. Wenden Sie sich notfalls auch an den Oberarzt.
- Nehmen Sie sich die Freizeit, die Ihnen zusteht. Ein schlechtes Gewissen, weil der Stationsarzt länger bleiben muss, ist unangebracht. Sie müssen nicht schon als unbezahlte Arbeitskraft versuchen, mit einer 50- bis 60-Stunden-Woche ein guter Arzt zu sein.

Umgang mit sich selbst

- Als Famulant oder PJ-Student nehmen Sie eine für viele Krankenhausmitarbeiter nicht eindeutig definierte Position in der Krankenhaushierarchie ein. Sie sind Student, gehören zum ärztlichen Personal und haben einen Anspruch auf Ausbildung. Die Lehrkrankenhäuser erhalten für die Ausbildung von PJ-Studenten finanzielle Unterstützung bzw. bekommen zusätzliche ärztliche Stellen finanziert.
- Eine Famulatur dient der Orientierung in einem Fachgebiet oder in einer Abteilung. Es ist eine gute Möglichkeit herauszufinden, was genau bei der zukünftigen Berufstätigkeit Freude macht und für Motivation sorgen kann. Als Famulant sammeln Sie praktische Erfahrungen und erlernen praktische Tätigkeiten. Dabei sollten Sie zunächst zuschauen und sich das Vorgehen erklären lassen. Später können Sie – eventuell unter Aufsicht – die Tätigkeit auch selbst ausführen. Wenn Sie nicht klar einem Stationsarzt zugeordnet sind, wählen Sie jemanden mit längerer Erfahrung als Ihren Mentor aus. Unwillkürlich stellt man leichter Kontakt zu Personen her, die auch neu oder eher unerfahren sind.
- Im PJ sollen Sie Ihr theoretisch und praktisch erworbenes Wissen unter Aufsicht eines erfahrenen Kollegen am Patienten umsetzen und vertiefen. Das Ausmaß der Selbstständigkeit in der Arbeit wird von Ihrem persönlichen Kenntnisstand abhängen.
- Formulieren Sie möglichst vor einer Famulatur oder einem PJ-Tertial Ihre Ziele und Ansprüche für den kommenden Ausbildungsabschnitt. Dies können z. B. in der ersten Famulatur Blutentnahmen, Legen von peripheren Zugängen und Anamnese-Erhebungen unter Aufsicht sein. Je klarer Ihre Vorstellungen sind, umso leichter ist es für den betreuenden Kollegen, Ihre Wünsche im meist dicht organisierten Arbeitsalltag zu berücksichtigen. Der Ihnen zugewiesene Stationsarzt hat durch Ihre Ausbildung mehr Arbeit als sonst, andererseits können Sie ihn nach einer Eingewöhnungszeit auch auf bestimmten Gebieten entlasten. Es sollte ein Arbeitsbündnis auf der Grundlage wechselseitigen Gebens und Nehmens sein.
- Gerade zu Beginn Ihrer klinischen Tätigkeit sollten Sie keinen Perfektionsanspruch haben. Erfahrungen zu sammeln – auch im Sinne von praktisch-handwerklichem Geschick – benötigt viele Stunden Zeit. Scheuen Sie sich nicht, nachzufragen und um Hilfe zu bitten. Bei Unsicherheit ziehen Sie ihre Kompetenzgrenze lieber zu eng als zu weit.
- In der hierarchischen Struktur eines Krankenhauses, die nicht immer die Hierarchie des Wissens und Könnens repräsentiert, können Sie höfliche und korrekte Umgangsformen erwarten. Wenn Sie entgegen diesen Regeln behandelt werden, fordern Sie diese ruhig und sachlich ein. Niemand muss sich von arroganten Kol-

legen oder Pflegepersonal „in die Pfanne hauen lassen".

- Legen Sie für sich persönlich fest, wie lang Ihr täglicher Lerntag sein soll. Ein Krankenhaustag ist auch körperlich anstrengend und Sie benötigen Zeit, um sich zu erholen und wieder aufnahmefähig zu werden. Lange Arbeitstage bedeuten nicht automatisch großen Wissenszuwachs. Überstunden werden im Berufsleben von selbst kommen.
- Im Rahmen einer Famulatur und des PJ strömen viele neue Eindrücke auf Sie ein. Auch mit ungewohnten, bisher nicht bedachten Aspekten der ärztlichen Tätigkeit werden Sie konfrontiert. Chronische und unheilbare Krankheiten, Leiden, Tod, Konflikte und einschneidende Erfahrungen müssen besprochen werden. Das benötigt gelegentlich professionelle Moderation und Hilfe z. B. in Form von Supervisionen oder Balint-Gruppen. Erkundigen Sie sich im Krankenhaus nach entsprechenden Angeboten.

Tipps und Tricks

- Orientieren Sie sich auf der Station. Schauen Sie dabei auch in die Schränke, um festzustellen, wo wichtige Dinge aufbewahrt werden (z. B. Blutentnahme-Utensilien). Lassen Sie sich möglichst von jemandem zu Beginn die Station zeigen.
- Entwickeln Sie möglichst konkrete Vorstellungen davon, was Sie gerne lernen und machen möchten. Eigeninitiative reduziert die Gefahr, eine undefinierte Position in der Stationshierarchie innezuhaben.
- Übernehmen Sie eigene Aufgaben, und erklären Sie sich für diese Bereiche verantwortlich. Werden Sie auf der Station Teil des Teams, indem Sie sich in den Stationsablauf eindenken und wirklich mitarbeiten.
- Wird z. B. eine Sonographie auf der Station durchgeführt, sollten Sie ruhig schon mal den Schallkopf selber in die Hand nehmen und versuchen, etwas zu erkennen, während Sie mit dem Gerät im Patientenzimmer auf den Arzt warten. Gerade beim Ultraschall ist es wichtig, selbst ein Gefühl für die Koordination von Schallkopf-Bewegungen und Bild zu bekommen.
- Pflegen Sie den Kontakt zu anderen Stationen und Abteilungen. Weniger Anonymität im Krankenhaus kann die Atmosphäre deutlich verbessern.
- Umweltschutz und Kostenersparnis werden im Krankenhaus immer wichtiger. Versuchen Sie bei der eigenen Arbeit daran zu denken und in einem vernünftigen Rahmen sparsam zu sein. Natürlich dürfen Sie dabei keine hygienischen Vorschriften verletzen. Es kann nicht schaden, sich einmal die Preisliste von Krankenhausartikeln anzusehen, das Gleiche gilt auch für Laboruntersuchungen.

Anamnese

Allgemeines

Die Anamnese ist in der Regel der erste Kontakt des Patienten mit dem Stationsarzt. Gemeinsam mit der körperlichen Untersuchung bildet die Anamnese die Aufnahme.

Die Funktionen der Aufnahme sind vielfältig: Der Arzt erhält Informationen über den Patienten und seine Beschwerden, der Patient erhält erste Informationen über das weitere Vorgehen. Schließlich wird eine Vertrauensbasis zwischen Ihnen und dem Patienten geschaffen. Für eine gute Zusammenarbeit ist die Zufriedenheit des Patienten wichtig. Die Zufriedenheit des Patienten hängt wiederum davon ab, ob sich der Patient verstanden und ernst genommen fühlt, und ob der Arzt ihm tatsächlich zuhört.

Der Student benötigt zu Beginn seiner praktischen Tätigkeiten nicht selten eine Stunde oder länger für die Anamnese und Untersuchung; Assistenten kommen oft bereits nach 15 min wieder aus dem Patientenzimmer. Das liegt nur zum Teil an der größeren Routine. Der zukünftige Arzt wird nie wieder so viel Zeit für den Patienten haben wie während der Studienzeit.

Als Arzt sind Sie später vielleicht gezwungen, symptomorientiert zu fragen und zu untersuchen. Das lindert zwar den alltäglichen Zeitdruck, führt jedoch zu Unzufriedenheit bei den Patienten gegenüber der „Schulmedizin".

Vorbereitung

- Sichten Sie zunächst alle Informationen (z. B. die alte Akte, Informationen vom Pflegepersonal, die Einweisung des Hausarztes, mitgebrachte Röntgenbilder). Der Patient fühlt sich aufmerksamer betreut, wenn Sie sich bereits vor dem ersten Kontakt mit seiner Geschichte beschäftigt haben.
- Lesen Sie bei bekannter (Verdachts-) Diagnose zunächst noch einmal kurz das Krankheitsbild und die Differenzialdiagnosen nach.

Umfeld

- Schaffen Sie eine Atmosphäre, die ein persönliches Gespräch ermöglicht. Versuchen Sie deshalb immer, mit dem Patienten alleine zu sein. Vielleicht gibt es ein Aufnahmezimmer. Fremden Besuch bitten Sie auf jeden Fall hinaus und nach Möglichkeit auch die Mitpatienten.
- Der Umgang mit den Angehörigen des Patienten ist ein Kapitel für sich. Im Einzelfall entscheiden Sie, ob die Anamnese in Gegenwart der Angehörigen stattfinden kann oder nicht.
- Nehmen Sie sich genügend Zeit. Planen Sie so, dass Sie zwischendurch nicht noch etwas anderes tun müssen.

  Merke: Machen Sie sich klar, dass die Anamnese für Sie zwar eine Routinearbeit sein kann, aber für den Patienten mit Hoffnungen, Erwartungen und Befürchtungen verknüpft ist.

Erste Phase der Anamnese

- Falls noch nicht geschehen, begrüßen Sie den Patienten, und stellen Sie sich vor. Sagen Sie dem Patienten, dass nun das Aufnahmegespräch folgt.
- Zunächst sollte der Patient Gelegenheit haben, über das zu sprechen, was ihm am wichtigsten ist. Diese erste Phase der Anamnese ist deshalb „patientenzentriert" . Dabei sollte der Patient ausreden können. Untersuchungen haben gezeigt, dass Patienten bei ihrem ersten Satz

nach durchschnittlich 18 Sekunden unterbrochen werden. Wichtig ist einfühlendes Verständnis, sodass sich der Patient angenommen fühlt und Vertrauen entwickelt (s. Gesprächsführung S. 42).

- Offene Fragen, die den Patienten zum Weitersprechen ermuntern, sind zur Entwicklung dieser „Basisbeziehung" besonders geeignet.
- Wiederholen Sie durch kurze Zusammenfassungen die Patientenäußerungen.
- Gehen Sie nicht selbstverständlich davon aus, dass der Patient es zulässt, wenn Sie in seine Intimsphäre eindringen. Verwechseln Sie aber auch nicht die Grenzen des Patienten mit ihren eigenen. So kann es z. B. dem Patienten viel weniger peinlich sein, über die Beziehung zum Partner zu sprechen, als Ihnen selbst.
- Versuchen Sie auch, nicht ausgesprochene Gefühle wahrzunehmen.

Zweite Phase der Anamnese

- Nach der „patientenzentrierten Phase" folgt die „arztzentrierte" Phase. Durch gezielte Fragen des Arztes werden wichtige Informationen ergänzt, die der Patient noch nicht gegeben hat.
- Den Übergang in diese Phase sollten Sie dem Patienten ankündigen, um ihn nicht zu verwirren. *„Jetzt möchte ich noch einige zusätzliche Fragen stellen".*

Überblick Anamnese

Tipp: Es ist hilfreich, wenn Sie die Bereiche „Jetzige Anamnese" und „Eigenanamnese" klar trennen.

1. **Jetzige Anamnese:** Aktuelle Beschwerden, die den Patienten ins Krankenhaus führen.
2. **Eigenanamnese:** frühere Krankheiten.
3. **Familienanamnese:** Krankheiten und Todesursachen von Familienmitgliedern.
4. **Soziale und psychologische Anamnese:** Bedeutung der Krankheit für den Patienten in sozialer (Beruf, Familie, Freunde) und psychologischer Hinsicht (Krankheitsverarbeitung, psychisches Befinden).
5. **Vegetative und Medikamentenanamnese.**

Jetzige Anamnese

- Lokalisation, Intensität, Charakter, Ausstrahlung und Dauer der aktuellen Beschwerden, Verlauf der Beschwerden (zu- oder abnehmend, fluktuierend).
- Besteht ein Zusammenhang mit bestimmten Tätigkeiten (Essen, Anstrengung, Ruhe, Schlaf usw.)?
- Gibt es Begleiterscheinungen?
- Bestanden früher ähnliche Beschwerden?
- Welche Erklärung hat der Patient selbst für seine Beschwerden? Mit dieser Frage wird der Patient aktiv an der Diagnosefindung beteiligt. Manchmal erfahren Sie hier Dinge, die der Patient bis jetzt noch nicht erzählt hat.
- Welche Untersuchungen haben bereits stattgefunden? Gibt es Vorbefunde? Welche Therapie wurde bereits ärztlicherseits oder durch den Patienten selbst eingeleitet?
- Bei Wiederaufnahmen: Veränderungen seit dem letzten Aufenthalt?
- Bei chronischen Krankheiten: Informationsstand des Patienten.

Tipp: Sie können die Befunde der jetzigen Anamnese in Gegenwart des Patienten aufschreiben und dazu auch Patientenformulierungen übernehmen.

Eigenanamnese

- Wenn Sie den Patienten fragen, ob er früher schon einmal krank war, erhalten Sie nur selten eine vollständige Auskunft. Deshalb bewährt es sich, mit dem Patienten nicht nur die Kinderkrankheiten (Masern, Mumps, Röteln, Windpocken, Diphtherie, Scharlach), sondern auch systematisch die großen Organe und mögliche Operationen durchzugehen. Fragen Sie dabei gezielt nach einzelnen Krankheiten, die für die jetzige Erkrankung wichtig sein könnten (rheumatisches Fieber, eitrige Mandelentzündungen, Tbc, Unfälle, Hypertonus, Diabetes mellitus, Gicht, usw.). Die Frage nach Krankenhausaufenthalten hilft häufig weiter.

- Versuchen Sie eine zeitliche Struktur in die Vorgeschichte des Patienten einzuarbeiten, z. B.: seit 1970 Diabetes mellitus, 1980 Beginn einer Insulintherapie, 1985 Myokardinfarkt. Der Verlauf verdeutlicht Charakteristika einer Erkrankung und das Stadium, das der Patient im Krankheitsprozess erreicht hat.
- Wichtig ist die Frage nach Auslandsaufenthalten: Wo? Wann? Wie lange? Häufig mitgebrachte Erkrankungen sind Virushepatitis, Typhus abdominalis, Malaria, infektiöse Mononukleose und Parasitenbefall (Wurmerkrankungen).
- Impfstatus?

Familienanamnese

Für die Familienanamnese gilt im Grunde der Ablauf der Eigenanamnese, wobei hier die Frage nach (Erb-)Krankheiten und Todesursachen der Eltern, Geschwister und eigener Kinder im Vordergrund steht.

Soziale und psychologische Anamnese

- Frage nach dem Beruf, dazu gehört auch die Frage nach beruflichen Noxen, körperlichen und psychischen Belastungen (z. B. schweres Heben, häufiges Stehen, Unter- oder Überforderung).
- Frage nach Familie und Kindern.
  Tipp: Stellen Sie die Fragen mit Gefühl, vor allem wenn Sie vermuten, dass der Patient einsam und isoliert lebt (nicht: „*Wie viele Kinder haben Sie?*"; besser: „*Leben Sie alleine?*")
- Frage nach Hobbys und Freunden (z. B. „*Was machen Sie in Ihrer Freizeit?*")
- Frage nach möglichen wirtschaftlichen, psychischen oder sonstigen Problemen.
- Wie gehen der Patient und seine Bezugspersonen mit der jetzigen Erkrankung um?
- Frage nach konkreten Lebensumständen. Wer kocht/putzt/wäscht? In welcher Etage befindet sich die Wohnung? Gibt es Treppen oder einen Aufzug? Sind Hilfsmittel wie Rollator, Gehstock oder Krankenbett vorhanden?

Vegetative und Medikamenten-Anamnese

Fragen Sie folgende Punkte ab:

- Gewicht, Gewichtsveränderung.
- Appetit.
- Durst.
- Schweiß, Nachtschweiß.
- Schlaf (Einschlafen, Durchschlafen).
- Husten, Auswurf.
- Luftnot in Ruhe/bei Belastung.
- Schmerzen unter Angabe von Lokalisation, Schmerzcharakter (drückend, bohrend, stechend, klopfend, hämmernd, pulsierend?) und Schmerzbeginn.
- Schwindel.
- Miktion (Nykturie, Polyurie, Pollakisurie, Dysurie, Inkontinenz?).
- Erbrechen.
- Verdauung (Obstipation, Diarrhö, Blutauflagerungen, Teerstuhl?).
- Körperliche Aktivität (Sport?).
- Alkohol- und Nikotinanamnese sowie Suchtmittel im engeren Sinne. Geben Sie den Nikotinkonsum in

„Pack Years" an. 1 Pack Year entspricht dem Konsum von einer Schachtel Zigaretten pro Tag über ein Jahr.
Tipp: Fragen Sie bei „Nichtrauchern" ob, bis wann und wieviel geraucht wurde. Geben Sie sich bei der Frage nach Alkohol nicht mit „normal" zufrieden, sondern bieten Sie hohe Mengen an, und fordern Sie möglichst präzise Angaben *(„Wie viel Alkohol trinken Sie? Wie viele Flaschen Bier täglich? Wie viele Gläser Wein täglich? Wie viele ‚Kurze' täglich?")*. Für viele Menschen sind Bier und Wein kein Alkohol. Hier ist es ganz wichtig, nicht zu bewerten oder zu moralisieren, sondern lediglich die gewünschte Information zu erhalten.

- Andere Drogen (Cannabis, Kokain, LSD, Ectasy, Designerdrogen, Heroin, Crack?).
- Sexualität, Potenz und Libido: Dieses Thema muss sehr sensibel angegangen werden, besonders wenn Sie nicht mit dem Patienten alleine sind. Vielleicht sollten Sie für diese Fragen einen anderen Zeitpunkt wählen. Allerdings dürfen Sie dann, wenn ein günstigerer Zeitpunkt gekommen ist, nicht „mal eben" den Patienten nach seiner Libido fragen. Sie müssen sich dann erneut Zeit nehmen und einen größeren Bogen schlagen, um sich dann dem Thema langsam wieder zu nähern. Günstig ist es, dieses Thema z. B. über die Frage nach dem Zustand der Partnerschaft anzugehen.
- Frage nach Allergien (z. B. Penicillinallergie, Röntgenkontrastmittel-Allergie?).
- Jetzige Medikamente (und frühere) mit genauen Dosierungsangaben. Auch die „Pille" ist ein Medikament – fragen Sie also junge Frauen gezielt danach. Am besten schlagen Sie gleich die Generika der eingenommenen Präparate nach. Das klärt die aktuelle Therapie zweifelsfrei und erleichtert es, die korrespondierenden Medikamente der Krankenhausapotheke zu identifizieren.

Bei Frauen: gynäkologische Anamnese

Folgende Punkte sollten Sie erfragen:

- Letzte Periode.
- Übliche Zyklusdauer.
- Beschwerden.
- Menarche/Menopause.
- Geburtenzahl und Anzahl/Verlauf der Schwangerschaften (auch Tot-/Fehlgeburten).
- Gynäkologische Operationen.
- Letzte Krebsvorsorgeuntersuchung.
- Abtasten der Brust durch die Patientin (regelmäßig?, wann zuletzt?).
- Hormoneinnahme (Pille).
- Harninkontinenz (Situationen?).

Abschluss

Gehen Sie abschließend die Anamnese noch einmal durch.
Erklären Sie dem Patienten, was Sie mit den Informationen tun werden (Besprechung mit dem Stations- oder Oberarzt). Beschreiben Sie dem Patienten weiterhin, was er zu erwarten hat, z. B. mögliche Untersuchungen, stationäre Beobachtung oder Operation. Und: wenn man es selbst nicht weiß, sagt man das besser!
Meist folgt jetzt die körperliche Untersuchung (s. S. 15).
Sie sollten jede Anamnese mit dem Stationsarzt besprechen.

Tipps und Tricks

- Mitschreiben während der Anamnese: Bei den ersten Anamnesen wird meistens sehr viel mitgeschrieben, damit nichts verloren geht. Sie werden jedoch bald feststellen, dass ein wenig Übung dies ausgleicht. Ein aufmerksames Gespräch ist leichter, wenn Sie nicht immer wieder auf das Blatt schauen müssen, zumal der Blickkontakt gerade am Anfang sehr wichtig ist. (s. „patientenzentrierte“ Anamnese S. 9).

- Es kann für Sie auch lehrreich sein, ohne Vorbereitung und nur mit Hilfe der eigenen Anamnese und Untersuchung die Diagnose zu stellen, sofern Sie hierfür einen kooperativen Patienten finden. Damit sich der Patient nicht verschaukelt fühlt („Das hab ich doch alles schon x-mal erzählt!“), sollten Sie Ihr Anliegen vorher mit ihm besprechen.
- Sehen Sie sich vor der Untersuchung den auszufüllenden Bogen für Anamnese und Untersuchung an.
- Fragen Sie immer vom allgemeinen zum speziellen (z. B. zuerst: *„Wie ist es mit dem Stuhlgang?“, später: „Hatten Sie schon einmal Blut im Stuhl?“*).
- Stellen Sie immer nur eine Frage. (Nicht: *„Wo haben Sie die Schmerzen, wann treten sie auf, und welche Medikamente haben Sie bereits dagegen genommen?“*).
- Fragen Sie nicht suggestiv. (Nicht: *„Und dann sind die Schmerzen vom Oberbauch nach rechts unten gewandert?“*).
- Fragen Sie bei unklaren Äußerungen nach, und bitten Sie um möglichst präzise Angaben.
- Verwirren Sie den Patienten nicht mit medizinischer Fachsprache, sondern passen Sie sich seinem Sprachniveau an.
- Vermeiden Sie abrupte Themenwechsel oder kündigen Sie sie vorher an.
- Verkneifen Sie sich persönliche Stellungnahmen und Bewertungen. Dies führt sonst leicht zu einer Abwehrhaltung des Patienten, in der er nur noch „erwünschte“ Symptome schildert.
- Sammeln Sie bereits während der Anamnese klinische Eindrücke (Allgemein- und Ernährungszustand, Hautfarbe, Skleren usw.).
- Erheben Sie in der Chirurgie die Anamnese möglichst vor der Operation, um den Verlauf besser verfolgen zu können.

Probleme und Sonderfälle

- **Litanei von Symptomen, Krankenhausaufenthalten und Laborwerten:** Wenn der Patient Sie mit einer Unmenge nur wenig nützlicher Informationen überschüttet, sollten Sie darauf eingehen und ihn gleichzeitig auf eine andere Ebene holen (z. B. *„Da ist ja viel passiert. Wie ging es Ihnen eigentlich dabei?“*).
- **Patient erzählt Stations- oder Oberarzt viel mehr:** Nachdem Sie sich ausführlich mit dem Patienten beschäftigt und ihm viele Fragen gestellt haben, denkt er noch weiter darüber nach, sodass ihm meist noch mehr einfällt. Es liegt also nicht unbedingt an einer schlechten Fragetechnik oder einem ungeschickten Umgang mit dem Patienten.
- **Patient erzählt gar nichts oder nur sehr schleppend:** Sprechen Sie den Patienten darauf an. Damit zeigen Sie Einfühlungsvermögen, das den Patienten vielleicht ermuntert, über die Ursache seiner Verschlossenheit zu sprechen.
- **Besonders schwieriges Gespräch mit Suchtpatient (extreme Adipositas, Kettenraucher mit Raucherbein, Alkoholkranke):** Als Mediziner haben Sie sich bis zu Famulatur und PJ meist eine ganze Menge Selbstdisziplin angeeignet. Um so schwerer fällt es, einen vermeintlichen Mangel daran bei anderen zu akzeptieren. Versuchen Sie trotzdem, solche Patienten als kranke Menschen zu betrachten. Das Gespräch bekommt dann einen ganz anderen Verlauf, und Fragen nach Alkohol usw. klingen weniger wie ein Verhör.
- **Der Patient beklagt sich, dass er von keinem „richtigen“ Arzt befragt**

wird: Nehmen Sie diese Klage ernst und gehen Sie darauf ein. Wenn Sie diesen Einwand übergehen, kann das leicht dazu führen, dass Sie in der Anamnese wichtige Informationen nicht bekommen und damit die Befürchtungen des Patienten bestätigen.

- **Sie haben eine wichtige Frage vergessen:** Gehen Sie noch einmal zum Patienten und fragen Sie nach.
- **Verwirrte Patienten:** Verwenden Sie Angaben von Angehörigen, Hausarzt, Pflegeheim bzw. sonstigen Personen wie z. B. Feuerwehrleute, die den Patienten gebracht haben (Fremdanamnese) oder aus alten Akten. Die Anamnese bei verwirrten Patienten ohne Begleitperson müssen Sie auch niederschreiben (z. B.: „Verwirrter Patient erscheint um xy Uhr allein in der Aufnahme, kein geordnetes Gespräch möglich.“), dies gilt auch, wenn Sie aus anderen Gründen keine Information erhalten: immer dokumentieren!
- **Nicht kommunikationsfähiger Patient:** siehe verwirrter Patient. Erheben Sie eine Fremdanamnese durch Befragung der nächsten Angehörigen oder ein Telefonat mit dem vorbehandelnden Arzt.
- **Intimsphäre:** Ein typisches Problem besonders in der Anfangsphase ist die Scheu, durch persönliche Fragen zu sehr in die Intimsphäre des Patienten einzudringen, ohne davon überzeugt zu sein, dass dies für die Diagnose oder für die Therapie erforderlich ist. Richtig daran ist, dass eine intime Kenntnis des Patienten kein Selbstzweck sein darf und nur der besseren Bewältigung seiner gesundheitlichen Probleme dienen darf. Häufig ist die Scheu aber eher auch in einer persönlichen Unsicherheit und Angst vor allzu persönlichen Reaktionen des Patienten begründet, also mehr Selbstschutz, und steht einer persönlicheren Beziehung (von Patienten eher gewünscht als gefürchtet), im Wege. Im Übrigen können Patienten sich in aller Regel sehr gut selbst schützen, solange Sie ihnen die Initiative überlassen, was und wieviel sie Ihnen mitteilen wollen.

Untersuchung

Allgemeines

Die körperliche Untersuchung ist neben der Anamnese das wichtigste Mittel zur Diagnosefindung. In den meisten Fällen dienen sämtliche Apparate lediglich der Verifizierung einer Verdachtsdiagnose.

Die Untersuchung muss jeder angehende Arzt erlernen. Zu Beginn ist sie häufig sehr unstrukturiert und der Patient muss sich immer wieder setzen, stellen oder legen. Gewöhnen Sie sich einen Untersuchungsablauf an, der dies vermeidet. Sie können nach anatomischen Gesichtspunkten vorgehen, z. B. vom Kopf bis Fuß, oder Sie orientieren sich an funktionellen Aspekten. In welcher Reihenfolge Sie untersuchen, ist nebensächlich.

Allein der reine Ablauf erfordert ein hohes Maß an Übung. Je besser der Untersuchungsgang eingeübt ist und je strukturierter er durchgeführt wird, umso seltener werden Sie die Untersuchung eines Organs oder eines Bereiches vergessen. Machen Sie sich klar, was Sie warum untersuchen und welche Schlüsse ein positiver Befund zulässt. In diesem Kapitel wird am Beispiel der allgemeinen internistischen Untersuchung auf den Ablauf und die Rahmenbedingungen eingegangen. Zusätzlich folgen Anmerkungen zur rektalen, neurologischen und pädiatrischen Untersuchung. Zur Interpretation der einzelnen Befunde verweisen wir auf die Spezialliteratur der körperlichen Untersuchung.

Vorbereitung

- Überlegen Sie zunächst, welche Untersuchungsinstrumente Sie benötigen (z. B. Vaseline, Handschuhe, mehrere Spatel, Stethoskop, Augenspiegel, Reflexhammer, Greifzirkel).
- Suchen Sie sich einen ruhigen Raum für die Untersuchung aus. Bitten Sie nach Möglichkeit andere Patienten hinaus, und schließen Sie die Türen und Fenster. Achten Sie auf das Schamgefühl des Patienten, besonders, wenn Sie mit ihm nicht allein sind.
- Erklären Sie nach der Begrüßung kurz, was Sie tun werden.
- Waschen Sie sich die Hände, und sorgen Sie dafür, dass sie nicht kalt sind. Wärmen Sie auch das Stethoskop gegebenenfalls vor.
- Lassen Sie den Patienten sich bis auf die Unterwäsche ausziehen, wozu auch Strümpfe und Strumpfhosen gehören.
- Denken Sie daran, bei längerer Untersuchung in unbekleidetem Zustand für ausreichende Raumtemperatur zu sorgen und dem Patienten Kleidung für den Oberkörper zu reichen, wenn er liegt.

Durchführung

- Gehen Sie besonders zu Beginn der Untersuchung langsam und sensibel vor. Jeder Patient ist ein neuer Patient!
- Erklären Sie immer, was Sie tun werden.
- Schauen Sie den Patienten an (Inspektion), und schätzen Sie den Gesundheitszustand ab: gesund, krank oder schwer hinfällig, Ernährungs- und Allgemeinzustand, Gesamteindruck?
- Bestimmen Sie zu Beginn der Untersuchung die Vitalparameter (Blutdruck, Herzfrequenz, Atmung) und die Körpertemperatur, um ggf. dringlichere Maßnahmen als eine körperliche Untersuchung davon abzuleiten.

Tabelle 2 Körperliche Untersuchung im Stehen

Zu untersuchende Region	mögliche Veränderungen
Körperhaltung	Körperhaltung Beckenschiefstand Skoliose Finger-Boden-Abstand Gang (Hinken) Stand (Zehenstand, Hackenstand) Leistenkanal nach Inguinalhernien abtasten
Hände	Trommelschlägelfinger Dupuytren-Kontraktur Palmarerythem Gelenkschwellungen Tremor Trophik (warm/kalt, feucht/trocken) Puls fühlen (Frequenz, Qualität)
weitere Inspektion	Ikterus (Skleren) Ödeme Atmungstyp und -frequenz Körperbehaarung gestaute Halsvenen

Tipps und Tricks

Folgende Alarmsymptome sollten Sie veranlassen, sofort Ihren Stationsarzt zu informieren:

- Pathologische Vitalwerte (Angaben für Erwachsene):
  - Blutdruck systolisch < 90 mmHg oder > 200 mmHg.
  - Herzfrequenz < 60/min oder > 120/min.
  - Temperatur < 35 °C oder > 38,5 °C.
  - Sauerstoffsättigung < 90 %.
  - Atemfrequenz < 10/min oder > 20/min.
- Akuter Brustschmerz.
- Akuter Bauchschmerz.
- Akuter Kopfschmerz.
- Kaltschweißigkeit oder starkes Schwitzen.
- Größere Mengen Blut neben dem Patienten.
- Bluthusten, Bluterbrechen, Hämatinerbrechen, Teerstuhl, rektaler Blutabgang.
- Luftnot, Orthopnoe.
- Zyanose.
- Somnolenz, Koma.
- Akute Desorientiertheit.
- Nackensteifigkeit.
- Akut aufgetretene Parese.
- Verletzung, unnatürliche Stellung von Gliedmaßen.

Im Stehen

Die wichtigsten Punkte entnehmen Sie Tab. 2.

Im Sitzen

Die wichtigsten Punkte entnehmen Sie Tab. 3.

Im Liegen

Untersuchung des Herzens:
Patient liegt flach; lagern Sie bei Orthopnoe den Patienten so weit hoch, bis keine Atemnot mehr vorhanden ist.
Auskultation(Auskultationspunkte siehe Abbildung)

Tabelle 3 Körperliche Untersuchung im Sitzen

Zu untersuchende Region	mögliche Veränderungen
Kopf	Anämie, Ikterus (am besten zu beurteilen am konjunktival bedeckten Teil der Sklera, dort kein UV-Licht-induzierter Abbau des Bilirubins) Zyanose (blaue Lippen und Zunge) Druck- und Klopfschmerzhaftigkeit der Nasennebenhöhlen und der Nervenaustrittspunkte mit Spatel und Untersuchungslampe: Zungenbelag oder Borkenbildung, Mundschleimhäute trocken oder feucht, Zahnstatus Kalottenklopfschmerz Pupillendifferenz
Hals	gestaute Halsvenensichtbare Struma Palpation der Schilddrüse: Schluckverschieblichkeit (Patient zum Schlucken auffordern, dabei die Schilddrüse von hinten, am besten mit beiden Händen palpieren), tastbare Knoten, tastbares Schwirren Lymphknoten nuchal, zervikal und supraklavikular
Thorax	Inspektion des Thorax von beiden Seiten (Fassthorax, Lordose, Kyphose, Skoliose, Gynäkomastie) Wirbelsäulen-Klopfschmerz Perkussion der Lungengrenzen Auskultation der dorsalen, lateralen, apikalen und ventralen Lungenanteile in Inspiration und Exspiration (Rasselgeräusche, Reibegeräusche, Atemexkursion mit Angabe in Zentimetern oder Querfingern) Palpation der Mamma nach vorherigem Nachfragen und der axillären Lymphknoten

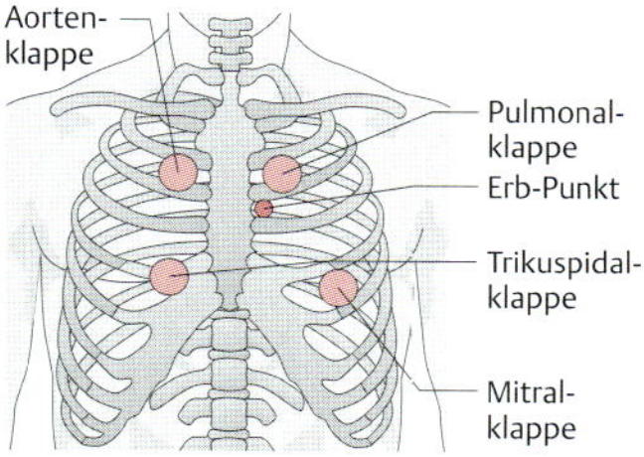

- Mitralklappe: 5. ICR links medioklavikulär.
- Aortenklappe: 2. ICR rechts parasternal.
- Trikuspidalklappe: Ansatz 5. Rippe rechts parasternal.
- Pulmonalklappe: 2. ICR links parasternal.
- Erb-Punkt: 3. ICR links parasternal.
- Ergänzend Mitralklappe auch in leichter Linksseitenlage und Aortenklappe bei etwas vornübergebeugtem Oberkörper auskultieren.

Tipp: Palpieren Sie gleichzeitig die A. radialis zur Bestimmung von Frequenz, Rhythmus und Amplitude zur Orientierung über den Herzzyklus während der Auskultation (Systole/Diastole). Achten Sie dabei auf ein mögliches Pulsdefizit (nicht alle zentralen Herzaktionen lassen sich als periphere Pulswelle palpieren).

Tabelle 4 Körperliche Untersuchung im Liegen

Zu untersuchende Region	mögliche Veränderungen
Herzspitzenstoß palpieren	bei Linksherzvergrößerungen ist der Herzspitzenstoß bis in den 6. ICR und nach links verlagert (lateral der Medioklavikularlinie, während er normalerweise zwischen der 4. und 5. Rippe in der Medioklavikularlinie liegt)
Herztöne	nicht beide vorhanden, laut, leise oder gespalten, Punctum maximum, Zusatztöne
Herzgeräusche	Systole, Diastole, Crescendo, Decrescendo, bandförmiges Geräusch
Auskultation der Karotiden	Strömungsgeräusch, Fortleitung von kardialen Strömungsgeräuschen
Haut	Exsikkosezeichen (stehende Hautfalten, trockene Haut und Schleimhaut, borkige Zunge), Zyanose Ikterus Blässe Spider naevi Verlust der Sekundärbehaarung Dermographismus Kaltschweißigkeit

Beachtenswerte Untersuchungsbefunde entnehmen Sie Tab. 4

Untersuchung des Abdomens:
Erst kommt die Inspektion, anschließend die Auskultation, zuletzt folgt die Palpation (um nicht im Falle eines Ileus durch die Palpation passiv ausgelöste Darmgeräusche mit Peristaltik zu verwechseln).

Tipp: Beobachten Sie während der Palpation das Gesicht des Patienten. Bei Schmerzen tasten Sie vorsichtig auf das Schmerzmaximum zu.

- Palpation der Leber: Der Patient befindet sich in Rückenlage. Setzen Sie sich rechts zum Patienten und drücken Sie mit der rechten Hand mindestens 10 cm (bei großer Leber evtl. noch weiter kaudal) unterhalb des rechten Rippenbogens die Bauchdecke etwa 2 cm ein. Fordern Sie den Patienten auf, tief einzuatmen. Die Leber wird dadurch nach unten gegen die palpierenden Fingerkuppen gedrückt. Wiederholen Sie dies, bis Sie den unteren Leberrand unter den Fingern hinweggleiten spüren. Beurteilen Sie, was Sie spüren: hart/weich, knotig/glatt, druckempfindlich, Größe der Leber.

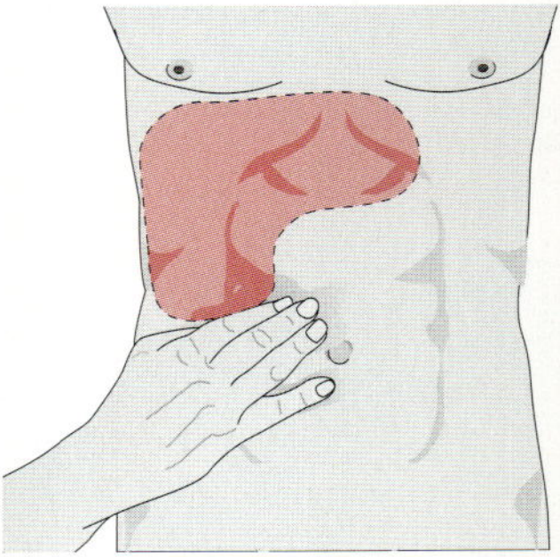

- Bei der Kratzauskultation zur Größenbestimmung der Leber setzen Sie das Stethoskop rechts neben den Processus xiphoideus auf und kratzen mit dem Fingernagel von

Tabelle 5 Weitere Untersuchung des Abdomens

Untersuchungsmethode	mögliche Veränderungen
Inspektion	OP-Narben, Brüche, Aszites, Ikterus
Palpation	weiche Bauchdecke oder Abwehrspannung
Auskultation und Perkussion	Dämpfung
Peristaltik	klingende und spritzende Darmgeräusche (mechanischer Ileus), stummer Darm (paralytischer Ileus)
Auskultation der Nierenarterien	Strömungsgeräusche (unter den Rippenbögen oder epigastrisch)

unten nach oben parallel zum vermuteten Leberrand über die Haut. Über der Leber wird das Geräusch stärker.

- Palpation der Milz: Der Patient befindet sich in Rückenlage. Stellen Sie sich rechts zum Patienten. Ziehen Sie mit der linken Hand den linken unteren Rippenrand nach oben, während Sie mit der rechten Hand aus dem rechten Unterbauch langsam diagonal nach links oben vortasten. Die Bauchdecke wird dabei einige Zentimeter eingedrückt, und der Patient atmet langsam und tief ein. Außer bei sehr schlanken Menschen ist nur eine vergrößerte Milz palpabel.

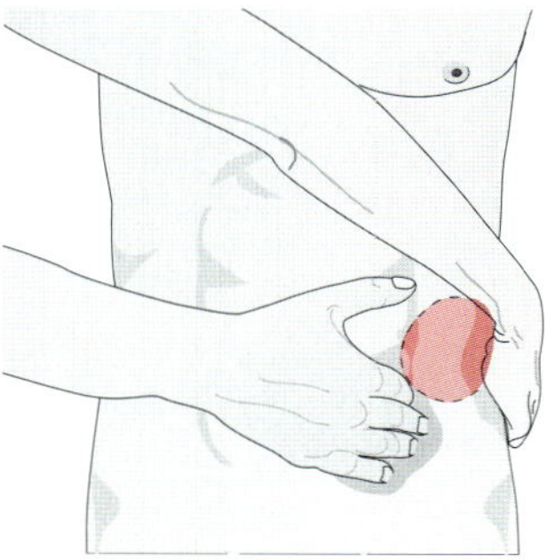

Weitere wichtige Punkte entnehmen Sie Tab. 5.

Untersuchung der Lymphknoten: Palpieren Sie am Hals, Nacken, supra- und infraklavikulär, in der Axilla und in der Leistengegend.

Untersuchung der Extremitäten:

- Drücken Sie prätibial oder am Innenknöchel auf das weiche Gewebe. Kommt es zur Dellenbildung, liegt wahrscheinlich ein Ödem vor.
- Achten Sie auf Umfangsdifferenzen und Thrombosezeichen (Fußsohlendruckschmerz, Wadendruckschmerz, Wadenschmerz bei Dorsalflexion des Fußes, Druckschmerz im Venenverlauf). Prüfen Sie die aktive und passive Beweglichkeit der Gelenke, achten Sie auf Schmerzen, Knarren, Bewegungseinschränkungen.

Untersuchung der peripheren Pulse: Palpieren Sie im Seitenvergleich A. carotis, A. radialis, A. femoralis, A. poplitea, A. tibialis posterior, A. dorsalis pedis. Auskultieren Sie auch inguinal, am medialen Oberschenkel und über dem Adduktorenkanal (Strömungsgeräusche?).

Rektale Untersuchung

Vorbereitung

Die rektale Untersuchung ist für den Patienten und den Untersucher unangenehm. Der Untersucher gewöhnt sich nach einer Wei-

A 4

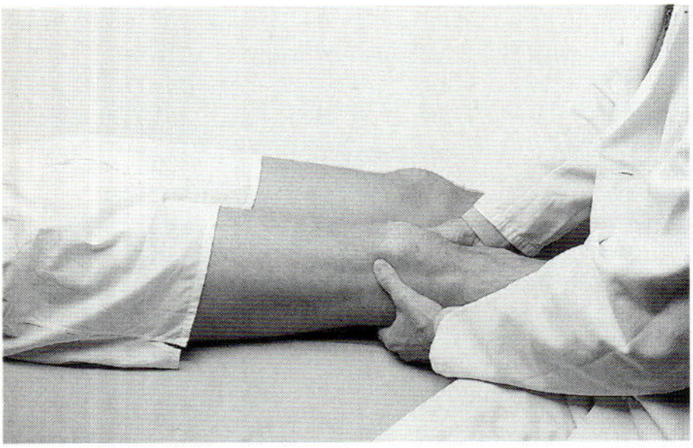

Palpation der A. poplitea

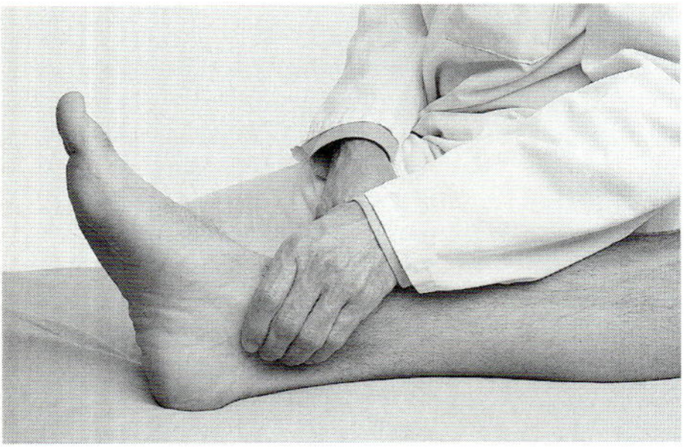

Palpation der A. tibialis posterior im medialen Knöchelbereich

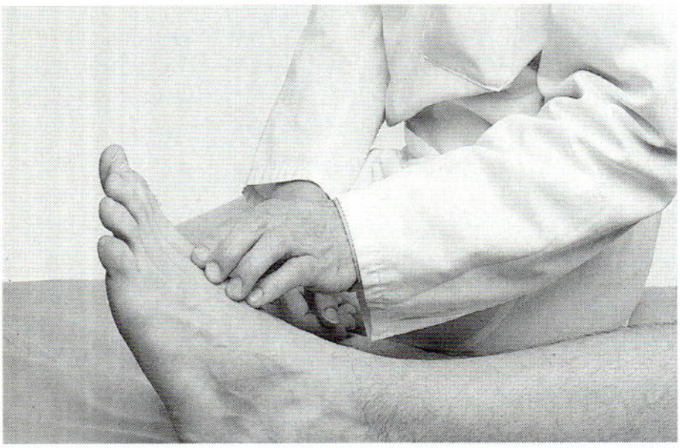

Palpation der A. dorsalis pedis am dorsalen Fußrücken lateral der Sehne des M. extensor hallucis longus

le daran, doch wird es für den (immer neuen) Patienten unangenehm bleiben. Erklären Sie dem Patienten, was Sie tun werden und weshalb. Erwähnen Sie die hohe Zahl der Darmtumoren, die im distalen Drittel des Darms entstehen und durch diese einfache Untersuchung entdeckt werden können und erwähnen Sie bei Männern den Vorsorgecharakter der Untersuchung (Prostatakarzinom).

Merke:

- Wie alle unangenehmen Untersuchungen wird auch diese ans Ende gestellt.
- Eine rektale Untersuchung muss erfolgen bei akutem Abdomen, Ver-

dacht auf Tumoren und gastrointestinaler Blutung.

- Untersuchen Sie den Patienten nicht um jeden Preis rektal. Beachten Sie das Alter des Patienten, und fragen Sie, wann und wo zuletzt rektal getastet wurde.
- Wenn Sie die Prostata palpiert haben, macht eine Bestimmung der sauren Phosphatase keinen Sinn mehr, da diese allein durch die Palpation erhöht ist. Die Höhe des prostataspezifischen Antigens (PSA) wird durch die rektale Untersuchung nicht signifikant beeinflusst.

Durchführung

Der Patient liegt auf der linken Seite mit angezogenen Beinen.

- Ziehen Sie Handschuhe an und bestreichen Sie den Zeigefinger mit Vaseline.
- Fordern Sie den Patienten zum Pressen auf. Die Beckeneingeweide treten dadurch tiefer und kommen dem tastenden Finger entgegen.
- Spreizen Sie den Anus vorsichtig mit beiden aufgesetzten Daumen und inspizieren Sie ihn (Fissur, Fistel, Perianalthrombose, Abszess, Hämorrhoiden, Marisken, Ekzem, Tumor?).
- Unter leicht drehenden Bewegungen führen Sie den Finger in den Analkanal ein. Beurteilen Sie Sphinktertonus, Schmerzen, Stenose, Infiltration oder Resistenzen.
- Bei Analfissuren und entzündlichen Erkrankungen ist die Einführung des Fingers eventuell zu schmerzhaft. Nach Rücksprache mit dem Stationsarzt wird dann eventuell mit einem Lokalanästhetikum infiltriert.

Normalbefund

Weiche verschiebliche Darmschleimhaut ohne tastbare Geschwulste oder Ulzerationen, elastisch nachgebende Prostata, auf der die Schleimhaut verschieblich ist, kein Druckschmerz im Douglas-Raum oder über der Prostata, kein Harndrang; beim Rückzug kein Blut am Fingerling, kein Teerstuhl.

Merke: Wenn Sie keine rektale Untersuchung durchgeführt haben (aus welchen Gründen auch immer), müssen Sie es dokumentieren bzw. dem Arzt sagen und sich nicht etwa einen Befund ausdenken.

Neurologische Zusatzuntersuchung

Hirnnerven

- I (N. olfactorius), II (N. opticus), VIII (N. vestibulocochlearis): Fragen Sie nach Veränderungen im Riechen, Sehen oder Hören; grob orientierende Hörprüfung durch seitengleiches Reiben der Finger in unterschiedlichen Abständen zu den Ohren des Patienten.
- III (N. oculomotorius), IV (N. trochlearis), VI (N. abducens): Der Patient soll den Blick auf Ihren Zeigefinger richten und den Bewegungen in alle Richtungen des Blickfeldes folgen, ohne dabei den Kopf zu bewegen; Pupillenweite, Lichtreaktion direkt und konsensuell, Ptose überprüfen.
- V (N. trigeminus): Prüfen Sie durch leichtes Bestreichen mit den Fingern die Berührungsempfindung in den drei vom N. trigeminus versorgten Hautgebieten im Seitenvergleich. Die Sensibilität der Schleimhaut und Zunge prüfen Sie mit dem Spatel. Palpieren Sie die Kaumuskulatur beim festen Zubeißen.
- VII (N. facialis): Lassen Sie den Patienten folgende Übungen durchführen: Stirnrunzeln, Augen zukneifen, Backen aufblasen, Zähne zeigen, Grinsen, Pfeifen und führen Sie die Manöver dabei selbst vor.
- IX (N. glossopharyngeus), X (N. vagus): Lösen Sie mit dem Spatel vorsichtig den Würgereflex im Rachen aus. Beachten Sie, ob sich das Gaumensegel seitengleich hebt.

- XI (N. accessorius): Schultern heben, Kopfdrehung gegen den Widerstand der Hand.
- XII (N. hypoglossus): Lassen Sie sich die Zunge herausstrecken und in verschiedene Richtungen bewegen. Sind Faszikulationen sichtbar?

Reflexe

- Bizeps-, Trizeps-, Radiusperiost-, Bauchhaut-, Patellarsehnen- und Achillessehnenreflex; entscheidend ist der Seitenvergleich.
- Pathologische Reflexe: Babinski, Gordon, Oppenheim; Seitenvergleich!

Motorik

- Muskeltonus prüfen: normal, erhöht oder erniedrigt?
- Mögliche oder nicht mögliche Bewegungen überprüfen.
- Schmerzhafte Bewegungen, Lasègue/ umgekehrter Lasègue positiv oder negativ (Gradangabe).
- Arm-Halte-Versuch/Bein-Halte-Versuch (Schweregefühl und Absinken als Paresezeichen).

Koordination

- Finger-Nase-Versuch: Der Patient soll den Zeigefinger bei geschlossenen Augen im weiten Bogen auf die Nase führen.
- Knie-Hacke-Versuch: Der Patient soll bei geschlossenen Augen die Ferse auf das jeweils andere Knie setzen und damit entlang der Schienbeinkante bis zur Zehenspitze gleiten (Seitenvergleich).
- Versuch nach Romberg: Der Patient hält die Füße im Stand eng zusammen, die Arme waagerecht nach vorne ausgestreckt und die Augen geschlossen. Eine hierbei (reproduzierbar) auftretende Standataxie (Schwanken, Ausfallschritt) weist auf eine gestörte Tiefensensibilität oder eine Vestibularisstörung hin.

Sensibilität

- Berührung: Bestreichen Sie im Seitenvergleich den gesamten Körper mit den Händen.
- Schmerzprüfung: Nadel, Nadelrad, Kneifen mit den Nägeln.
- Temperaturempfindung: Setzen Sie jeweils ein Glas mit warmem und kaltem Wasser auf die Haut des Patienten und fragen Sie ihn, was er spürt.
- Vibrationsempfindung: Schlagen Sie eine Stimmgabel mit Skala zur Quantifizierung an, und setzen Sie sie auf das Radiusköpfchen und auf die dorsale Großzehe. Bestimmen Sie im Seitenvergleich, bei welchem Wert auf der Skala (Ablesung als z. B. 2/8 oder 8/8) der Patient angibt, keine Vibration mehr zu empfinden.
- Lageempfinden: Bewegen Sie die Zehen des Patienten in verschiedene Richtungen. Der Patient soll bei geschlossenen Augen die Richtung benennen können.
- Zahlen erkennen: Schreiben Sie mit dem Finger Zahlen auf die Haut, die der Patient mit geschlossenen Augen identifizieren können muss.
- Zweipunkt-Diskrimination: Prüfen Sie, bei welchem Abstand der Patient zwei Punkte auf der Haut nicht mehr als einen empfindet. Hierzu verwenden Sie am besten einen Zirkel.

Kraft

Bei der Untersuchung der groben Kraft werden verschiedene Muskeln durch Prüfung ihrer Funktion getestet. Hierbei spannt der Patient seine Muskeln gegen den Druck des Untersuchers an (z. B. Arme beugen und strecken, Beine/Hüftgelenke beugen und strecken). Durch Bein- oder Armvorhalteversuch (Patient hält die gestreckten Arme waagrecht mit nach oben gedrehten Handflächen und schließt dann die Augen) lassen sich durch Pronati-

ons- oder Absinktendenz latente Paresen aufdecken.
Die Muskelkraft wird in Kraftgraden beschrieben:
Kraftgrad 0: fehlende Muskelkontraktion.
Kraftgrad 1: eben sichtbare Muskelkontraktion.
Kraftgrad 2: Bewegung möglich bei Ausschaltung der Schwerkraft.
Kraftgrad 3: aktive Bewegung gegen die Schwerkraft.
Kraftgrad 4-: aktive Bewegung gegen leichten Widerstand.
Kraftgrad 4: aktive Bewegung gegen mäßigen Widerstand.
Kraftgrad 4+: aktive Bewegung gegen kräftigen Widerstand.
Kraftgrad 5: normale Kraft.

Psychopathologische Befunderhebung

- Bewusstseinslage: wach, getrübt, benommen, schläfrig, komatös?
- Orientierung zu Ort, Person und Zeit.
- Antrieb: ruhig, still, gehemmt, gesperrt-erregt, getrieben?
- Affekt: affektinkontinent, normal, adäquat, gesteuert, empfindlich, ungezügelt, läppisch? Beobachten Sie Gestik und Mimik.
- Stimmung: ausgeglichen, heiter, manisch, traurig, verzweifelt, ängstlich, depressiv?
- Denken: zusammenhängend, geordnet, zerfahren, ungeordnet, Gedankenabreißen, Ideenflucht, Haften an bestimmten Gedanken?
- Wahrnehmung: akustische oder optische Halluzinationen, Illusionen?
- Konzentration und Gedächtnis: Fragen Sie nach vergangenen Ereignissen, lassen Sie den Patienten sich drei Zahlen über etwa 10 Minuten merken.

Neuropsychologie

- Aphasie: Prüfung der Sprache und des Sprachverständnisses (Aufforderung zu bestimmten Bewegungen oder Tätigkeiten, die nicht aus dem Kontext zu verstehen sind, z. B. *„Greifen Sie mit der linken Hand an das rechte Ohr.“*); Artikulation.
- Apraxie: Nachahmung bestimmter Bewegungen ohne sprachliche Erläuterung.

Tipps und Tricks

- Der Bauchhautreflex kann bei Adipositas, Narben oder Schwangerschaft falsch-negativ sein. Häufig fehlt er bei Enzephalomyelitis disseminata (Multiple Sklerose).
- Besonders der Achillessehnenreflex ist gelegentlich schwer auszulösen. Fordern Sie zur Ablenkung den Patienten auf, während des Klopfens die Hände kräftig auseinander zu ziehen (Jendrassik-Handgriff), wie in der folgenden Abbildung bei Auslösung des Patellarsehnenreflexes dargestellt ist.

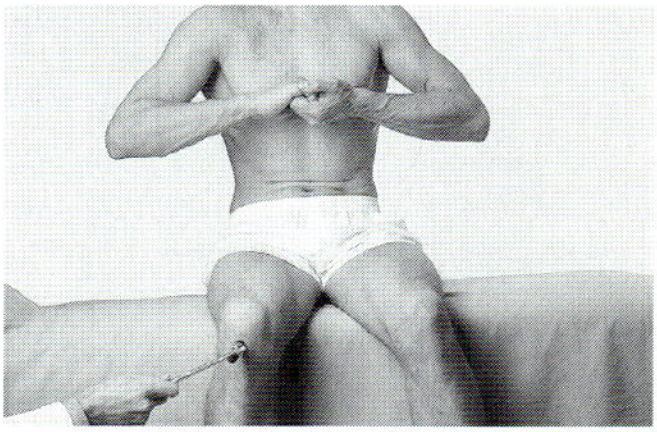

Patellarsehnenretter, Jendrassik-Handgriff

- Als letztes Mittel können Sie den Patienten auf der Untersuchungsliege knien lassen, sodass die Füße locker über den Rand ragen.

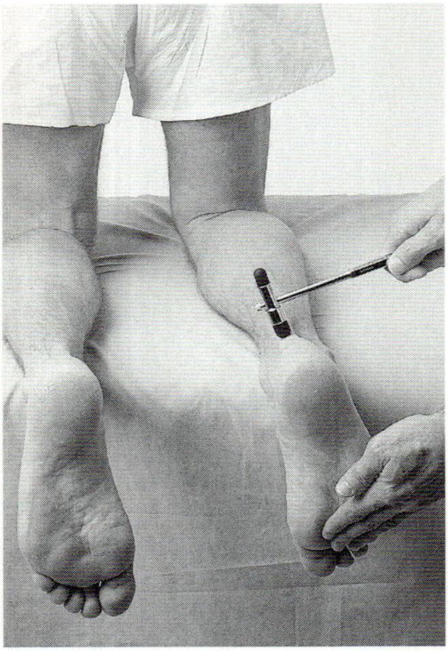

Achillessehnenreflex

Nach der Untersuchung

Problemliste

- Zur leichteren Planung weiterer diagnostischer und therapeutischer Schritte hilft Ihnen eine Problemliste oder eine Liste mit (Arbeits-) Diagnosen. Zeichnen Sie dort in übersichtlicher Weise die wichtigsten Ergebnisse aus Anamnese und Untersuchung sowie die Hauptsymptome auf. Eine solche Liste wird während des stationären Aufenthalts des Patienten laufend aktualisiert. Ein diensthabender Arzt einer anderen Station kann sich dann anhand dieser Liste einen raschen Überblick über den Behandlungsstand des Patienten verschaffen.
- Prozedere: Halten Sie jede erforderliche Untersuchung hier fest. Dadurch erleichtern Sie sich und dem Pflegepersonal die Organisation erheblich. Geben Sie hier auch im Verlauf erforderliche Kontrolluntersuchungen an.

Folgende Punkte sollten gleich im Anschluss an die Untersuchung geklärt werden:

- Mobilisation: Ist absolute Bettruhe erforderlich?
- Ernährung:
  - → Unklare abdominelle Beschwerden: absolute Nahrungskarenz mindestens bis zum Abschluss der Primärdiagnostik.
  - → Diät (mit Mengenangaben): z. B. ballaststoff-, kochsalz-, fett-, eiweißreich oder -arm; Diabeteskost, Reduktionskost (BE oder kcal angeben).
  - → Trinkmengenbeschränkung: bei Herz- oder Niereninsuffizienz, Ileus.
  - → Parenterale Ernährung: Erforderlich, wenn ausreichende enterale Ernährung nicht möglich ist (schwere akute Diarrhö, Kurzdarmsyndrom, Anorexie, Koma, nach OP, Trauma oder Sepsis). Auch bei notwendiger Entlastung von Organen postoperativ oder bei akuten inneren Erkrankungen (akute Pankreatitis, akute Cholezystitis, Fisteln).
- Prophylaxen: gegen Thrombose, Dekubitus, Pneumonie und Endokarditis.
- Medikamente: Welche alte Medikation bleibt bestehen, welche neuen Medikamente werden angesetzt, welche Bedarfsmedikation ist erforderlich (gegen Schmerzen, Schlafstörungen, Obstipation, Verwirrung)?
- Sauerstoffgabe: Die Notwendigkeit können Sie durch eine BGA (Blutgasanalyse) überprüfen. Vorsicht bei Patienten mit chronischer Ateminsuffizienz (z. B. COPD), hier darf entweder gar kein oder nur wenig Sauerstoff (bis zu 2 l/min) gegeben werden! Halten Sie unbedingt Rücksprache mit dem zuständigen Stationsarzt/Oberarzt!
- Überwachung: Geben Sie die jeweils erforderliche Überwachung

mit den gewünschten Intervallen der Messung an (Puls, Blutdruck, Temperatur, Gewicht, Flüssigkeitsbilanz, neurologische Überwachung).
- Krankengymnastik: Ordnen sie entsprechende Maßnahmen möglichst frühzeitig an, wenn sie indiziert sind.
- Sozialdienst s. Entlassung S. 38.

Tipps und Tricks

- Beginnen Sie die Untersuchung nicht am Kopf, sondern an den Händen. Dadurch wird der Körperkontakt langsam aufgebaut.
- Notieren Sie alle Befunde. Beschreibungen sind wichtiger als Diagnosen (nicht: „Der Patient hat eine Pneumonie.", sondern: „Der Patient hat ein feuchtes, klingendes Rasselgeräusch.").
- Lassen Sie Befunde nachkontrollieren (auch an Mamma oder Prostata), und sprechen Sie die Anamnese und Untersuchung mit dem Arzt durch. Bestehen Sie nötigenfalls darauf!
- In freien Zeiten können Sie Patienten bitten, sie abhören zu dürfen. Wenn Sie das oft wiederholen, werden Sie rasch Übung und Erfahrung bekommen.
- Achten Sie bei der Visite auf Befunde, die Sie später selbst nachprüfen können. Fragen Sie jedoch vorher immer den Patienten.
- Lassen Sie den Patienten den Auskultationsbefund vielleicht selbst anhören.
- Beobachten Sie während der Untersuchung die Reaktionen des Patienten. Manche Patienten „beißen bei Schmerzen die Zähne zusammen".
- Desinfizieren Sie regelmäßig Ihre Untersuchungsinstrumente.
- Trainieren Sie den klinischen Blick nicht nur im Krankenhaus, sondern auch in alltäglichen Situationen wie im Bus, beim Einkaufen oder beim Spazieren. Auf diese Art entwickeln Sie bald einen Blick für manche Krankheitsbilder.

Probleme und Sonderfälle

- **Psychiatrie:** Bei der körperlichen Untersuchung in der Psychiatrie sollten Sie, sofern vorhanden, die Brille abnehmen, da nicht nur deutlich psychotische Patienten aggressiv reagieren können.
- **Schwerstkranke:** Untersuchen Sie einen Patienten nicht um jeden Preis vollständig. Die Belastung durch die Untersuchung muss verhältnismäßig sein. Im Zweifel konzentrieren Sie sich auf die vermutlich pathologischen Befunde. Unterschätzen Sie bei scheinbarem Nichtreagieren auf Ansprache oder Berührungen die tatsächliche Wahrnehmungsfähigkeit des Patienten nicht.

Anmerkungen zur pädiatrischen Untersuchung

Merke: Kinder sind keine kleinen Erwachsenen! Kinder haben in jedem Alter ihre eigenen Probleme.
- Waschen Sie sich vor der Untersuchung die Hände, und wärmen Sie sie an.
- Lassen Sie das Kind während der Untersuchung möglichst lange bei der Mutter.
- Untersuchen Sie den Teddy immer zuerst und Ohren und Mund zuletzt.
- Wenn das Kind ruhig ist, sollten Sie es rasch auskultieren und den Bauch abtasten.
- Lassen Sie Kinder selbst mit dem Stethoskop hören. Dadurch wird die Neugier geweckt, und die Angst nimmt etwas ab.

Patientenvorstellung

Allgemeines

Die Patientenvorstellung ist eine ärztliche Routineaufgabe. Famulaturen bieten eher selten Gelegenheit dazu.
Während des PJ werden Patienten häufig von den PJlern aufgenommen und unter Umständen auch durchgehend nach Rücksprache mit dem betreuenden Arzt versorgt. Dazu gehört dann auch, die übernommenen Patienten dem Oberarzt oder Chef der Abteilung vorzustellen.
Es ist sinnvoll, diese Übermittlung von Informationen zu üben. Daran sollten Sie trotz aller Aufregung, die meist zu Beginn mit der Patientenvorstellung verbunden ist, denken. Außerdem teilen Sie durch die Vorstellung die persönliche Verantwortung für den Patienten mit dem Chef oder Oberarzt.

Vorbereitung

- Sehen Sie alle verfügbaren Materialien durch.
- Notieren (oder unterstreichen) Sie die wichtigsten Fakten.
- Besorgen Sie vor der Vorstellung eventuell Röntgenbilder, um sie bei Nachfragen bereit zu haben. Das Gleiche gilt für andere Befunde, die möglichst vollständig in der Akte abgeheftet sein sollten.
- Sie sollten die aktuellsten Laborwerte mit einem Griff verfügbar haben.

Durchführung

Merke: Behalten Sie immer das Ziel vor Augen, mit so viel Worten wie nötig und so knapp wie möglich die zur Einweisung führenden Gründe mitzuteilen.

- Nennen sollten Sie: Stammdaten des Patienten, Grund der Aufnahme, wichtige anamnestische, klinische und apparative Befunde. Am Ende steht die Formulierung einer Verdachtsdiagnose.
- An dieser Stelle ein Beispiel: *„Jupp Zupp ist ein 42-jähriger Bauarbeiter. Er wurde eingewiesen wegen erhöhter Leberwerte und einem beginnenden Sklerenikterus. Bei der Untersuchung deutlicher Foetor alcoholicus, eine 5 cm unter dem rechten Rippenbogen palpable Leber und Temperatur von 38,3 °C. Röntgen-Thorax unauffällig, bei abdominaler Sonographie Verdacht auf Fettleber. Insgesamt Verdacht auf Fettleberhepatitis durch Alkoholabusus."*
- Bei weiteren Vorstellungen wie z. B. der wöchentlichen Chefvisite formulieren Sie lediglich noch die aktuellste Diagnose, bereits erbrachte oder noch ausstehende Untersuchungen und deren Befunde sowie die eingeleitete Therapie.

Tipps und Tricks

- Jeder entwickelt im Laufe der Zeit sein eigenes System, Patientendaten im Kopf zu behalten. Der eine hat ein kleines Notizbuch bei sich, einem zweiten reicht es, einige Notizen auf einem Schmierzettel mit sich zu führen und der dritte hat vielleicht ein Karteikartensystem, auf dem er für jeden Patienten die relevanten Daten aktualisiert.
- Versuchen Sie, gerade zu Beginn immer mehr an Informationen dabei zu haben, als Ihnen unbedingt nötig erscheint. Auf diese Weise sind Sie auf Nachfragen, mit denen Sie nicht gerechnet haben, gut vorbereitet. Sie bekommen wahrscheinlich erst nach einer Weile ein Gespür dafür, welche Informationen über den Patienten die wirklich „harten Informationen" sind.

- Den Vorstellungstext können Sie für die allerersten Vorstellungen auch auswendig lernen, um größere Sicherheit zu bekommen.
- Wenn Sie bestimmte Nachfragen nicht beantworten können, sollten Sie sich davon nicht frustrieren lassen. Denken Sie an die 80%-Regel: 80% des Erreichbaren (hier der Informationen) reichen völlig aus. Außerdem befinden Sie sich in der Ausbildung, und Lernen bedeutet immer auch, aus Fehlern zu lernen.

Visite

Allgemeines

Die tägliche Visite ist außer der Aufnahmeuntersuchung der einzig garantierte Kontakt des Patienten mit dem Arzt.

Während der Visite will der Patient etwas über Diagnose, Prognose, Therapie und Dauer des Krankenhausaufenthaltes erfahren. Darüber hinaus werden häufig medizinische, organisatorische und psychosoziale Probleme angesprochen. Schließlich will der Arzt weitere Informationen vom Patienten erhalten, ihn noch einmal untersuchen und über diagnostische und therapeutische Maßnahmen aufklären.

Dazu kommen Kurvenvisite, der Austausch und die organisatorische Absprache mit dem Pflegepersonal über den Patienten. Da die Visitenzeit einer Untersuchung zufolge für den einzelnen Patienten durchschnittlich 3–5 Minuten beträgt, wird schnell deutlich, dass meist irgend etwas zu kurz kommt. Folgender Abschnitt soll Ihnen den Ablauf der Visite verdeutlichen und helfen, alle Punkte zu berücksichtigen.

Vorbereitung

Bei eigener Visite

- Nach Möglichkeit sollte die Visite vormittags stattfinden. Zum einen kann der Patient sich darauf einstellen. Zum anderen werden Veränderungen des Gesundheitszustandes gegenüber dem Vortag zeitig bemerkt, und weitere Maßnahmen (Verlegungen in andere Abteilungen, Kontaktierung von Fachkliniken, auswärtige Untersuchungen) können eingeleitet werden.
- Die Visite sollte möglichst ohne Unterbrechungen ablaufen. Besprechen Sie zuvor mit dem Pflegepersonal, welche Nachrichten eine Unterbrechung rechtfertigen.
- Zur Visite sollten Sie folgende Dinge mit sich führen:
  - Patientenkurve.
  - Aktuelle Befundmappe.
  - Relevante Unterlagen des alten Krankenblattes.
  - Stethoskop.
  - RR-Manschette.
  - Untersuchungshandschuhe.
  - Mundspatel.

Beim Mitgehen

- Sprechen Sie, wenn nötig, mit dem Stationsarzt darüber, dass Sie bei der Visite viel lernen und nicht bereit sind, darauf zu verzichten, weil z. B. noch Blut abgenommen werden muss.
- Verabreden Sie, dass Sie erhobene Befunde nachuntersuchen möchten (auskultieren, palpieren, usw.).
- Halten Sie alle relevanten Unterlagen und Instrumente bereit (s. o.).

Durchführung

Bei eigener Visite

- Klären Sie mit dem zuständigen Stationsarzt, welche Aufgaben von Ihnen während der Visite übernommen werden sollen.
- Besprechen Sie mit dem Pflegepersonal alle den Patienten betreffenden Neuigkeiten. Sehen Sie **vor dem Zimmer** gemeinsam die Patientenkurve durch, und bearbeiten Sie täglich folgende Punkte (die Liste bezieht sich auf den Fall einer vollständigen Betreuung des Patienten durch Sie nach Absprache mit dem Stationsarzt):
  → **Diagnose:** Handelt es sich noch um eine Verdachtsdiagnose oder ist die Diagnose gesichert? Ist der Patient über die Diagnose im Bil-

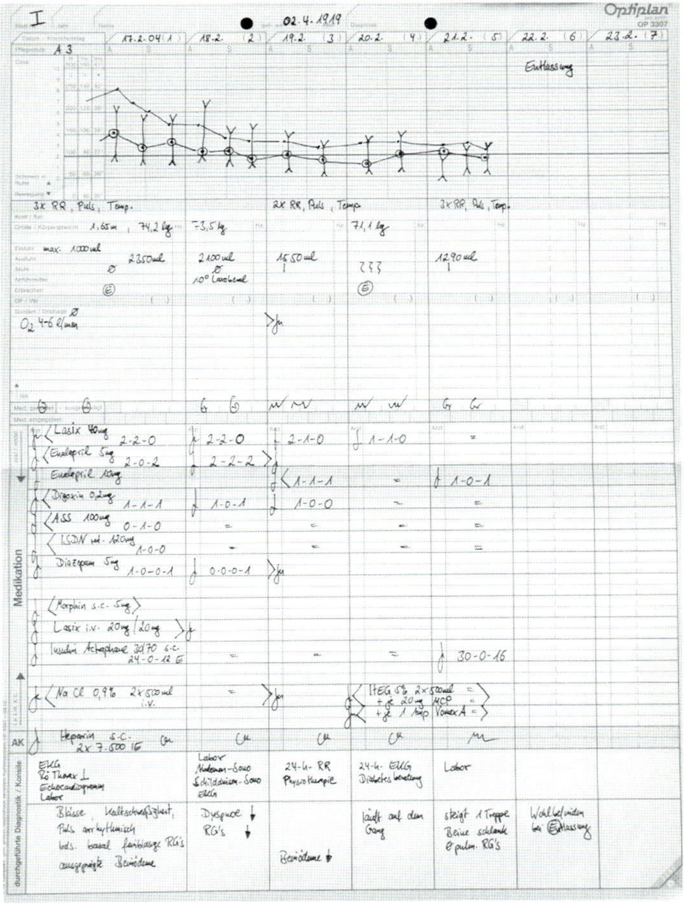

Patientenkurve

de? Überlegen Sie das weitere Vorgehen und organisieren Sie nötige Untersuchungen.

→ **Verlauf:** Beurteilen Sie den Verlauf von Blutdruck, Puls, Temperatur, Körpergewicht und Stuhlgang. Gibt es pathologische Laborwerte? Ordnen Sie eventuell Kontrollen an. Besorgen Sie alle noch ausstehenden Werte.

→ **Therapie:** Überprüfen Sie täglich die Medikation auf Dosierung, Anpassung an aktuelle Laborwerte (Dosisreduktion bei Erkrankungen der Niere und Leber mit Funktionseinschränkung). Be-

rücksichtigen Sie dabei immer neu gestellte Diagnosen.
→ **Aktuelles Befinden:** Informieren Sie sich beim Pflegepersonal über Mobilisation und Aktivitätsgrad des Patienten, Pflegezustand, Prophylaxen und Nahrungsaufnahme.
→ **Entlassung:** Planen Sie einen ungefähren Entlassungstermin (s. S. 38).
→ **Soziale Fragen:** Muss die weitere Versorgung des Patienten geklärt werden? Schalten Sie ggf. den Sozialdienst ein.

- Bitten Sie Besucher vor der Visite aus dem Zimmer.
- Begrüßen Sie den Patienten mit Handschlag. Der Patient hat vielleicht aufgeregt gewartet, denn für ihn ist die Visite das wichtigste Ereignis des Tages.
- Sprechen Sie den Patienten immer mit Namen an.
- Schaffen Sie eine gute Gesprächsatmosphäre (s. Gesprächsführung S. 41). Setzen Sie sich zu dem Patienten ans Bett. Sprechen Sie nicht von oben herab mit dem Patienten und signalisieren Sie, dass Sie Zeit haben und den Patienten ernst nehmen. Lassen Sie zuerst den Patienten berichten.
- Teilen Sie dem Patienten Untersuchungsergebnisse mit, und klären Sie ihn über das weitere Vorgehen auf, soweit es Ihrem Kompetenzbereich entspricht.
- Beantworten Sie Fragen stets einfach und verständlich. Fragen Sie ausdrücklich noch einmal nach, ob alle Fragen beantwortet wurden.
- Vor dem Zimmer notieren Sie, was noch zu klären oder zu erledigen ist. Notieren Sie auch alle Fragen für die Besprechung mit dem Stationsarzt.

Beim Mitgehen

- Beobachten Sie den behandelnden Arzt/Oberarzt gut, und entscheiden Sie kritisch, was Ihnen gefällt und was nicht. Übernehmen Sie nie unkritisch schlechte Gewohnheiten. Eine von manchen Ärzten vertretene „entschiedene Führung des Patienten" kann auch bedeuten, dass der Patient nicht ernst genommen wird.
- Wenn Sie Befunde nachuntersuchen möchten, fragen Sie nicht den Arzt um Erlaubnis, sondern den Patienten.
- Sagen Sie, wenn Sie beim Auskultieren nichts hören, weil die Unterhaltung mit dem Patienten fortgesetzt wird.

Tipps und Tricks

Bei eigener Visite

- Nehmen Sie Hinweise des Pflegepersonals immer ernst, denn es hat wesentlich mehr Kontakt zum Patienten. Bitten Sie aktiv um solche Hinweise (*„Was ist Ihnen aufgefallen?", „Wie verhält sich der Patient im Stationsalltag?", „Welche Ideen gibt es zu Diagnose und Therapie?"*).
- Vermeiden Sie in einem Mehrbettzimmer die Aufklärung über gravierende Diagnosen. Suchen Sie stattdessen ein Gespräch mit dem Patienten allein zu einem anderen Zeitpunkt, allerdings immer nur nach ausdrücklicher Zustimmung des Stationsarztes.
- Fällt Ihnen nach der Visite noch etwas ein, was Sie fragen oder untersuchen möchten, machen Sie dies möglichst direkt. Sie blamieren sich nicht. Fehler sind menschlich, und sie einzugestehen zeigt mehr Souveränität und Sorgfalt. Mehr Menschlichkeit ist das, was sich die meisten Patienten von ihren Ärzten wünschen.

Beim Mitgehen

- Anordnungen haben meist bis nach der Visite Zeit. Versuchen Sie immer, bei der Visite dabeizubleiben!

- Stellen Sie Fragen zu Diagnose und Therapie eines speziellen Patienten vor dem Zimmer.

Probleme und Sonderfälle

Bei eigener Visite

- **Fragen, die Sie nicht beantworten können:** Geben Sie dies offen zu, und tragen Sie die Informationen bis spätestens zur nächsten Visite nach.
- **Zweifel an Ihrer Kompetenz:** Gehen Sie darauf ein, anstatt darüber hinweg. Es ist ein ernst zu nehmendes Problem des Patienten. Allein durch diese Haltung beweisen Sie schon Kompetenz. Aber auch wenn das nicht funktioniert, müssen Sie es akzeptieren, wenn der Patient einen Arzt mit mehr Erfahrung wünscht.
- **Aufklärung bei schweren Erkrankungen:** Patientenaufklärung ist primär eine Aufgabe des Stations- und Oberarztes (s. o.). Machmal haben (Ober-)Ärzte die Einstellung, einen Patienten nicht aufzuklären, weil er dann vielleicht „zusammenbrechen" könnte. Dahinter versteckt sich oft die eigene Angst, mit der natürlichen (Trauer-, Wut-, Verleugnungs-)Reaktion des Patienten umzugehen, sowie die Verleugnung der Erkenntnis, nicht helfen zu können (s. Kapitel Gesprächsführung S. 41). Das Ziel sollte jedoch sein, dem Patienten durch ehrliche Aufklärung über seine Situation die Chance zu geben, mit seiner Krankheit umzugehen, ohne ihm die Hoffnung zu nehmen. Das erfordert für jeden Patienten eine individuelle Entscheidung für die Aufklärung, die Sie nicht alleine treffen können, sondern zusammen mit dem Stationsarzt und dem Pflegepersonal.
Merke: Besonders in einer emotional belasteten Situation ist das, was Sie sagen, nicht immer auch das, was beim Gegenüber ankommt.

Beim Mitgehen

- **Sie werden im Patientenzimmer gemaßregelt:** Bewahren Sie die Ruhe, aber sprechen Sie den (Ober-)Arzt vor dem Zimmer darauf an. Sie sind nicht verpflichtet, Demütigungen widerspruchslos hinzunehmen.

Patienten auf Untersuchungen vorbereiten

Allgemeines

Eine gute Vorbereitung kann die Untersuchung und damit auch die Diagnose erheblich erleichtern. Bei schlechter Vorbereitung lässt sich vielleicht gar keine Diagnose stellen, was für alle Beteiligten und insbesondere den Patienten ärgerlich ist und seinen Aufenthalt im Krankenhaus unnötig verlängert. In der Regel sorgt das Pflegepersonal für die Vorbereitung. Als PJler und Famulant sollten Sie aber über die wichtigsten Punkte informiert sein.

Durchführung

- Fragen Sie den Stationsarzt, welche Untersuchung geplant ist.
- Führen Sie die erforderliche Organisation durch (Scheine ausfüllen, Patienten anmelden, Termine vereinbaren).
- Klären Sie, ob bereits vorhandene Befunde wichtig sind, und sorgen Sie dafür, dass diese auf der Station vorliegen (Röntgenbilder, Ruhe-EKG bei geplantem Belastungs-EKG, Laborwerte).
- Muss vor der Untersuchung ein Zugang gelegt werden?
- Klären Sie ab, wie lange der Patient für elektive Untersuchungen nüchtern (auch ohne Flüssigkeit) bleiben muss. Fragen Sie bei Notfällen, wann zuletzt gegessen und getrunken wurde.
- Erklären Sie dem Patienten die geplante Untersuchung sowie die vorbereitenden Maßnahmen, wenn Sie den Patienten selber betreuen.
- Denken Sie mit daran, dass der Patient zusammen mit dem Stationsarzt eine Einverständniserklärung unterschreibt. Sind alle Fragen des Patienten geklärt?
- Nehmen Sie die Kurve mit allen Befunden und Laborparametern mit zur Untersuchung.
- Lassen Sie Patienten in kritischem Zustand während der Untersuchung nicht alleine.
- Fragen Sie sich, ob der Patient Medikamente einnimmt, die vor der Untersuchung pausiert werden müssen (z. B. Heparin).

Tipps und Tricks

- Bei einer Computertomographie ist evtl. eine Sedierung erforderlich.
- Bei einer Magnet-Resonanz-Tomographie müssen Sie abklären, ob der Patient Metall im Körper hat (Nägel, Schrauben, Platten, Herzschrittmacher, Spirale?).
- Entfernen Sie nach Möglichkeit röntgenpositive Pflaster, Verbände, Salbenauflagen (Zinkpaste) und Schienen, Uhren und Schmuck.
- Bei der Untersuchung von Leber, Galle oder Milz bleibt der Patient nüchtern. Vor der Untersuchung der Beckenregion (besonders Harnblase und weibliche Geschlechtsorgane) sollte die Harnblase durch reichliches Trinken gefüllt sein, weil die Flüssigkeit in der Blase die Sicht verbessert. Bei vaginalem Ultraschall sollte die Blase jedoch leer sein.
- Vor einer Probebiopsie sollten die Gerinnungsparameter kontrolliert werden (Thrombozyten, Quick/INR, pTT).
- Wenn ein Diabetiker nüchtern bleiben muss: Insulin-Injektion erst nach der Untersuchung. Zur Vermeidung langer Wartezeiten mit der Röntgenabteilung sprechen.

Spezielles bei Kontrastmitteluntersuchung

- Vor einer Kontrastmitteluntersuchung sollten das Serumkreatinin und TSH basal bekannt sein. Metformin, ACE-Hemmer und Diuretika sollten 1–3 Tage vor der Untersuchung abgesetzt werden.
- Bei allen Kontrastmitteluntersuchungen muss der Patient ab Mitternacht nüchtern sein. Im Falle eines anaphylaktischen Schocks bei Unverträglichkeit besteht sonst Aspirationsgefahr!
- Fragen Sie den Patienten, ob bei ihm eine Kontrastmittelallergie bekannt ist! Eine erhöhte Gefahr besteht bei einem Kontrastmittel-Zwischenfall in der Anamnese, bei einem hyperreagiblen Bronchialsystem und bei polyvalenten Allergien wie Heuschnupfen, atopischem Ekzem oder exogen allergischem Asthma. Der Patient muss während und bis 15 Minuten nach der Untersuchung auf mögliche allergische Reaktionen hin beobachtet werden (in leichten Fällen Hitzegefühl, Urtikaria, Niesen, Übelkeit; in schweren Fällen Unruhe, Schwindel, Fieber, Atemnot, RR-Abfall, Schock).
- Bei mehreren Kontrastmitteluntersuchungen können sich die Kontrastierungen überlappen. Erkundigen Sie sich nach der verlangten Reihenfolge der Untersuchungen und achten Sie bei der Anmeldung und Organisation darauf.
- Folgende Spezialfälle sind zu beachten:

  Geplante Schilddrüsendiagnostik: Nehmen Sie das Blut für die Untersuchung unbedingt vor der Kontrastmittelgabe ab.

  Latente Hyperthyreose: Überprüfen Sie Schilddrüsenwerte (TSH basal als Screening) wegen der Gefahr einer Thyreotoxikose.

  Schilddrüsenadenom, Schilddrüsenkarzinom: Radiojodtherapie ist nach Kontrastmittelgabe für Wochen bis Monate unmöglich, da die KM-Gabe zu einem Überangebot an Jod und zu einer Überfüllung des jodspeichernden Thyreoglobulins führt.

  Hämodialyse-Patient: Gefahr der Überwässerung mit akuter kardialer Dekompensation durch hyperosmolares Kontrastmittel. Evtl. sollte direkt nach der Untersuchung eine Kurzdialyse erfolgen.

  Plasmozytom: Achten Sie auf gute Hydrierung (Gefahr des akuten Nierenversagens).

  Herzinsuffizienz: Gefahr eines Lungenödems durch zusätzliche Volumenbelastung.

Endokarditisprophylaxe

Patienten mit einem Herzklappenfehler sollten vor invasiven Untersuchungen zur Vorbeugung einer Endokarditis eine prophylaktische Antibiotikagabe erhalten. Die Auswahl des Medikaments richtet sich nach dem Endokarditisrisiko und der Art des Eingriffs.

Einige Beispiele:

Ein Endokarditisrisiko besteht bei angeborenen und erworbenen Herzfehlern, ein besonders hohes Risiko bei Herzklappenprothesen oder einer Endokarditis in der Vorgeschichte. Kein Risiko und deshalb keine Prophylaxe sind erforderlich bei Herzschrittmacherimplantat oder nach aortokoronarer Bypassoperation.

Die Eingriffe bzw. Untersuchungen werden unterteilt in solche mit nachgewiesener Bakteriämie (z. B. zahnärztliche Behandlung mit Blutungsgefahr, Tonsillektomie, Adenektomie, starre Bronchoskopie, Ösophagusvarizensklerosierung, Operationen des Gastrointestinaltraktes oder an infizierter Haut) und solche mit fakultativ notwendiger Prophylaxe (z. B. Gastroskopie mit Probeentnahmen, Koloskopie, Geburt).

Die Präparate und Dosierungen können Sie aktuellen Richtlinien entnehmen (z. B. Paul-Ehrlich-Gesellschaft: www.p-e-g.org.

Spezielle Vorbereitung bei einzelnen Untersuchungen

Tabelle 6 Vorbereitung für verschiedene diagnostische Maßnahmen

Untersuchung	vorbereitende Maßnahmen
Angiographie	Gerinnungsstatus überprüfen, evtl. Blutgruppe bestimmen. Ab dem 40. Lebensjahr EKG und Röntgen-Thorax anfertigen. Leichte Kost am Vorabend zur Vorbeugung von Darmüberlagerung der Gefäße, Abführen. Am Untersuchungstag Patient nüchtern, Rasur der Punktionsstelle (meistens die Leiste).
Bronchographie, Bronchoskopie	Nüchtern, Zahnprothesen entfernen, Blase und Darm entleeren, Prämedikation und Antitussiva.
Computertomographie	Bei geplantem CT des Gastrointestinaltraktes darf keine Kontrastmitteluntersuchung durchgeführt werden, weil dadurch die Befundung behindert wird. Metallhaltige Gegenstände wie Schmuck oder Prothesen werden abgelegt.
Endoskopisch retrograde Cholangio-Pankreatikographie (ERCP)	Gerinnungsstatus und evtl. Blutgruppe bestimmen, Patient nüchtern, Zahnprothese entfernen.
Gastroskopie	Nüchterner Patient ab 22 Uhr am Vorabend. Bei geplanter Schleimhautbiopsie Gerinnungsstatus prüfen. Zahnprothese entfernen. Eventuell Sedierung erforderlich.
Intravenöse Pyelographie (IVP)	Am Vortag viel Flüssigkeit, am Vorabend nur klare Brühe und Abführmittel, danach Patient nüchtern.
Kolonkontrasteinlauf	Nüchtern, Darmreinigung (Vorsicht bei Ulzerationen und Divertikeln).
Koloskopie	Abführen mit speziellen Lösungen (Macrogol mit Zusätzen, z. B. Kleanprep, Colonorm). 2 Stunden vor dem Abführen bis nach der Untersuchung keine feste Nahrung, 4 l trinkfertige Lösung in 4–6 Stunden trinken (1 Beutel Pulver in 1 l lauwarmem Wasser auflösen). Keine Zusätze! Schmeckt gekühlt etwas besser. Ziel: rektaler Ausfluss soll klar sein. Wenn nicht, noch 1 l Abführlösung trinken.
Magen-Darm-Passage (MDP)	Patient ab 22 Uhr am Vorabend nüchtern. Untersuchung morgens so früh wie möglich.
Ösophaguspassage	Patient ab 22 Uhr am Vorabend nüchtern.
Perkutane transhepatische Cholangiographie (PTC)	Gerinnungsstatus und evtl. Blutgruppe bestimmen, Patient nüchtern.
Rektoskopie/Sigmoidoskopie	Vor der Untersuchung Darmentleerung mit Einlauf oder Klysma.
Szintigramm	Untersuchungen mit Kontrastmitteln werden nach Möglichkeit einer Schilddrüsen- oder Nierenszintigraphie nachgeschaltet bzw. mehrere Tage vorher durchgeführt.

Umgang mit infektiösen Patienten

Allgemeines

Der Kontakt mit infektiösem Material ist im Krankenhaus ein alltäglicher Vorgang. Trotzdem sollte man immer besonders vorsichtig und sorgfältig sein, um eine Gefährdung des Personals und der Patienten zu verhindern. Bei verschiedenen Infektionserkrankungen werden unterschiedliche Präventionsmaßnahmen durchgeführt, für deren Einhaltung der zuständige Arzt verantwortlich ist.

Die Art des erregerhaltigen Materials bestimmt in hohem Maß den Übertragungsweg:
- Aerogen (Staub, Tröpfchen).
- Fäkal-oral (Schmierinfektion).
- Kontakt mit Blut, Liquor, Lymphe, Urin.
- Kontakt mit Sekreten und Drainageflüssigkeiten.

Schutzmaßnahmen

- Tragen Sie bei Tätigkeiten, die mit Kontakt infektiösen Materials verbunden sind (z. B. Punktionen, Blutentnahmen, Wundversorgung, Magensonde legen usw.) immer Handschuhe.
- Ist mit Aerosolbildung oder Verspritzen infektiöser Materialien zu rechnen, sollten Sie einen Mundschutz und evtl. eine Schutzbrille tragen (im OP ist die Brille besonders wichtig!).
- Erkundigen Sie sich genau, welche Patienten infektiös sind. Wo ist welche Schutzmaßnahme erforderlich?
- Kommt es zu Verunreinigungen mit infektiösem Material wie Erbrochenem, Fäzes oder Blut, sind immer Desinfektionsmittel, Einmalwischtücher sowie Sammelbehälter für infektiösen Müll und Wäsche zu benutzen.

Maßnahmen bei Kontamination

- Wenn Sie mit Blut oder Erbrochenem in Kontakt kommen, sorgen Sie zuerst für den Patienten (z. B. Lagerung, Stauschlauch lösen, Nadel entfernen).
- Sofort Hände oder kontaminierte Partien mit Wasser, Seife und Hautdesinfektion reinigen.
- Gerät infektiöses Material in die Augen, in den Mund oder auf geschädigte Hautpartien, spülen Sie diese sofort am nächsten Waschbecken ausgiebig mit Wasser.
- Ist nur der Kittel kontaminiert, legen Sie diesen sofort ab, bevor das infektiöse Material bis zur eigenen Kleidung durchsickert.
- Nach jedem anderen Kontakt mit erregerhaltigem Material (z. B. kontaminierten Schutzkittel zur infektiösen Wäsche geben) erfolgt die hygienische Händedesinfektion.

Maßnahmen bei Stichverletzung

- Stichverletzungen passieren häufig trotz aller Vorsichtsmaßnahmen und Erfahrungen. Es ist keine Schande, sich zu verletzen. Aber es ist gefährlich, eine Verletzung zu verschweigen.
- Ist eine Stichverletzung erfolgt, bewahren Sie Ruhe.
- Entfernen Sie ggf. Fremdkörper aus der Wunde.
- Lassen Sie die Stichwunde unter Druck 1–2 Minuten ausbluten.
- Desinfizieren Sie die Wunde sofort mit 80%igem Alkohol für 2–3 Minuten.
- Falls die Herkunft der verletzenden Kanüle oder Spritze unklar ist, stellen Sie sie sicher zur weiteren Diagnostik.

A 8

- Nehmen Sie sofort Kontakt mit dem Betriebsarzt oder dem Hygienebeauftragten auf, ggf. auch mit dem diensthabenden Arzt, und melden Sie die Verletzung an die verantwortliche Stelle. Dies ist aus versicherungstechnischen Gründen sehr wichtig (Unfallversicherung).
- Klären Sie oder lassen Sie klären, ob bei dem verursachenden Patienten eine Hepatitis B/C, eine HIV-Infektion oder andere übertragbare Krankheiten vorliegen. Unter Umständen muss bei dem Patienten Blut für Untersuchungen abgenommen werden (schriftliche Aufklärung und schriftliches Einverständnis des Patienten sind dazu erforderlich).
- Klären Sie, ob bei Ihnen ausreichender Impfschutz gegen Hepatitis B besteht (letzter Impf-Titer?). Lassen Sie sich bei Unklarheit Blut für eine entsprechende Kontrolle entnehmen.
- Lassen Sie sich im Zweifelsfall sofort passiv und/oder aktiv gegen Hepatitis B impfen oder beginnen Sie eine antivirale Therapie.

Maßnahmen bei MRSA

MRSA bedeutet Methicillin-resistenter Staphylokokkus aureus. Gelegentlich wird auch der Begriff ORSA (Oxacillin-resistenter Staphylokokkus aureus) verwendet. Diese Bakterien sind gegenüber den Staphylokokken-wirksamen Penicillinen mulitresistent. Da sie nur auf wenige Reserveantibiotika ansprechen, sind sie besonders gefürchtet. Sie werden vor allem aus dem Nasen-Rachen-Raum kolonisierter bzw. infizierter Personen übertragen. In medizinischen Einrichtungen stellen die Hände des Personals den wesentlichen Übertragungsmechanismus dar.

- Besteht bei einem Patienten der Verdacht auf eine Besiedlung mit MRSA, erfolgen Abstriche aus den Nasenvorhöfen, dem Rachen, der Perinealregion und aus Wunden.
- Solange ein Patient als infektiös gilt, wird er isoliert, d. h. Kontaktpersonen müssen Kittel, Mundschutz und Handschuhe bei allen Verrichtungen tragen. Die Patienten sollten nicht unnötig im Krankenhaus transportiert werden. Geräte, die für den Patienten genutzt wurden, müssen desinfiziert werden.
- Bei negativem Abstrich kann die Isolierung beendet werden.
- Bei positivem Abstrich ist zu entscheiden (z. B. anhand der klinischen Symptome) ob die Staphylokokken lediglich eine Besiedlung darstellen oder pathogen wirken.
  - Bei einer Besiedlung erfolgt eine antiseptische Ganzkörperwaschung auf Seifenbasis (Polihexanid, Octenidin, Chlorhexidin) inklusive der Haare über 15 Minuten an drei aufeinander folgenden Tagen. Die Nasenbesiedlung wird mit Mupirocin-Salbe 3 ×/Tag für drei Tage behandelt.
  - Verursachen die Staphylokokken eine Infektion, so müssen sie gemäß Antibiogramm therapiert werden.
- Die Isolierung kann aufgehoben werden, wenn drei Tage nach Therapieende an drei aufeinander folgenden Tagen die Abstriche negativ sind.

Tipps und Tricks

- Um eine Stichverletzung zu vermeiden, sollten Sie Nadeln NIE nach Gebrauch in die Hülle zurückstecken („recapping"), sondern direkt in einen geeigneten Behälter abwerfen.
- Lassen Sie sich rechtzeitig gegen Hepatitis B impfen. Meistens ist die Impfung zum Beginn des PJ ohnehin Pflicht. Zuständig ist der Betriebsarzt der Universitätskliniken. Die Impfung ist in der Regel für Studenten kostenlos.

Tabelle 7 Präventivmaßnahmen bei Kontakt mit infektiösem Material

Erkrankung	Infektiöse Enteritis	Hepatitis B/C	HIV	Meningoenzephalitis	Pneumonie	Tuberkulose
erregerhaltiges Material	Fäzes, Urin, Erbrochenes, Blut	Blut, Sperma, Vaginalsekret	Blut, Sperma, Vaginalsekret, Muttermilch, Liquor	Fäzes, Blut, Liquor, Nasen- und Rachensekret	Atemwegssekrete	je nach Lokalisation: Atemwegssekrete, Pus, Urin, Liquor, Fäzes, Blut, Genitalsekrete
Schutzkittel	erforderlich	bei möglichem Kontakt mit erregerhaltigem Material	bei möglichem Kontakt mit erregerhaltigem Material	bei möglichem Kontakt mit erregerhaltigem Material	bei möglichem Kontakt mit erregerhaltigem Material	erforderlich
Handschuhe	bei möglichem Kontakt mit erregerhaltigem Material	bei möglichem Kontakt mit erregerhaltigem Material	bei möglichem Kontakt mit erregerhaltigem Material	bei möglichem Kontakt mit erregerhaltigem Material	bei möglichem Kontakt mit erregerhaltigem Material	erforderlich
Mund-/Nasenschutz	nicht erforderlich	nur bei Aerosolbildung (Verspritzen von Flüssigkeiten)	nur bei Aerosolbildung (Verspritzen von Flüssigkeiten)	erforderlich	nicht erforderlich	bei offener Tbc erforderlich
Schuhwechsel	erforderlich	nicht erforderlich	nicht erforderlich	nicht erforderlich	nicht erforderlich	nicht erforderlich
hygienische Händedesinfektion	nach direktem Kontakt mit Patient, erregerhaltigem Material, kontaminierten Objekten; auch nach Ablegen der Handschuhe	nach direktem Kontakt mit erregerhaltigem Material, kontaminierten Objekten; auch nach Ablegen der Handschuhe	nach direktem Kontakt mit erregerhaltigem Material, kontaminierten Objekten	nach direktem Kontakt mit Patient, erregerhaltigem Material, kontaminierten Objekten; auch nach Ablegen der Handschuhe	nach direktem Kontakt mit erregerhaltigem Material, kontaminierten Objekten; auch nach Ablegen der Handschuhe	nach direktem Kontakt mit Patient, erregerhaltigem Material, kontaminierten Objekten; auch nach Ablegen der Handschuhe

Entlassung

Allgemeines

Wenn der Patient von seiner bevorstehenden Entlassung erfährt, so entsteht neben der Freude meist gleichzeitig die Unsicherheit über das weitere Verhalten zu Hause. Bei der letzten Visite sollten alle offenen Fragen in Ruhe mit dem Patienten besprochen werden.

Durchführung

- Führen Sie eine Abschlussuntersuchung des Patienten durch. Untersuchen Sie dabei vor allem die zu Beginn der Behandlung erhobenen pathologischen Befunde nochmals nach.
- Klären Sie die weitere Therapie des Patienten zu Hause. Ist er beschwerdefrei? Sollte er eine Nachkontrolle oder Nachbehandlung (z. B. Physiotherapie) erhalten?
- Besprechen Sie mit dem Patienten spezielle Fragen bezüglich des Krankheitsbildes (z. B. Marcumartherapie oder Diätempfehlungen).
- Bei pflegebedürftigen Patienten sollten Sie die weitere häusliche Versorgung sicherstellen. Es gibt folgende Möglichkeiten:
  - Ambulante Grund- und Behandlungspflege (Sozialstation).
  - Essen auf Rädern.
  - Hausnotruf.
  - Tagespflege bei eingeschränkt mobilen Patienten.
  - Kurzzeitpflege.
  - Pflegeheim.

  In vielen Krankenhäusern gibt es einen Sozialdienst und/oder eine Person für die Pflegeüberleitung, die bei sozialen Problemen unbedingt einzuschalten sind. Es ist wichtig herauszufinden, ob der Patient bereits eine von der Krankenkasse anerkannte Pflegestufe besitzt oder ob diese beantragt werden muss. Beginnen Sie frühzeitig damit, sämtliche Anträge zu stellen, da solche Verfahren oft langwierig sind. Merken Sie sich: Die Entlassung beginnt mit dem Moment der Aufnahme.
- Überlegen Sie, ob Ihr Patient Hilfsmittel für zu Hause benötigt (z. B. Rollator, Rollstuhl, Haltegriffe im Badezimmer, Toilettenerhöhung, Krankenbett, Nachtstuhl usw.). Teilen Sie diese dem Hausarzt mit oder organisieren die Beschaffung der notwendigen Artikel.
- Vereinbaren Sie mit dem Patienten und seinen Angehörigen den genauen Entlassungstermin. Erkundigen Sie sich auf Ihrer Station nach den üblichen Entlassungszeiten (z. B. morgens um 10.00 Uhr oder nach dem Frühstück). Die Patientenzimmer müssen nach der Entlassung gereinigt und mit neuen Betten ausgerüstet werden. Daher sind in vielen Abteilungen Entlassungen am Nachmittag oder Abend potenziell problematisch.
- Stellen Sie sicher, dass Ihr Patient nach der Entlassung mit Medikamenten versorgt ist. Manche Abteilungen statten die Patienten für einen Tag oder ein bevorstehendes Wochenende mit den notwendigen Medikamenten aus. Dies ist jedoch aus ökonomischen Gründen selten. Sie können in Absprache mit dem Hausarzt einen Medikamenten-Verordnungsplan ausstellen, auf dem die von Ihnen vorgeschlagenen Generika aufgeführt sind. Nicht alle Hausärzte wünschen dieses Vorgehen, sondern stellen lieber einen eigenen Verordnungsplan mit den von ihnen rezeptierten Medikamenten beim Praxisbesuch aus.
- Organisieren Sie den Transport des Patienten. Wird er von Angehörigen abgeholt? Wenn ein Krankentrans-

port notwendig ist, bestellen Sie ihn rechtzeitig (möglichst am Vortag).

- Der Patient erhält eine Kurzmitteilung für den Hausarzt, die er diesem möglichst am Tag der Entlassung oder am Tag darauf vorlegt. Die Entlassung soll, falls möglich, morgens erfolgen, damit der Hausarzt noch aufgesucht werden kann (mittwochs sind Hausärzte nur vormittags erreichbar!). Der Hausarzt rezeptiert die notwendigen Medikamente und schreibt den Patienten krank. Die Kurzmitteilung enthält:
  - → Name und Adresse des Hausarztes.
  - → Zeitraum des stationären Aufenthaltes.
  - → Diagnosen.
  - → Letzte Medikation (Generika).
  - → Empfehlungen für das weitere Vorgehen (kontrollbedürftige Laborwerte, geplante Kontrolluntersuchungen, Verhaltensregeln für den Patienten).
  - → Telefonnummer und Name des Ansprechpartners im Falle von Rückfragen.
- Es ist sinnvoll, den Arztbrief in gedruckter Schrift mitzugeben. Unleserliche Handschriften führen nicht selten zu Kommunikationsproblemen und vermeidbaren Fehlern. Je nach Gestaltung Ihres Arbeitsplatzes kann es sehr hilfreich sein, im Computer eine Briefvorlage mit einer Diagnosenliste für jeden Patienten zu führen, die Sie während des Aufenthaltes ständig aktualisieren. Am Entlassungstag ist damit ein großer Teil des Kurzarztbriefes bereits geschrieben.
- Wenn der Patient bettlägerig ist, sollten Sie den Hausarzt anrufen und klären, ob dieser am Entlassungstag einen Hausbesuch machen kann.
- Vereinbaren Sie ggf. Termine für eine Wiedervorstellung oder Kontrolluntersuchungen.

Tipps und Tricks

- Manchmal ist es nützlich, den Hausarzt über wichtige Dinge kurz telefonisch zu informieren, auch wenn ein ausführlicher Arztbrief noch folgt. Dies fördert die Kommunikation zwischen ambulanter und stationärer Medizin und wichtige Fragen der Nachbetreuung können sofort geklärt werden.
- Wenn eine Entlassung planbar ist (leider ist das nicht immer der Fall), kalkulieren Sie genug Vorlaufzeit ein (Organisation der Nachbetreuung, s. o.).

Probleme und Sonderfälle

Wenn Sie einen Patienten in ein anderes Krankenhaus oder zur stationären Rehabilitation verlegen, erwarten die Kollegen dort die gleichen Informationen, die Sie sich selbst bei einer Patientenübernahme wünschen. Zusätzlich zu einem präzisen Kurzbrief sollten wesentliche Befunde (z. B. Anamnesebogen, Laborwerte, EKG, Sonographie in Kopie oder Röntgenbilder im Original) mitgegeben werden. Ein ausführlicher Verlegungsbrief sollte innerhalb weniger Tage vorliegen.

[Briefkopf der Klinik (Logo, Name der Klinik, je nach Haus und Abteilung Name des Chefarztes)]

Dr.

Vorläufiger Arztbrief

Betrifft: **Herrn xy. geb. 1.1.19 xx**

Sehr geehrter Herr Kollege, sehr geehrte Frau Kollegin,

wir berichten über o.g. Patienten, der sich vom 1.1.2004 – 11.1.2004 in unserer stationären Behandlung befand.

Diagnosen und wesentliche Befunde:

1.
2.
3.

Aktuelle Therapie:
Generikum (Handelsname) x mg Dosis (1-0-1)

Wichtige Befunde:
Notwendige Kontrollen:
Besonderheiten während des stationären Aufenthaltes:
Procedere:

Ein ausführlicher Arztbericht folgt.

Mit freundlichen Grüßen Dr. med. yz

Beispiel für einen Kurzbrief

B Gesprächsführung

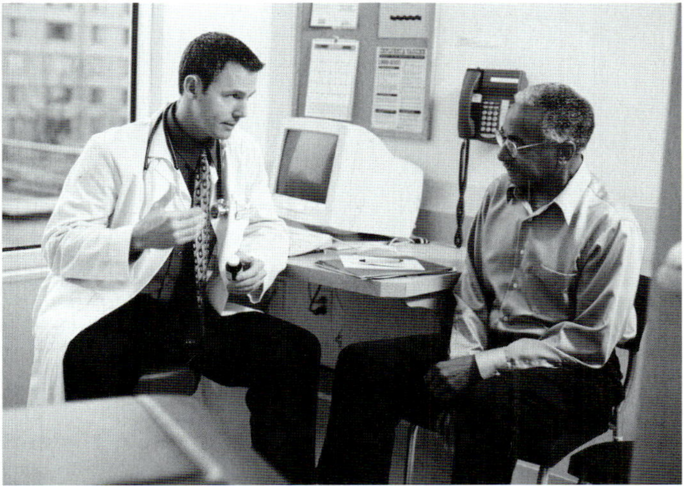

Das ärztliche Gespräch

Allgemeines

Famulatur und PJ sind nicht nur die Stationen im Studium, in denen die umfangreichen theoretischen Kenntnisse in praktische ärztliche Arbeit umgesetzt werden sollen, sondern es sind auch Etappen, die in besonderer Weise für zentrale Aspekte der späteren ärztlichen Identität prägend sind. Durch Orientierung an – oder Distanzierung von – konkreten ärztlichen Vorbildern entstehen persönliche Ziele und Wertesysteme, praktische und Beziehungskompetenzen und Verantwortungsbereitschaft. Im positiven Fall ist dieses ärztliche Selbstbild die Voraussetzung dafür, persönliche Ideale und ärztliche Realität zufriedenstellend zu verknüpfen.

Glaubt man Untersuchungen, spielen noch immer Motive wie Kontakt zu Menschen, Hilfsbereitschaft und andere soziale Beweggründe eine primäre Rolle bei der Entscheidung, Arzt zu werden. Andererseits scheint gerade bei der Verwirklichung dieser Beweggründe die Kluft zwischen Wunsch und Wirklichkeit innerhalb der ärztlichen Tätigkeit am größten, sodass schon bei Berufsanfängern im Unterschied zu Erstsemestern diese Ziele nur noch eine unbedeutende Rolle spielen. Einerseits liegt das sicher am Entwicklungsprozess von jugendlichem Idealismus hin zu erwachsener Realitätsorientierung. Andererseits weist diese Tatsache aber auch auf die mangelnde Förderung und die Notwendigkeit einer systematischen Ausbildung sozialer Kompetenzen während des Studiums hin.

Wenn Sie die Gesprächskapitel dieses Buches zu Rate ziehen, haben Sie vielleicht schon die Erfahrung gemacht, dass es gar nicht so leicht ist, so mit Patienten zu reden, wie Sie es sich selbst und den Patienten wünschen. Vielleicht haben Sie auch den Eindruck gewonnen, dass dies den Sie betreuenden Ärzten nicht viel anders geht.

Die Anregungen des folgenden Kapitels können eine vernünftige Ausbildung im Bereich der Arzt-Patient-Beziehung und Gesprächsführung nicht ersetzen, deshalb vorweg: Nutzen Sie die an Ihrer Hochschule bestehenden Angebote wie Anamnese-Gesprächsgruppen, Junior-Balintgruppen oder andere Gesprächsführungskurse. Wichtig für die Entwicklung von Gesprächsfähigkeiten ist vor allem der direkte Kontakt mit dem Patienten in Famulatur und PJ.

Erste Orientierungsregeln

Unter den besonderen Bedingungen einer noch unsicheren Rollen- und Verantwortungsdefinition als Famulant bzw. PJler hier zunächst einige allgemeine Anregungen, die eine konstruktive Gesprächsgestaltung erleichtern können:

- Nehmen Sie sich auch in Ihrer Rolle als „noch nicht Arzt“ ernst und wichtig, und versuchen Sie, sich mit einer ärztlichen Haltung zu identifizieren. Verstecken Sie sich nicht hinter der Rolle des noch Unwissenden und Nichtverantwortlichen. Machen Sie dem Patienten, notfalls auch dem betreuenden Arzt, deutlich, dass Sie in (wenn auch begrenztem) ärztlichem Auftrag handeln und die Gespräche Teil der ärztlichen Behandlung sind und keine Rollenspiele oder Alibi-Gespräche.
- Vermeiden Sie unterschwellige Loyalitätskonflikte innerhalb des Betreuungsteams durch Sonderbeziehungen oder gar Verbrüderungen mit Patienten. Sprechen Sie statt dessen solche Probleme offen an.

- Siezen Sie auch die Patienten, die Sie unter anderen Umständen duzen würden (Jüngere, Studenten usw.).
- Passen Sie Ihre Gespräche der konkreten klinischen und Ihrer eigenen Situation an:
  → Nennen Sie dem Patienten den Zeitraum, der Ihnen für das Gespräch zur Verfügung steht.
  → Geben Sie dem Patienten Ziele und Perspektiven vor, die im Rahmen Ihrer Möglichkeiten in der Praxis und auf Station realistisch sind.
  → Überlegen Sie genau, ob Sie für die zu erwartenden Konsequenzen aus dem Gespräch auch die Verantwortung übernehmen können (besonders bei Gesprächen mit psychisch stark belasteten Patienten).
- Sie sind auch schon als noch werdender Arzt für sehr viele Patienten ein wichtiges Modell und Identifikationsobjekt und üben – ob Sie wollen oder nicht – einen Einfluss aus. Dies gilt für alle Aspekte des persönlichen Auftretens, nicht nur für die fachliche Kompetenz. Sie können der Beziehung zum Patienten nicht ausweichen. Auch als stummer, sachlich neutraler Gesprächspartner wirken Sie auf den Patienten ein und werden von ihm beeinflusst.
- Auch oder gerade das, was Sie nicht sagen, was Sie durch Körperhaltung, Gestik, Mimik, Tonfall ausdrücken, beeinflusst die Gesprächsbeziehung.
- Bei einem wichtigen Gespräch mit dem Patienten sind bestimmte ärztliche Eigenschaften (Aktivität, Entschlusskraft, Eindeutigkeit, klassifizierendes Denken) eher hinderlich. Statt dessen sind folgende Fähigkeiten wichtig: Zurückhaltung, Zuhören, Einfühlungsvermögen, Spannungs- und Widerspruchstoleranz, d. h. Spannungen und Widersprüche unter Umständen auch einmal eine Weile im Raum lassen können, wenn sich keine sofortige Lösung anbietet.

Vorbereitung

- Zur Vorbereitung auf ein wichtiges Gespräch gehört eine den Umständen entsprechende Annäherung an folgende Bedingungen:
  - Ungestörte persönliche Atmosphäre.
  - Keine anderen Personen.
  - Kein Telefon.
  - Angemessene Räumlichkeit.
  - Günstiger Zeitpunkt für beide Seiten.
  - Klare realistische Zeitperspektive für beide Seiten.
- Machen Sie sich vorher ihre Ziele für dieses Gespräch klar:
  - Patienten beruhigen, stützen, auffangen.
  - Aufklärung.
  - Behandlungsvereinbarung.
  - Konfliktklärung.
- Vielleicht geht es auch um ein längerfristiges Konzept, wenn das Gespräch nur einen ersten Schritt zum Ziel darstellt.
- Versuchen Sie, sich innerlich auf den Patienten und das Gespräch einzustellen.

Grundhaltung

Für eine konstruktive Gesprächsführung sollten Sie dem Patienten gegenüber eine Grundhaltung zeigen, die von drei zentralen Prinzipien getragen ist (Gesprächsführung nach Rogers):

- **Eine nicht an Bedingungen geknüpfte Wertschätzung des Patienten.** Dies bedeutet, im Gespräch dem Patienten jederzeit deutlich zu machen, dass Sie ihn unabhängig von dem, was er sagt und wie er sich verhält, als Mensch ernst nehmen und akzeptieren. Dazu gehört:
  - Eine offene, zugewandte, gleichbleibendes Interesse signalisierende Gesprächshaltung.

- Vermeiden Sie wertende, kritische Kommentare oder Gesten.
- Versuchen Sie, auch das Unverständliche, Merkwürdige zu verstehen, auch wenn es Ihren eigenen Werten und Überzeugungen widerspricht. Nehmen Sie es als Teil der Persönlichkeit des Patienten an.

- **Einfühlendes Verständnis, Empathie.** Dies bedeutet den Versuch, sich in die innere Erlebniswelt des Patienten hineinzudenken, sein Erleben nachzuempfinden und dies dem Patienten auch deutlich zu zeigen. Dazu gehört:
  - Versuchen Sie, sein Erleben mit Ihren eigenen Worten wiederzugeben.
  - Ermuntern Sie ihn, sein inneres Erleben mitzuteilen.
  - Bestärken Sie ihn gerade dann mit Worten und anderen Ausdrucksmöglichkeiten, wenn er über seine vielleicht auch schwierigen, belastenden Gefühle zu sprechen versucht.
- **Persönliche Echtheit, Authentizität.** Dies bedeutet soviel wie Übereinstimmung mit sich selbst im Gespräch. Sie spielen die Rolle des verstehenden, toleranten Arztes nicht nur, sondern sind der eigenen inneren Erlebniswelt im Gespräch gegenüber offen, ohne den Patienten aus den Augen zu verlieren. Dazu gehört:
  - Eigene Spannungen, Ärger, Irritationen nicht überspielen, sondern ernst nehmen und als Antwort auf den Patienten verstehen, die Ihnen den Patienten verständlicher machen kann.
  - Führen Sie solche Gespräche nur, wenn Sie ganz bei der Sache sein können.

Merke: Das Erlernen einer solchen Gesprächshaltung braucht Zeit. Wichtig ist, dass Sie sich ernsthaft um die Verwirklichung bemühen und sich selbst davon überzeugen, dass dies dem Patienten hilft.

Konstruktive Grundregeln

Neben dieser Grundhaltung gibt es einige Grundregeln für eine konstruktive Gesprächsführung.

- **Sucheinstellung:** Dies meint eine kontinuierliche zurückhaltende, den eigenständigen inneren Klärungsprozess des Patienten fördernde Gesprächsstrategie. *„Sie erwähnen gerade Ihre Frau, was beschäftigt Sie denn da?" „Sie scheinen von meiner Antwort etwas enttäuscht. Können Sie sagen was es ist?"*
- **Aktives Zuhören:** Dies meint, dass Sie zunächst einmal genau zuhören müssen, um die persönliche Situation des Patienten schrittweise besser zu verstehen. Dabei sollten Sie aber auch aktiv sein, um dem Patienten deutlich zu machen, dass Sie zugehört und ihn auch verstanden haben. Dies bedeutet:
  - Nachfragen, Unverständliches klären.
  - Rückmeldung des Gehörten mit Ihren Worten.
  - Herausarbeiten der wichtigen persönlich bedeutsamen Mitteilungen.
- **Wir-Bündnis:** Dies meint, dass Sie dem Patienten verdeutlichen, dass Sie beide mit Ihren Möglichkeiten bei der Lösung des Problems gleichberechtigt zusammenarbeiten.
  - Machen Sie Ihre Hilfe, die Art der Unterstützung sowie die Möglichkeiten und Grenzen deutlich.
  - Erklären Sie dem Patienten, was Sie von ihm an eigenständiger Mitarbeit erwarten und ihm zutrauen. *„Ich kann versuchen, Ihnen zuzuhören, mit Ihnen gemeinsam herauszufinden, was ......, aber letztlich müssen wir beide gemeinsam einen Weg finden."*

Gesprächstechniken

- **Reflexion:** Dies meint die Wiederholung, Widerspiegelung wichtiger Mitteilungen des Patienten mit eigenen Worten. Dies vermittelt dem Patienten Verständnis, Aufmerksamkeit und hilft bei der Strukturierung des Gesprächs und Konzentration auf die wesentlichen Aspekte. *„Es hat Sie also besonders geärgert, dass ausgerechnet Schwester X so unfreundlich war.“ „Es sind also gar nicht so sehr die Schmerzen, die Ihnen zu schaffen machen.“*

- **Klarifizierung:** Dies meint, dass Sie vom Patienten dargestellte Verknüpfungen, Überlegungen noch einmal deutlich herausstellen, wenn Sie für die Klärung des Problems wichtig zu sein scheinen. *„Um es noch mal deutlich zu machen, Sie glauben, Ihre Angst vor der OP könnte auch damit zu tun haben, dass ein Bekannter einen ähnlichen Eingriff fast nicht überlebt hat.“ „Wenn ich Sie richtig verstanden habe, würde es Ihnen gar nicht so viel ausmachen, wenn Sie über die Festtage in der Klinik bleiben müssten.“*
- **Aufmerksamkeitslenkung:** Dies meint, dass Sie dem Patienten bestimmte Aussagen, Reaktionen, Verhaltensweisen, die Sie für wichtig erachten, noch einmal deutlich vor Augen führen, um seine Aufmerksamkeit gezielt darauf zu lenken. *„Sie machen einen ganz bekümmerten Eindruck.“ „Ihr Gesichtsausdruck hat sich plötzlich verändert, als Sie von Ihrem Vater sprachen.“ „Ich bin überrascht, dass Sie sich das zum Vorwurf machen.“*
- **Interpretieren, Zusammenhänge herstellen:** Damit sind Äußerungen gemeint, mit denen Sie Informationen des Patienten in Zusammenhang bringen oder sie auf Motive, Gefühle, Absichten zurückführen. *„Es hört sich an, als hätten Sie mit Doktor X ähnliche Schwierigkeiten wie mit Ihrem Sohn.“ „Könnte es sein, dass Sie Ihre Pillen auch deshalb nicht einnehmen, weil Ihre Frau so sehr darauf besteht?“*
- **Zusammenfassung:** Dies meint, dass Sie immer wieder im Verlauf des Gesprächs das bis dahin für Sie Wesentliche kurz dem Patienten mitteilen. *„Ich will für mich einmal zusammenfassen, was wir bis jetzt besprochen haben: Die Beziehung zu Ihrem Mann ist deshalb für Sie schwierig, weil er kaum noch mit Ihnen über persönliche Dinge redet, sich von den Kindern zurückzieht, und fast nur noch in angetrunkenem Zustand mit Ihnen schlafen will. Und Sie glauben, dass das alles auch Ihre Schuld sein könnte, weil Sie wieder halbtags in Ihrem Beruf arbeiten.“*
- **Abschluss:** Wichtig ist bei jedem Gespräch, dass es einen angemessenen Abschluss findet. Dazu gehört:
  - Rechtzeitige Einleitung.
  - Zeit für letzte, noch offene Fragen zum zurückliegenden Gesprächsverlauf.
  - Einhalten des vorher vereinbarten Zeitraumes (!).
  - Klare Vereinbarung über weiteres Vorgehen, wenn nötig.

Tipps und Tricks

- Führen Sie anfangs lieber kürzere Gespräche.
- Sprechen Sie mit anderen Kommilitonen oder mit dem betreuenden Arzt darüber.
- Haben Sie Geduld mit sich selbst. Gute Gespräche zu führen, ist ziemlich schwierig.
- Wählen Sie die ersten Patienten sorgfältig aus. Es gibt sicherlich einige, denen das Reden leichter fällt als Ihnen.
- Machen Sie es sich zur Regel, mit jedem Patienten zu Beginn auch ausführlich über sein bisheriges Leben zu sprechen, besonders über Ereignisse im zeitlichen Umfeld der jetzigen oder früherer Erkrankungen. Je mehr Ihnen das zur Gewohnheit wird, um so eher gewinnen Sie einen ganzheitlichen Eindruck von Ihrem Gegenüber. Dies ist wichtig, damit nicht ein gespaltenes Bild vom Patienten entsteht, auf der ei-

nen Seite sein kranker Körper und auf der anderen Seite seine übrige Persönlichkeit.
- Im Idealfall können Sie Gespräche mit Patienten in Anwesenheit des Stationsarztes führen. Der Stationsarzt erhält die für ihn relevanten Informationen unmittelbar; Sie haben die Möglichkeit des direkten Feedbacks zu Ihrem Gespräch (Was war gut? Was hat wichtige Informationen zutage gefördert? Wo hat es gehakt? Welche Gesprächsatmosphäre ist entstanden? etc.). Der ärztliche Beruf bringt es mit sich, in Anwesenheit von Beobachtern zu sprechen und zu handeln. An diese Anwesenheit muss man sich gewöhnen.

Patientenaufklärung

Allgemeines

Als Famulant werden Sie Gespräche, in denen es um die Aufklärung über wichtige Befunde oder ärztliche Behandlungsmaßnahmen geht, nur selten selbstständig und auch dann nur unter ärztlicher Supervision durchführen. Für PJler, die eigenständig Patienten betreuen, gehört dies zu den Aufgaben, bei denen nicht zuletzt aus rechtlichen Gründen eine verantwortungsvolle Betreuung durch den zuständigen Arzt besonders wichtig ist.

Die Aufklärung eines Patienten beschränkt sich nicht auf die Mitteilung des im jeweiligen Fall vorliegenden gesicherten medizinischen Wissens (Operationsrisiko, Befundmitteilung, Behandlungs- und Untersuchungsalternativen). Dies könnte im Prinzip jeder, der über dieses Wissen verfügt. Das Aufklärungsgespräch erfolgt sinnvollerweise im Rahmen einer vertrauensvollen und kooperativen Beziehung zum Patienten.

Aufklärungen über geplante invasive diagnostische Prozeduren oder Operationen erfolgen häufig mittels vorgefertigter Aufklärungsbögen, auf denen der Patient am Ende sein Einverständnis oder seine Ablehnung mit seiner Unterschrift dokumentiert. Die Aufklärung umfasst auf keinen Fall nur die Aushändigung des Formulars, sondern es muss ein ärztliches Gespräch stattfinden, dessen Inhalt nochmals dokumentiert wird (inklusive Gesprächszeitpunkt und -dauer). Sie können als Famulant die Aufklärung vorbereiten, sie obliegt jedoch unbedingt dem verantwortlichen Stationsarzt.

Gesprächsführung

- Der Erfolg des Aufklärungsgesprächs hängt von folgenden Faktoren ab:
  - → Bringen Sie dem Patienten die nötigen Informationen in einer ihm verständlichen Sprache nahe, sodass er die Konsequenzen nachvollziehen kann.
  - → Versuchen Sie, die Gefühle des Patienten nachzuvollziehen.
  - → Unterscheiden Sie zwischen Ihren eigenen Empfindungen in dieser Situation und denen des Patienten.
  - → Bieten Sie dem Patienten Ihre Bereitschaft zur Unterstützung bei den möglichen Folgen der weiteren Behandlung an, soweit dies im Rahmen der ärztlichen Betreuung möglich ist.
- Sorgen Sie für eine störungsfreie Gesprächsatmosphäre mit festem zeitlichem Rahmen, insbesondere der Vermeidung äußerer Störquellen.
- Stellen Sie sich zuvor auf die Persönlichkeit des Patienten ein: Was ist für diesen Patienten besonders wichtig, was könnte schwierig werden?
- Definieren Sie Ihre Ziele, z. B. die Dringlichkeit eines Eingriffes verdeutlichen oder verantwortliche Mitbeteiligung des Patienten bei der Wahl von Behandlungsalternativen ermöglichen oder Stützung und Beruhigung bei einem bösartigen Befund.
- Erläutern Sie dem Patienten die konkrete Gesprächssituation und den zeitlichen Rahmen. *„Wir haben jetzt eine Viertelstunde Zeit, um uns ungestört gemeinsam zu überlegen, welche Möglichkeiten der weiteren Behandlung es gibt und welche für Sie sinnvoll sein könnten.“ „Ich möchte Ihnen heute schon einmal die wichtigsten Ergebnisse mitteilen. Leider*

habe ich heute nur wenig Zeit, wir können uns dann in den nächsten Tagen zur genaueren Besprechung etwas mehr Zeit nehmen."

- Geben Sie eine klare, möglichst konkrete und nachvollziehbare Mitteilung der entsprechenden Information ohne Schönfärberei oder beschwichtigende Floskeln.
- Achten Sie auf Reaktionen des Patienten (Angst, Unsicherheit, Verständnislosigkeit), und sprechen Sie diese an.
- Vergewissern Sie sich, dass der Patient alles verstanden hat. Vielleicht bitten Sie ihn zu wiederholen, was er verstanden hat.
- Wiederholen Sie wichtige Dinge in anderen Worten oder anschaulichen Bildern.
- Bieten Sie weitere Unterstützung oder Gespräche an.
- Versichern Sie sich, dass der Patient Unterstützung aus seinem sozialen Umfeld erhält.

B 2

Tipps und Tricks

- Verhalten Sie sich den Reaktionen des Patienten gegenüber abwartend, zuhörend und um Verständnis bemüht. Schlagen Sie ihm nicht vor, wie er am besten mit seiner Situation umgehen soll, sondern überlegen Sie gemeinsam mit ihm, was er tun könnte.

Probleme und Sonderfälle

- **Patienten, die belastende Mitteilungen scheinbar nicht begreifen:** Dies ist eine normale und häufige seelische Schockreaktion. Die emotionale Bedeutung des Mitgeteilten wird verleugnet. Versuchen Sie nicht, diese für den Patienten sinnvolle Verleugnung zu durchbrechen. Besprechen Sie statt dessen die sachlichen Aspekte des weiteren Vorgehens.
- **Patienten, an deren Behandlung Angehörige besonders intensiven Anteil nehmen:** Achten Sie hier besonders auf eine klare Trennung zwischen Arzt-Patient-Beziehung auf der einen und Angehörigengesprächen auf der anderen Seite. Vereinbaren Sie alles Wichtige, insbesondere Termine, mit dem Patienten selbst. Ziehen Sie Angehörige nur dann hinzu, wenn Sie selbst es für sinnvoll und wichtig halten.
- **Kooperationsunwillige Patienten:** Druck, Zwang und moralische Appelle helfen wenig, Sie haben es mit erwachsenen Menschen zu tun. Wenn Sie trotz einer um Verständnis und Respekt bemühten Hilfsbereitschaft den Patienten nicht erreichen, liegt das Weitere in der Verantwortung des Patienten selbst.

Umgang mit Angehörigen

Allgemeines

Sie sollten sich mit dem verantwortlichen Arzt über Art, Inhalt und Befugnis abstimmen, wenn Sie allein Gespräche mit Angehörigen führen.

Gesprächsführung

- Machen Sie sich vor dem Gespräch klar, welche Ziele Sie mit dem Gespräch verfolgen:
  - Aufklärung und Information über den Zustand des Patienten.
  - Beruhigung, Beschwichtigung, Tröstung besorgter oder trauernder Angehöriger.
  - Einbindung in Behandlungskonzept, Krankheitsbewältigung, Pflege usw.
  - Kennenlernen des familiären Umfeldes.
  - Klärung von Zweifeln, Ärger oder antitherapeutischen Einflüssen des Umfeldes.
  - Ihrem eigenen Unwillen Ausdruck geben und eine Änderung der Situation einfordern „So geht das nicht".
- Überlegen Sie auch, was das Anliegen der Angehörigen sein könnte und was schwierig werden könnte.
- Bedenken Sie vor jedem Gespräch mit Angehörigen, dass Sie immer zu dritt sind, auch wenn der Patient selbst nicht im Raum ist. Deshalb sollten Sie wenn möglich immer die Einwilligung des Patienten einholen und ihn später über das Gespräch unterrichten, wenn er dies möchte.
- Teilen Sie zu Beginn den Angehörigen mit, wieviel Zeit Ihnen für das Gespräch zur Verfügung steht und welches Anliegen Sie selbst haben. *„Wir haben leider nur ein paar Minuten Zeit, ich möchte Sie zunächst nur über das unterrichten, was wir mittlerweile über den Zustand Ihrer Frau wissen."*
- Geben Sie den Angehörigen die Möglichkeit, ihr Anliegen darzustellen. *„Aber Sie möchten vielleicht noch über etwas anderes mit mir reden?"*
- Versuchen Sie sich auf die Verständnisebene der Angehörigen einzustellen. Erklären Sie Zusammenhänge in einfachen Worten und vermeiden Sie Fachausdrücke.
- Zeigen Sie den Angehörigen, dass Sie sie ernst nehmen, und trauen Sie ihnen auch etwas zu. *„Ich glaube, dass Sie in vielen Dingen sicher besser wissen, was jetzt für Ihre Tochter wichtig ist." „Auch wenn Sie jetzt ziemlich ratlos sind und sich überfordert fühlen, vielleicht könnten Sie doch einmal versuchen, mit Ihrem Mann alleine über dieses Problem zu sprechen."*
- Versuchen Sie, Angehörige durch Anerkennung und Bestätigung für eine konstruktive Mitarbeit zu gewinnen. *„Ich war überrascht, mit welchem Geschick Sie die Gehversuche Ihres Mannes unterstützt haben." „Sie haben sich erstaunlich schnell über das Krankheitsbild Ihrer Frau informiert."*
- Vermeiden Sie Koalitionen, bemühen Sie sich, unparteiisch zu sein. *„Ich glaube, da kann ich Ihnen nicht helfen, das müssen Sie mit Ihrer Frau wohl selbst klären." „Ich verstehe Ihren Standpunkt, aber den Ihres Mannes kann ich genauso gut nachvollziehen, aber wir können gerne zu dritt darüber sprechen."*
- Versuchen Sie die Beweggründe herauszufinden, wenn die Zusammenarbeit mit Patienten und Angehörigen nicht konstruktiv ist. *„Sie scheinen nicht zufrieden mit der Betreuung hier auf Station. Können Sie mir sagen, was Ihnen im Einzelnen missfällt?" „Mir fällt auf, dass Sie lieber mit meinem Kollegen, der für die*

Behandlung eigentlich gar nicht zuständig ist, oder mit der Schwester reden. Wie kommt das denn?“

- Nehmen Sie auch die schwierigen, lästigen Angehörigen ernst. Sprechen Sie Ihr Unbehagen klar und deutlich an, aber nur, wenn Sie sie ernsthaft für eine bessere Zusammenarbeit gewinnen möchten. *„Es gefällt mir ganz und gar nicht, Ihnen immer wieder die gleichen Fragen beantworten zu müssen. Ich wüsste gerne, warum Sie so hartnäckig sind. Sind Sie denn so verunsichert?“*
- Angehörige schwerkranker Patienten sind gelegentlich hilfsbedürftiger als die Kranken selbst. Mahnende erzieherische Worte helfen wenig. Es ist auch nicht Ihre Aufgabe, Seelentröster oder Hilfs-Ich des Angehörigen zu sein. Machen Sie deutlich, dass Sie für solche Hilfestellungen nicht verfügbar sein können und ermuntern Sie die Betroffenen, sich anderweitig Unterstützung zu holen.

Probleme und Sonderfälle

- Wenn sich Konflikte mit Angehörigen abzeichnen, die unter Umständen auch rechtliche Schritte für das Krankenhaus oder den Stationsarzt nach sich ziehen könnten, sollten Sie das Gespräch nicht weiterführen und sofort den Stationsarzt informieren. In diesem Falle dokumentieren Sie aus dem Gedächtnis möglichst bald den Gesprächsinhalt und -verlauf und benennen mögliche Zeugen.
- Wenn sehr häufig Gespräche mit Angehörigen gewünscht sind und sich diese schwer mit dem Stationsablauf koordinieren lassen, kann z. B. auch eine Sprechstunde mit zuverlässiger Erreichbarkeit des Stationsarztes eingerichtet werden. Die Angehörigen sollten über Zeiten günstiger Erreichbarkeit informiert werden.

Umgang mit schwerstkranken und sterbenden Patienten

Allgemeines

Die Betreuung schwerstkranker und sterbender Menschen gehört zu den schwierigsten Aufgaben. Die Verdrängung des Todes in modernen Zivilisationen macht die humane Begleitung schwerstkranker sterbender Menschen schon aufgrund der Rahmenbedingungen zu einer schweren Aufgabe. Für Sie als begleitende Person steht im Vordergrund, wie Sie selbst dieses Dilemma erfahren und verarbeiten, distanziert und verleugnend, resignativ, mit therapeutischem Aktivismus oder aber als Möglichkeit, sich den eigenen Ängsten zu stellen und mit dem sterbenden Patienten auch das Unabwendbare ihres Todes auszuhalten. Sie werden dabei akzeptieren müssen, dass dies nie ganz gelingen kann.

Als Famulant, aber auch als noch nicht in die ärztliche Routine voll eingespannter PJler haben Sie oft viel mehr Zeit für die Patienten als die behandelnden Ärzte. Dadurch kommen Sie dem Patienten näher und die Begegnung mit schwerstkranken und sterbenden Patienten ist für Sie sehr schwierig, nicht zuletzt, weil Sie damit oft allein gelassen werden. Es entstehen Angst, Unsicherheit und Furcht vor zu großen Erwartungen der Patienten und zu hohen Ansprüchen an Ihre persönlichen Fähigkeiten, die Sie noch gar nicht haben können. Das kann dazu führen, den Kontakt mit Schwerstkranken eher zu meiden, unbeholfener zu gestalten und lieber anderen zu überlassen. Diese Reaktion ist verständlich, aber nicht nur für die Patienten sehr schade. Sie können von Gesprächen mit Sterbenden für sich selbst und für Ihre künftige Gesprächsführung vieles lernen. Wenn Sie sich ernsthaft auf die Beziehung zu sterbenden Menschen einlassen, werden Sie deutlich an Ihre eigenen Grenzen stoßen. Sie werden aber auch Ihre positiven Möglichkeiten kennen lernen.

Der Sterbeprozess

- Es ist für Sie wichtig zu wissen, dass Sterben ein Prozess ist, der günstigenfalls dazu führt, den Tod in positiver Weise anzunehmen. Dies ist am Ende aber nicht immer so. Je nach Persönlichkeit und Lebensgeschichte des Betroffenen kann dieser Verarbeitungsprozess verschiedene Phasen (Sterbephasen nach Kübler-Ross) haben. Allerdings durchlaufen nicht alle Patienten alle Phasen und auch nicht immer in der gleichen Reihenfolge. Wie die Menschen verschieden sind, so ist es auch Ihr Sterbeprozess. Folgende Phasen können vorkommen:
  - Phase der anfänglichen Verleugnung und der gefühlsmäßigen Betäubung.
  - Phase des aktiven Kampfes gegen den Tod.
  - Phase des Verhandelns, in der der Patient einen möglichst langen Aufschub erreichen will.
  - Phase zorniger Auflehnung gegen Gott, das Schicksal und die Lebenden.
  - Phase der tiefen Verzweiflung und Depression.
  - Umfassende Annahme des bevorstehenden Endes, der Patient wird ruhig und gelassen.
- Diesen Prozess wahrnehmen und einfühlend begleiten zu können ist eine schwierige Aufgabe und die wichtigste Voraussetzung einer humanen Sterbebegleitung.

B 4

Gesprächsführung

- Entwickeln Sie klare Zielvorstellungen:
  → Möchten Sie heute mit dem Patienten über seine persönliche Situation sprechen. Ist der Zeitpunkt, der Rahmen, die Situation des Patienten dafür günstig?
  → Geht es heute um Dinge, die mit seinem Sterben in Zusammenhang stehen?
  → Geht es eher um alltägliche Betreuungsaufgaben?
- Versuchen Sie, den Patienten nicht nur als Sterbenden zu betrachten, sondern als Menschen, der lebt und vitale Bedürfnisse hat, die unabhängig von seinem Sterben sind. Treten Sie also nicht besonders leise, behutsam, andächtig, pathetisch auf, legen Sie nicht die eigene Lebendigkeit und den Humor vor dem Zimmer des Patienten ab. Lebendigkeit und Humor sind für viele Patienten eher wohltuend als takt- oder respektlos.
- Lassen Sie den Patienten selbst Art und Ausmaß der gewünschten Unterstützung bestimmen. Er ist ein autonomer Mensch. Dies kann Ihre Aufgabe erleichtern und Sie von übertriebenem Verantwortungsgefühl und Schuldgefühlen entlasten.
- Holen Sie den Patienten dort ab, wo er steht. Er bestimmt letztlich selbst, wie weit er sich mit seiner Situation auseinandersetzen will. Auch wenn Ihnen das nicht immer richtig erscheint, haben Sie nicht das Recht, dem Patienten Wahrheiten oder Gespräche aufzuzwingen.
- Werden Sie sich über Ihren eigenen Standpunkt klar:
  → Was macht es Ihnen bei diesem Patienten besonders schwierig, mit ihm zu sprechen?
  → Warum fällt es Ihnen bei diesem Patienten besonders schwer, offen und ehrlich zu sein?
  → Warum geht Ihnen eine Situation besonders nahe oder berührt Sie auffallend wenig?
  → Womit können Sie nur schlecht umgehen?
  → Was hat das alles mit Ihnen zu tun?
- Auch sehr kurze Kontakte sind hilfreich. Zu viele gut gemeinte Worte schaden oft mehr als sie nützen.
- Geben Sie der Stille und dem Schweigen Raum. Meistens muss gar nicht viel gesagt werden, aber dem Patienten hilft es, wenn Sie mit ihm schweigen. Das ist häufig am schwersten auszuhalten.
- Achten Sie auf Anzeichen und Signale, die auf eine innere Auseinandersetzung des Patienten mit seinem bevorstehenden Ende hinweisen und bieten Sie dem Patienten die Möglichkeit an, darüber zu sprechen. *„Nach dem Besuch Ihrer Kinder sind Sie oft niedergeschlagen. Belastet es Sie vielleicht, dass sich die Kinder so um Sie sorgen?“ „Sie sind heute so still und zurückhaltend, als ob Sie innerlich mit etwas Wichtigem beschäftigt wären.“ „Mir fällt auf, dass Sie anders als früher viel weniger nachfragen. Woran könnte das denn liegen?“*
- Zeigen Sie echtes Interesse an den Gefühlen des Patienten und versuchen Sie, seine Verzweiflung, aber auch seinen vielleicht gegen Sie gerichteten Zorn auszuhalten.
- Vermeiden Sie gut gemeinte Worte des Trostes und der Beschwichtigung. Achten Sie stattdessen darauf, was der Patient an Beruhigung und Anteilnahme tatsächlich von Ihnen erwartet.
- Respektieren Sie die Intimsphäre des Patienten. *„Ich habe den Eindruck, dass Sie jetzt erst mal alleine sein wollen.“ „Wenn Sie irgendwas belastet, was Sie mit mir besprechen möchten, können Sie gerne später noch auf mich zukommen.“*
- Versuchen Sie, die an der Betreuung mitwirkenden Personen (Pflegepersonal, Arzthelferinnen, Angehörige) in die Begleitung einzubinden.

Umgang mit suizidalen Patienten

Allgemeines

Als Famulant oder PJler werden Sie nur in Ausnahmesituationen alleine ärztliche Verantwortung für einen suizidalen Patienten tragen, was Sie aber nicht von menschlicher Verantwortung entbindet. Gerade wenn Sie die Anregungen zur Beziehungsgestaltung und Gesprächsführung in diesem Buch ernst nehmen und umzusetzen versuchen, spüren Sie vielleicht etwas von der Lebensmüdigkeit eines Patienten. Für Sie ist es wichtig, die aus Ihrer Beziehung zum Patienten erwachsende Verantwortung auch dann weiter mitzutragen, wenn seine Suizidalität offenkundig geworden ist, jedoch muss dies in engster Abstimmung mit den verantwortlichen Ärzten und dem betreuenden Team geschehen. Die folgenden Anregungen gehen davon aus, dass eine entsprechende Abstimmung und Absicherung im Team gewährleistet ist.

Gesprächsführung

- Bei einem Gespräch mit einem offen oder latent suizidalen Patienten sollten Sie bereit sein, die Selbsttötungsabsicht offen und eindeutig anzusprechen.
- Sie sollten eine klare Zielvorstellung zum weiteren Vorgehen haben, die auf die persönlichen Fähigkeiten hin abgestimmt ist.
- Nehmen Sie jede Andeutung einer Suizidabsicht ernst.
- Teilen Sie dem Patienten zu Beginn des Gespräches Ihren Eindruck ganz offen mit und fragen Sie ihn direkt nach vorhandenen Suizidabsichten. Der Einwand „Damit bringe ich ihn vielleicht erst auf den Gedanken“ ist wohl eher eine Ausrede, um sich diesem unbequemen Thema nicht stellen zu müssen.
- Drängen Sie den Patienten zu klaren Äußerungen über die Ernsthaftigkeit seiner Absichten.
- Machen Sie sich klar, dass Sie das tödliche Risiko nicht völlig ausschließen können, und machen Sie dies auch dem Patienten deutlich.
- Beenden Sie bei Suizidalität kein Gespräch ohne Vereinbarung eines konkreten Auftrages sowie einer präzisen zeitlichen Festlegung des nächsten Kontaktes. Es ist wichtig, dass der Patient immer noch etwas ganz Bestimmtes mit Ihnen zu erledigen hat, und wenn es auch nur die Begleichung einer persönlichen Rechnung ist. Ein wütender Patient hat noch einen guten Grund, weiter zu leben.

Probleme und Sonderfälle

- **Verdacht auf eine psychiatrische Grunderkrankung:** Es kann sein, dass die mehr oder weniger unverhüllte Suizidankündigung eines Patienten in Ihnen den Verdacht einer psychiatrischen Erkrankung erweckt (z. B. bei schwerer Depression). Versuchen Sie sich, z. B. mit Hilfe eines psychiatrischen Konsils, schnell darüber Klarheit zu verschaffen und sorgen Sie für eine entsprechende Unterbringung des Patienten.
- **Nach dem Suizidversuch:** Primär geht es hier natürlich um die akute Versorgung (z. B. Schnittwunden, Detoxikation etc.). Wichtig ist jedoch, dass eine kompetente psychiatrisch-psychotherapeutische Weiterbetreuung veranlasst wird, bzw. der Patient so lange im Schutz der Klinik verbleibt, bis eine solche Betreuung möglich ist. Versuchen Sie dafür zu sorgen, dass der Patient bei einem niedergelassenen Psychiater einen schnellen Termin bekommt und schicken Sie den Patienten nach Möglichkeit mit Begleitung dorthin, z. B. in einem Taxi.

B 5

Patienten mit funktionellen Beschwerden

B 6

Allgemeines

Psychosomatische Patienten drücken über ihre körperlichen Befindlichkeitsstörungen emotionale Konflikte aus, die sich aber ihrem bewussten Denken entziehen. Äußerlich erwecken diese Patienten den Anschein, außer ihrem Symptom sei ansonsten alles mit ihnen in Ordnung, und sie erleben es auch selbst so. Sie somatisieren ihre Affekte. Wo andere trauern, haben sie vielleicht Herzschmerzen. Wut und Zorn zeigen sich bei ihnen z. B. in Form von Kopfschmerzen. Die Hartnäckigkeit, mit der sich viele weigern, einen seelischen Zusammenhang anzuerkennen, ist kein Sträuben, sondern vielmehr Ausdruck ihrer „emotionalen Sprachstörung". Konflikte, Spannungen, Trauer, Ärger erlebt nur der Gesprächspartner, dessen Aufgabe es dann ist, dem Patienten seine Beteiligung daran schrittweise zu verdeutlichen. Dann wird er allmählich lernen, die schmerzhafte Körpersprache zu ersetzen.

Die folgenden Anregungen gehen von der Voraussetzung aus, dass es bei einem Patienten keine objektivierbaren Befunde gibt, die die körperlichen Beschwerden erklären, und dass Sie das Gespräch mit der Zielsetzung führen, mögliche andere Hintergründe gemeinsam mit dem Patienten herauszufinden.

Gesprächsführung

- Bei Patienten mit funktionellen Beschwerden sollten zwei Entwicklungslinien verfolgt werden:
  → Entsomatisierung, d. h. allmähliche Änderung der Sicht des Patienten, der auf eine körperliche Ursache seiner Beschwerden fixiert ist.
  → Reverbalisierung und Emotionalisierung: Der Patient sollte die Fähigkeit entwickeln, Konflikte und Gefühle erfahrbar, mitteilbar und spürbar werden zu lassen.
- Nehmen Sie sich bei jedem neuen Patienten Zeit für eine ausführliche biographische Anamnese. Versuchen Sie die Lebensgeschichte, seine Persönlichkeit und sein Umfeld möglichst gut kennen zu lernen.
- Achten Sie vor allem auf die Lücken, z. B. die fehlende emotionale Reaktion auf belastende Ereignisse, die mangelnde affektive Resonanz im Gespräch.
- Verbinden Sie die Mitteilung der Befunde mit der Anregung, nach anderen Erklärungszusammenhängen gemeinsam zu suchen. *„Wir haben keine körperlichen Befunde erheben können, die Ihre Beschwerden erklären. Vielleicht haben Sie selbst sich schon Gedanken gemacht, wo Ihre Schmerzen denn herkommen könnten."*
- Wichtig dabei ist, dass Sie dem Patienten das Gefühl vermitteln, ihn ernst zu nehmen, ganz gleich welcher Ursache seine Beschwerden sind (s. Rogers-Prinzipien S. 43). *„Letztendlich interessiert mich nicht, welche Befunde bei Ihnen negativ sind, Sie sagen mir, dass Sie Schmerzen haben, also haben Sie Schmerzen, und ich möchte mit Ihrer Hilfe etwas dagegen unternehmen."*
- Achten Sie auf die Art und Weise (Körpersprache, Kontaktaufnahme, Schweigen, Themenwechsel), wie der Patient das Gespräch gestaltet. Wenn möglich, sprechen Sie ihn vorsichtig darauf an. *„Kann es sein, dass es Ihnen etwas unbehaglich ist, über Ihre private Situation zu sprechen?" „Sie wundern sich vielleicht, dass ich Sie nach Ihrer beruflichen Belastung*

frage, aber ich habe den Eindruck gewonnen, dass Sie das doch sehr beschäftigt.“

- Achten Sie im Gespräch auch auf das, was der Patient in Ihnen auslöst. Es kann ein Hinweis auf eine spezifische Problematik sein. Beispiel: *Dieser so korrekte, höfliche, sachliche Mensch macht mich immer ärgerlicher. Wie geht er selbst mit seinem Ärger um?Am liebsten würde ich diese liebenswürdige, hilflose ältere Dame ein bisschen trösten und ihr Mut zusprechen. Ist sie vielleicht ein wenig vereinsamt?*
- Werden Sie hellhörig, wenn der Patient wortreich schildert, wie gut und problemlos ein bestimmter Lebensbereich (z. B. Ehe, Berufsalltag) bei ihm ist. Machen Sie ihn durch Nachfragen auf diese konfliktfreie Schilderung aufmerksam. *„Privat und beruflich scheint ja alles bestens, die wenigsten können das von sich sagen. Wie kommt das denn?“ „Wie schaffen Sie es denn, eine so vorbildliche Ehe zu führen?“*
- Achten Sie auf Widersprüche in den Äußerungen des Patienten, wenn diese mit seinen Beschwerden in Verbindung stehen könnten. Sprechen Sie ihn behutsam darauf an: *„Sie sagten vorhin, dass Sie mit Ihren Angestellten sehr gut klarkämen, jetzt berichten Sie von gerichtlichen Auseinandersetzungen, die Ihnen an die Nieren gehen. Das verstehe ich erst mal nicht.“ „Sie sagten ganz am Anfang, dass Sie froh seien, dass zu Hause wenigstens alles in Ordnung ist. Jetzt erzählen Sie, dass der Klassenlehrer Ihrer Tochter Ihnen geraten hat, den Schulpsychologen aufzusuchen.“*
- Versuchen Sie, die Beschwerden des Patienten mit bestimmten Lebensumständen oder Situationen in Beziehung zu bringen. *„Mir fällt auf, dass Ihre Beschwerden einsetzten, als Sie sich für eine Umschulung entschieden hatten.“ „Die Kopfschmerzen scheinen immer dann besonders stark zu sein, wenn Familienfeste ins Haus stehen.“*
- Sprechen Sie Ängste vor psychischer Stigmatisierung offen an: *„Die Vorstellung, Ihre Schmerzen könnten seelische Ursachen haben, scheint Sie sehr zu beunruhigen. Was würde das denn für Sie bedeuten?“ „Sie sind zusammengezuckt, als ich Sie fragte, ob Sie zu einem Gespräch mit einem Arzt aus der Psychosomatik bereit wären. Was befürchten Sie denn?“*
- Bieten Sie dem Patienten Entlastung durch einfache, leicht zu akzeptierende Erklärungsmuster für die Ursache seiner Beschwerden an. Hier helfen auch Vergleiche mit anderen, „ganz normalen“ Menschen, die ähnliche Probleme haben. *„Sehr viele Patienten haben in Ihrer Situation ähnliche Probleme.“ „Unser Körper reagiert ständig auf äußere Einflüsse und Belastungen. Wenn es zuviel wird, ist es ganz normal, dass an dem einen oder anderen besonders belasteten Organ Schmerzen oder Störungen auftreten. Oft ist das ein wichtiges Alarmsignal.“ „Viele Menschen haben zeitweilig leichte Rückenschmerzen. Geht es einem sonst gut, spürt man sie vielleicht gar nicht. Geht es einem aber schlecht, dann tun sie noch einmal so weh.“*
- Verdeutlichen Sie die eigene psychosomatische Sicht der Beschwerden des Patienten und konfrontieren Sie ihn damit. Sagen Sie klar, wenn Sie eine somatische Behandlung nicht für sinnvoll halten. *„Ich bin überzeugt, dass Ihre Beschwerden keine körperlichen Ursachen haben. Wir sollten vielleicht doch einmal ausführlicher über Ihre persönliche Situation sprechen.“ „Ich glaube, dass es auf die Dauer keine Lösung ist, Ihre Nervosität und Schlafstörungen mit Tabletten zu behandeln. Vielleicht sollten wir versuchen, gemeinsam herauszufinden, was Sie so unruhig macht und um den Schlaf bringt.“*
- Versuchen Sie, den Patienten durch klare Vereinbarungen hinsichtlich

Zeit, Dauer und Zielvorstellungen an ein kontinuierliches Gesprächsangebot anzubinden, z. B. beim Hausarzt oder in einer ambulanten Psychotherapie.

Tipps und Tricks

- Reflektieren Sie Ihre eigenen Vorurteile vor dem Gespräch.
- Halten Sie sich mit eigenen Erklärungen, Vermutungen und Lebensweisheiten zurück. Es geht um den Patienten, nicht um Sie.
- Gestalten Sie die Kontaktaufnahme offen, und überlassen Sie dem Patienten zunächst die Initiative.
- Gehen Sie auch mit intimen Informationen (z. B. hinsichtlich Sexualität) möglichst selbstverständlich und unverkrampft um.
- Vermeiden Sie eine detektivische, indirekte Art der Gesprächsführung.

Probleme und Sonderfälle

- **Nicht erkannte somatische Grunderkrankung:** Seltener Sonderfall, bei dem trotz intensiver Diagnostik die körperliche Ursache hinter den Beschwerden nicht gefunden wird, aber trotzdem vorhanden ist. Diesem Irrtum können Sie auch dadurch vorbeugen, dass Sie die zugrunde liegende seelische Störung identifizieren und beschreiben. Somatische und psychosomatische Sichtweise schließen einander ja nicht aus, im Gegenteil, beide gehören zu einer umfassenden ärztlichen Versorgung und ergänzen einander.
- **Chronisch fixierte funktionelle Beschwerden:** Über Jahre chronisch fixierte und erstarrte funktionelle Beschwerden überdauern auch den Wegfall der primär körperlichen Ursachen. Hier hilft es nicht viel, nach den früher für die Beschwerden verantwortlichen körperlichen oder seelischen Ursachen zu suchen. Stattdessen sollten Maßnahmen eingeleitet werden, die unter Berücksichtigung der vorhandenen Beeinträchtigungen zu einer möglichst optimalen Lebensqualität beitragen können:
  - Reduktion des diagnostischen und therapeutischen Aufwandes.
  - Entlastung von krankheitsunterhaltenden Rahmenbedingungen, notfalls auch durch rechtzeitige Berentung oder Umschulung.
  - Anbindung an Selbsthilfegruppen oder vergleichbare soziale patientenbezogene Netzwerke.
  - Weiterleitung des Patienten an Spezialeinrichtungen (Schmerzambulanz, psychosomatische Kliniken, Reha-Einrichtungen).

C Blutentnahmen und Injektionen

Allgemeines zu Punktionen

Grundregeln

Für alle Punktionen gelten ein paar einfache Grundregeln:

- Nehmen Sie sich für die Punktion viel Zeit.
- Waschen Sie Ihre Hände.
- Informieren Sie den Patienten über das Vorgehen und den Zweck der Punktion.
- Bitten Sie Besucher aus dem Zimmer.
- Stellen Sie sicher, dass Sie den richtigen Patienten vor sich haben, wenn Sie ihn nicht kennen. (Cave: Ältere schwerhörige Patienten antworten häufig auf die Frage „Sind Sie Herr X?" einfach mit ja).
- Nehmen Sie eine bequeme und entspannte Haltung ein. Am besten sitzen Sie auf einem Hocker neben dem Patienten.
- Beachten Sie die Regeln der korrekten Desinfektion (s. S. 60).
- Arbeiten Sie nie ohne Handschuhe!
- Legen Sie eine Einmalunterlage unter.
- Eventuell rasieren Sie den zu punktierenden Körperteil.
- Nehmen Sie ausreichend Tupfer und Pflaster mit und verbinden Sie die Punktionsstelle anschließend sorgfältig.
- Stecken Sie NIE die Kappe wieder auf die Nadel (Recapping), sondern nehmen Sie einen Abwurfbehälter für spitze Gegenstände mit. Die Verletzungsgefahr ist hier sehr groß und wird leicht unterschätzt (s. S. 35 Stichverletzung)!
- Die Größe von Punktionsnadeln, Kanülen und Braunülen wird in G angegeben (G = Gauge = Maß für den Außendurchmesser; hohe Gauge-Zahl = geringer Außendurchmesser).
- Überprüfen Sie Ihr benötigtes Material auf Vollständigkeit, bevor Sie zum Patienten gehen.

Safebox

5-R-Regel zur Medikamentengabe

- **Richtiger Patient:** Fragen Sie den Patienten nach seinem Namen. Namensschilder können vertauscht werden. Manche Namen klingen sehr ähnlich oder sind sogar identisch. Ältere Menschen hören manchmal schlecht und nicken aus Höflichkeit oder Unsicherheit.
- **Richtiges Medikament:** Medikamente können leicht verwechselt werden. Achten Sie evtl. auch auf das Verfallsdatum.
- **Richtige Dosierung und Konzentration:** Kontrollieren Sie die Menge und Konzentration, wenn Sie die Spritze nicht selbst aufgezogen haben.
- **Richtige Applikationsform:** Viele Medikamente gibt es in unterschiedlichen Zubereitungen für ver-

schiedene Applikationsformen und somit auch in verschiedenen Konzentrationen.

- **Richtiger Zeitpunkt:** Viele Medikamente müssen zu einem bestimmten Zeitpunkt (z. B. morgens oder abends) gegeben werden. Im Zweifel schauen Sie auf den Beipackzettel.

Hautdesinfektion und sterile Arbeitstechnik

Allgemeines

Haut und insbesondere die Hände von Klinikpersonal sind die wichtigsten Überträger nosokomialer Infektionen. Etwa 1/3 der Infektionen, die während eines Klinikaufenthaltes erworben werden, sind durch korrektes Hygieneverhalten vermeidbar. Der richtige Umgang mit sterilem Material gehört daher zu den grundlegenden medizinischen Arbeitstechniken und muss eingeübt werden.

Durchführung der Hautdesinfektion

Vor einer Desinfektion muss die Haut mechanisch, z. B. mit Wasser und Seife, gereinigt sein. Erst dann können Desinfektionsmittel ihre Wirkung entfalten.

Desinfektion Grad I

Bei Injektionen und Blutentnahmen:
- Desinfektionsmittel aufsprühen.
- ca. 30 s einwirken lassen.

Desinfektion Grad II

Bei peripheren Zugängen, i.m.-Injektionen und Abnahme von Blutkulturen
- Hautreinigung mit Desinfektionsmittel und sterilem Tupfer.
- Erneutes Aufsprühen des Desinfektionsmittels nach 30 s und erneute Einwirkzeit von 30 s bzw. bis zum vollständigen Eintrocknen abwarten.

Desinfektion Grad III

Bei Operationen, Punktionen von Körperhöhlen und Gelenken:
- Hautreinigung mit Wasser und Seife.
- Enthaarung.
- Evtl. Entfettung (mit Waschbenzin).
- Desinfektionsmittel (z. B. PVP-Jod/Betadinelösung) zweimal auftragen und je 2,5 min einwirken lassen. Dabei sterile Handschuhe, ggf. Mundschutz tragen.
- Abdeckung der Arbeitsumgebung und des Patienten mit sterilen Tüchern.

Umgang mit sterilem Material

- Kehren Sie sterilem Material nie den Rücken zu.
- Sprechen Sie möglichst wenig beim Umgang mit sterilem Material. Tragen Sie nach Möglichkeit einen Mundschutz.
- Halten Sie genügend Abstand zu sterilem Material.
- Vermeiden Sie Durchzug und andere starke Luftbewegungen (Staub).
- Entnehmen Sie sterile Materialien aus Trommeln und Kästen nur mit sterilen Greifinstrumenten. Kanten und Ränder der Innenseite von Trommeln und Kästen sind als unsteril zu betrachten.
- Legen Sie den Behälterdeckel immer mit der Oberseite nach unten ab.
- Kennzeichnen Sie Behälter, die unsteril geworden sind.
- Arbeiten Sie mit sterilen Materialien immer auf einer sterilen Arbeitsfläche (Abdecktuch).

Tipps und Tricks

- Waschen Sie Ihre Hände besonders gründlich an den Nagelseiten und am Handgelenk. (Im OP Nagelbürste benutzen.)
- Planen Sie Ihre Arbeiten so, dass unnötiges Händewaschen vermieden wird.
- Arbeiten Sie nur mit Handschuhen.

- Unterscheiden Sie Hände- und Hautdesinfektionsmittel: Händedesinfektionsmittel enthalten rückfettende Substanzen, die bei der Hautdesinfektion die Haftung von Pflastern behindern würden.
- Allgemeine hygienische Maßnahmen: kurz geschnittene Fingernägel, tägliche Nagelpflege, keine Uhren, keine Ringe, keine überlangen Ärmel.
- Cremen Sie Ihre Hände zu Beginn und am Ende des Arbeitstages mit Handcreme ein, wenn möglich auch alle drei bis vier Stunden während des Arbeitstages.
- Sterile Tupfer sind einzeln steril verpackt und sehr teuer. Sie sollten nur für sterile Arbeiten verwendet werden. Alle übrigen Tupfer des „täglichen Gebrauchs" befinden sich in unsterilen Spendern.

Probleme und Sonderfälle

- **Hautschädigung durch häufiges Waschen:** Haut gut abtrocknen und regelmäßige Hautpflege mit Handcreme.
- **Hautschädigung (z. B. Panaritium, Allergie, Ekzem):** Vorsicht bei Arbeit in der Pflege, weil das Ansteckungsrisiko erhöht ist (Handschuhe benutzen!).

Venöse Blutentnahme

Allgemeines

Die venöse Blutentnahme dient Laboruntersuchungen, Blutspenden oder selten dem Aderlass. Die sichere Blutentnahmetechnik erfordert ein hohes Maß an Übung, deshalb sollten Sie bereits während der Famulaturen damit beginnen.

Durchführung

- **Materialien**:
  - Mehrere Nadeln oder Butterflies, falls mehrmaliges Stechen erforderlich ist, Nadelstärke: 0,8 mm = 21 G/grün oder 0,9 mm = 20 G/gelb.
  - Mehrere Blutröhrchen in der erforderlichen Farbe (s. unten) und Ersatzröhrchen in jeder Farbe.
  - Einige Tupfer (unsteril).
  - Stauschlauch.
  - Desinfektionsmittel.
  - Pflaster.
  - Handschuhe.
  - Evtl. Einmalunterlage/Zellstoff.
- Sprechen Sie den Patienten mit Namen an, um sicherzugehen, dass Sie den richtigen Patienten vor sich haben (Achtung bei Schwerhörigen).
- Besucher oder Zuschauer sollten hinausgebeten werden.
- Nehmen Sie sich Zeit und Ruhe.
- Der Patient nimmt am besten eine liegende Position ein, um einem möglichen Kollaps zuvorzukommen. Der Arm ist gestreckt.
- Ziehen Sie gleich zu Beginn Handschuhe an. Arbeiten Sie NIE ohne!
- Legen Sie eine Einmalunterlage oder Zellstoff unter, falls Blut danebenläuft.
- Nehmen Sie eine bequeme und entspannte Haltung ein (am besten sitzend).
- Für die Blutabnahme findet sich häufig in der Ellenbeuge eine gute Vene. Bei Entnahme aus der Hand evtl. eine Y-Stelle aufsuchen, wo zwei Venen zusammenfließen.
- Stauen Sie oberhalb der Entnahmestelle. Die Stauung sollte den Puls nicht abschnüren. Vorsicht bei alten, exsikkierten Menschen, deren Hautfalten schnell im Stauschlauch eingeklemmt werden können.
- Desinfektionsmittel aufsprühen und mit einem unsterilen Tupfer nach einer halben Minute abwischen. Nach der Desinfektion sollen Sie nicht mehr nachtasten (oder Handschuhspitzen desinfizieren).
- Straffen Sie bei Entnahme aus der Hand die Haut durch Beugung der Hand.
- Der Nadelschliff und die ml-Skala der Spritze zeigen nach oben.
- Stechen Sie schnell in einem Winkel von 30–40° in die Haut ein.

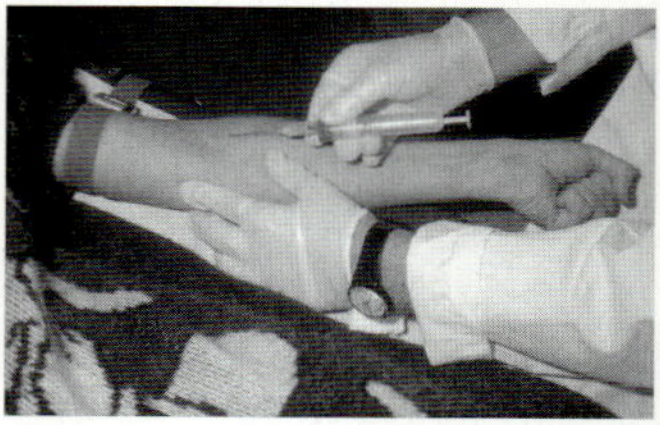

- Anwendung der verschiedenen Systeme s. unten.
- Entnehmen Sie nur so viel Blut, wie nötig ist. Beachten Sie die Markierung auf den Röhrchen.
- Halten Sie beim Röhrchen- oder Spritzenwechsel die Nadel gut fest.
- Röhrchen mit Zusätzen müssen Sie direkt nach Entnahme mehrmals hin- und herkippen, damit sich das Blut mit dem Zusatz gut vermischt. Diese Röhrchen (Gerinnung, BSG) müssen vollständig gefüllt sein, da die vorgelegte Menge Reagenz in einem festen Mischungsverhältnis zum Patientenblut steht.

- Bei mehreren Probenröhrchen sollten zuerst evtl. Blutkulturen, die Serumröhrchen, anschließend das Gerinnungsröhrchen und dann die übrigen gefüllt werden. Allein durch die Stauung wird das Gerinnungssystem aktiviert, dadurch reichert sich lokal Gewebsthrombokinase an. Wird zuerst das Gerinnungsröhrchen gefüllt, kann eine Kontamination der Probe mit Gewebsthrombokinase entstehen, wodurch Gerinnungsfaktoren verbraucht werden.
- Lösen Sie vor der Entfernung der Nadel den Stauschlauch.
- Ziehen Sie die Nadel heraus, und drücken Sie die Punktionsstelle mit einem Tupfer ab. Fordern Sie den Patienten selbst zum Drücken auf. Der Arm sollte nicht gebeugt werden, dadurch entstehen Hämatome.
- Wenn nötig, kleben Sie noch ein Pflaster auf.
  Merke: Nach der Entnahme niemals die Kappe wieder auf die Nadel stecken. Gebrauchte Nadeln müssen unmittelbar in einem Abwurfbehälter entsorgt werden.

Verschiedene Entnahmesysteme und ihre Anwendung

Sarstedt-Monovetten

- Für die Punktion wird auf ein Röhrchen eine Nadel gedreht und eingerastet.
- Das Blut wird durch Hochziehen des Spritzenkolbens aspiriert und die Röhrchen dann durch Drehen und Einrasten gewechselt. Dies erfordert etwas Geschick, doch die Korrekturmöglichkeiten sind gut.
- Vor dem Herausziehen der Nadel sollten Sie die Monovette abdrehen, da sonst Blut aus der Spritze ausläuft.
- Ziehen Sie den Kolben der abgedrehten Monovette hoch und brechen Sie ihn ab.
- Falls das Röhrchen noch nicht beschriftet ist: sofort mit dem Namen des Patienten und dem Datum beschriften.

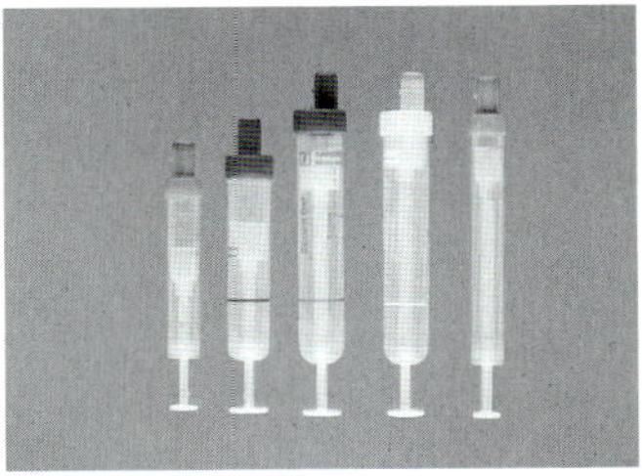

Sarstedt-Monovetten

Vacutainer

- Für die Punktion Kanüle in den Halter schrauben und das Röhrchen locker in den Halter legen.
- Sobald die Kanüle im Lumen liegt, Vakuumröhrchen auf den Dorn

Tabelle 8 Sarstedt-Monovetten

Farbe des Röhrchens	Zusatz	Untersuchung
lila	Natrium-Zitrat	BSG
rot	EDTA	Blutbild
braun	–	Enzymdiagnostik, Stoffwechselparameter
weiß	Kunststoffkugeln	Kreuzprobe, Antikörper, Antigene + Serumwerte
grün	Natrium-Zitrat	Gerinnungswerte

C 3

Tabelle 9 Vacutainer

Farbe des Röhrchens	Zusatz	Untersuchung
rot-braun	Kunststoffkugeln oder Gel	Serumwerte, Kreuzprobe
grün	Natrium-Zitrat	Gerinnungswerte
lila	EDTA	Blutbild
schwarz	Natrium-Zitrat	BSG
blau	Natrium-Zitrat	Quick
rot	–	Stoffwechselparameter, Enzymdiagnostik

drücken. Das Blut strömt ins Röhrchen.

- Die Handhabung ist einfach, jedoch ist eine Korrektur nicht möglich, wenn nach Aufsetzen des Vakuumröhrchens kein Blut fließt und das Vakuum sich mit Luft füllt.
- Auch hier das Röhrchen aus dem Halter entfernen und dann erst die Nadel mit dem Halter herausziehen.
- Röhrchen sofort mit Namen des Patienten und Datum beschriften.

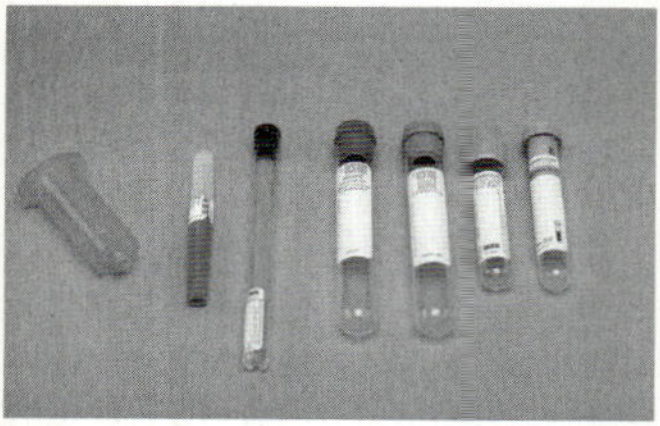

Vacutainer

Einfache Spritze mit Einmalkanüle

Diese einfache Konstruktion ist in Notfallsituationen oder bei gleichzeitiger Anlage eines Venenkatheters sinnvoll. Das Blut muss allerdings nach Entnahme in die farbigen Röhrchen umgefüllt werden.

Butterfly

- Butterfly an den Flügeln fassen und punktieren.
- Wenn die Nadel in der Vene liegt, den Schlauch mit einem Pflaster fixieren.
- Blut durch den Schlauch laufen lassen, bis er entlüftet ist.
- Blutentnahme mit Adapter und Röhrchen oder Einmalspritze.
- Bei Bestimmung von Gerinnung und BSG keinen Butterfly verwenden!

Diese Methode ist sinnvoll, wenn viele Röhrchen entnommen werden müssen oder der Patient schlechte Venen hat. Auch bei älteren Kindern funktioniert diese Methode meist recht gut.

Nachteile: Butterflies sind recht teuer, und es kann wegen des langen Blutweges durch den Schlauch vermehrt zu Hämolyse mit sekundärer Verfälschung der klinisch-chemischen Parameter kommen.

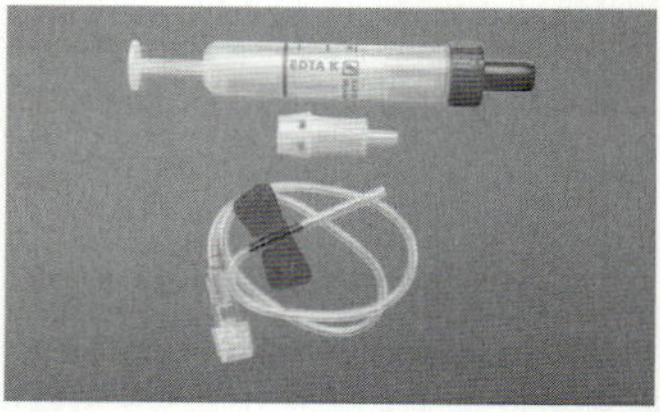

Butterfly

Tipps und Tricks

- Halten Sie die Nadel möglichst außer Sicht des Patienten (besonders bei Kindern). Fordern Sie ängstliche Patienten auf, wegzusehen. Oft ist es auch sinnvoll, den Patienten mit einer kleinen Unterhaltung abzulenken.
- Wenn Ihnen das System neu ist, proben Sie zuvor einige Male, wie Nadel, Adapter und Röhrchen zusammengesetzt werden.
- Lassen Sie sich nicht verunsichern, wenn der Patient von seinen schlechten Venen spricht. Es gibt immer wieder schlechte Tage, und auch noch nach jahrelanger Erfahrung begegnen Sie Patienten, von denen Sie einfach kein Blut bekommen. Nach dem zweiten Fehlversuch sollten Sie deshalb eine andere Person mit der Entnahme beauftragen.
- Nehmen Sie sich Zeit. Am besten sitzen Sie auf einem Hocker neben dem Bett, so haben Sie eine ruhigere Hand.
- Mit einiger Erfahrung lässt sich manchmal durch vorsichtiges „Suchen" in der Tiefe noch eine Vene finden, ohne erneut die Haut durchstechen zu müssen.
- Bei Rechtshändern finden sich rechts meistens stärkere Venen, bei Linkshändern links.
- Unterstützende Maßnahmen beim Stauen der Venen:
  - Öffnen und Schließen der Faust („pumpen"; Cave: Es erhöht etwas den Kalium-Spiegel).
  - Arm unter Herzniveau hängen lassen.
  - Die Haut am Arm reiben oder vorsichtig darauf klopfen.
  - Aufsprühen von Nitro-Spray (nach Rücksprache).
- Eventuell ist die Vene nur tastbar. Versuchen Sie es dennoch, wenn Sie sicher sind, dass es sich nicht um eine Sehne handelt. (Gefüllte Vene: prall und federnd; Sehne: hart und unnachgiebig).
- Bei älteren Menschen weniger stauen, weil die Venen brüchiger sind.
- Punktieren Sie keine kleinen oberflächlichen Venen – es geht meistens schief.
- Entnehmen Sie kein Blut aus verhärteten Venen.
- Normalwerte sind von Labor zu Labor verschieden.
- Bei zu langer Stauung können die Kalium-Werte fälschlicherweise erhöht sein, und es kommt zu einem pH-Abfall.
- Zu starke Aspiration führt zur Hämolyse. Der Blutfluss sollte langsam und gleichmäßig sein.
- Bei Infektionsverdacht müssen Sie das entnommene Blut kennzeichnen.
- Röhrchen immer sofort nach Entnahme beschriften. Sie können sich die Zuordnung sonst nicht merken! Verwechslungen können fatale Folgen haben.

Probleme und Sonderfälle

- **Blutentnahme aus einem frisch gelegten Venenzugang:** Die ersten 10 ml müssen verworfen werden. Nach der Entnahme aus dem Zugang spülen Sie ihn mit 5 ml NaCl 0,9 % durch.
- **Infusionen:** Entnehmen Sie kein Blut aus einem Arm oder Zugang, durch den kurz zuvor oder gleichzeitig eine Infusion läuft.
- **Einstichstelle wird dick:** Die Vene ist beschädigt oder geplatzt und es bildet sich ein Hämatom im Gewebe. Lösen Sie den Stauschlauch und ziehen Sie die Nadel sofort heraus. Drücken Sie dann die Einstichstelle einige Minuten mit einem Tupfer kräftig ab.
- **Verwirrte Patienten:** Eine zweite Person sollte den Arm fixieren, damit der Patient ihn nicht wegziehen kann.

- **Rollvenen:** Sehr selten erschwerte Punktion wegen mangelhafter Fixierung der Vene im Bindegewebe. Ziehen Sie mit der nicht punktierenden Hand die Haut um den Arm herum straff, so dass die Vene unter der Haut fixiert wird, und wählen Sie möglichst einen umgekehrt y-förmigen Venenzusammenfluss.
- **Paretischer Arm:** Nach Möglichkeit sollten Sie aus einem paretischen Arm kein Blut entnehmen, da meist die Trophik gestört ist, was zu einer schlechteren Wundheilung führt. Außerdem besteht durch die reduzierte Beweglichkeit ein erhöhtes Thromboserisiko.
- **Niereninsuffiziente Patienten:** Nicht aus einem Shunt Blut entnehmen, er sollte für eine Dialyse geschont werden.
- **Keine geeignete Vene auffindbar:** In hartnäckigen Fällen und bei kleinen Kindern kann auch aus den Füßen Blut abgenommen werden. Gehen Sie dabei analog zur Entnahme aus den Händen vor. Prinzipiell ist auch eine Blutentnahme aus der Leiste möglich (nach Rücksprache), sie wird aber sehr selten praktiziert. Beachten Sie hierbei die IVAN-Regel als Eselsbrücke zur Anatomie am Oberschenkel (I = Innenseite des Oberschenkels, V = Vene, A = Arterie, N = Nerv).
- **Patienten nach Brustamputation** und axillärer Lymphknotenausräumung: Nach Möglichkeit sollten Sie an der betroffenen Seite kein Blut entnehmen, da hier der Lymphabfluss gestört ist.
- **Histamin-Bestimmung:** Entnahme mit einer einfachen (großen) Spritze ohne Stauung.
- **Alkohol-Bestimmung:** Vor der Entnahme keine alkoholhaltigen Desinfektionsmittel verwenden (Alternative: Tupfer mit Jod).

Blutentnahme aus ZVK

Allgemeines

Die Blutentnahme aus dem ZVK ist eine eher selten angewandte Methode. Sie kann jedoch sinnvoll sein bei Patienten mit schwer punktierbaren Venen oder bei schwerkranken Patienten, bei denen mehrmals täglich Blut entnommen werden muss. Nachteil der Blutentnahme aus dem ZVK ist das erhöhte Risiko einer Keimeinschwemmung mit anschließender Sepsis, da der Katheter direkt im rechten Vorhof liegt. Zudem kann sich ein ZVK durch häufige venöse Blutabnahmen rasch verschließen. Daher sollten Sie nur nach Rücksprache mit dem Arzt Blut aus dem ZVK entnehmen.

Durchführung

- **Materialien:**
  - Mindestens drei Einmalspritzen: eine zum Verwerfen, eine zum Abnehmen und eine zum Nachspülen. Alternativ zwei Einmalspritzen (zum Verwerfen und zum Nachspülen) und einen Adapter für Blutentnahmeröhrchen (Sarstedt-Monovetten).
  - Desinfektionsmittel.
  - Handschuhe.
  - Sterile Ersatzverschlüsse.
  - Einige sterile Tupfer.
- Ziehen Sie in einer Spritze mindestens 10 ml isotonische NaCl-Lösung auf.
- Wenn möglich, erfolgt die Entnahme aus einem Dreiwegehahn. Schließen Sie zuerst den Hahn, stellen Sie die Perfusoren ab, und schrauben Sie eine Öffnung auf.
- Desinfizieren Sie das Ansatzstück.
- Setzen Sie dann die Spritze auf.
- Öffnen Sie den Dreiwegehahn und aspirieren Sie Blut. Die ersten 10 ml werden grundsätzlich verworfen.
- Arbeiten Sie zügig, damit der ZVK nicht verstopft.
- Nach der Entnahme spülen Sie den Katheter mit mindestens 10 ml isotonischer NaCl-Lösung. Nach der Entnahme sollten keine Blutreste mehr am Zugang kleben.
- Desinfizieren Sie das Ansatzstück erneut.
- Schrauben Sie anschließend einen neuen sterilen Verschluss auf.

C 4

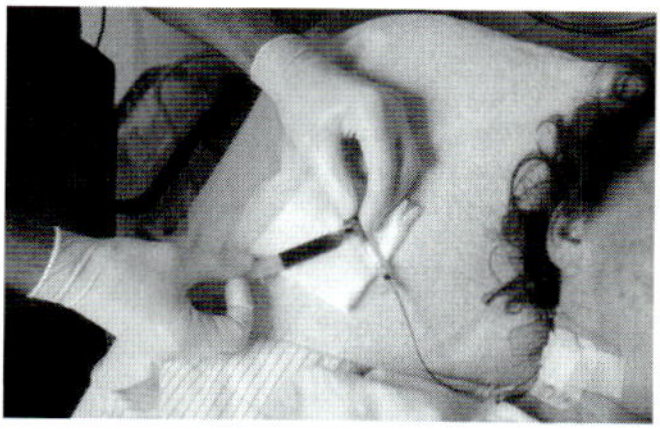

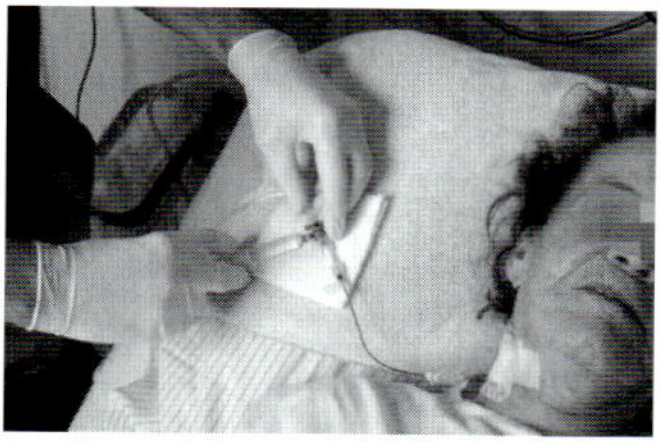

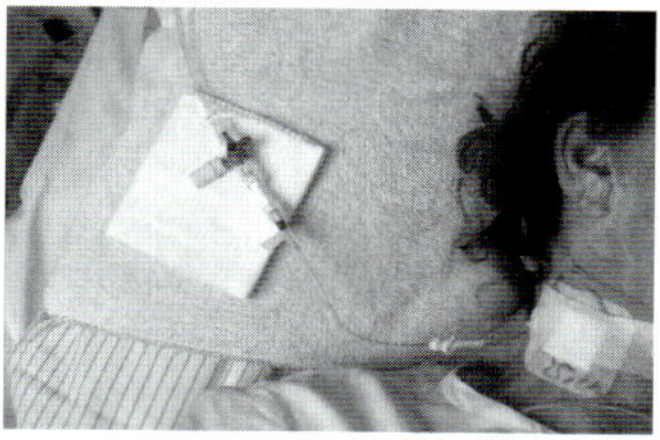

Tipps und Tricks

- Wenn sich kein Blut aspirieren lässt, lassen Sie den Patienten tief atmen (falls der Katheter der Herzwand anliegt) oder den Kopf wenden (falls der Katheter abgeknickt ist).

- Lassen Sie den Katheter nicht am Dreiwegehahn offen liegen, durch den Unterdruck beim Einatmen kann es zum Lufteinstrom in die Blutbahn und zu Luftembolien kommen.
- Der lange Weg des Blutes durch den ZVK kann zu vermehrter Hämolyse und damit einer Verfälschung der Werte führen.

Blutkulturentnahme

Allgemeines

Blutkulturen sind spezielle Nährmedien, in denen aus dem Blut eines Patienten Bakterien angezüchtet werden können. Die Abnahme von Blutkulturen gleicht einer normalen venösen Blutabnahme; es sollten allerdings sterile Bedingungen eingehalten werden, um eine Verunreinigung auszuschließen. In der Regel werden sie bei einem Fieberanstieg abgenommen (septische Phase einer Infektion). Falls möglich, sollte eine Blutkultur vor Antibiotikatherapie entnommen werden. Mehrmalige Entnahmen erhöhen die diagnostische Sicherheit.

Durchführung

- **Materialien**:
  - Handschuhe, je nach Punktionsumständen auch sterile Handschuhe.
  - Einige Tupfer.
  - Stauschlauch.
  - Desinfektionsmittel.
  - Pflaster.
  - Einmalunterlage.
  - 20-ml-Spritze.
  - Mehrere Kanülen oder Butterfly zur Entnahme und zur Injektion in die Mediumflaschen.
  - Zwei Blutkulturmedium-Flaschen zur aeroben und anaeroben Bebrütung.
- In manchen Kliniken gibt es auch ein spezielles Blutkulturentnahme-System.
- Die Mediumflaschen werden heute meist mit Unterdruck geliefert, d. h. sie stehen unter Sog, der Inhalt ist steril. Die Flaschen werden meistens in einem Brutschrank bei 37 °C aufbewahrt.
- Weisen Sie den Patienten darauf hin, dass er möglichst nicht sprechen oder husten und keine raschen Bewegungen machen soll, um die Kontaminationsgefahr gering zu halten.
- Desinfizieren Sie Ihre Hände.
- Entfernen Sie die Plastikkappe der Mediumflasche, ohne dabei den Verschlussgummi zu berühren. Desinfizieren Sie den Verschluss.
- Legen Sie den Stauschlauch proximal der Ellenbeuge an.
- Desinfizieren Sie ausgiebig die Punktionsstelle (am besten Ellenbeuge).
- Wischen Sie das Desinfektionsmittel nach 30 s mit einem sterilen Tupfer ab (jodhaltige Mittel wie Braunol oder Betaisodona nach 1 bis 2 Min).
- Jetzt die Punktionsstelle nicht mehr palpieren. Ziehen Sie sich sterile Handschuhe an, wenn Sie die Punktionsstelle noch einmal berühren müssen.
- Punktieren Sie die Vene und aspirieren Sie etwa 20 ml Blut.
- Ziehen Sie die Nadel heraus, und bitten Sie eine Hilfsperson oder den Patienten, die Punktionsstelle mit dem Tupfer abzudrücken.
- Anschließend setzen Sie eine neue Kanüle auf und injizieren jeweils 10 ml Blut in die beiden Mediumflaschen.

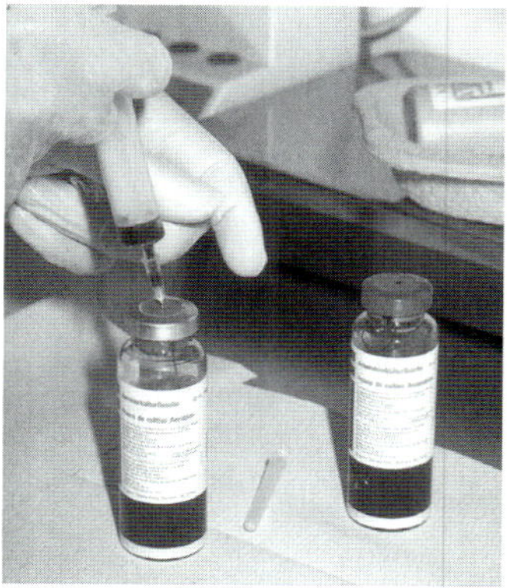

C 5

- Setzen Sie zwischen dem Wechsel der Flaschen eine neue Kanüle auf.
- Ziehen Sie die Kanüle aus der anaeroben Flasche heraus. Lassen Sie in der aeroben Flasche die Kanüle kurz ohne Spritze stecken, damit Luft in die Flasche gezogen werden kann.
- Beschriften Sie die Flaschen direkt nach der Entnahme mit Namen, Datum, Uhrzeit, Abteilung und „aerob" bzw. „anaerob".
- Es gibt auch Blutkulturflaschen, die Sie direkt mit dem Blutabnahmesystem verbinden können. Dann läuft das durch die Punktion gewonnene Blut direkt in die Blutkulturflasche, und eine mögliche Kontamination während der Injektion des Blutes in die Flasche oder beim Nadelwechsel aus einer Spritze ist ausgeschlossen.
- Bactec-Kultur-Systeme müssen nicht extra belüftet werden. Die Zusätze im Kulturmedium sorgen für die notwendige Atmosphäre bei der Bebrütung.
- Bringen Sie die Flaschen sofort ins Labor, oder stellen Sie sie bei 37 °C in den Brutschrank.

Tipps und Tricks

- Häufig werden mehrere Blutkulturen in halb- bis einstündigen Abständen entnommen. Das erhöht die Nachweiswahrscheinlichkeit von pathogenen Keimen im Blut.
- Arbeiten Sie steril. Von dem Ergebnis kann einiges abhängen (z. B. Antibiotika-Therapie mit Nebenwirkungen). In der Regel erfolgt keine Blutkulturentnahme bei fiebernden Patienten, die bereits Antibiotika erhalten. Ein Erregernachweis ist selbst bei Resistenz gegen die aktuelle Therapie sehr unwahrscheinlich. In Einzelfällen kann ein Versuch dennoch sinnvoll sein.

Probleme und Sonderfälle

- **Falsch positives Ergebnis:** Durch Kontamination bei unsteriler Entnahmetechnik (meist Staphylokokken der Haut oder in der Umgebung des Patienten).
- **Falsch negatives Ergebnis:** Durch Entnahme zum falschen Zeitpunkt, Injektion in falsches Medium oder Entnahme nach Antibiotikagabe.
- **ZVK:** Auch wenn gleichzeitig ein zentraler Venenkatheter liegt, werden die Kulturen peripher abgenommen. Bei Verdacht auf eine Katheterinfektion werden Blutkulturen peripher und durch den ZVK entnommen.

Blutentnahme und Zugänge bei Säuglingen und Kleinkindern

Allgemeines

Die Gefäßpunktion bei Kindern unterscheidet sich von der Technik bei Erwachsenen. Das Auffinden der Gefäße ist schwieriger und das Blut läuft häufig schlechter. Zudem sind Kinder nicht immer so kooperativ wie erwachsene Patienten.
Gewinnen Sie das Vertrauen des Kindes durch Ehrlichkeit. Eine Blutentnahme tut immer weh, und das sollten Sie dem Kind auch vorher sagen. Allerdings sollten Sie betonen, dass der Schmerz kurz und auszuhalten ist. Durch Lob (z. B. „Du warst sehr tapfer") sollten Sie ein Arbeitsbündnis mit dem Kind schließen. Eine kurze, entschiedene und treffsichere Punktion ist am wenigsten schmerzhaft und im Idealfall die beste Methode.
Die kapilläre Blutentnahme erfolgt bei kleinen Kindern aus der Ferse.

Durchführung Blutentnahme

- Arbeiten Sie immer zu zweit.
- Die Position des Kindes hängt vom Alter und der Kooperationsbereitschaft ab. Größere Kinder sollten wie Erwachsene liegen, Kleinkinder sitzen auf dem Schoß der Mutter, Säuglinge liegen auf dem Rücken.
- Bei Kindern werden meist keine Spritzen verwendet. Das Blut lassen Sie durch die Nadel in kleine Röhrchen tropfen.
- **Materialien:**
  - Mehrere Nadeln; falls mehrmaliges Stechen erforderlich ist, evtl. auch Butterflys; Kanüle: normale 0,8 mm = 21 G (grün) oder 0,9 mm = 20 G (gelb).
  - Röhrchen oder Eppendorfhütchen mit Deckel.
  - Einige Tupfer (unsteril).
  - Desinfektionsmittel.
  - Pflaster.
  - Handschuhe.
- Die günstigste Punktionsstelle ist bei Kindern meistens die Hand. Es wird kein Stauschlauch verwendet, die Hilfsperson staut den Arm des Kindes durch leichten Druck und fixiert ihn gleichzeitig. Sie können auch selbst stauen, indem Sie die Hand mit Zeige- und Mittelfinger halten und die Haut mit dem Daumen straffen.
- Alternativ kann bei Kindern unter einem Jahr auch am Kopf punktiert werden (am wenigsten schmerzhaft für das Kind).
- Die Venen schimmern durch die Haut, treten aber nicht hervor.
- Sprühen Sie ein Desinfektionsmittel auf, und wischen Sie es mit einem Tupfer ab.
- Stechen Sie in einem Winkel von 30–40 Grad in die Haut ein. Falls Sie nicht direkt eine Vene treffen, können Sie noch durch leichtes Drehen der Nadel die Richtung im Gewebe korrigieren. Lassen Sie sich nicht verunsichern; wiederholtes Stechen tut dem Kind mehr weh!

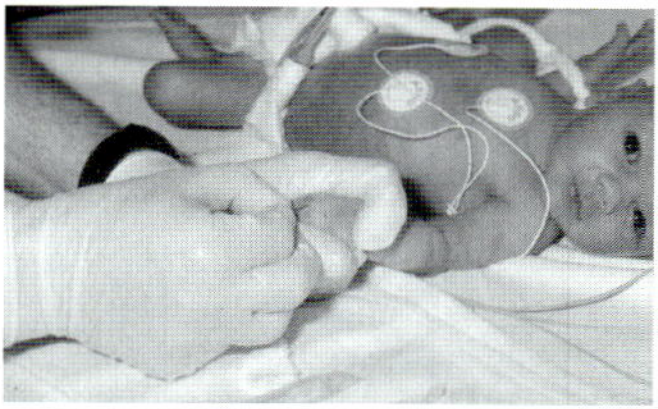

- Lassen Sie die erforderliche Menge Blut aus der Nadel in ein Röhrchen heraustropfen.

C 6

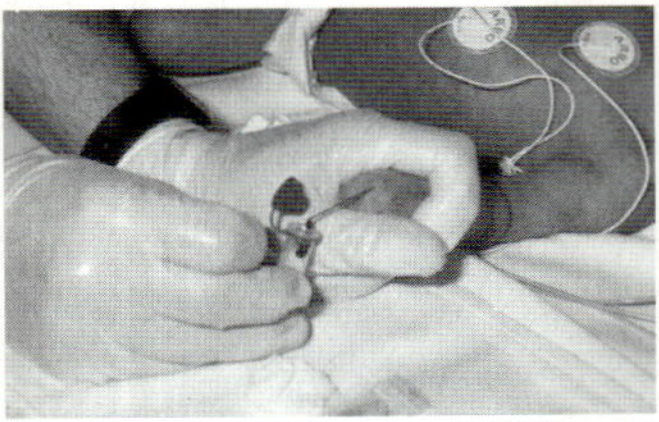

- Entfernen Sie die Nadel, und komprimieren Sie die Punktionsstelle leicht mit einem Tupfer.

Durchführung Zugang legen

- Es gibt spezielle kleine Infusionssysteme für Säuglinge und Kleinkinder. Das Prinzip ist das gleiche wie bei den Zugängen für Erwachsene.
- Arbeiten Sie immer zu zweit, am besten mit der Mutter des kleinen Patienten oder mit einer anderen Hilfsperson.
- **Materialien:**
  - Schiene.
  - Zugangssystem für Kinder.
  - Pflasterstreifen.
  - Mehrere Tupfer.
  - Desinfektionsmittel.
  - Handschuhe.
  - Am Kopf: vorgeformte und feuchte Gipsstreifen.
- Die Punktion der Haut erfolgt nach Desinfektion wie bei der Blutentnahme (s. S. 62).
- **Auf der Hand** fixieren Sie einen Zugang auf einer Schiene mit Pflaster oder Mullbinde.
- **Am Kopf** suchen Sie sorgfältig nach geeigneten Venen. Nach der Punktion spritzen Sie probeweise etwas NaCl 0,9% in das punktierte Gefäß. Wird die umgebende Haut weiß, so handelt es sich um eine Arterie, und Sie müssen den Zugang wieder entfernen. Bei gelungener Punktion am Kopf fixieren Sie den Zugang mit drei feuchten Gipsstreifen. Die Einstichstelle dürfen Sie nicht zugipsen.

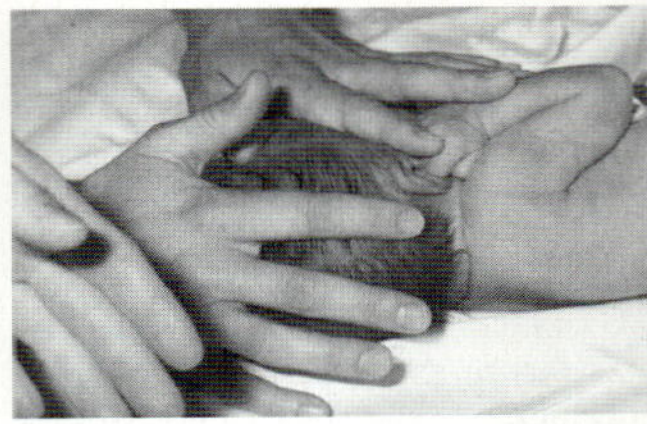

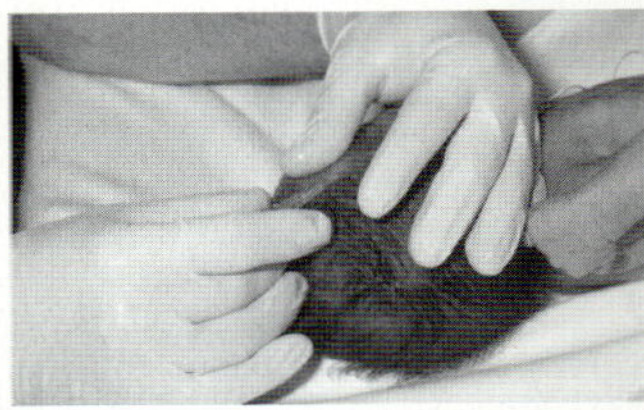

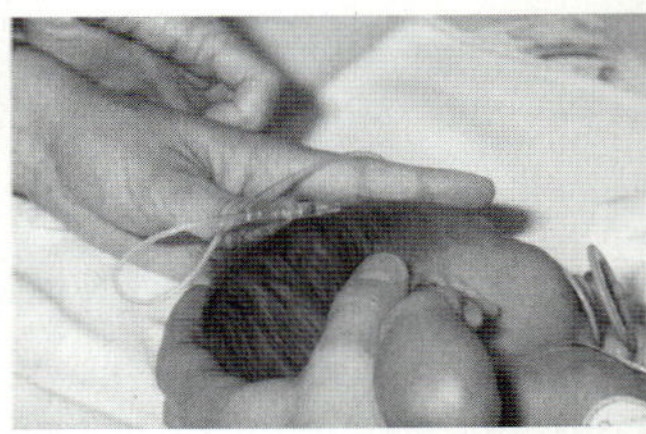

Tipps und Tricks

- Da längeres Festhalten des Kindes zu einer Verfälschung der Blutwerte und zu Verletzungen bei Gegenwehr führen kann, sollte allen Beteiligten nach 3–5 Min eine Pause beim Versuch der Blutgewinnung ermöglicht werden.
- Wenn sich das Kind heftig wehrt, ist die Rückenlage am günstigsten, da die Extremitäten so leichter ruhiggestellt werden können.
- Wenn das Blut nicht mehr tropft, drehen Sie ein wenig die Nadel oder schieben sie leicht vor und zurück.
- Punktieren Sie nicht, ohne alle möglichen Stellen begutachtet zu haben (Hand- und Fußrücken, V. saphena magna, cubitalis, basilica, cephalica, jugularis externa, auricularis poste-

rior, temporalis superficialis und supratrochlearis).

- Wegen Entzündungsgefahr sollte an derselben Stelle nur in einem Abstand von mindestens 3–5 Tagen punktiert werden.
- In schwierigen Fällen können Sie den Kunststoffteil der Nadel vor der Punktion abbrechen, ohne dabei das Lumen zuzuknicken. Das Blut gerinnt leicht im Kunststoffteil der Kanüle.
- Mehrfache Fersenpunktionen führen auch nach mehrstündigem Intervall zu einer Hyperalgesie des Hautgebietes.
- Einige Tropfen Glukose 5 % z. B. auf den Schnuller sind eine einfache Methode zur Analgesie bei Früh- und Neugeborenen.
- Infusionen sollten über einen Perfusor laufen, weil über die Infusionen sonst zu viel Flüssigkeit läuft. Allerdings wird bei geringer Förderrate ein Extravasat möglicherweise nicht erkannt. Deshalb muss vor dem Perfusoranschluss immer die korrekte Lage überprüft werden.

Probleme und Sonderfälle

- **Frühgeborene:** Bei Frühgeborenen unter 1000 g sollte in der ersten Lebenswoche keine Kopfvenenpunktion erfolgen, da das Risiko einer intrazerebralen Blutung erhöht ist. Bei einem Geburtsgewicht unter 1000 g kann auch ein Nabelarterien- oder Nabelvenenkatheter gelegt werden, dies sollte jedoch dem Kinderarzt vorbehalten bleiben. Obwohl Säuglinge prozentual etwas mehr Blut haben als Erwachsene, verfügt ein Frühgeborenes mit einem Gewicht von 1500 g nur über ca. 140 ml Blut, daher sollte die Entnahme möglichst sparsam erfolgen.

Aderlass

Das Verfahren des Aderlasses ist in der Krankenhausroutine unüblich. Der Vollständigkeit halber wird es hier dennoch erwähnt.

Allgemeines

Der unblutige Aderlass besteht im Anlegen von je einer Blutdruckmanschette an den Extremitäten, davon werden drei Manschetten mit einem Druck zwischen diastolischem und systolischem Blutdruck aufgepumpt. Dies bewirkt ein venöses Pooling in den gestauten Extremitäten und damit eine Volumenentlastung. Alle 10 Minuten wird eine Extremität entstaut und im Uhrzeigersinn die Manschette an der ungestauten Nachbarextremität aufgepumpt.

Einen ähnlichen Effekt hat die sog. Herzbettlage mit erhöhtem Oberkörper und tiefer gelagerten Beinen. Diese Lagerung kann z. B. beim Lungenödem angewandt werden, solange keine Medikamente oder maschinellen Beatmungsmöglichkeiten zur Verfügung stehen, oder auch als unterstützende Maßnahme der medikamentösen Therapie.

Bei einem blutigen Aderlass werden 300–500 ml venöses Blut mittels Punktion entfernt. Indikationen sind z. B. Blutspende oder Eigenblutspende vor größeren Operationen, Hämokonzentration bei Polyzythämie und Polyglobulie oder Eisenentfernung bei Hämochromatose.

Durchführung

- **Materialien:**
  - Materialien für einen Zugang siehe Seite 92 in zweifacher Ausführung (beidseitiger Zugang, für den Aderlass möglichst großlumige Braunüle).
  - Auffanggefäß für ca. 500 ml mit Skalierung.
  - Eventuell Auffangbeutel für die Blutbank.
  - Ein unterhalb der Tropfkammer abgeschnittenes Infusionsbesteck.
  - Ggf. Infusionslösung für die Gegenseite.
- Lagern Sie den Patienten auf den Rücken und den Arm auf einer Unterlage seitlich neben den Körper. Gegebenenfalls können Sie auch bereits den kontralateralen Arm lagern.
- Unterlegen Sie den Arm mit einer Einmalunterlage oder Zellstoff.
- Punktieren Sie eine möglichst großkalibrige Vene, z. B. in der Ellenbeuge.
- Führen Sie eine normale Punktion durch mit großkalibriger peripherer Verweilkanüle (mindestens 18 G, besser 17 G oder 16 G, evtl. nach vorheriger intrakutaner Lokalanästhesie; s. S. 82).
- Nach erfolgreicher Punktion schließen Sie das abgeschnittene Infusionssystem an und leiten es in das Auffanggefäß, oder Sie schließen den Auffangbeutel für die Blutbank an.
- Während der Blutentnahme bleiben Sie beim Patienten und kontrollieren regelmäßig die Kreislaufparameter.
- Meist erfolgt parallel oder anschließend kontralateral die Zufuhr der gleichen Menge isotoner Kochsalzlösung, seltener HAES .
- Nach der Punktion entfernen Sie die periphere Verweilkanüle und sorgen für 2 Minuten Kompression der Punktionsstelle (entweder selbst oder durch Patienten). Kleben Sie einen unsterilen Tupfer fest auf die Punktionsstelle.
- Kontrollieren Sie noch einige Male die Kreislaufparameter.

C 7

Tipps und Tricks

- Die Entnahme ist auch durch wiederholtes Füllen und Entleeren mit einer 50-ml-Perfusorspritze möglich.
- Sollte der Blutfluss während des Aderlasses stoppen, verändern Sie die Lage des Armes, lassen den Patienten seinen Arm gut ausstrecken oder ziehen die periphere Verweilkanüle etwas zurück (Venenwand könnte sich vor die Kanülenöffnung gelegt haben). Prüfen Sie auch die Straffheit des Stauschlauches (arterieller Blutfluss unterbrochen?).
- Nach Rücksprache mit der Blutbank können Sie eventuell ein komplettes Blutspendesystem verwenden.
- Kreislaufdekompensation: Kommt es während der Entnahme zu einer drastischen Kreislaufverschlechterung, stoppen Sie die Entnahme und belassen die Zugänge, um eventuell das verlorene Volumen direkt zurückgeben zu können. Rufen Sie einen Arzt zu Hilfe.

Kapilläre Blutentnahme

Allgemeines

Die kapilläre Blutentnahme ist für den Patienten wenig belastend und verursacht kaum Komplikationen. Allerdings können nur einige Blutwerte damit bestimmt werden. Möglich ist die Bestimmung von Blutgasgehalt, Blutzucker, Elektrolyten, Hämoglobin und Thrombozyten.

Durchführung

- **Materialien:**
  - Lanzette.
  - Glaskapillare oder Glukose-Teststreifen.
  - Tupfer (unsteril).
  - Desinfektionsmittel.
  - Pflaster.
  - Handschuhe.
  - Für die Blutgasanalyse (BGA) durchblutungsfördernde Salbe (Finalgon).
- Günstige Punktionsstellen sind Fingerkuppen, Ohrläppchen und beim Säugling die Ferse. Das Ohrläppchen ist als Punktionsort weniger empfindlich, allerdings sind die Finger besser zugänglich. Günstig ist der Ringfinger, er wird im Alltag nicht so viel beansprucht. Stechen Sie seitlich in die Fingerkuppe, hier ist das Schmerzempfinden geringer als an den Fingerspitzen.
- Erhöhen Sie die Durchblutung der Punktionsstelle durch Reiben oder lassen Sie eine durchblutungsfördernde Salbe einige Minuten lang einwirken.
- Wischen Sie die Salbe danach gründlich ab.
- Desinfizieren Sie die Punktionsstelle. Dadurch werden die Gefäße zusätzlich erweitert.
- Wichtig ist, dass Sie rasch und ausreichend tief stechen.

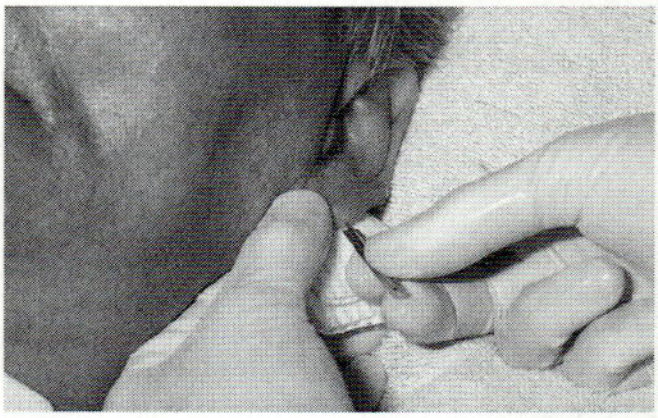

- Wischen Sie den ersten Tropfen ab, er enthält zu viel interstitielle Flüssigkeit.
- Erscheint der nächste Blutstropfen nur langsam, sollte auch dieser verworfen werden, da es bereits zu einer Oxygenierung gekommen sein kann, die das Ergebnis verfälscht. Das Prozedere wird wiederholt, bis ein ausreichend dicker Blutstropfen rasch erscheint.
- Bei Blutzuckerbestimmung lassen Sie das Blut auf das vorgesehene Feld des Teststreifens tropfen.
- Bei Blutgasanalyse führen Sie das Kapillarröhrchen vorsichtig an den Tropfen und lassen das Blut bis zur Markierung in das Röhrchen steigen.
- Die Kapillare muss fast waagerecht gehalten werden, damit keine Luftblasen in das Röhrchen gelangen.

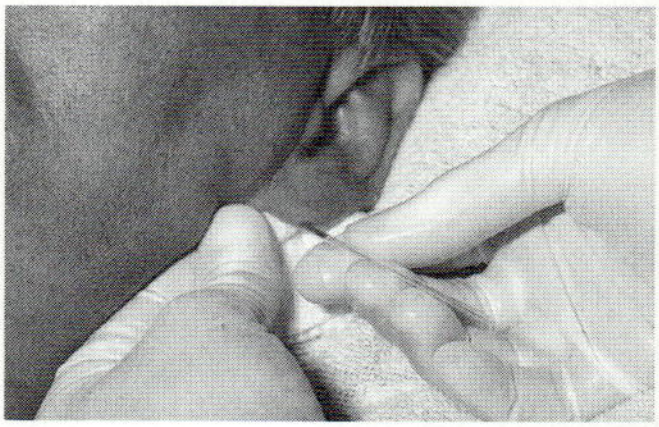

- Tupfen Sie die Punktionsstelle ab, und kleben Sie ein Pflaster auf.
- Bei einer Blutgasanalyse tragen Sie die Kapillare sofort zum Messgerät.

Tipps und Tricks

- Bei einer Blutgasanalyse sollten Sie vorher im Labor nachfragen, ob das Messgerät bereit ist.
- Beim Einsatz von Glukose-Teststreifen muss das Verfallsdatum und die richtige Codierung kontrolliert werden.
- Zu starkes Pressen lässt vermehrt Serum austreten und verfälscht die Blutwerte.
- Stechen Sie nicht in infizierte oder gar verletzte Haut.
- Wenn das Blut stockt, können Sie einmal kurz mit dem Tupfer über die Punktionsstelle wischen, um eine kleine Krustenbildung wieder zu lösen.
- Sollte eine Luftblase in die Kapillare gelangt sein, können Sie einen Teil des Blutes mit einem Tupfer heraussaugen und dann die Kapillare weiter füllen.

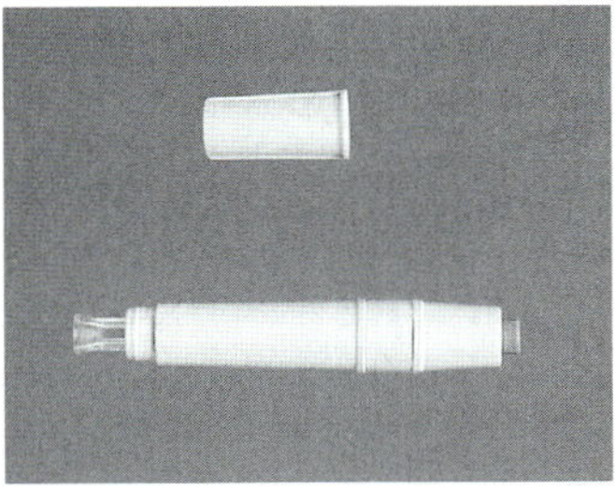

Stechhilfe für kapilläre Blutentnahme

Arterielle Blutentnahme

Allgemeines

Die arterielle Blutentnahme dient der aBGA (**B**lut**g**as**a**nalyse von pO_2, pCO_2, Bicarbonat, pH, Sauerstoffsättigung), wenn die Bestimmung aus Kapillarblut nicht ausreicht. Der häufigste Punktionsort ist die A. radialis. (Selten werden auch A. brachialis oder A. femoralis punktiert, dies sollte aber nur von erfahrenen Ärzten durchgeführt werden.).

Merke: Klären Sie vorher den Gerinnungsstatus des Patienten. Bei Patienten mit Antikoagulanzientherapie oder hämorrhagischer Diathese führen Sie keine Punktion durch.

Durchführung

- **Materialien:**
  - Mehrere Spritzen zur arteriellen Blutentnahme, falls mehrmaliges Stechen erforderlich wird (A. radialis: Kanüle 24 G/lila oder braun).
  - Reichlich Tupfer (steril).
  - Desinfektionsmittel.
  - Handschuhe.
  - Mullbinde.
  - Einmalunterlage.

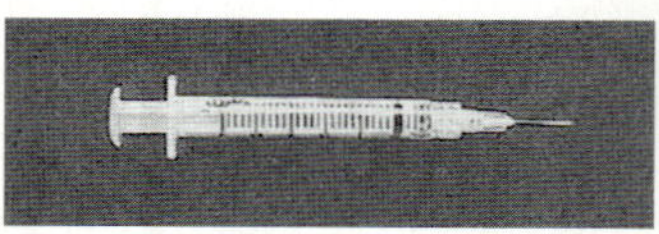

Spritze zur arteriellen Blutentnahme

- Entweder fertige Blutgasspritzen verwenden oder Spritze selbst vorbereiten wie folgt: Verwenden Sie eine normale 2- oder 5-ml-Spritze, ziehen Sie 0,5–1 ml Heparin auf und spritzen Sie es wieder in den Ausguss, sodass die Spritze innen vollständig mit Heparin benetzt wird. Drücken Sie den Kolben wieder ganz herunter, die Spritze muss luftleer sein.
- Lagerung: Der Patient befindet sich in Rückenlage, der Arm wird außenrotiert und gestreckt. Das Handgelenk liegt überstreckt auf der Unterlage.
- Allen-Test zur Prüfung der Ulnaris-Radialis-Anastomose: Halten Sie die Patientenhand bei gleichzeitiger Kompression der Aa. radialis und ulnaris hoch. Der Patient soll dann rhythmisch die Faust öffnen und schließen, was zum Abblassen der Hand führt. Wird die Hand bei Aufheben lediglich der A.-ulnaris-Kompression wieder rosig, kann die A. radialis punktiert werden.
- Palpieren und fixieren Sie die A. radialis mit gespreiztem Zeige- und Mittelfinger.
- Wählen Sie die Punktionsstelle nicht zu weit distal, sondern etwa 5 cm proximal der Handwurzel.
- Die Einstichrichtung ist von distal nach proximal um 30° geneigt.

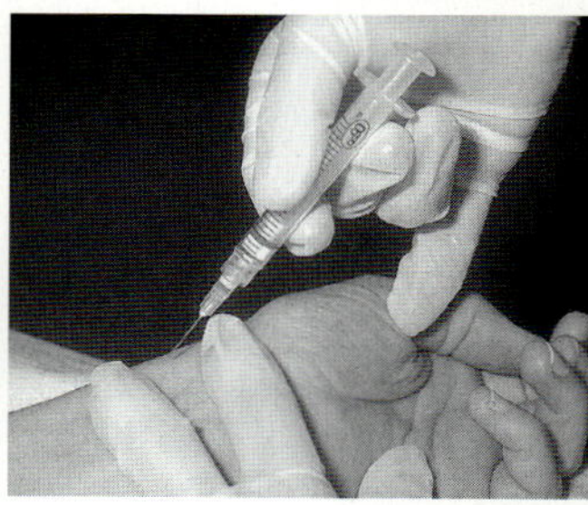

- Kommt das Blut pulssynchron und hellrot spritzend, weist dies auf die richtige Position der Nadel hin. Langsamer Fluss, dunkles Blut und eine geringe Pulssynchronität sprechen dafür, dass Sie eine Vene punktiert haben. In diesem Fall sollten Sie etwas weiter lateral erneut punktieren.
- Ziehen Sie die Spritze schnell heraus, und komprimieren Sie die

Punktionsstelle für mindestens 5 Min. Wenn Sie selbst das Blut zur Messung ins Labor bringen, sollte eine andere Person das Abdrücken übernehmen.
- Die Spitze der Nadel sollten Sie möglichst verschließen, z. B. mit einem Wachs- oder Harzblock (bei fertigen BGA-Spritzen bereits dabei), um die weitere Oxygenierung des Blutes zu verhindern.
- Nach dem Abdrücken legen Sie mit einer Mullbinde einen kleinen Druckverband an.
- Kontrollieren Sie nach einiger Zeit den Verband und die Punktionsstelle.

Tipps und Tricks

- Schneiden Sie Pflasterstreifen für den Druckverband vor.
- Die A. radialis können Sie von einem kooperativen Patienten evtl. nach einer Weile selbst komprimieren lassen.
- Durch alleinige Beurteilung der Blutfarbe können Sie bei geringer O_2-Sättigung zu einem Fehlschluss kommen.
- Im OP oder auf der Intensivstation können Sie statt der Durchführung des Allen-Tests ein Pulsoxymeter anschließen und die Sättigung ablesen, die sich bei intakter Anastomose nicht verändert.
- Manchmal ist es hilfreich, die Patientenhand überstreckt mit Hilfe eines Pflasters am Bettrahmen zu fixieren

Probleme und Sonderfälle

- **Entnahme aus der A. brachialis und A. femoralis:** Sie ist möglich, sollte aber wegen des höheren Risikos und einer schwierigen Technik einem erfahrenen Arzt überlassen bleiben.
- **BGA aus Venenblut:** Die BGA aus Venenblut kann im Notfall oder aus technischen Gründen indiziert sein und wird ohne Stauung abgenommen.
- **Kontraindikationen der arteriellen Blutentnahme:** Antikoagulanzien-Therapie, hämorrhagische Diathese und Infektionen im Bereich der Punktion.

Intravenöse Injektion

Allgemeines

Allgemeines zu Punktionen s. S. 58. Die intravenöse Injektion dient der kontrollierten Applikation von Medikamenten. Die Wirkung tritt fast sofort ein. Meistens wird die Injektion durch einen liegenden i. v.-Zugang vorgenommen. Gelegentlich bietet sich eine einmalige Punktion zur intravenösen Medikamentengabe an.

Durchführung einer direkten intravenösen Injektion

- **Materialien:**
  - Sterile Spritze.
  - Stauschlauch.
  - Desinfektionsmittel.
  - Pflaster.
  - Handschuhe.
  - Einmalunterlage.
  - Schale oder Tablett.
  - Zwei sterile Kanülen: Zum Aufziehen des Medikaments: 1,2 mm (rosa); zur Injektion: 0,9 mm (gelb) oder 0,6 mm (blau).
- Aufziehen des Medikamentes s. intrakutane Injektion S. 82.
- Gehen Sie zunächst vor wie bei der venösen Blutentnahme s. S. 62.
- Lösen Sie nach der Punktion und der Aspiration von Blut den Stauschlauch, und injizieren Sie die vorgesehene Menge.
- Nach der Injektion wird die Nadel mit einem trockenen Tupfer auf der Injektionsstelle herausgezogen und die Punktionsstelle 30 s lang komprimiert.
- Kleben Sie eventuell ein Pflaster auf.
- Kontrollieren Sie häufig die Vitalzeichen des Patienten. Erkundigen Sie sich nach seinem Befinden. Legen Sie die Klingel in Reichweite des Patienten.

Tipps und Tricks

- Achten Sie immer darauf, ob eine Blutentnahme vorgesehen ist. In diesem Fall ist es unter Umständen sinnvoller, gleich einen Zugang zu legen, mit dem Sie dann in Ruhe alle anstehenden Entnahmen und Medikamentengaben durchführen können.
- Bei mehrfachen intravenösen Injektionen sollten Sie einen i. v.-Zugang legen. Mehrere Injektionen durch eine liegende Kanüle erfordern einige Manipulation und bergen die Gefahr, dass die Kanüle nach dem Spritzenwechsel nicht mehr in der Vene liegt. Falls es dennoch sinnvoll erscheint, per Einmalkanüle mehrere Injektionen zu applizieren, ist es hilfreich, einen Dreiwegehahn an die Kanüle zu schrauben und auf diese Art den Spritzenwechsel blutarm und mit möglichst wenig Bewegung vorzunehmen. Bei Verwendung eines Butterfly muss das Blut erst bis zum Ansatz des Schlauchstücks durchlaufen, um den Schlauch zu entlüften. Anschließend injizieren Sie den Medikamentenrest im Schlauchstück durch Nachspülen mit 0,9 % NaCl-Lösung. Bei mehrfachen Injektionen muss jedes Mal neu aspiriert werden.
- Medikamente sollten generell langsam über mehrere Minuten injiziert werden.

Probleme und Sonderfälle

- **S. Zugänge und Blutentnahme** S. 95 und S. 62.
- **Versehentliche arterielle Injektion:** Belassen Sie die Nadel wegen der anschließenden Verdünnung mit NaCl und rufen Sie den Arzt.
- Vor der **Injektion von Zytostatika** sollten Sie sich immer vergewissern, dass der Zugang im Venenlumen

liegt. Lassen Sie z. B. eine Kurzinfusion mit NaCl 0,9% laufen. An den meisten Chemotherapie-verabreichenden Zentren existieren feste Applikationsschemata für Zytostatika, die diesen Schritt vorsehen. Verändern Sie Zytostatika nie von sich aus in ihrem Mischungsverhältnis mit anderen Infusionslösungen.

Antibiotika sollten intravenös so verabreicht werden, wie es vom Hersteller vorgesehen ist.

Intrakutane Injektion

Allgemeines

Eine intrakutane Injektion wird bei Impfungen, Allergietestungen, Tuberkulin-Testung nach Mendel-Mantoux und bei lokaler Quaddelung mit Lokalanästhetika angewendet. Sie erfordert etwas Geschick, da Sie mit einer sehr feinen Nadel flach in die Haut stechen müssen, um den gewünschten Effekt zu erzielen.

Durchführung

- **Materialien:**
  - Schale oder Tablett.
  - Medikament in steriler verschlossener Ampulle oder in Durchstechflasche.
  - Sterile Spritze.
  - Zur Entnahme: Kanüle 0,63 mm = 23 G (blau).
  - Zur Injektion: Kanüle 0,5 mm = 25 G (braun).
  - Einige unsterile Tupfer.
  - Desinfektionsmittel.
  - Pflaster.
  - Handschuhe.
- Ziehen Sie das Medikament mit der blauen Kanüle auf, und achten Sie dabei darauf, dass keine Ausfällung oder Trübung vorliegt.
- Wechseln Sie die Kanüle.
- Entlüften Sie die Spritze und stellen Sie sie auf die verordnete Menge ein.
- Ein günstiger Injektionsort ist die oberste Hautschicht der Unterarminnenseite. Die Resorption erfolgt hier sehr langsam.

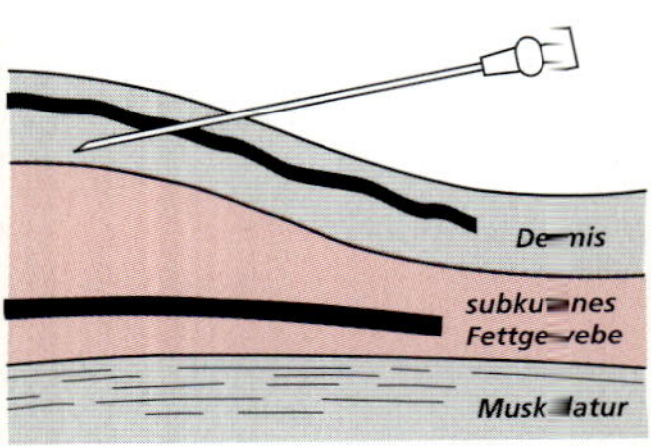

- Desinfizieren Sie die Einstichstelle.
- Spannen Sie die Haut und stechen Sie sehr flach zur Haut mit der Kanüle ein.

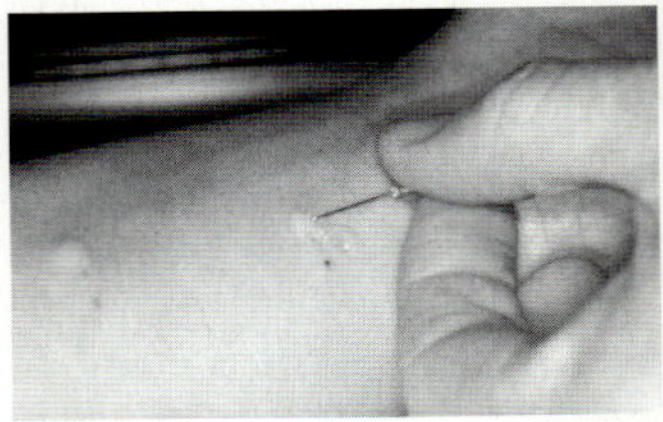

- Aspirieren Sie vorsichtig, es darf kein Blut zurückkommen.
- Die Injektion erfolgt langsam. Beobachten Sie dabei den Patienten. Es muss sich eine Quaddel bilden. Die Haut erscheint dann weiß mit deutlich sichtbarem Hautporenrelief.

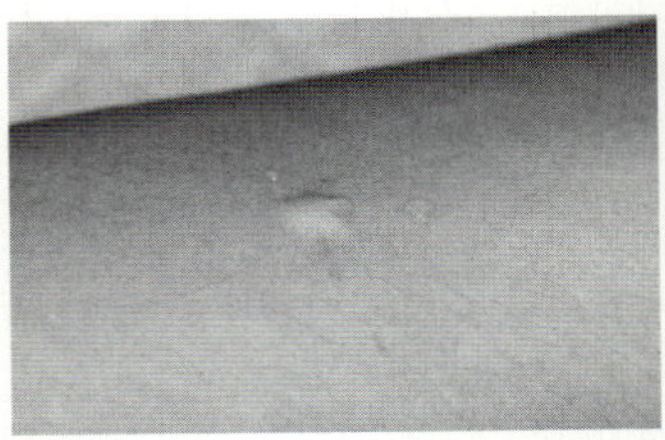

- Legen Sie einen trockenen Tupfer auf die Einstichstelle und ziehen Sie die Kanüle wieder heraus.
- Bei einem Mantoux- oder Allergie-Test kreisen Sie die Injektionsstelle mit einem Fettstift oder Kugelschreiber ein (evtl. mit Datum), damit die Reaktion kontrolliert werden kann.

Tipps und Tricks

- Vor dem Aufbrechen der Ampulle klopfen Sie die Flüssigkeit aus dem Ampullenkopf. Um beim Ampullenbrechen Schnittverletzungen zu vermeiden, brechen Sie die Ampulle mit einem unsterilen Tupfer auf.

- Eine zu tiefe (subkutane) Injektion erkennen Sie daran, dass die Haut lediglich vorgewölbt ist und keine Weißfärbung und Porenvergröberung aufweist. Sie sollten dann nicht weiter injizieren, sondern in der Nähe der Schwellung erneut punktieren und flacher in die Haut einstechen.
- Nach intrakutanen Testinjektionen sollte sich der Patient an der Injektionsstelle für 2–3 Tage nicht waschen. Außerdem darf die Punktionsstelle nicht berührt werden.

Probleme und Sonderfälle

- **Entzündungen:** Stechen Sie nicht in die Nähe einer entzündeten Hautregion.
- **Blutaspiration:** Sie haben versehentlich eine Vene punktiert. Injizieren Sie nicht, sondern ziehen Sie die Kanüle unverzüglich heraus.
- **Paretische Extremität:** Setzen Sie keine intrakutane Injektion in eine paretische Extremität. Die Trophik der Haut kann gestört sein, was zu mangelhafter Resorption und Komplikationen an der Injektionsstelle führt.

Subkutane Injektion

Allgemeines

Allgemeines zu Punktionen s. S. 58. Die subkutane Injektion dient der langsamen Resorption bestimmter Wirkstoffe, wodurch ein konstanter Wirkstoffspiegel über einen längeren Zeitraum aufrechterhalten werden kann. Häufig werden Heparin und Insulin auf diese Art appliziert.

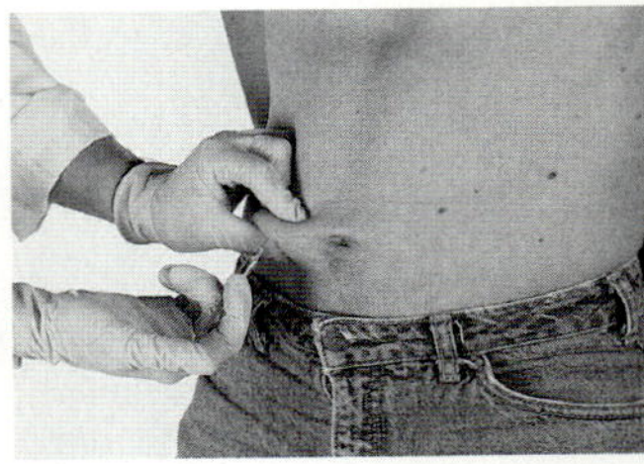

Durchführung

- **Materialien** und Aufziehen des Medikamentes siehe intrakutane Injektion S. 82.
- Heparin und Insulin werden häufig in Durchstechflaschen gelagert, die nicht länger als acht Tage verwendet werden sollten. Vor der Entnahme desinfizieren Sie den Gummistopfen.
- Der günstigste Injektionsort ist das subkutane Fettgewebe der Bauchdecke oder des seitlichen Drittels des Oberschenkels.

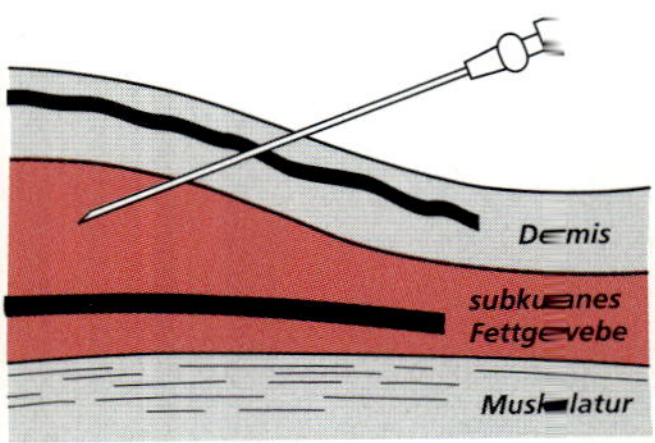

- Desinfizieren Sie die Einstichstelle.
- Ziehen Sie Handschuhe an.
- Mit Daumen und Zeigefinger heben Sie eine Hautfalte aus Haut und Fettgewebe ab und stechen etwa 2 cm tief in einem Winkel von 45° in die Hautfalte ein.
- Aspirieren Sie vorsichtig, es darf kein Blut zurückkommen.
- Die Injektion erfolgt langsam. Beobachten Sie dabei den Patienten.
- Ziehen Sie die Kanüle mit einem Tupfer auf der Einstichstelle wieder heraus.
- Verteilen Sie mit einem Tupfer durch leichten Druck das Medikament im Unterhautgewebe.

Tipps und Tricks

- Wird die Hautfalte vor der Injektion eine Weile massiert, fällt der anschließende Nadelstich weniger schmerzhaft aus, da die Massage Gewebshormone mit schmerzlindernder Wirkung freisetzt.
- Meist schmerzt der Einstich, bedingt durch die dünne Nadel, nur wenig. Für den Patienten ist häufig das durch die Injektionslösung verursachte Brennen sehr unangenehm. Hier hilft langsames Injizieren und ggf. leichtes Verschieben der Nadel im subkutanen Raum.
- Heparin wird häufig in Serien an mehrere Patienten verabreicht, hier muss besonders auf die sichere Identifikation des Patienten geachtet werden.
- Insuline werden in Deutschland in zwei verschiedenen Konzentrationen vertrieben. In den traditionellen Durchstechflaschen finden sich 40 Einheiten Insulin pro ml (sog. U-40-Insuline), in Patronen für Insulin-Pens sind es 100 Einheiten Insulin pro ml (U-100-Insuline). Wenn man Insulin-Spritzen mit Insulin-

Einheiten-Skalierung verwendet, muss man darauf achten, entsprechende U-40- oder U-100-Insulinspritzen zu benutzen, sonst injiziert man eventuell ungewollt die zweieinhalbfache Insulin-Dosis.

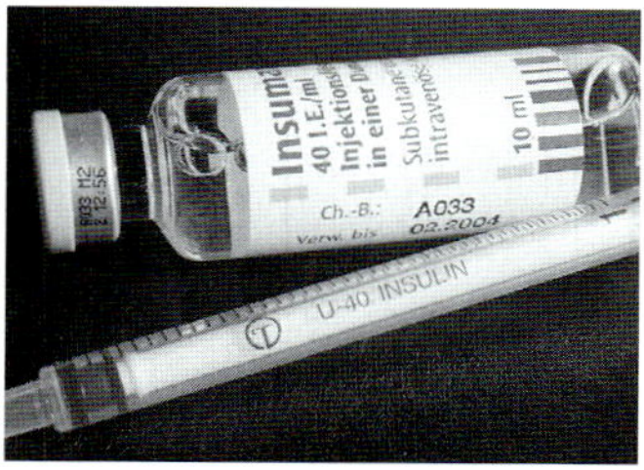

U-40-Insulin und U-40-Spritze

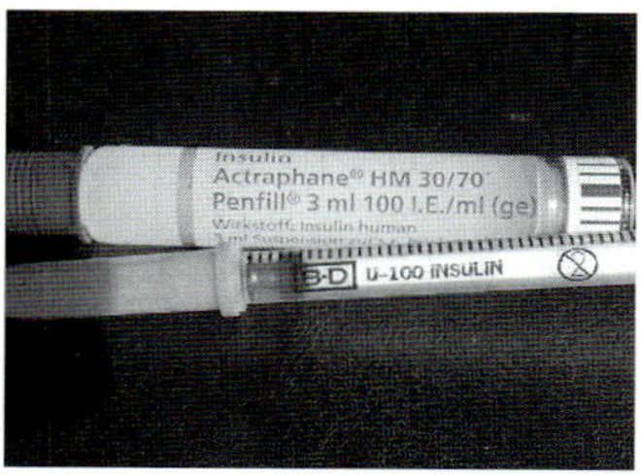

U-100-Insulin und U-100-Spritze

- Viele Mischinsuline und länger wirksame Insuline enthalten Verzögerungsstoffe, die sich in den Ampullen jeder Patrone entsprechend der Schwerkraft absetzen. Vor Gebrauch müssen sie deshalb mindestens 20-mal geschwenkt werden. Schütteln oder Rollen führt nicht zu ausreichender Suspendierung der Bestandteile, man injiziert eventuell ungewollt nur Verzögerungsstoff oder reines, unverzögert wirksames Normalinsulin.

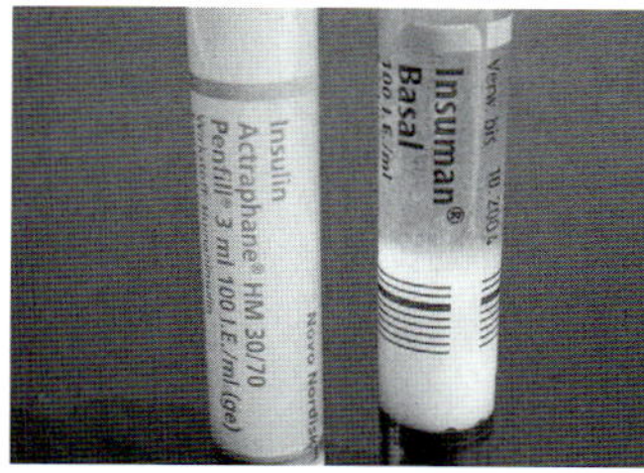

Suspendiertes und nicht-suspendiertes Insulin

Probleme und Sonderfälle

- **Entzündungen, Blutaspiration und Paresen** s. S. 83.
- **Ölige Substanzen:** Diese dürfen nicht subkutan appliziert werden.
- **Injektionshilfen für subkutane Injektionen („Pens“):** Etwa seit 1985 gibt es stiftartige Injektionssysteme, sog. Pens, vor allem für die Selbstinjektion von Insulinen oder Interferonen, die dem Patienten das Management erleichtern. Diese Injektionssysteme bestehen, ähnlich wie Patronenfüller, aus der medikamenthaltigen Patrone, dem Patronenhalter, einer Dosierungsschraube und einer auswechselbaren Kanüle. Bei wiederverwendba-

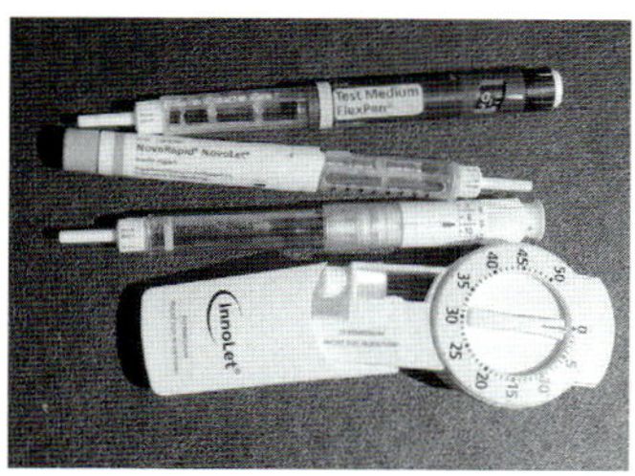

Einmal-Pens

C 12

ren Systemen werden Kanüle und Patrone ausgewechselt, bei Einmalsystemen nur die Kanülen (in der Regel nach 3–5 Injektionen bzw. für jeden neuen Patienten). Pen-Systeme erlauben eine genauere Dosierung als das Aufziehen aus Durchstechflaschen, sie sollten daher bevorzugt auch in der Klinik eingesetzt werden.

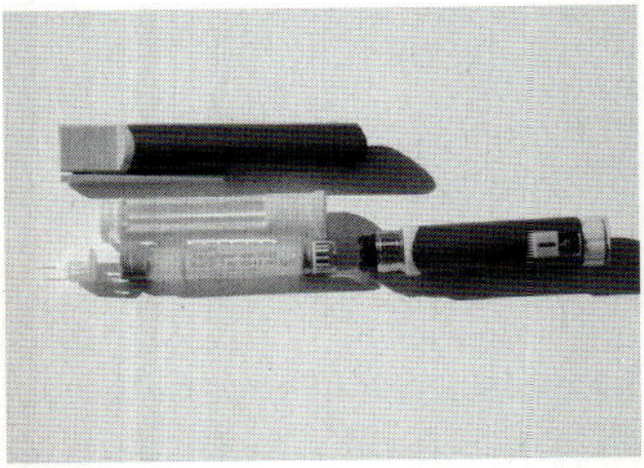

wiederverwendbarer Pen: a: zerlegt,

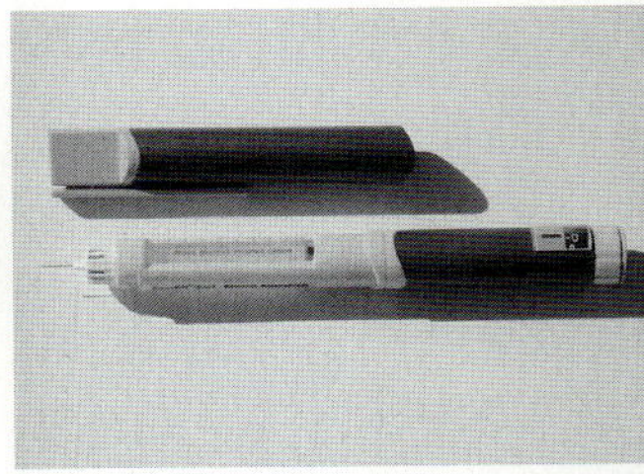

b: zusammengesetzt

Intramuskuläre Injektion

Allgemeines

Allgemeines zu Punktionen s. S. 58. Die intramuskuläre Injektion ist eine Applikationsform, bei der Wirkungseintritt, -dauer und -stärke gut kalkulierbar sind. Nachteil ist die Gefahr von Infektion, Nekrose, Abszess, Hämatom oder Nervenschädigung. Wird die Injektion jedoch sorgfältig durchgeführt, ist das Risiko einer Schädigung des Patienten gering.

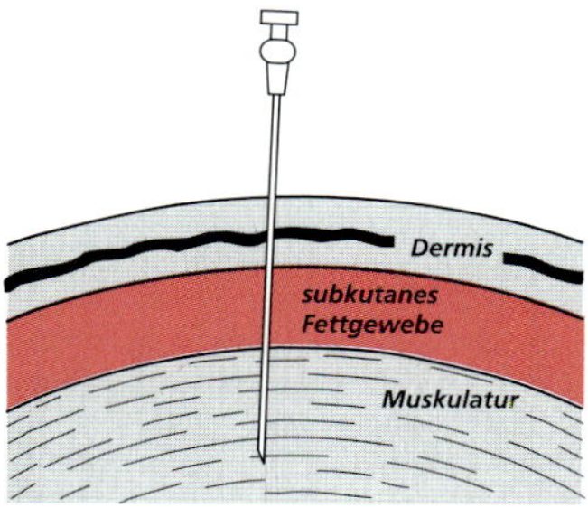

Durchführung

- **Materialien:**
  - Tablett oder Schale.
  - Sterile Spritze.
  - Kanüle zum Aufziehen des Medikaments (s. S. 82).
  - Injektionsnadel (die Wahl der Größe wird unten beschrieben).
  - Einige sterile Tupfer.
  - Desinfektionsmittel.
  - Handschuhe.
- Richten Sie das Tablett oder die Schale für jeweils einen Patienten, und legen Sie die leere Ampulle immer dazu oder beschriften Sie die Injektionsspritze mit einem Filzstift. Aufziehen des Medikamentes s. S. 82.

Injektion nach von Hochstetter

- Injektionsnadel für Erwachsene: üblicherweise 21G/grün, bei *sehr* schlanken Patienten evtl. kleinere Nadel verwenden.
- Der Patient liegt flach auf der Seite und hält das obere Bein leicht gebeugt.
- Der Injektionsort liegt in einem gedachten Dreieck zwischen Spina iliaca anterior superior, Crista iliaca und Trochanter major.
- Führen Sie zur Vermeidung eines Spritzenabszesses eine gründliche Hautdesinfektion durch.

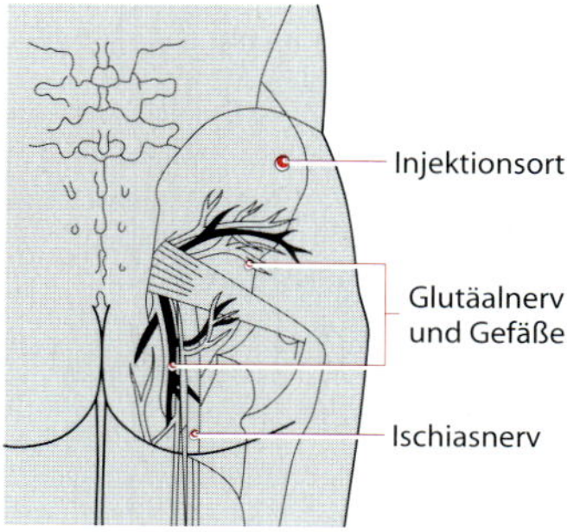

- Zur Injektion in den rechten M. glutaeus suchen Sie als Rechtshänder mit dem linken Zeigefinger die Spina iliaca anterior superior auf. Der gleichseitige Mittelfinger wird soweit abgespreizt, dass er die Crista iliaca erreicht.
- Die Einstichstelle liegt zwischen Ihren beiden gespreizten Fingern.

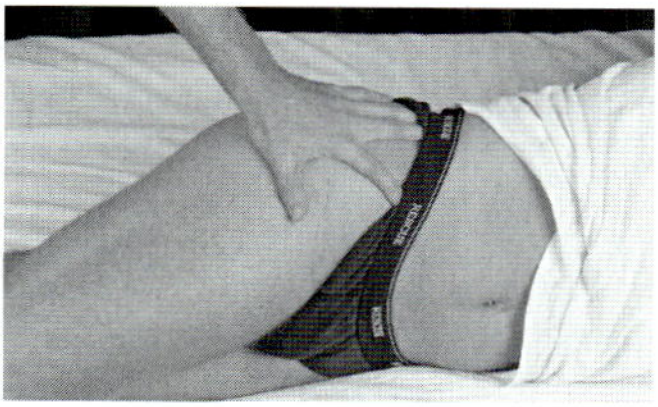

C 13

- Die Injektionsrichtung ist senkrecht zum Beckenknochen in Richtung des Bauchnabels in der kaudalen Hälfte des durch die Finger geformten Hautdreiecks. Als Linkshänder wechseln Sie Zeige- und Mittelfinger.
- Halten Sie die Spritze schreibfederartig, und stechen Sie die Kanüle kurz und rasch etwa 5–7 cm tief ein.

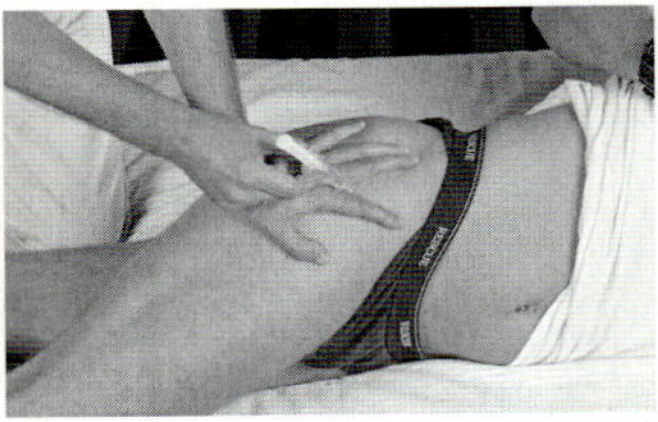

- Aspirieren Sie immer (es darf kein Blut zurückkommen). Injizieren Sie das Medikament langsam, und beobachten Sie dabei den Patienten.
- Ziehen Sie die Kanüle heraus und setzen Sie dann einen sterilen Tupfer auf die Injektionsstelle.

Bei Kindern Crista-Methode nach von Sachtleben

- Die Crista-Methode nach von Sachtleben orientiert sich an der Crista iliaca und wurde von einem Pädiater entwickelt, weil die Körperproportionen bei Kindern anders sind und die Anwendung der Erwachsenen-Methode zu einer falschen Injektionsstelle führen kann. Die Sachtleben-Methode kann auch bei Erwachsenen angewendet werden.
- Die Kanülenlänge beträgt bei Kleinkindern 30–32 mm und bei Schulkindern 38–40 mm.
- Der Patient liegt auf der Seite.
- Eine Hand wird so in die Taille des Patienten gelegt, dass die Innenseite von Daumen und Zeigefinger dem Darmbeinkamm anliegt. Beim Erwachsenen befindet sich die Injektionsstelle jetzt auf einer gedachten Linie 3 Querfinger unterhalb des Darmbeinkamms. Bei etwa 3- bis 11-jährigen Kindern beträgt der Abstand 2 Querfinger und bei Säuglingen und Kleinkindern 1 Querfinger.
- Die Injektion erfolgt möglichst lateral in der verlängerten mittleren Axillarlinie unterhalb des Darmbeinkamms.

Injektion in den Oberschenkelmuskel

- Bei Säuglingen wird als Punktionsort der Oberschenkel ausdrücklich empfohlen, da sich die sonst favorisierte Gesäßmuskulatur erst im 2. Lebensjahr ausreichend entwickelt.
- Schlecht geeignet ist die Injektion in den Oberschenkel für ölige oder kortikoidhaltige Substanzen, Antibiotika und Antirheumatika.
- Die Kanülenlänge für Erwachsene liegt hier bei 38–40 mm, bei Kindern 30–32 mm.
- Bei der Injektion in den Oberschenkelmuskel liegt der Patient flach auf dem Rücken.
- Suchen Sie die Mitte der Verbindungslinie zwischen Trochanter major und Patella. Legen Sie die Hände so auf den Oberschenkel,

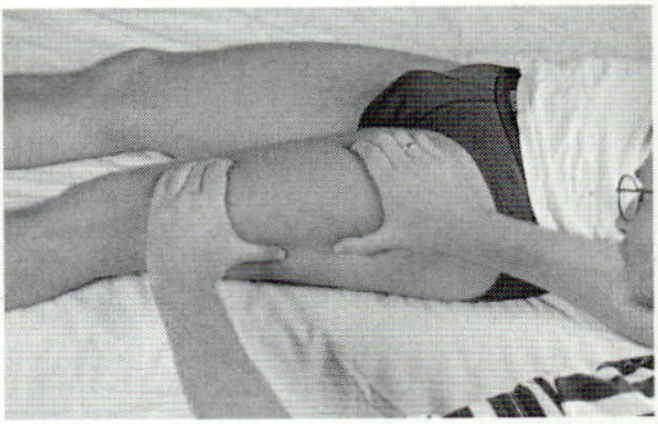

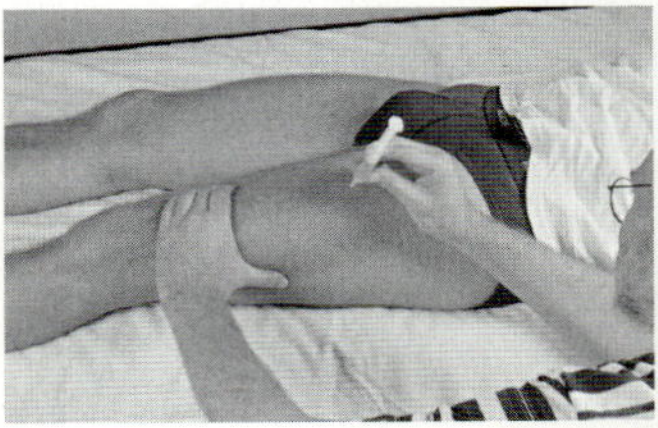

dass die Kleinfingergrundgelenke auf der Patella bzw. auf dem Knochenvorsprung des Trochanter major liegen. Wenn Sie dann die Daumen abspreizen, können Sie die Begrenzung des M. vastus lateralis (Teil des M. quadriceps femoris) ertasten.
- Die Injektion erfolgt oberhalb der beiden Daumenspitzen, keinesfalls dazwischen (!).

Injektion in den Oberarm

- Die Oberarminjektion wird gerne bei Impfungen im Erwachsenenalter gewählt. Problematisch ist jedoch, dass die Muskelmasse an dieser Stelle nicht so groß ist. Deshalb darf nur eine relativ kleine Menge (max. 2 ml Lösung) injiziert werden.
- Die Kanülenlänge für Erwachsene beträgt hier 30–32 mm, für Adipöse 38–40 mm.
- Wählen Sie die höchste Erhebung des M. deltoideus, etwa 3 Querfinger unterhalb des Acromions. Die Mm. biceps und triceps brachii sind zwar meist dicker, aber die Verletzungsgefahr für Gefäße und Nerven ist dort größer.

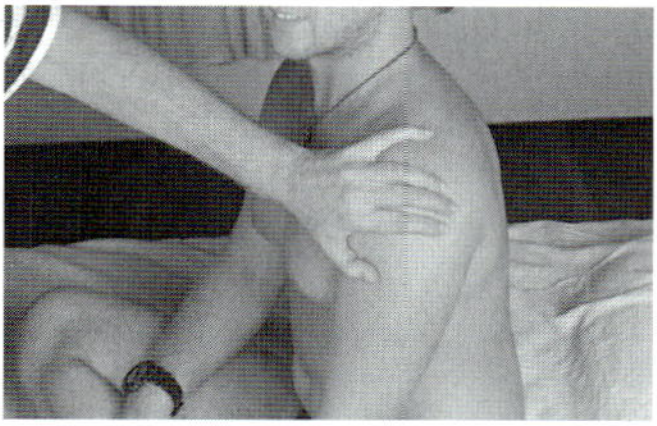

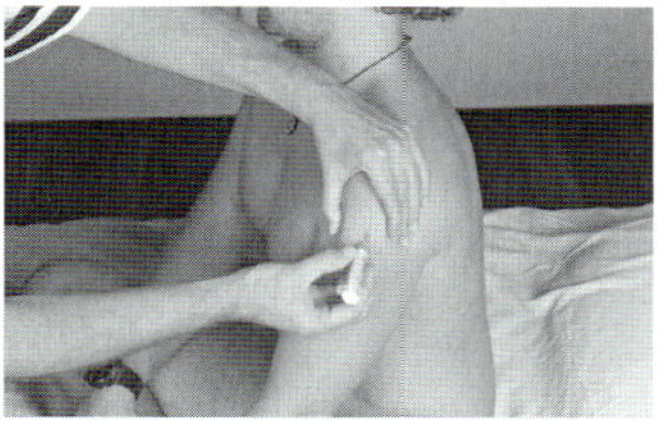

- Beim sitzenden Patienten liegt der entspannte Arm locker im Schoß des Patienten, im Stehen hält er ihn mit der anderen Hand am Unterarm fest. Setzen Sie die Nadel senkrecht zur Hautoberfläche an.

Tipps und Tricks

- Das Stechen kann auch in zwei Stufen erfolgen: Zunächst wird der derbe Hautwiderstand kurz und schnell überwunden, danach schieben Sie die Nadel langsam in die Muskulatur vor. Dies lässt sich z. B. an einer Orange üben.
- Sagen Sie Kindern immer vorher die Wahrheit (s. auch S. 100).
- Bei häufigen Injektionen sollten Sie den Injektionsort wechseln.
- Nehmen Sie Beschwerden des Patienten nach der Injektion immer ernst.
- Die ehemals verbreitete „Quadrantenmethode" darf nicht mehr angewandt werden, da es hierbei leicht zu einer Nervenverletzung mit nachfolgender Parese kommen kann. Mit der Hochstetter-Methode wird zwar evtl. das sehr schmerzempfindliche Periost berührt, aber das führt zu keinen weiteren Komplikationen. In einem solchen Fall ziehen Sie die Nadel 1 cm zurück und injizieren dann.

Probleme und Sonderfälle

- **Antikoagulation/Gerinnungsstörungen:** Führen Sie keine i.m.-Injektion bei Antikoagulation oder Gerinnungsstörungen durch. Auch bei Verdacht auf Herzinfarkt oder Lungenembolie sollten Sie nicht i.m. spritzen, weil eventuell eine Lysebehandlung durchgeführt werden muss.
- **Muskelzucken, Parästhesien und Schmerzen:** Wahrscheinlich haben Sie einen Nerv berührt. Brechen Sie die Punktion ab, und rufen Sie einen Arzt.

- **Harter Widerstand und Schmerzen:** Wahrscheinlich haben Sie das Periost berührt. Beruhigen Sie den Patienten, und ziehen Sie vor der Injektion die Nadel ein Stück zurück.
- **Entzündungen, Paresen und Blutaspiration:** Siehe S. 83.
- **Spontaner druckvoller Blutfluss:** Sie haben eine Arterie punktiert. Injizieren Sie nicht, ziehen Sie die Kanüle heraus, legen Sie einen Druckverband an und rufen Sie den Arzt.
- **Reaktionen nach der Injektion:** Es kann zu Hautausschlag, Übelkeit, anaphylaktischem Schock, Glottisödem und möglichem Nierenversagen kommen. Bei Anzeichen, dass mit dem Patienten etwas nicht stimmt, rufen Sie sofort einen Arzt.
- **CK-Bestimmung:** Nach einer intramuskulären Injektion sollte keine CK-Bestimmung erfolgen, da die CK wegen der Muskelverletzung durch die Spritze in jedem Fall erhöht ist. Bei Verdacht auf Herzinfarkt kann aber trotzdem die CK-MB (für den Herzmuskel spezifisches Enzym), die GOT und das Troponin bestimmt werden.

D Infusionen und Transfusionen

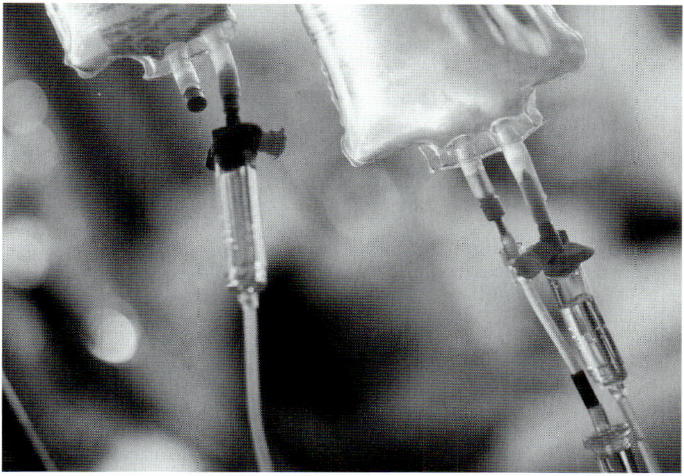

Venöser Zugang

Allgemeines

Ein peripherer venöser Zugang ist die Voraussetzung für eine Infusion oder Transfusion. Im Notfall ist es eine der ersten und wichtigsten Maßnahmen, um lebensrettende Medikamente zu verabreichen. Das am häufigsten verwendete Zugangssystem ist die Braunüle, eine geschliffene Hohlnadel, die von einem (in der Vene verbleibenden) Teflon-Schlauch umgeben ist.

Durchführung

Wenn Sie noch nicht so sicher sind, bitten Sie evtl. eine Hilfsperson um Assistenz. Sorgen Sie für gute Beleuchtung.

- **Materialien:**
  - 2–3 Braunülen, falls mehrmaliges Stechen erforderlich ist.
  - Mandrin.
  - Reichlich unsterile Tupfer.
  - Stauschlauch.
  - Desinfektionsmittel.
  - Pflaster (Spezial-Braunülenpflaster) und Mullbinde.
  - Handschuhe.
  - Einmalunterlage.
- Größe der Braunülen: Die Standardgröße für Erwachsene ist für die Verabreichung wässriger Infusionslösung 17 G (weiß) oder 18 G (grün). Großlumigere venöse Verweilkatheter sind 16 G (grau), und 14 G (orange). Durch den 14 G-Zugang lässt sich ein zentraler Venenkatheter vorschieben. Vom Durchmesser des Verweilkatheters hängt der erzielbare Volumeneffekt ab. Bei Braunülen über 17 G (bei Gabe großer Volumina) sollten Sie evtl. nach Rücksprache vor der Punktion eine Lokalanästhesie mit 0,1 ml Lidocain 1 % i. c. setzen.
- Meistens wird gleich nach der Punktion eine Infusion angehängt. Stellen Sie sich dann den Infusionsständer mit der Infusionsflasche in Reichweite.
- Der Patient liegt auf dem Rücken.
- Bei der Auswahl des Armes sollten Sie wenn möglich berücksichtigen, ob der Patient Links- oder Rechtshänder ist (besser am jeweils anderen Arm punktieren). Fragen Sie den Patienten auch, ob und wo er bereits einen Zugang hatte.
- Suchen Sie in folgender Reihenfolge nach einer geeigneten Punktionsstelle: Unterarm, Handrücken, Ellenbeuge. Ideal ist eine Y-Stelle, an der zwei Venen zusammenfließen und deren Verlauf ein Stück überschaubar ist.
- Nach Möglichkeit sollten Sie den Zugang nicht in die Nähe eines Gelenks legen, da hier der Schlauch in der Vene bei Bewegung leicht abknicken kann.

Tabelle 10: Größe venöser Verweilkatheter mit Durchflussraten

Farbe	Außendurchmesser G / mm	Durchflussrate (ml/min)
blau	22 / 0,9	36
rosa	20 / 1,1	61
grün	18 / 1,3	96
weiß	17 / 1,5	128
grau	16 / 1,7	196
orange	14 / 2,2	343

- Bitten Sie den Patienten, Armbanduhr und Schmuck am Punktionsarm zu entfernen. Manchmal ist eine Rasur der Punktionsstelle sinnvoll, Pflaster halten dann besser und lassen sich leichter wieder lösen.
- Prüfen Sie kurz, ob sich der Zugang auch aus der Hülle und die Nadel aus dem Zugang lösen lässt.
- Stauen Sie oberhalb der Punktionsstelle, aber nicht zu straff und nicht zu lange. Seien Sie vorsichtig bei alten, exsikkierten Menschen, deren Hautfalten leicht im Stauschlauch eingeklemmt werden können. Wenn Sie den Zugang auf dem Handrücken legen möchten, straffen Sie die Haut durch Beugung der Hand. Suchen Sie auch hier eine Y-Stelle.

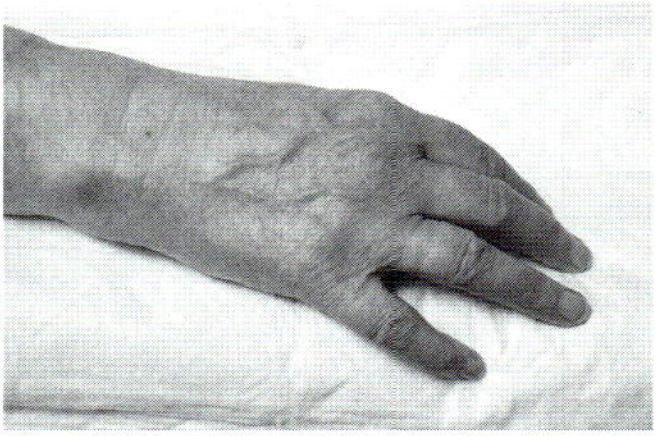

- Desinfizieren Sie gründlich (mindestens 30 s). Katheter sind mögliche Eintrittspforten für Keime.

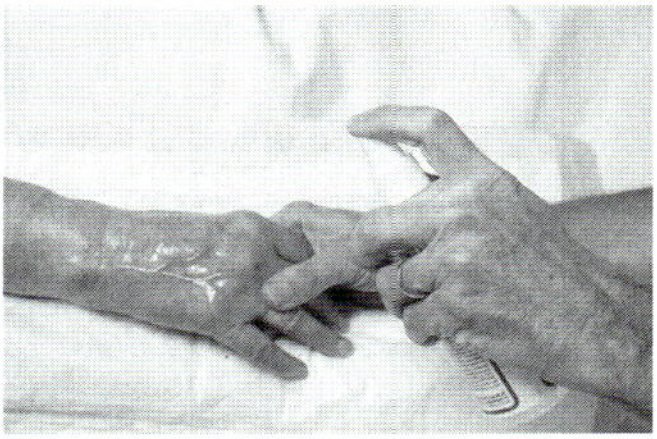

- Nach der Desinfektion sollten Sie nicht mehr nachtasten (bzw. vorher die Handschuhspitzen desinfizieren). Vor dem Stechen wischen Sie die Punktionsstelle trocken.
- Ziehen Sie Handschuhe an.
- Halten Sie die Nadel mit dem Daumen am transparenten Blutfängerstopfen, den Zeigefinger gegenüber *vor* dem farbigen Injektionsventil.

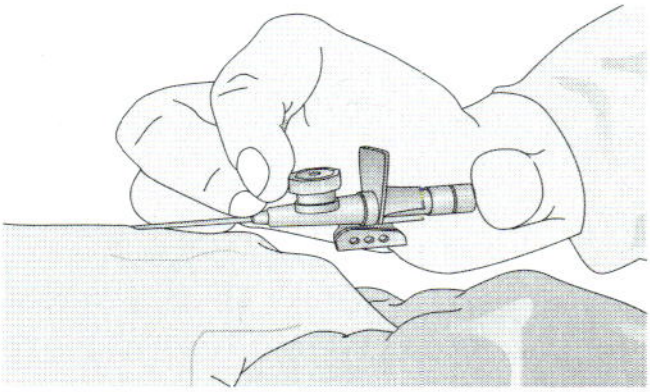

- Stechen Sie rasch durch die Haut in einem Winkel von 30–40°, und punktieren Sie dann flach die Vene. Den Eintritt in die Vene selbst spüren Sie meistens nicht.

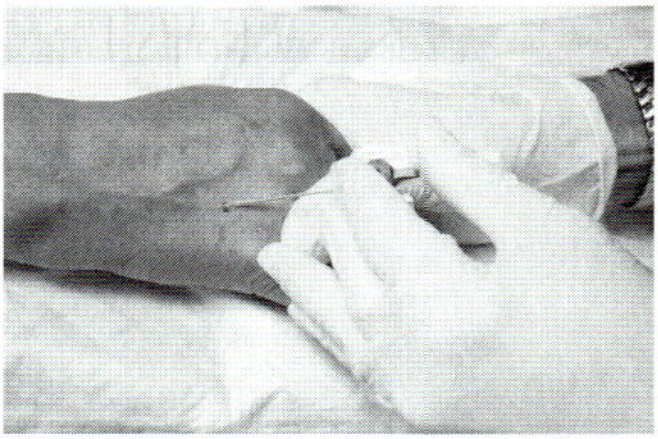

- Wenn am durchsichtigen Kanülenansatz Blut erscheint, schieben Sie die Braunüle noch etwa 5 mm vor. Ziehen Sie danach die Punktionsnadel zurück und schieben Sie gleichzeitig die Plastikkanüle vor. Bei korrekter Lage während des Vorschiebens ist praktisch kein Widerstand wahrnehmbar; größerer Widerstand spricht für eine Fehllage. Bei Zugängen mit kleinem Lumen kann

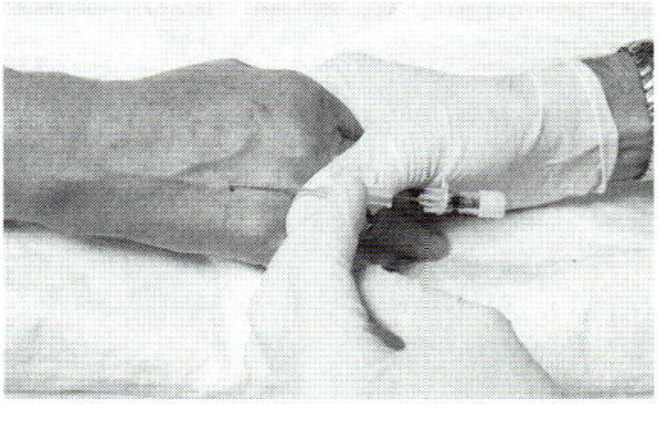

D1

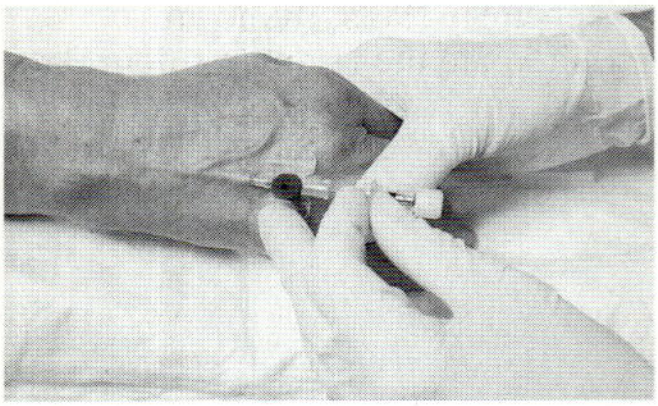

das Erscheinen des Blutes im Kanülenansatz einige Sekunden länger dauern. Also nicht zu früh nachschieben, da Sie unter Umständen die korrekt punktierte Vene dadurch doch noch durchstechen.

- Lösen Sie den Stauschlauch, und entfernen Sie die Nadel, wobei die Vene proximal vom Schlauchende komprimiert werden sollte, damit kein Blut ausläuft.

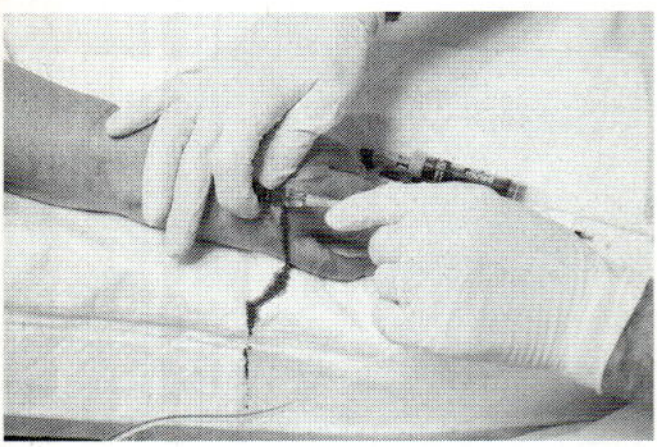

- Verschließen Sie die Braunüle mit einem Stopfen oder Mandrin (dann vorher mit NaCl durchspülen), oder hängen Sie direkt eine Infusion an.

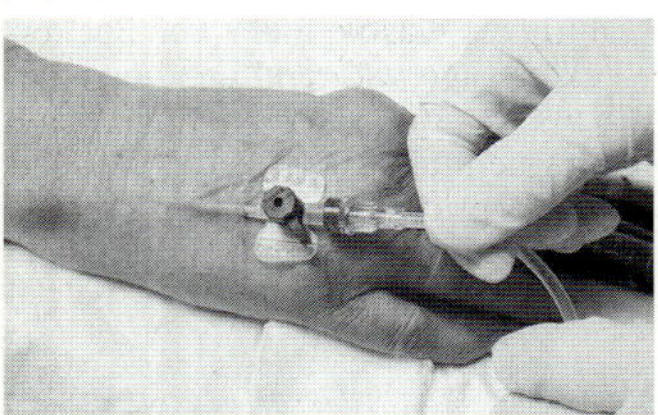

- Gehen Sie sicher, dass Sie Ihren frisch gelegten Zugang gut fixieren. Es sollte eine sterile Abdeckung der Punktionsstelle erfolgen. In den meisten Kliniken werden spezielle Braunülenpflaster benutzt. Mit einer Mullbinde kann der Zugang zusätzlich geschützt werden. Läuft eine Infusion, so bilden Sie mit dem Schlauch eine Schlaufe und wickeln die Schlaufe mit der Mullbinde ein, um einen Zug am Zugang zu verhindern. Als Alternative zur Mullbinde bewährt sich ein straffer Schlauchverband.
- Schreiben Sie das Datum auf das Pflaster.
- Zugangspflege: Tägliche lokale Kontrolle auf Rötung, Schwellung, Schmerz, Sekretion. Untersuchen Sie auch die angrenzenden Lymphknoten auf Schmerz, Rötung, Schwellung und Überwärmung (Gefahr einer Thrombophlebitis).
- Zur Entfernung eines Zuganges lösen Sie vorsichtig das Pflaster, legen eine sterile Kompresse auf die Einstichstelle und ziehen den Katheter heraus.

Tipps und Tricks

- Keine Angst vor großlumigen Zugängen!
- Stauen und Blutentnahme aus dem Zugang s. Blutentnahme S. 62.
- Vor der Punktion lockern Sie den hinteren weißen Stopfen. Das Blut läuft dann besser zurück.
- Wenn trotz vermutlich intravasaler Lage kein Blut zurückfließt, sollten Sie mit einer Spritze einen Aspirationsversuch machen.
- Unter laufender Infusion lassen sich Zugänge oft leichter vorschieben. Zudem kann durch unmittelbares Anhängen der Infusion nach der Punktion die korrekte intravenöse Lage des Schlauches überprüft werden. Bei nicht sicherer venöser Lage brechen Sie die Punktion ab.
- Schieben Sie den Zugang mit einer leicht schaufelnden Bewegung vor, da der obere Schliff der Kanülenspitze nicht scharf ist und von innen an der oberen Venenwand entlanggleitet, ohne sie zu verletzen. So ver-

meiden Sie eher, die untere Venenwand zu durchstechen.

- Wird der Zugang nicht sofort benutzt, sollten Sie ihn nach dem Legen mit NaCl 0,9% spülen, um sich der korrekten intravasalen Lage des Katheters zu vergewissern.
- Nach erfolgloser Punktion sollten Sie für einen zweiten Versuch nicht die Nadel in den Schlauch zurückstecken. Das Schlauchende kann angeschnitten und später in den Kreislauf geschwemmt werden. Nehmen Sie deshalb immer eine neue Braunüle.
- Nach zwei Fehlversuchen sollten Sie jemand anderen um Hilfe bitten.
- Wenn Sie bei Patienten mit schwierigen Venenverhältnissen vor einer OP einen Zugang legen, sollten Sie vorher den Anästhesisten fragen, welcher Arm von der Anästhesie für Zugänge benötigt wird.
- Viele Patienten glauben, dass sie nach der Punktion eine Nadel im Arm liegen hätten. Erklären Sie ihnen den Sachverhalt genau.
- Feste Richtlinien für die Liegedauer intravenöser Verweilkatheter existieren nicht. Es ist sinnvoll, einen Zugang, der länger benötigt wird, in festen Intervallen (z.B. alle 2–3 Tage) zu wechseln, um eine Phlebitis zu vermeiden. Erklären Sie dem Patienten, dass eine neue Punktion wesentlich weniger schmerzhaft ist als eine entzündete Vene.
- Trockenübung für das Legen eines Zugangs: Eine Hilfsperson hält einen Latexhandschuh straff gespannt zwischen beiden Händen. Die punktierende Person versucht nun, zwischen beiden Wänden der Handschuhe (die die Venenwände simulieren) in das Lumen zu treffen, ohne den Handschuh nach oben oder unten zu durchstechen.

Probleme und Sonderfälle

- **Punktionsstelle schwillt an:** Sie haben die Vene durchstochen oder die Venenwand ist geplatzt. Zur Vorbeugung sollten Sie versuchen, den Stauschlauch unmittelbar nach der Punktion zu lösen oder gar ohne Stauung zu punktieren. Ist es jedoch bereits geschehen, sollte die Einstichstelle komprimiert und mit Kühlelementen oder Alkoholwickeln gekühlt werden. Manchmal ist Heparinsalbe hilfreich.
- **Dicke Haut:** Zuerst gehen Sie neben der Vene in das Gewebe und stechen dann in einem zweiten Schritt die Vene von der Seite her an.
- **Fehlversuch:** Nach einem Fehlversuch müssen Sie proximal der ersten Punktionsstelle erneut stechen, da sonst die Gefahr besteht, dass die Infusion durch die verletzte Venenwand in das Gewebe läuft. Evtl. lassen Sie die erste Nadel stecken und entfernen sie erst, nachdem der zweite Versuch erfolgreich war, da Sie sonst auf den Verschluss der ersten Punktionsstelle warten müssen, bevor eine erneute Stauung angelegt werden kann.
- **Arm schwillt während Infusion an:** Die Infusion läuft „para"(-vasal). Halten Sie die Infusion an und entfernen Sie den Zugang. Danach kühlen Sie den Arm und lagern ihn auf einem Kissen hoch.
- **Schmerzen an der Punktionsstelle:** Dies ist Zeichen für eine beginnende Venenentzündung. Entfernen Sie die Braunüle sofort. Der Patient hat immer Recht, auch wenn Sie vielleicht noch keine Entzündung sehen.
- **Rötung der Punktionsstelle:** Es bildet sich eine Venenentzündung. Entfernen Sie den Zugang sofort. Gegebenenfalls werden nach Rücksprache Eisauflage, entzündungs- und gerinnungshemmende Salben sowie die Ruhigstellung des Arms angeordnet.
- **Entzündungen:** In der Nähe einer entzündeten Hautregion sollten Sie keinen Zugang legen.

- **Verwirrte Patienten:** Fixieren Sie den Zugang doppelt. Eventuell muss der Patient fixiert werden. Beim Legen des Zugangs sollten Sie eine Hilfsperson zum Halten des Armes mitnehmen.
- **Rollvenen, Entzündungen, Paresen und Dialysepatienten:** Siehe Blutabnahme S. 65.

Zentraler Venenkatheter

Allgemeines

Der zentrale Venenkatheter (ZVK) dient der Volumentherapie und deren Überwachung, der parenteralen Ernährung und der Verabreichung gefäßtoxischer Substanzen. Er wird heute zumeist mittels Seldinger-Technik über die V. jugularis oder die V. subclavia in die obere Hohlvene und von dort in den rechten Vorhof vorgeschoben. Weiterhin ist es möglich, über eine Unterarmvene (V. basilica oder cephalica) oder über die V. femoralis Zugang zu den Hohlvenen zu erhalten. Beschrieben werden hier die häufigeren Zugänge über die V. jugularis und subclavia sowie der komplikationsarme Zugang über die V. basilica.

Nach der Punktion ist ein Röntgenthorax anzufertigen, mit dem die Lage des Katheters kontrolliert wird. Dessen Spitze sollte unmittelbar vor der Einmündung der oberen Hohlvene in den rechten Vorhof liegen. 1 bis 2 Stunden nach Punktion sollte ein Röntgenthorax in Exspiration zum Ausschluss eines Pneumothorax erfolgen.

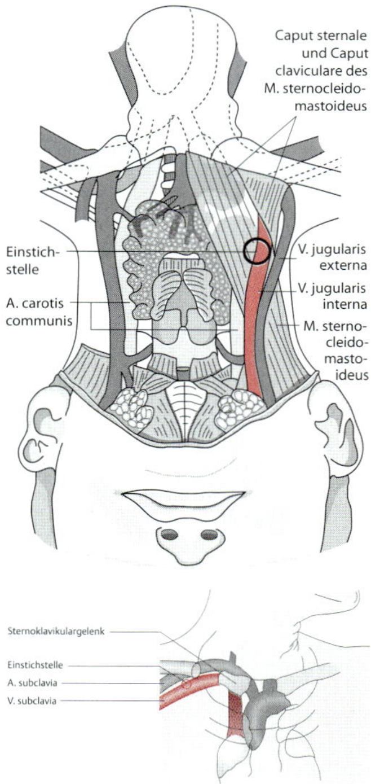

Anatomie der Punktionsstelle aus der Sicht des punktierenden Arztes:
a: bei Punktion der V. jugularis interna
b: bei Punktion der V. subclavia

Durchführung

Prägen Sie sich die Anatomie der Punktionsstelle am nicht-desinfizierten und abgedeckten Patienten ein.

Die Lagerung des Patienten ist sehr wichtig: Kopftieflage, Kopf zur kontralateralen Seite um 45° gedreht, Arm gestreckt.

- **Materialien:**
  - Seldinger-Katheter-Set.
  - Evtl. Katheter in unterschiedlichen Größen.
  - Sterile Handschuhe.
  - Steriles Loch- oder Schlitztuch.
  - Sterile Tupfer.
  - Sterile Schere.
  - Sterile Pinzette.
  - Steriler Nadelhalter.
  - Kittel und Mundschutz.
  - Desinfektionsspray oder Betaisodonalösung.
  - 10-ml-Spritze mit NaCl 0,9% gefüllt.
  - Lokalanästhesie (z. B. Lidocain 1%ig), 10-ml-Spritze, Kanüle 22 G.
  - Verbandmaterial.
  - 11 er-Skalpell.

- Nahtmaterial zum Annähen des Katheters.

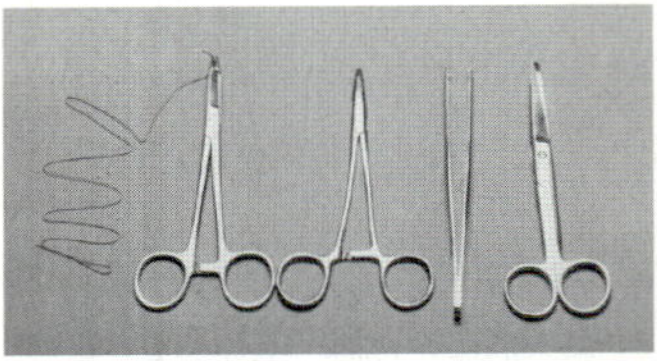

- Lagern Sie den Patienten entsprechend dem Zugangsweg (s. u.).
- Desinfizieren Sie Ihre Hände, und legen Sie Mundschutz und OP-Haube an. Am besten ziehen Sie wegen des langen Drahtes auch einen sterilen Kittel an.
- Ziehen Sie die sterilen Handschuhe an.
- Spülen Sie den Katheter durch, und füllen Sie ihn mit NaCl. Merken Sie sich bei mehrlumigen Kathetern, wo die Flüssigkeit aus der Spitze gelangt, da dort der Seldinger-Draht heraustritt. Häufig sind die Lumina jedoch beschriftet.
- Verschließen Sie andere Lumina (meist ist dazu eine Klammer vorhanden).
- Legen Sie sich den Seldinger-Draht so zurecht, dass Sie ihn direkt in die Kanüle einführen und vorschieben können. Umständliches Auspacken nach der Venenpunktion verringert die Erfolgsaussichten, da die liegende Kanüle währenddessen aus der Vene rutschen kann.
- Ziehen Sie die Lokalanästhesie auf, und füllen Sie NaCl in die Punktionsspritze. Setzen Sie die Punktionskanüle auf die Spritze auf.
- Desinfizieren Sie das Punktionsgebiet.
- Decken Sie die Punktionsstelle mit dem sterilen Loch- oder Schlitztuch ab.
- Infiltrieren Sie die Punktionsstelle mit dem Lokalanästhetikum und der 22-G-Kanüle. Dabei beim Vorschieben injizieren, in kurzen Abständen aspirieren, bis sich leicht eindeutig venöses Blut aspirieren lässt. Vorsicht mit der Menge des Lokalanästhetikums; insbesondere im Jugularisgebiet verändert sich bei zu großzügiger Infiltration die lokale Anatomie sehr stark.
- Merken Sie sich die Stichrichtung und die Punktionstiefe für die nachfolgende Punktion mit der größeren Kanüle.

Punktion der V. jugularis interna

- Prinzipiell gibt es mehrere Punktionsmöglichkeiten entlang des Gefäßes am Hals. Der empfohlene zentrale Punktionsort orientiert sich an der Spitze des Dreiecks, welches aus den beiden Köpfen des M. sternocleidomastoideus und der Klavikula gebildet wird.
- Der Patient liegt in Kopftieflage, der Kopf 45° zur Gegenseite der geplanten Punktion rotiert. Rechtshänder punktieren leichter rechts, Linkshänder leichter links. Zeige- und Mittelfinger der nicht-dominanten Hand werden auf die pulsierende A. carotis communis gelegt.

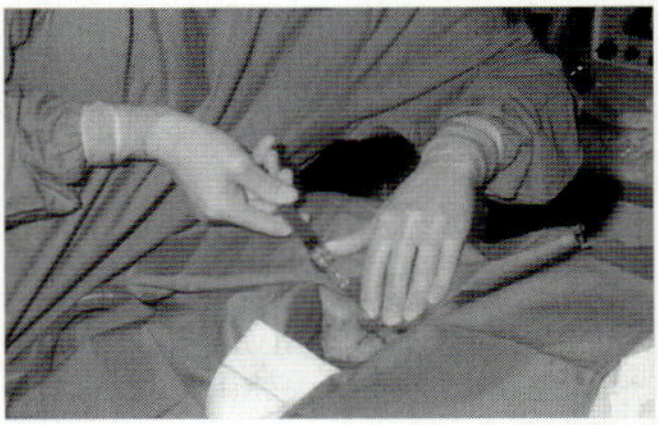

- Die dominante Hand sticht mit der 22-G-Kanüle und aufgesetzter Lokalanästhesie-Spritze durch die Haut unmittelbar kranial der Spitze des Dreiecks und unmittelbar lateral der A. carotis. Anhaltspunkt für die Stichrichtung ist nun die ipsilaterale Mamille in einem Winkel von 20° zur Hautoberfläche. Die Vene findet sich hier nahe unter der Hautoberfläche (ca. 1,0–1,5 cm). Bei erfolgloser Punktion sollte bei erneutem Stich etwas weiter medial, näher an der A. carotis, punktiert werden.

- Nach erfolgreicher Vor-Punktion mit der dünnen Kanüle und Lokalanästhesie erfolgt nun die eigentliche Punktion mit der großlumigen Kanüle und aufgesetzter, halb mit NaCl 0,9 % gefüllter Spritze. Lässt sich sicher venöses Blut aspirieren, wird das Plastikröhrchen der Punktionskanüle weiter vorgeschoben unter gleichzeitigem Rückzug und schließlich Entfernung des Stahlmandrins. Mit dem nicht dominanten Daumen das Lumen der Punktionsstelle verschließen.
- Schieben Sie den Seldinger-Führungsdraht durch die Punktionskanüle in das Gefäß vor.
- Ziehen Sie die Kanüle über den Draht zurück und entfernen Sie sie. Halten Sie dabei den Draht fest, damit er nicht disloziert oder durch Berührung unsteril wird.

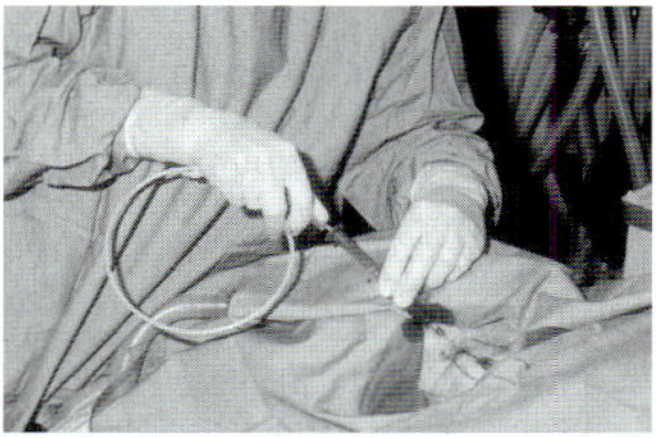

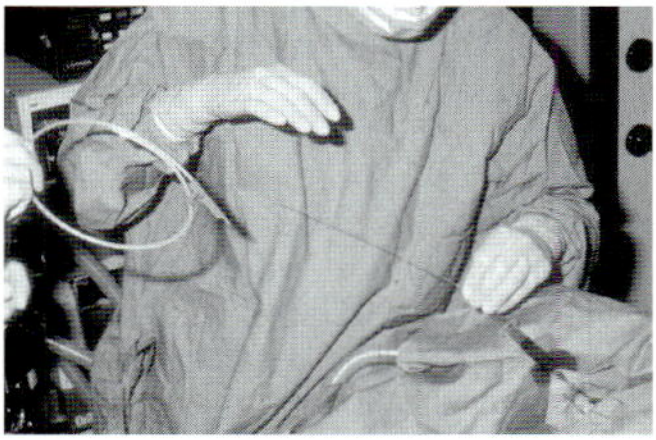

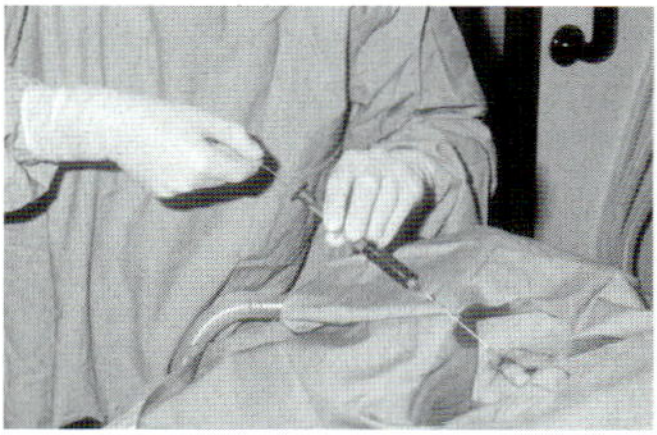

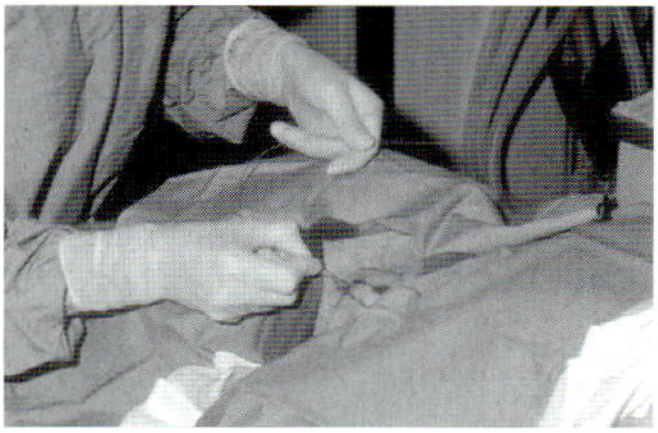

- Setzen Sie eine kleine Hautinzision mit einem 11-er-Skalpell für den Dilatator.
- Schieben Sie den Dilatator über den Draht durch Hautinzision und Gefäßwand vor. Ziehen Sie ihn dann wieder zurück und entfernen Sie ihn.

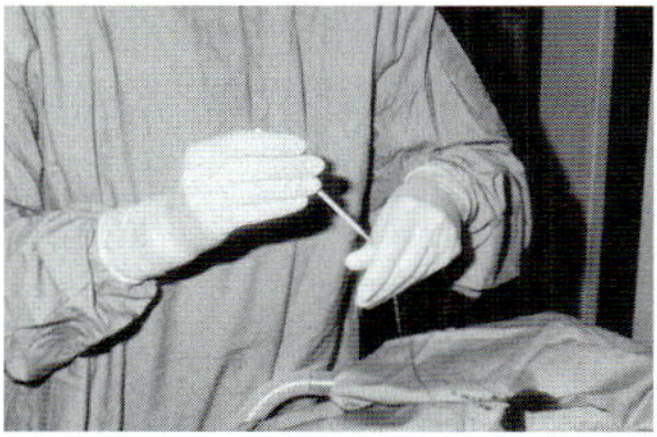

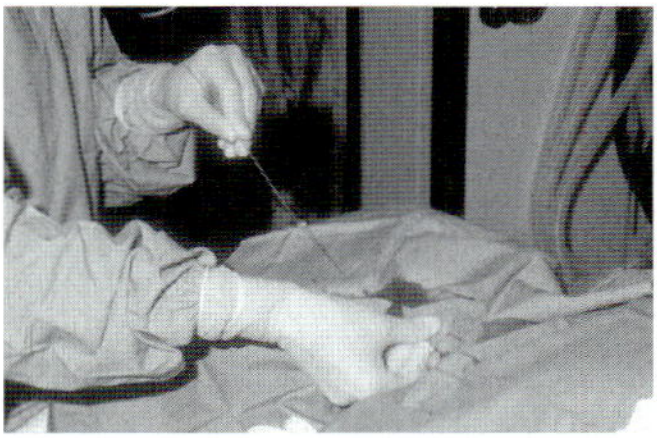

D 2

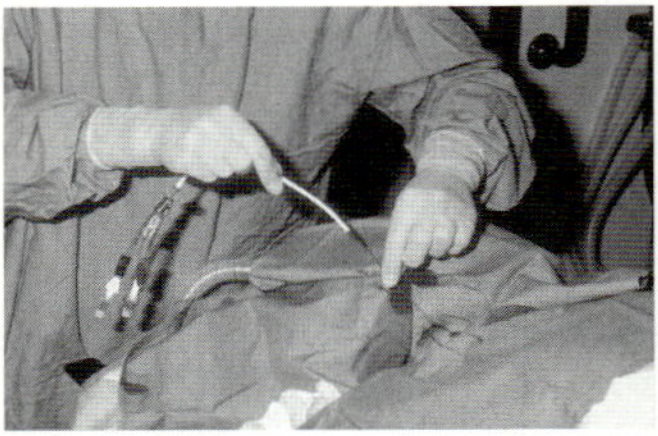

- Führen Sie den Katheter über den Führungsdraht durch den vorgedehnten Weg etwa 18–20 cm in das Gefäß ein.
- Halten Sie den Katheter fest, und entfernen Sie den Führungsdraht aus dem Katheter.
- Versuchen Sie mit der 10-ml-Spritze, ob sich Blut aspirieren lässt.

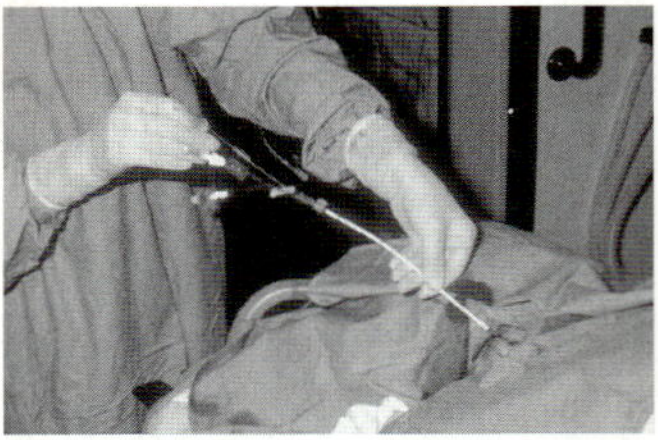

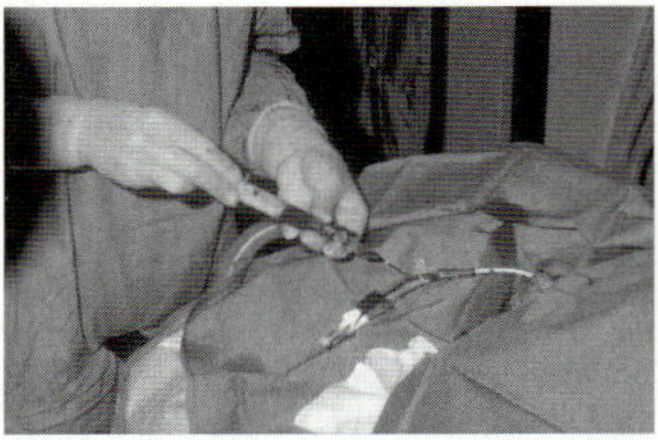

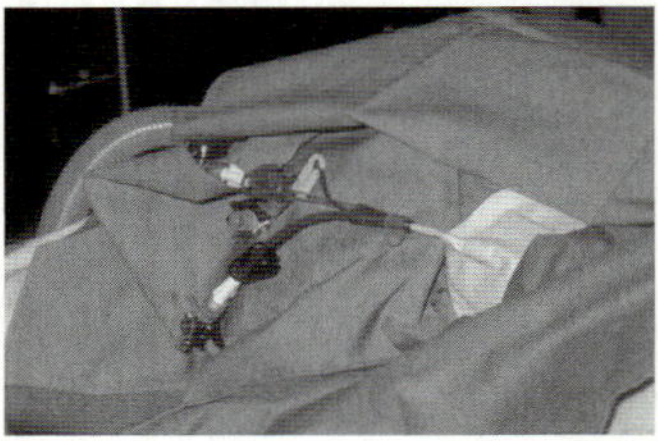

- Decken Sie den Katheter mit sterilen Kompressen ab, und fixieren Sie ihn z. B. mit Pflaster oder Fixomull.
- Lassen Sie eine Röntgenkontrolle der Katheterlage durchführen.
- Nach Korrektur der Katheterlage Fixierung mit einer Hautnaht im anästhesierten Gebiet (Alternative: Fixierung mit Pflasterzügel, z. B. Leukoplast).

Punktion der V. subclavia

- Für die infraklavikuläre Punktion der V. subclavia befindet sich der empfohlene Punktionsort des Gefäßes dort, wo das Gefäß den lateralen Rand der ersten Rippe kreuzt. Hier hat die Vene in der Regel 1–2 cm Durchmesser und wird durch Faszienspannung offen gehalten. Der M. scalenus anterior trennt die Vene von der A. subclavia.
- Der Patient wird in Kopftieflage gebracht und ein kleines gerolltes Handtuch zwischen den Schulterblättern plaziert. Eine Hilfsperson zieht den Arm nach kaudal-dorsal.
- Wichtige Orientierungspunkte sind die Mitte der Klavikula und der Oberrand des Sternums (kaudale Begrenzung der Fossa jugularis).
- 2–3 cm kaudal der Klavikula-Mitte wird die Haut durchstochen. Stichrichtung ist der Oberrand des Sternums, bis die Nadelspitze zwischen mittlerem und medialem Klavikula-Drittel den Knochen erreicht. Die Nadel wird nun unter die Klavikula geschoben, wobei sie nach oben Kontakt mit dem Knochen behält. Wenn sich so kein Blut aspirieren lässt, wird die Nadel entlang der Klavikula unter ständiger Aspiration vorsichtig zurückgezogen. Unter Umständen wird erst bei diesem Manöver das Venenlumen erreicht.
- Wenn der erste Punktionsversuch nicht erfolgreich ist, sollte die Punktionsrichtung unter der Klavikula etwas weiter kranial ausfallen.

Punktion der V. basilica

- Die Punktion ist technisch relativ einfach, und punktionsbedingte Verletzungen oder Komplikationen sind selten. Der Zugangsweg eignet sich besonders, wenn auf keinen Fall das Risiko eines Pneumothorax eingegangen werden darf, die Gerinnungssituation kritisch ist oder Punktionsstellen im Hals- oder Klavikulabereich wegen Infektionen oder Verletzungen nicht zugänglich sind.
- Die Punktion erfolgt mittels Braunülentechnik (nicht mit Seldinger-Technik) in der Ellenbeuge nach Identifikation der Vene. Sie verläuft medial nahe der A. basilica. Alternativ kann auch eine Punktion der weiter lateral verlaufenden V. cephalica versucht werden. Der N. medianus kreuzt in der Ellenbeuge (Verletzungsgefahr).
- Gelagert wird der Patient in Kopftieflage mit etwa 30° abduziertem und maximal außenrotiertem Arm. Punktieren Sie möglichst am nichtdominanten Arm des Patienten. Legen Sie den Stauschlauch am Oberarm an.
- Desinfektion, steriles Abdecken und Lokalanästhesie erfolgen wie oben beschrieben.
- Setzen Sie eine mit 10 ml NaCl 0,9 % halb gefüllte Spritze auf die Stahl-Plastik-Kanüle auf und punktieren Sie in Richtung des Gefäßverlaufes, bis sicher Blut aspiriert werden kann.
- Schieben Sie die Plastikkanüle bei gleichzeitigem Zurückziehen der Stahlkanüle weiter vor. Verschließen Sie nach Entfernung der Stahlkanüle das Kanülenlumen mit dem Daumen (Gefahr einer Luftembolie).
- Öffnen Sie jetzt den Stauschlauch.
- Es folgt das Ankoppeln des in einen Folienschlauch eingepackten Katheters an die Plastikkanüle und Vorschieben des Katheters bis zur gewünschten Länge (ca. 50 cm bei Erwachsenen). Die richtige Länge können Sie ungefähr mit Hilfe der Verpackung abschätzen.
- Wenn nach 30–40 cm kein weiterer Vorschub möglich ist (Erreichen der Axilla), abduzieren Sie den Arm weiter und/oder lassen den Kopf des Patienten wenden (zur Gegenseite der Punktion oder mit dem Ohr auf die Schulter der Punktionsseite). Bei Katheterisierung der V. cephalica ergeben sich oft Schwierigkeiten beim Vorschub durch Venenklappen oder durch die rechtwinklige Einmündung in die V. axillaris.
- Nach der Positionierung diskonnektieren Sie das Kupplungsstück von der Plastikkanüle und brechen das Kupplungsstück auf. Entfernen Sie den Folienschlauch. Ziehen Sie die Plastikkanüle aus dem Stichkanal über den liegenden Katheter und fixieren Sie diese am Katheterende (Luer-lock-System). Der Mandrin muss für die obligate radiologische Lagekontrolle im Katheter belassen werden.
- Fixieren Sie den Katheter mittels Hautnaht oder mit Pflasterzügel. Blutstillung erfolgt durch Kompression. Nach Reinigung der Punktionsregion von Blut und nach nochmaliger Desinfektion verbinden Sie die Punktionsstelle steril.

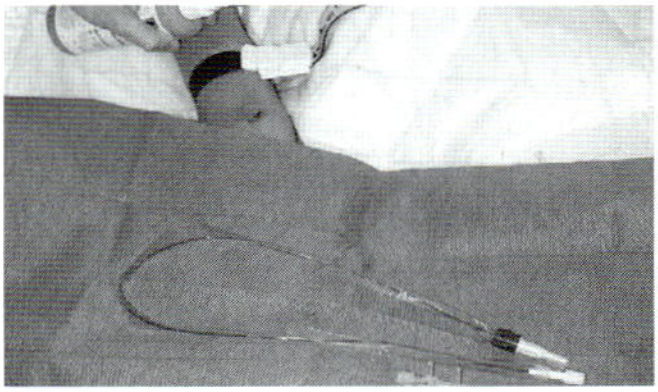

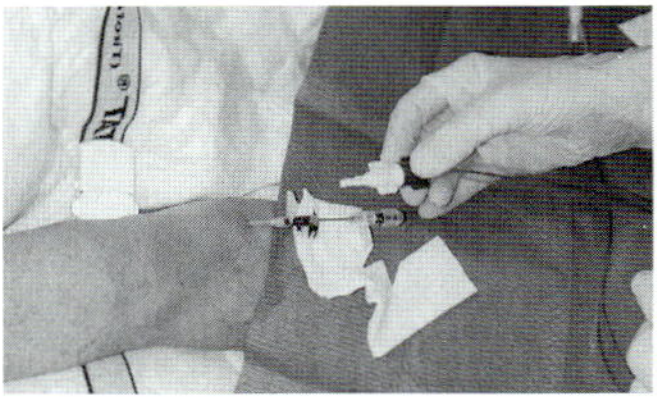

D 2

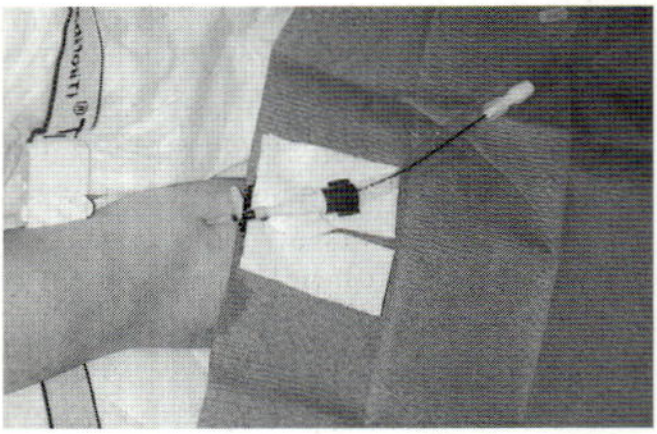

Tipps und Tricks

- Zur besseren anatomischen Orientierung können Sie den Gefäßverlauf auf der Hautoberfläche markieren. Ferner ist es möglich, mittels Doppler- oder Duplexsonographie das Gefäß in seinem Verlauf darzustellen.

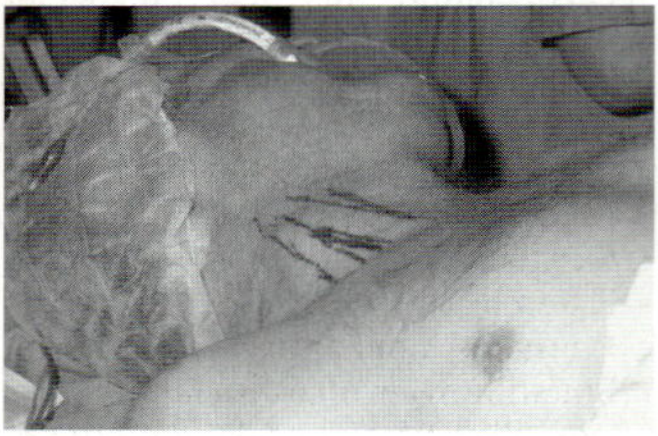

- Bei einem kooperativen Patienten lassen Sie ihn vorher eine Bauchpresse durchführen, denn die intrathorakale Druckerhöhung erhöht die Füllung der Venen.
- Wenn Sie die V. jugularis nicht auf Anhieb treffen, sollten Sie etwas weiter lateral zielen und sich bei ausbleibendem Erfolg langsam nach medial vortasten, damit Sie nicht versehentlich die A. carotis punktieren.
- Halten Sie den Draht beim Einführen des Katheters immer proximal oder distal fest. Die Drähte sind lang genug, aber achten Sie auf die Sterilität.
- Bei federndem Widerstand befinden Sie sich meist im Gewebe und nicht in der Vene.
- Falls sich der Führungsdraht nicht vorschieben lässt, sollten Sie mit einer Spritze unter Aspiration die intravasale Lage der Kanüle überprüfen. Oft gelingt es so, durch millimeterweise Korrektur die Kanüle intravasal sicher zu platzieren.
- Zur Überprüfung der richtigen Katheterlage können Sie die angeschlossene Infusion unter Patienteniveau halten, wobei venöses Blut langsam in das System zurücklaufen muss.
- Wurde versehentlich die A. carotis punktiert, muss die Punktionsstelle mindestens 10 Min komprimiert und anschließend straff verpflastert werden.
- Punktieren Sie die V. subclavia nie auf beiden Seiten, wegen der Gefahr eines beidseitigen Pneumothorax.
- Nach zwei erfolglosen Punktionsversuchen sollte jemand anderes punktieren. Einer Untersuchung zufolge sinkt die Trefferwahrscheinlichkeit auch bei Geübten nach mehr als zwei Versuchen.

Probleme und Sonderfälle

- **Auswahl des Zugangsweges:** Grundsätzlich ist die Punktion der V. jugularis die Methode, die weniger Komplikationen mit sich bringt. Das Risiko eines Pneumothorax oder einer Luftembolie ist hier gering. Allerdings ist hier die Punktion durch die komplizierteren anatomischen Verhältnisse schwieriger. Auch ist die Venenfüllung oft ungenügend, insbesondere bei hypovolämischen Patienten. Vorsicht bei der Palpation der A. carotis: Bei hypersensitivem Karotissinus kann es zu Blutdruck- oder Herzfrequenzabfall bis zur Asystolie kommen. Bei Atherosklerose kann durch die Palpation oder durch Kompression infolge Fehlpunktion ein Schlaganfall ausgelöst werden. Bei der V. subclavia gelingt dem Geübten die Punktion fast immer, da die Anatomie nicht so kompliziert und die Vene immer gut gefüllt ist. Allerdings hat dieser Zugang eindeutig die höhere Komplikationsrate. Grundsätzlich gilt, dass immer die Methode gewählt werden sollte, die man am besten beherrscht.

- **Schädelhirntrauma:** Bei Schädel-Hirn-traumatisierten Patienten sollte eine Punktion der V. jugularis wegen eventueller Abflussbehinderungen unterbleiben.
- **Fieber:** Sollte der Patient Fieber entwickeln, müssen Sie immer an eine Kathetersepsis denken. Entnehmen Sie aerobe und anaerobe Blutkulturen aus dem Katheter und aus einer peripheren Vene. Entfernen Sie dann nach Rücksprache den Katheter unter sterilen Bedingungen (sterile Handschuhe, sterile Schere). Die Spitze sollte in einem Nährmedium zur mikrobiologischen Untersuchung eingesandt werden.
- **Gefäßwandverletzung durch Führungsdraht:** Einer Gefäßwandverletzung beugen Sie durch Verwendung von flexiblen Führungsdrähten vor. Spüren Sie beim Vorschieben einen federnden Widerstand, dürfen Sie nicht mit Gewalt weiterschieben, sondern müssen den Draht entfernen und mit einer sterilen Spritze erneut durch Aspiration die intravasale Lage überprüfen. Der Draht darf durch die Kanüle nur dann zurückgezogen werden, wenn hierbei kein Widerstand gespürt wird, da auch Drähte abscheren können.
- **Widerstand beim Vorschieben des Drahtes:** Der Draht ist umgeschlagen und nach oben oder in die kontralaterale V. subclavia gelangt. Sie sollten ihn dann vorsichtig zurückziehen und mit der Biegung in die gewünschte Richtung vorschieben.
- **Kontamination des Führungsdrahtes:** Oft sind die Führungsdrähte sehr lang und nicht vor Kontamination an Kittel, Patient oder Bett geschützt. Entweder tragen Sie einen sterilen Kittel und decken das Arbeitsfeld großflächig steril ab, oder Sie verwenden einen Draht, der sich aufgerollt in einer Plastikhülle befindet.

Infusionen anhängen

Allgemeines

Das Anhängen von Infusionen gehört zu den häufigsten Routinetätigkeiten im Krankenhaus. Es dient der raschen, aber kontrollierten Zufuhr von Medikamenten, Flüssigkeit und Nahrung oder einfach dem Offenhalten eines Zugangs durch die Gabe von physiologischer NaCl-Lösung. Man unterscheidet Kurz- und Dauerinfusionen. Ernährung und Therapie sollten grundsätzlich über verschiedene Zugänge laufen.

Durchführung

- **Materialien:**
  - Infusionsbesteck.
  - Infusionslösung und Zusätze.
  - Aufhängevorrichtung.
  - Schere.
  - Pflaster.
  - Filzschreiber.
  - Eventuell Perfusor oder Infusomat s. S. 107, 109.

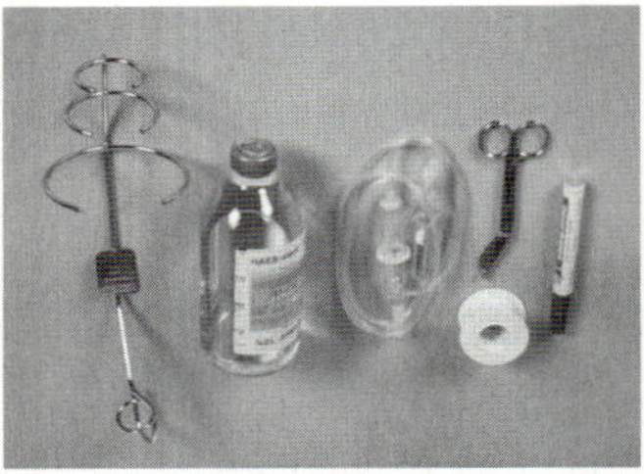

- Infusionslösungen müssen absolut steril sein, d. h. Behälter, Schlauch, Dreiwegehähne u. a. werden entsprechend aseptisch behandelt.
- Die Infusion sollten Sie erst unmittelbar vor dem Anhängen vorbereiten, weil sonst die Gefahr der Kontamination und des Medikamentenverfalls besteht.
- Bei der Auflösung von Trockensubstanzen richten Sie sich genau nach den Herstellerangaben.
- Legen Sie die Glasflasche in die Aufhängevorrichtung ein. Plastikflaschen sind meist bereits mit Ösen am Flaschenboden versehen.
- Kontrollieren Sie die Infusionslösung auf Verfallsdatum, Etikett und vollständigen Inhalt. Nicht ausdrücklich für die i. v.-Infusion vorgesehene Medikamente dürfen Sie nicht infundieren.
- Öffnen Sie den Verschluss aseptisch.
- Das Verschlussgummi sollten Sie nicht direkt desinfizieren, da eventuell dadurch erst recht Keime gelöst werden und in die Lösung gelangen.
- Eventuelle medikamentöse Zusätze können Sie durch das Verschlussgummi in die Flasche injizieren.
- Schließen Sie die Radklemme am Schlauch, und stechen Sie den Infusionsschlauch an der vorgesehenen Stelle in die Flasche, deren Verschluss nach oben zeigt.
- Drehen Sie die Infusion um, und halten Sie sie hoch oder hängen Sie sie auf.
- Bei geschlossener Radklemme füllen Sie die Tropfkammer durch wiederholte Kompression zur Hälfte.
- Öffnen Sie die Radklemme, und lassen Sie die Flüssigkeit bis zum Schlauchende laufen, um das System vollständig zu entlüften.
- Schließen Sie die Klemme wieder.
- Beschriften Sie die Infusion auf dem Etikett oder einem Zusatzzettel mit Namen und Zimmernummer des Patienten sowie eventuell mit Datum und Uhrzeit.
- Schließen Sie den Schlauch direkt am Zugang oder am Dreiwegehahn an, und öffnen Sie die Klemme bzw. den Dreiwegehahn.
- Stellen Sie die Tropfenzahl ein (Faustregel: 40 bis 60 Tr./min).

- $$\frac{\text{Infusionsmenge (ml)} \times 20}{\text{Infusionsdauer (min)}} = \text{Tropfen pro Minute}$$
- $$\frac{\text{Infusionsmenge (ml)}}{\text{Infusionsdauer (Std.)} \times 3} = \text{Tropfen pro Minute}$$

- Bilden Sie aus dem Schlauch eine kurze Schleife und fixieren Sie sie mit einem Pflaster auf der Haut, um direkten Zug am Zugang zu vermeiden.
- Kontrollieren Sie die Einstichstelle nach einer Weile, um zu sehen, ob die Infusion paravasal läuft und das Gewebe anschwillt oder rot wird. Erkundigen Sie sich auch nach dem Befinden des Patienten.
- Bringen Sie die Klingel und benötigte Gegenstände in Reichweite des Patienten.
- Dokumentieren Sie alles in der Kurve des Patienten.
- Sobald die Flasche leer ist, sollte sich der Patient wenn möglich melden. Verwenden Sie für jede Flasche ein neues Infusionsbesteck.
- Bei einem am Zugang vorgeschalteten Filter darf dasselbe Infusionsbesteck weiterverwendet werden. Filter müssen alle drei Tage gewechselt werden. Sie sollten nicht bei Ernährungslösungen oder Blut verwendet werden.

Tipps und Tricks

- Infusomat und Perfusor s. S. 107, 109.
- Mit einem Tropfenzähler lässt sich die Infusionsmenge genauer steuern.
- Wenn die Infusion nicht läuft, können Sie folgende Maßnahmen versuchen:
  - Infusionsschlauch und Arm des Patienten sollten nicht abgeknickt sein.
  - Entlüftungsventil an der Tropfkammer öffnen.
  - Zugang vorsichtig hin- und herbewegen, bevorzugt leicht daran ziehen, eventuell liegt der Teflonschlauch nur der Venenwand an.

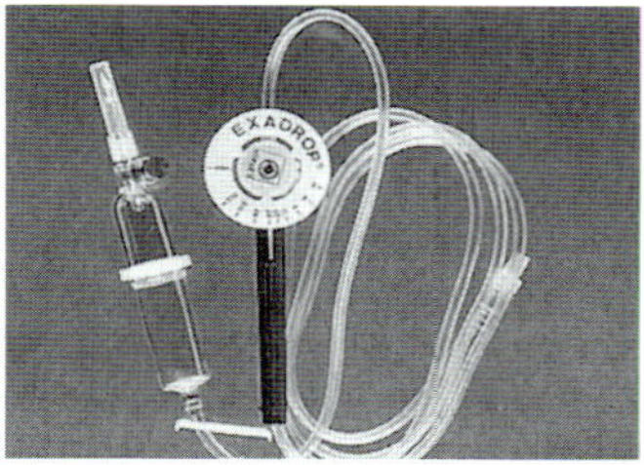

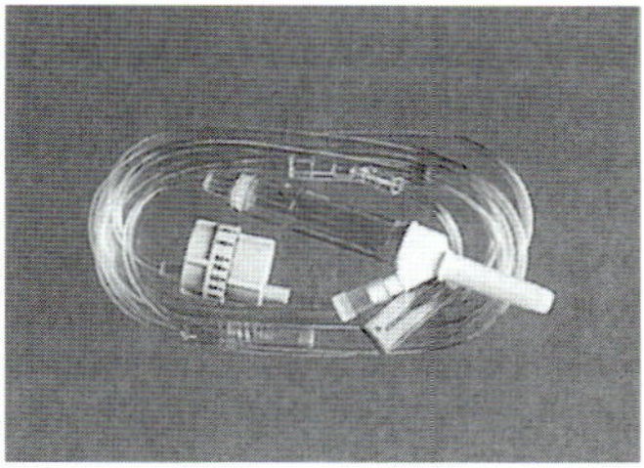

  - Vorsichtig den Schlauch des Infusionssystems distal zu einer Schlaufe fassen und diese kurz kneten.
  - Vorsichtig mit einer Spritze am Zugang aspirieren.
  - Zugang mit physiologischer Kochsalzlösung durchspülen.
  - Nicht vergessen: Lieber einen Zugang neu legen, als Komplikationen zu riskieren.
- Wegen der Gefahr einer Kontamination mit Keimen sollten Sie in den Plastikflaschenbauch keine Kanülen einstechen.
- Wenn das Gewinde des Infusionssystems durch klebrige Infusionen nicht zu öffnen ist, versuchen Sie es mit einer Kocherklemme.
- Der Schlauch sollte luftleer sein. Kleine Bläschen können durch Knipsen gegen den Schlauch zum Aufsteigen in die Tropfkammer gebracht werden. Obwohl die Gefahr einer Luftembolie bei kleinen Mengen sehr gering ist, kann es bei Wiederholung zu einem Summationseffekt kommen.

- Überzeugen Sie sich immer, dass ein Infusionssystem auch wirklich gefüllt ist. Oft sind leere Systeme von gefüllten auf den ersten Blick schwer zu unterscheiden.

Probleme und Sonderfälle

- **Druckinfusion:** Sie dient dem raschen Volumenersatz oder einer Bluttransfusion. Weiche Infusionsbehälter werden in eine Blutdruck- oder Infusionsmanschette gehüllt, die auf den gewünschten Druck aufgeblasen wird. Mögliche Gefahren dabei sind Volumenüberlastung, Venenruptur, Platzen des Infusionsbestecks und Luftembolie bei ungenügender Entlüftung des Systems.
- **Veränderung der Lösung:** Nach dem Zuspritzen von Medikamenten können Trübungen, Ausflockungen oder Verfärbungen auftreten. Eventuell ist dies ein Zeichen für die Inkompatibilität der Lösungen. Die Infusion muss dann sofort gestoppt werden.
- **Weitere Komplikationen** s. Zugang S. 92 und intravenöse Injektion S. 80.

Infusomaten bedienen

Allgemeines

Infusomaten sind wie Perfusoren Dosierungsgeräte, die an Infusionssysteme angeschlossen werden. Infusomaten kontrollieren meist die Menge einer parenteralen Ernährung und sind weniger genau als Perfusoren (S. 109).

Vorbereitung

- Sorgen Sie für einen guten venösen Zugang am Patienten.
- Stellen Sie den festen Stand des Infusomaten sicher bzw. befestigen Sie das Gerät an einem standsicheren Infusionsständer.
- Errechnen Sie die Medikamenten- bzw. Infusionsförderrate und klären, ob die Gabe über einen Infusomat wirklich notwendig ist.
- Schreiben Sie Medikamentenname und -menge gut leserlich auf die Infusionsflasche. Vorsicht: nicht nur die Ampullenmenge angeben, da manche Medikamente in unterschiedlichen Ampullengrößen geliefert werden!
- Achten Sie bei der Zubereitung der Infusionslösung auf Ausflockung und andere Inkompatibilitätszeichen. Wurde die Infusion durch eine andere Person vorbereitet, muss ebenfalls eine Überprüfung erfolgen.
- Der Akku muss für den Akkubetrieb ausreichend lange aufgeladen sein (nach 16 Stunden Aufladung beträgt die Akkukapazität für einen Infusomat durchschnittlich etwa 3,5 Stunden bei maximaler Förderrate).
- Verwenden Sie Original Infusomat-Leitungen.

Durchführung

- Original Infusomat-Leitung an Infusionsflasche einstecken, dabei den Dorn der Tropfkammer senkrecht halten, Tropfkammer zu 2/3 füllen.
- Infusionsleitung füllen.
- Rollklemme der Infusionsleitung schließen.
- Tropfsensor auf Tropfkammer aufsetzen.

Tropfkammer mit Tropfsensor

- Zum Einlegen des Schlauches in den Infusomaten Entriegelungshebel öffnen.
- Schlauch einlegen.

Infusomat

- Klappe schließen und Rollklemme vollständig öffnen.
- Netzschalter einstecken.
- Das Gerät führt nun einen Selbst-Test durch.
- Den Batteriezustand durch Drücken der Batterietaste überprüfen.
- Eingabe der Förderrate.
- Start der Infusion durch Drücken der Start/Stopp-Taste.
- Zum Wechsel des Schlauches:
  - Start/Stopp-Taste betätigen.
  - Rollklemme schließen.
  - Pumpentür öffnen, dabei wird der Schlauch automatisch abgeklemmt.
  - Entnahme des Schlauchsystems durch Herausziehen.

Tipps und Tricks

- Infusionsbestecke sollten zur Infektionsvermeidung spätestens alle 24 Stunden gewechselt werden.
- Korrekt eingestellte Fördermenge mehrfach überprüfen!
- Infusionsflasche über dem Niveau der Pumpe anbringen, sonst läuft die Infusion nicht.
- Möglichst keine Parallelinfusion über den gleichen venösen Zugang anschließen.
- Vor dem Anschließen an den Patienten Alarmsystem überprüfen.
- Bei Schaumbildung in der Tropfkammer Infusionssystem wechseln, vorbeugend unnötiges Schütteln und Vermengung der zu applizierenden Substanzen vermeiden.
- **Häufige Alarmursachen**
  - → Infusionsbehälter leer (→ auswechseln)
  - → Rollenklemme geschlossen (→ öffnen)
  - → erhöhter Gegendruck/Verschluss (→ Zugang überprüfen)
  - → beschlagene Tropfkammer (→ *vorsichtig* umwenden)
  - → zu große Schräglage des Fluss-Sensors (→ gerade richten)
  - → Luft in der Leitung (→ Manchmal hilft es, vorsichtig mit dem Finger gegen die Leitung zu schnipsen, um die Luft nach oben zu befördern. Falls nicht: neue Leitung)
  - → Pumpentür nicht richtig geschlossen (→ schließen)
  - → Leitung nicht korrekt eingelegt (→ neuer Versuch)
  - → Tropfendetektor nicht oder nicht exakt aufgesetzt oder verschmutzt (→ überprüfen!)
  - → Stecker des Fluss-Sensors nicht richtig angeschlossen (→ klar, oder?)

Perfusoren bedienen

Vorbereitung

- Wählen Sie zunächst die richtige Perfusorspritze aus. Je nach Gerätetyp gibt es unterschiedliche Spritzen, die sich in ihrem Stempeldurchmesser unterscheiden.
- Bei der Zubereitung der Spritze muss immer zuerst das Medikament eingefüllt werden, dann wird mit Lösungsmittel (z. B. Kochsalzlösung) verdünnt. Üblich ist die Verdünnung auf 50 ml.
- Nach dem Füllen der Spritze schließen Sie die Perfusorleitung an und füllen sie bis an deren Spitze luftleer. Hierzu werden spezielle Zuleitungssysteme benutzt.
- Beschriften Sie die Perfusorenspritze vor dem Einsetzen eindeutig und gut lesbar. Hierbei nicht die Ampullenmenge, sondern die Dosierung in Milligramm angeben (z. B.: Nitro 50 mg/50 ml).

Durchführung

- Legen Sie die Perfusorspritze in den Automaten ein.
- Vorsicht! Anschluss an den Patienten erst, wenn das Gerät startklar ist.
- Der Perfusor wird in Stand-by-Stellung geladen, d. h. die Förderpumpe ist abgestellt.
- Zuerst entriegeln Sie den Justierknopf und stellen den Perfusorschlitten für die Spritze passend ein.
- Öffnen Sie dann den Fixierbügel und legen die Spritze ein.
- Dabei muss meist der Perfusorschlitten am Justierknopf noch etwas nachgeregelt werden.

- Schließen Sie den Fixierbügel und arretieren Sie den Regulierknopf am Schlitten wieder. Jetzt ist der Perfusor startklar.

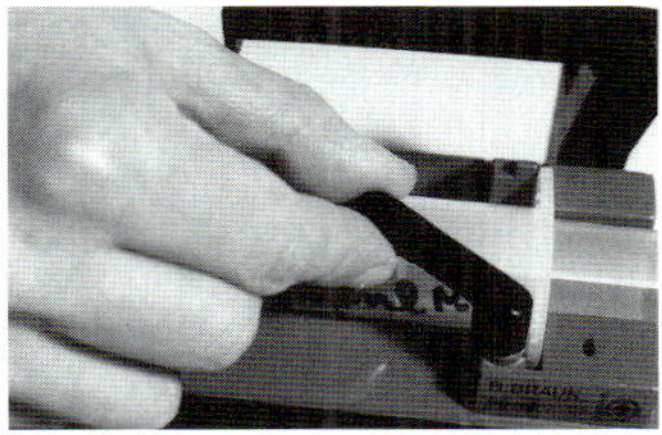

- Falls der Perfusor nicht über einen Akku funktioniert, schließen Sie ihn ans Netzteil an. Erst danach verbinden Sie ihn mit dem venösen Zugang. Die gewünschte Dosis wird durch Eingabe des Volumens in Millilitern, das pro Stunde gefördert werden soll, appliziert.

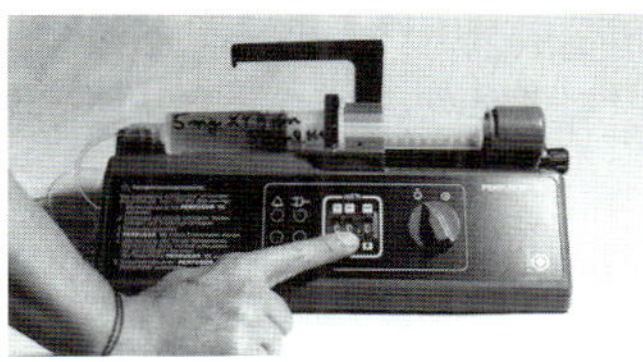

- Start: Nach Drücken oder Drehen des Startknopfes ertönt dreimal der Perfusoralarm. Der Perfusor nimmt dann nach einigen Sekunden seinen Betrieb auf.

Tipps und Tricks

- Bei kreislaufwirksamen Medikamenten ist ein separater venöser Zugang von Vorteil.
- Bei Verstopfung des venösen Zugangs kann es zu unkontrollierten Bolusgaben kommen, wenn sich die Verstopfung wieder löst. Vor allem bei kreislaufwirksamen Medikamenten kann dies schwerwiegen-

de Folgen für den Patienten haben. Deshalb sollten Sie einen Perfusor, auch wenn er nicht Alarm auslöst, regelmäßig kontrollieren.

- Beim Wechsel der Perfusorspritze schalten Sie das Gerät aus oder blockieren Sie die zuführende Leitung mit einem Drei-Wege-Hahn, bis der Perfusor wieder läuft.
- Achten Sie immer auf Standfestigkeit.

Tabelle 10: Beispiele für Perfusoren, die auf der Allgemeinstation eingesetzt werden können (Dosierung für Erwachsene)

Substanz Handelsname	**Inhalt 1 Ampulle**	**Perfusor-Verdünnung**	**1 ml ≙**	**Dosierung (70-kg-Patient)**
Clonidin Catapressan	1 ml = 0,15 mg	4 Amp. + 46 ml NaCl	0,012 mg	1–5 ml/h; bei Entzugsdelir z. T. deutlich höhere Dosen
Heparin Liquemin	5 ml = 25000 IE	1 Amp. + 45 ml NaCl	500 IE	2 ml/h, dann nach PTT (1,5–2,5 fach)
Insulin (Altinsulin)	1 ml = 40 IE	1 ml + 39 ml NaCl	1 IE	nach Blutzucker
Nitroglycerin Nitrolingual-Infusion	50 ml = 50 mg	Fertiglösung	1 mg	1–6 ml/h, ab 3. Tag Nitro-Pause von 8 Std./d
Reproterol Bronchospasmin	1 Amp. = 0,09 mg	25 Amp. + 25 ml NaCl	0,045 mg	bis 2 ml/h
Theophyllin Bronchoparat	10 ml = 200 mg	4 Amp. + 10 ml G 5 %	16 mg	1–2 (initial 4) ml/h (10–15 mg/kg KG/d)
Urapidil Ebrantil	10 ml = 50 mg	3 Amp. + 20 ml NaCl	3 mg	2–8 ml/h
Verapamil Isoptin	10 ml = 50 mg	1 Amp. + 40 ml NaCl	1 mg	2-10 ml/h, max. 100 mg/d

Tabelle 11: Bestückung von Perfusorspritzen mit Katecholaminen (Dosierung für Erwachsene)

Substanz Handelsname	**Inhalt 1 Ampulle**	**Perfusor-Verdünnung**	**1 ml ≙**	**Dosierung (70-kg-Patient)**
Dopamin D. Nattermann	250 mg	1 Amp. unverdünnt	5 mg	2–12 ml/h
Dobutamin (Trockensubstanz)	250 mg	1 Amp. auf 50 ml NaCl 0,9 %	5 mg	2–12 ml/h
Noradrenalin Arterenol	1 ml = 1 mg	5 Amp. + 45 ml NaCl 0,9 %	0,1 mg	je nach Situation
Adrenalin Suprarenin	1 ml = 1 mg	5 Amp. + 45 ml NaCl 0,9 %	0,1 mg	je nach Situation

D 5

Portsystem

Allgemeines

Unter einem Portsystem versteht man eine Form des zentralvenösen Zugangs. Der Port besteht aus zwei Teilen: einer runden Portkammer von etwa 2–3 cm Durchmesser und einem Katheter, der von dieser Kammer in eine zentrale Vene (z. B. V. jugularis interna oder V. subclavis) geleitet wird. Das Portgehäuse wird auf der Faszie des M. pectoralis infraklavikulär fixiert. Die Oberfläche des Systems bildet eine Silikonmembran, durch die die Punktion erfolgt. Die Portimplantation kann in Lokalanästhesie vorgenommen werden.

- Die Indikation zur Portimplantation besteht bei intravenösen Chemotherapien, parenteraler Langzeiternährung, intravenöser Therapienotwendigkeit bei schlechten peripheren Venenverhältnissen und in Ausnahmefällen bei Blutentnahmen oder Bluttransfusionen.
- Zur Portpunktion müssen Spezialkanülen mit Löffelschliff verwendet werden. Herkömmliche Kanülen verursachen Stanzdefekte in der Portmembran und machen das System innerhalb kurzer Zeit unbrauchbar. Die Lebensdauer einer Membran umfasst etwa 5000 Punktionen. Am häufigsten werden rechtwinklig abgewinkelte Kanülen zur Dauerinfusion benutzt. Ihre Stärken liegen zwischen 19 und 22 G; ihre Stichlänge zwischen 15 und ca. 25 mm je nach Hersteller. Empfohlen wird für die Dauerinfusionen ein Kanülendurchmesser von 22 G; größere Lumina sollten je nach Situation zum Einsatz kommen. Bei tief liegenden Portkammern benötigt man längere Punktionskanülen. Zur Bolusinjektion können auch gerade Spezialkanülen verwendet werden.
- Das System kann bei guter Pflege 5 Jahre oder länger benutzt werden.

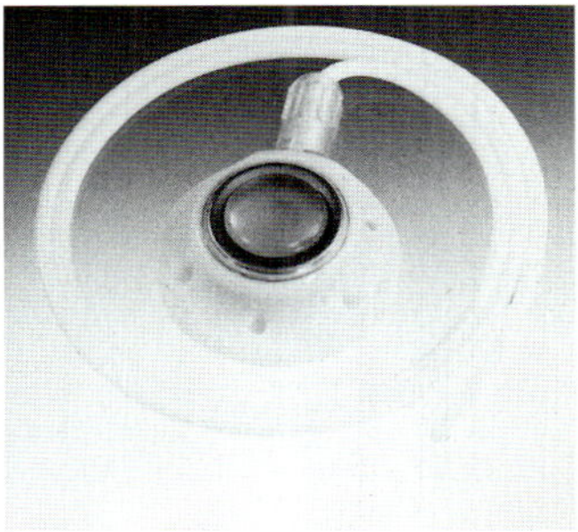

Portgehäuse

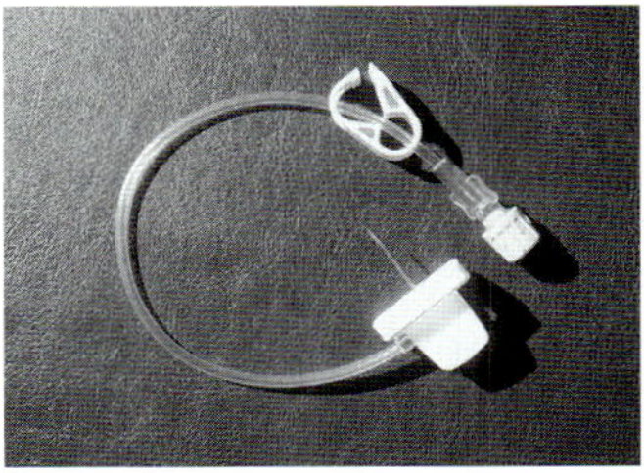

Port-Punktionskanüle

Praktische Durchführung der Punktion

- **Materialien:**
  - Sterile Handschuhe.
  - Desinfektionsmittel.
  - Spezialkanüle mit Löffelschliff (z. B. Huber-Nadel, Safe-Can-Kanülen, Gripper-Nadeln); z. B. 22 G, 15 mm Länge.
  - Sterile Kompressen.
  - 10-ml-Spritze.
  - 10 ml NaCl 0,9 %.
  - Pflaster zum sterilen Fixieren der Punktionskanüle.
  - Evtl. Dreiwegehahn.

D 6

- Die Punktion ist unbedingt steril vorzunehmen.
- Desinfizieren Sie zunächst gründlich die Haut (s. S. 60).
- Dann richten Sie sich einen sterilen Arbeitsplatz. Am leichtesten ist es, wenn eine Hilfsperson Ihnen die benötigten Materialien öffnet und steril auf die Arbeitsfläche legt, während Sie die Handschuhe anziehen. Es geht aber auch allein.
- Öffnen Sie zunächst die steril verpackten Handschuhe und benutzen Sie das Innere der Verpackung als sterile Ablagefläche. Hier deponieren Sie die Punktionskanüle, eine mit NaCl 0,9 % gefüllte 10-ml-Spritze, sterile Kompressen und evtl. den Dreiwegehahn.
- Ziehen Sie die sterilen Handschuhe an.
- Mit der Kochsalzspritze füllen Sie nun die Punktionskanüle, ggf. über den Dreiwegehahn, und schließen die an dem kleinen Schlauch befindliche Klemme.
- Nun halten Sie den meist gut sichtbaren Port zwischen zwei Fingern der linken Hand, straffen die über dem Portgehäuse liegende Haut, palpieren das Zentrum der Membran und stechen die Nadel senkrecht in die Mitte der Membran ein, bis diese auf dem Boden der Portkammer aufsetzt. Rotationen der Nadel sollten vermieden werden, um die Portmembran nicht zu beschädigen.
- Jetzt öffnen Sie die Klemme, testen, ob die Kanüle rückläufig ist (d. h. Sie aspirieren und injizieren die in der aufgesteckten Spritze befindliche physiologische Kochsalzlösung). Die Injektion sollte weich ohne jeden Widerstand möglich sein. Anschließend verschließen Sie wieder die Klemme.
- Zuletzt verbinden Sie die Punktionsstelle steril. Einige Krankenhäuser benutzen spezielle Portpflaster.

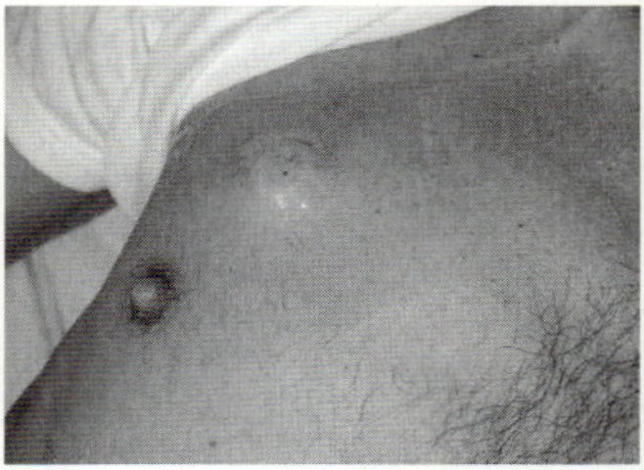

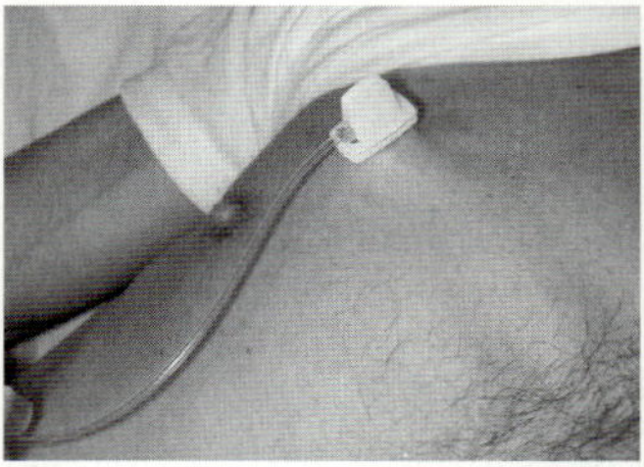

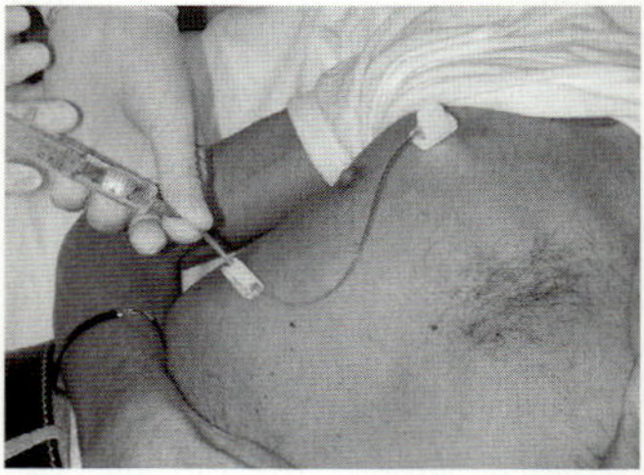

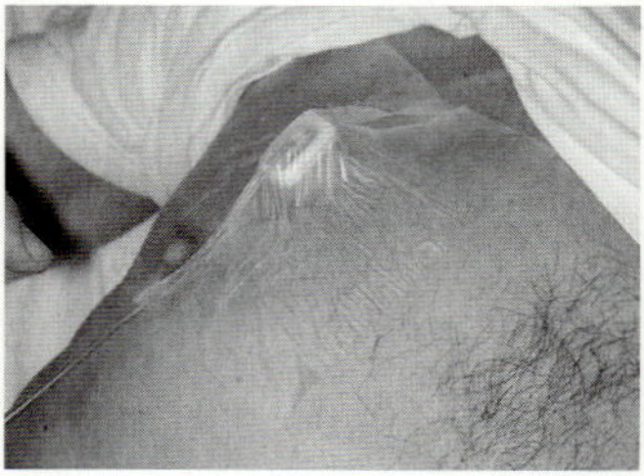

D 6

Pflege des Portsystems

- Kanülenwechsel nach 1 Woche bei Dauerbenutzung.
- Bei Dauerinfusion Wechsel des Infusionssystems alle 48–72 Stunden.

- Nach jeder Injektion oder Blutentnahme muss der Port mit NaCl 0,9 % gespült und mit Heparinlösung geblockt werden.
- **Heparinblock:** Es müssen 3 ml heparinisierte Kochsalzlösung (100 IE/ml) in einer 10-ml-Spritze über 40 sec injiziert werden. Die Lösung stellen Sie sich entweder selber her oder verwenden Fertigampullen (Hepalock, Canusal).
- Wenn Sie die Punktionskanüle entfernen wollen, blocken Sie den Port und ziehen dann die Kanüle mit der anhängenden Spritze langsam heraus.
- Wird der Port nicht benutzt, so sollte der Heparinblock alle 4 Wochen erneuert werden.
- Achten Sie auf den sterilen Umgang mit dem gesamten System. Bei Risikopatienten kann erwogen werden, die Konnektionsstelle am Schlauchsystem steril einzuwickeln.

Tipps und Tricks

- Je kleiner der Spritzenkolben, desto größer ist der auf der Portkammer lastende Druck. Zur Injektion sollten deshalb nur Spritzen mit einem Volumen ≥ 10 ml verwendet werden.
- Die Injektion sollte mit mäßigem Druck, d. h. ca. 10 ml über 60 Sekunden, erfolgen.
- Bei einem Widerstand während der Injektion muss diese sofort abgebrochen werden. Ursache kann die Fehllage der Kanüle oder eine Thrombosierung der Vene sein.
- Nach jeder Injektion verschließen Sie entweder die Klemme am Kanülenschlauch oder den Dreiwegehahn, damit die Flüssigkeitssäule im Kanülensystem erhalten bleibt.
- Blutentnahme: Verwerfen Sie die ersten 3 ml Blut und entnehmen dann das Blut wie aus einem ZVK (s. S. 67). Anschließend langsam und gründlich den Port spülen und blocken.

Probleme und Sonderfälle

- **Erschwerte Injektion:** In erster Linie ist an eine Fehllage der Kanüle zu denken. Es könnte allerdings auch die Vene, in der der Katheter liegt, thrombosiert sein. Informieren Sie den zuständigen Arzt und manipulieren Sie nicht selber an dem System.
- **Paravasat:** Zuerst stoppen Sie jede Injektion oder Infusion. Das weitere Vorgehen hängt entscheidend von der Substanz ab. Bei Chemotherapeutika gelten die gleichen Maßnahmen wie bei Paravasaten an peripheren Venen (s. S. 115).
- **Infektion:** Fiebert ein Portträger auf, muss immer die Möglichkeit einer Endoplastitis (Infektion von implantiertem Material) in Betracht gezogen werden. Dabei können die Krankheitserscheinungen bis hin zu einer Kathetersepsis reichen. Die Aussichten, eine bakterielle Besiedlung des Portgehäuses oder des Katheters antibiotisch zu sanieren, sind sehr schlecht. Meistens muss das Material entfernt und ggf. neu implantiert werden.

Durchführung einer Infusions-Chemotherapie

Allgemeines

Eine Chemotherapie wird unter einer bestimmten Zielsetzung begonnen:

- Kurative Therapie: potenzielle Heilung.
- Adjuvante Therapie: Verhinderung von Rezidiven oder Fernmetastasen nach primär kurativer Therapie (z. B. OP).
- Neoadjuvante Therapie: Tumorverkleinerung durch Zytostatika vor einer Operation.
- Palliative Therapie: Steigerung der Lebensqualität, Verlängerung des Lebens ohne Heilungsaussicht.

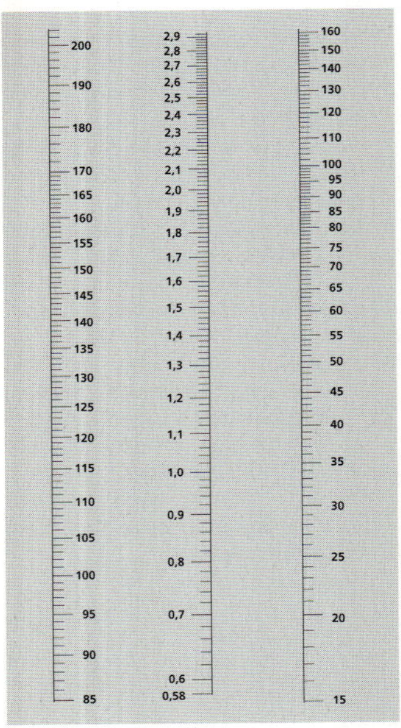

Nomogramm zur Ermittlung der Körperoberfläche in qm (Mitte) aus Größe in cm (links) und Gewicht in kg (rechts) des Patienten

Die Medikamente werden dabei nach einem bestimmten Schema verabreicht, wobei die individuelle Dosis aus der Körperoberfläche des Patienten und einer Standarddosierung (mg/qm KO) errechnet wird. Die Körperoberfläche kann einer Standardtabelle mit Gewicht und Größe entnommen werden.

Merke: Chemotherapeutika dürfen in Deutschland laut Gesetz nur durch Ärzte verabreicht werden, weder durch PJler noch durch Pflegepersonal!

Auch wenn Sie nicht berechtigt sind, eine Chemotherapie durchzuführen, sind einige Punkte zum Ablauf vielleicht doch wissenswert für Sie und sollen im Folgenden kurz besprochen werden.

Durchführung

- Zu Beginn der Chemotherapie steht eine körperliche Untersuchung des Patienten. Liegt eine Infektion oder Entzündung vor, muss die Chemotherapie eventuell auf einen späteren Zeitpunkt verschoben werden.
- Dem Patienten wird ein Blutbild abgenommen. Die Leukozyten-, Thrombozyten- und Erythrozytenzahlen dürfen bestimmte Grenzen nicht unterschreiten, sonst muss die Chemotherapie ebenfalls verschoben werden.
- Eventuell sind Spezialuntersuchungen erforderlich, damit schädliche Nebenwirkungen im Verlauf der Chemotherapie beurteilt werden können (z. B. Audiogramm und Kreatininclearance bei Gabe von ototoxischen und nephrotoxischen Chemotherapeutika, Lungenfunktionsprüfung, Echokardiogramm).
- Der Patient sollte über einen sicheren intravenösen Zugang verfügen. Am günstigsten ist ein Infusionssystem mit einem Dreiwegehahn. Es ist

sinnvoll, vorher eine neutrale Infusion (z. B. Ringerlösung) laufen zu lassen, um den Zugang offen zu halten und für eine ausreichende Hydrierung des Patienten zu sorgen (viele Chemotherapeutika sind nierenschädigend, z. B. Cyclophosphamid).

- Es sollte bei jedem Therapiezyklus überprüft werden, ob die individuelle Dosis noch stimmt (nach mehrfacher Chemotherapie kann es sein, dass der Patient stark abgenommen hat!).
- Der therapierende Arzt sollte Schutzkleidung anlegen (Handschuhe, Mundschutz).
- Zu den einzelnen zytostatischen Therapieschemata gehören in der Regel standardisierte antiemetische Regime, die sich nach der emetogenen Potenz der Chemotherapeutika richten.
- Chemotherapeutika sollten in der Regel über Infusomaten oder Perfusoren infundiert werden.

Tipps und Tricks

- Sie müssen sehr genau darauf achten, dass weder die Haut des Patienten noch die eigene Haut mit dem Medikament kontaminiert wird. Diese Mittel sind hochtoxisch.
- Schwangeren Ärztinnen ist von der Verabreichung abzuraten! Bei Medizinern und Pflegekräften, die mit Chemotherapeutika umgingen, wurden Rückstände im Urin gefunden.

Probleme und Sonderfälle

- **Schwellung an der Injektionsstelle:** Extravasate können schwere Gewebsschäden verursachen. Die Infusion muss sofort abgestellt werden. Durch Aspiration kann versucht werden, Reste des Medikaments abzuziehen. Der Patient sollte 50 mg Hydrocortison in 2 ml NaCl durch den Zugang erhalten. Der Zugang sollte dann entfernt und weitere 50 mg Hydrocortison in 2 ml NaCl subkutan in die Schwellung injiziert werden. Der Patient sollte einen neuen Zugang an einer weit entfernten Stelle erhalten, über den die Chemotherapie dann fortgesetzt wird. Die Hautstelle mit der Schwellung muss engmaschig kontrolliert werden. Im Falle eines Paravasats sollte mit der herstellenden Apotheke Kontakt aufgenommen werden, um ggf. spezifische Maßnahmen einzuleiten. Viele Krankenhäuser verfügen über Paravasat-Sets mit entsprechenden Handlungsanweisungen.
- **Rötungen entlang der Vene (Lokalreaktion):** Die Infusion sollte langsamer gestellt werden. Man kann auch pausieren, zwischendurch sollte dann eine neutrale Lösung laufen.

Transfusion

Allgemeines

- Unter einer Transfusion versteht man die Gabe von Blut oder Blutbestandteilen. Am häufigsten werden Erythrozytenkonzentrate benötigt und verabreicht. Seit 2001 stehen in Deutschland nur noch leukozytenarme Erythrozytenkonzentrate zur Verfügung (LAEK). Die Indikation zur Transfusion muss immer durch einen Arzt gestellt und sollte restriktiv gehandhabt werden. Indikationen zur Behandlung mit LAEK können z. B. akute Blutungen, Anämien bei Tumorleiden/hämatologischen Systemerkrankungen oder perioperativer Bedarf sein. Als Faustregel gilt: Je akuter und ausgeprägter die Anämie, desto wahrscheinlicher entstehen Symptome und desto eher wird eine Transfusion erforderlich. Der absolute Hb/Hk-Wert allein erlaubt keine Aussage zur Substitionsnotwendigkeit.
- Sollte die Möglichkeit einer Transfusion in Betracht gezogen werden, so empfiehlt es sich, die Blutgruppe frühzeitig feststellen zu lassen. Die Blutgruppenbestimmung umfasst die Testung von Erythrozyten- und Serumeigenschaften des Empfängers. Mit dem Antikörper-Suchtest werden irreguläre Antikörper im Empfängerblut gesucht.
- Um eine Transfusion vornehmen zu können, muss für die Kreuzprobe so genanntes Kreuzblut abgenommen werden. Bei der Kreuzprobe wird die Verträglichkeit des Spenderblutes mit dem Empfängerblut überprüft.
- Ist die Kühlkette erst einmal unterbrochen, können Erythrozytenkonzentrate nicht wieder an das Labor zurückgegeben werden. Sie sollten den Kühlschrank des Labors oder der Blutbank daher nur verlassen, wenn ihre Gabe eindeutig vorgesehen ist. Die Transfusion muss dann innerhalb von 6 Stunden erfolgen.

Vorbereitung

Entnahme von Blut zur Blutgruppenbestimmung oder Kreuzblut für Konserven

- Material: 7–10 ml EDTA-Blut, Serum oder Vollblut je nach Labor.
- Vor der Blutabnahme: Probenröhrchen mit Name, Vorname, Geburtsdatum des Patienten und dem Entnahmedatum beschriften. Vergewissern Sie sich, dass Sie das Blut beim richtigen Patienten entnehmen.
- Nach der Blutabnahme: Daten des Probenröhrchens mit denen auf dem Anforderungsschein vergleichen. Wichtig: Unterschrift auf dem Anforderungsformular nicht vergessen!

Durchführung der Transfusion

- **Materialien:**
  - Handschuhe.
  - Tupfer.
  - 2 Spritzen.
  - 2 Kanülen.
  - Transfusionsbesteck.
  - Erythrozytenkonzentrat.
  - Bedside-Test.

Vor der Transfusion

- Datenvergleich zwischen der Blutkonserve und dem Patienten mit Hilfe des Konservenbegleitscheins (Name, Vorname, Geburtsdatum).
- Vergleich der Konservennummer mit der Nummer auf dem Konservenbegleitschein. Unversehrtheit der Konserve überprüfen.
- Blutkonserve mit allen benötigten Materialien vorbereiten (s. o.).

D 8

- Die Transfusion erfolgt durch ein spezielles Transfusionsbesteck, das einen Filter enthält. Zur Füllung dieses Bestecks wird die Rollenklemme am Schlauch zunächst nicht geschlossen. Der Dorn wird zuerst in die entsprechende Öffnung der Konserve eingebracht. Das Konservenblut wird bei liegender Konserve durch den Filter in die Tropfkammer gedrückt, bis diese etwa zur Hälfte gefüllt ist, sodann wird der Schlauch des Transfusionsbestecks vollständig mit Konservenblut gefüllt.

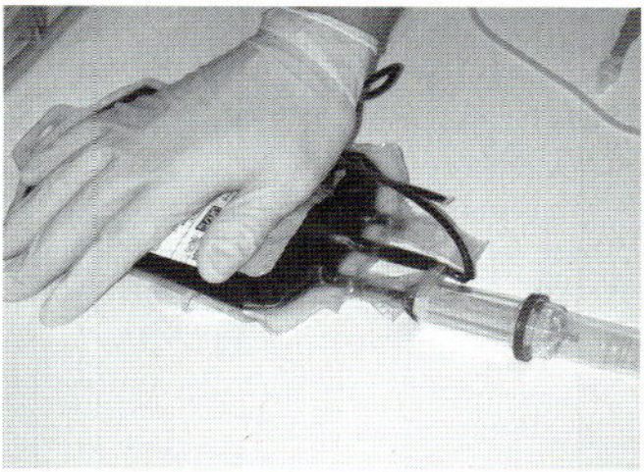

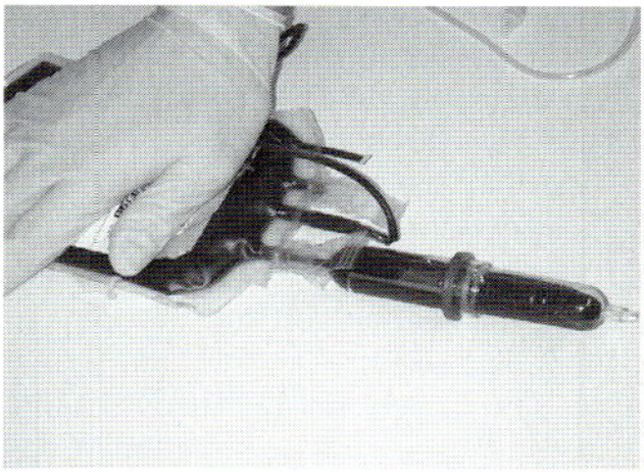

- Bedside-Test: Der Bedside-Test ist ein AB0-Identitätstest, mit dem obligat die AB0-Blutgruppe des Patienten und wünschenswerterweise die der Konserve überprüft wird. Der Test muss direkt am Krankenbett vom transfundierenden Arzt durchgeführt werden. Es wird eine geringe Menge Patientenblut bzw. Konservenblut mit den Antikörpern Anti A (blau) und Anti B (gelb) vermischt und dann die Agglutination abgelesen. Die agglutinierenden Antikörper entsprechen der Blutgruppe (in nachfolgender Abbildung z. B. Blutgruppe A).
- Das Patientenblut sollte frisch abgenommen werden. Eine gute Möglichkeit ist es, bei Anlage der peripheren Verweilkanüle etwas Blut mit einer 2-ml-Spritze zu aspirieren. Das Konservenblut entnimmt man am besten dem gefüllten Transfusionsbesteck oder dem an der Konserve angebrachten Schlauch mit mehreren blutgefüllten Kammern.
- Für den Bedside-Test stehen verschiedene Systeme zur Verfügung. Es gibt Karten- und Napfsysteme.
  - Bei einem Kartensystem müssen die Antikörper zuerst aufgetropft, dann ein Testbluttropfen hinzugegeben und beides miteinander vermischt werden. Die Fläschchen mit den Testantikörpern müssen im Kühlschrank aufbewahrt werden. Bei einem anderen Kartensystem sind die Antikörper in getrockneter Form auf der Testkarte vorgelegt und müssen mit einem Tropfen NaCl 0,9 % suspendiert werden. Anschließend wird das Blut aufgetropft. Als Rührstäbchen eignen sich neben den kommerziell gefertigten die Schutzkappen von Kanülen. Eine Seite der Kanülenkappe oder eines Stäbchens darf nur für einen Antikörper verwendet werden. Mischungen zwischen dem Anti A- und Anti B-Test führen zu falschen Ergebnissen.

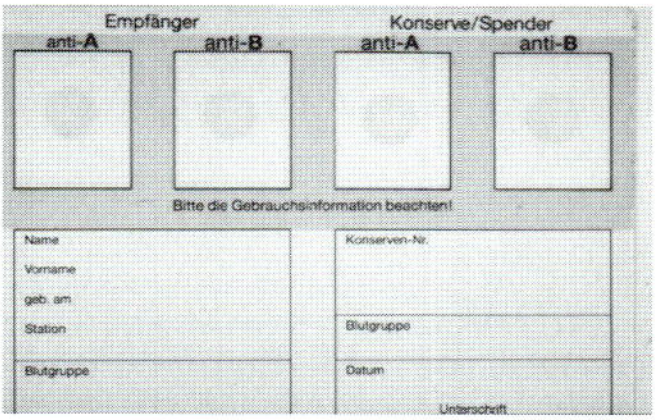

  - Weiterhin gibt es ein geschlossenes System mit kleinen Näpfen, in denen die Antikörper in flüssiger Form bereits vorgelegt sind. Mit einer Kanüle wird die über den Näpfen klebende Plastikfolie durchstochen und ein Blutstropfen hineingespritzt.

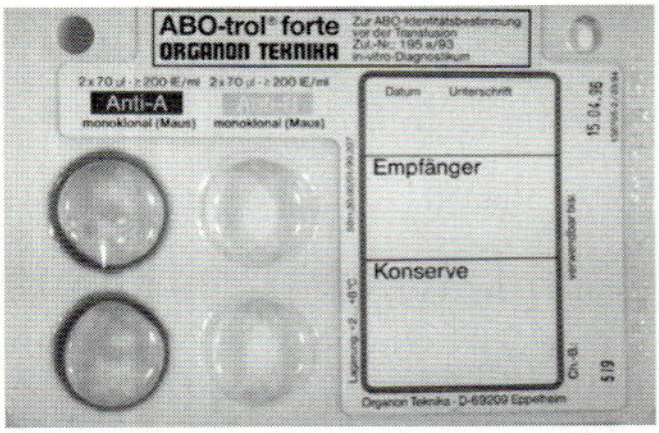

- Das Resultat des Bedside-Tests muss in der Patientenakte (z. B. Fieberkurve, Transfusionsprotokoll, Narkoseprotokoll) dokumentiert werden. Das bluthaltige Testmaterial wird verworfen.

Transfusion

- Die Transfusion muss durch den Arzt persönlich begonnen werden. In der Patientenkurve muss die Konservennummer (Aufkleber) mit Beginn und Ende der Transfusion vermerkt werden.
- Überwachung des Patienten während der Transfusion (Vitalwerte, Beschwerden) durch das Pflegepersonal.
- Das Anwärmen von Konserven ist bis auf Sonderfälle (z. B. Massentransfusion, Kälteantikörper, Neugeborene) nicht gestattet. Für diese Sonderfälle muss ein spezielles zertifiziertes Anwärmgerät zur Verfügung stehen. Maßnahmen wie Erythrozytenkonzentrate in ein Wasserbad legen oder es auf der Haut des Patienten wärmen sind obsolet.
- Die Transfusionsgeschwindigkeit richtet sich nach der klinischen Konstellation. Im akuten Blutungsschock muss das Erythrozytenkonzentrat so schnell wie möglich infundiert werden. Besteht keine Indikation zur raschen Transfusion, soll ein Erythrozytenkonzentrat über etwa zwei Stunden laufen.

Nach der Transfusion

- Nach jeder Transfusion muss der Konservenbeutel mit dem Transfusionsbesteck bei geschlossener Rollenklemme 24 Stunden steril im Kühlschrank verwahrt werden.

Tipps und Tricks

- Achten Sie immer auf einen zuverlässigen, nicht zu kleinlumigen venösen Zugang (in der Regel mindestens 18 G).
- Transfusionen durch einen zentralen Venenkatheter sollten nach Möglichkeit vermieden werden.
- Bei jedem Umgang mit Blutprodukten müssen Handschuhe getragen werden.
- Bei Konserven, die für eine Operation getestet werden, sollte das Blut nicht aus dem dafür vorgesehenen kleinen Schlauch neben der Lasche für das Transfusionsbesteck entnommen werden, da im OP der Spendebeutel zur rascheren Transfusion eventuell mit einer Druckmanschette komprimiert wird und platzen könnte. Die geringe Menge für den Bedside-Test entnehmen Sie am besten aus dem Zugang für das Transfusionsbesteck.
- Um das Ablesen des Bedside-Tests zu erleichtern, sollen die Antikörper im Überschuss, d. h. in größerer Menge als die Blutprobe, verwendet werden.
- Sollte zu viel Blut und/oder Serum aufgetragen worden sein, kann man mit einem Wattetupfer vorsichtig bei leicht geneigter Karte etwas vom unteren Rand des Feldes absaugen.
- Falsch negative Ablesung:
  - Verfrühtes Ablesen.
  - Zu wenig Testserum.

  - Titerabschwächung des Testserums durch Verunreinigung oder unsachgemäße Aufbewahrung.
  - Nach HAES- und Dextraninfusionen kann die Identifizierung gestört sein.
- Falsch positive Ablesung:
  - Durch Pseudo-Agglutination oder starke Geldrollenbildung (mikroskopisch; engl.: Sludge-Phänomen).
  - Durch Kälteagglutinine oder andere irreguläre Antikörper.
  - Zu altes Patientenblut.
- Stellen Sie niemals einen unsicheren Befund als sicher dar. Es kann in diesem Fall tödlich sein.
- Bearbeiten Sie immer nur das Blut von *einem* Patienten und *einer* Konserve, um folgenschwere Verwechslungen zu verhindern.

Probleme und Sonderfälle

- Im Falle einer Transfusionsreaktion (Kreislaufreaktion, Fieber, Beschwerden) muss die Transfusion unverzüglich beendet werden. Jede unmittelbare oder zeitnahe Transfusionsreaktion bis zu einer Woche ist meldepflichtig (Meldung ans Labor). Patientenblut (Serum/EDTA) und die Konserve müssen an die Blutbank geschickt werden. Bei Fieber sind Blutkulturen vom Patienten und der Blutkonserve zu entnehmen.
- Im Sonderfall können bestrahlte Konserven oder CMV-negative Blutprodukte erforderlich sein.

E Sonden und Katheter

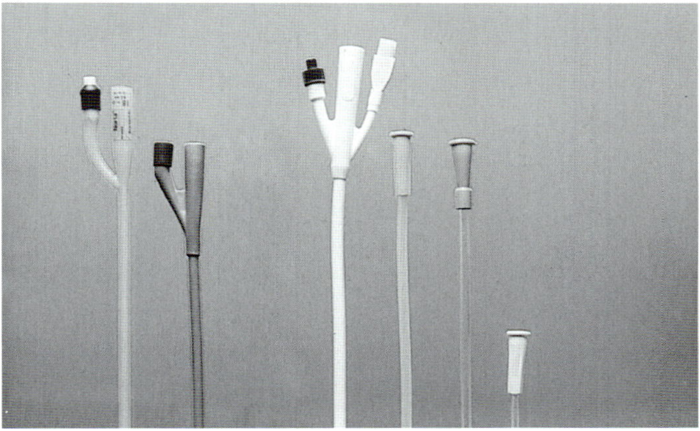

E

Magensonde legen

Allgemeines

Magensonden werden aus diagnostischen oder therapeutischen Gründen gelegt.
Diagnostische Indikationen sind Magensaftgewinnung zur pH-Messung, Tuberkulose-Diagnostik, radiologische Dünndarm-Diagnostik (Enteroklysma nach Sellink) und gastrointestinale Blutungen.
Therapeutische Indikationen sind enterale Ernährung, Magenentleerung bei Ileus, Magenausgangsstenose oder vor Notfall-OPs, orthograde Darmspülungen vor OPs oder Koloskopien, Magenentlastung bei maschineller Beatmung und in seltenen Fällen Magenspülung bei Intoxikationen.

Durchführung

- Der Patient sollte nach Möglichkeit nüchtern sein.

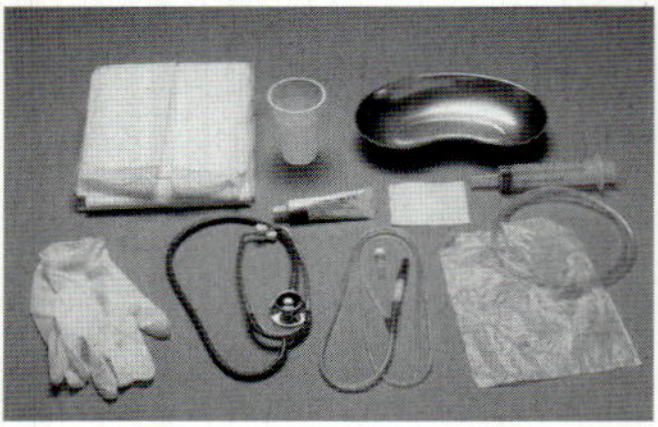

- **Materialien:**
  - Handschuhe.
  - Unterlagen/Zellstoff.
  - Nierenschale (Brechreiz).
  - Magensonde, mögliche Sonden siehe Abbildungen (12–18 Ch).
  - Gleitmittel mit Lokalanästhetikum (z. B. Xylocain-Gel).
  - 50-ml-Spritze.
  - Pflasterstreifen zum Fixieren.
  - Stethoskop.

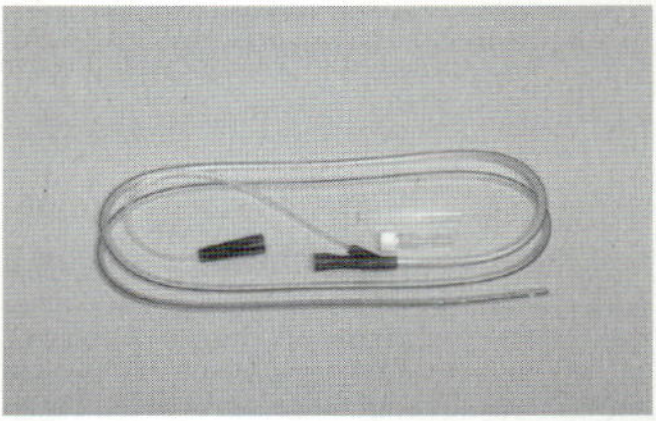

Doppelläufige Gastroduodenalsonde

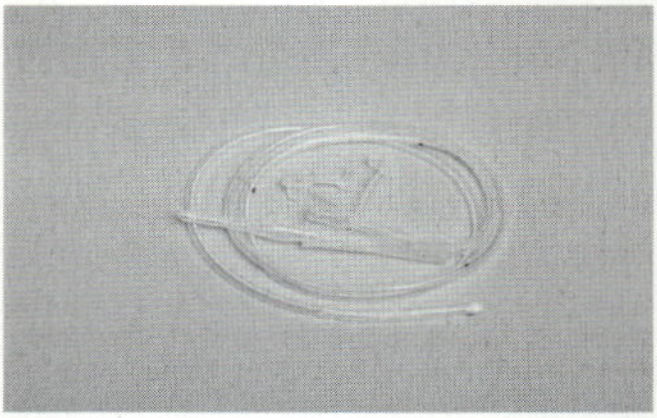

Magensonde

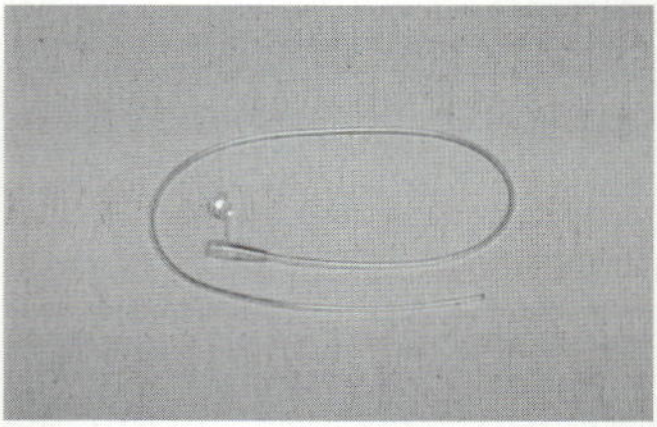

Ernährungssonde

- Bitten Sie alle unbeteiligten Personen hinaus.
- Erklären Sie dem Patienten die Vorgehensweise.
- Entfernen Sie ggf. alle Zahnprothesen.
- Ziehen Sie Handschuhe an.
- Der Patient sollte aufrecht sitzen.
- Entfetten Sie ggf. die Nasenflügel mit Waschbenzin, um später das Pflaster gut festkleben zu können.
- Geben Sie etwas Lokalanästhetikahaltiges Gleitmittel auf Ihren klei-

nen Finger und führen Sie ihn in ein Nasenloch des Patienten ein. Erscheint Ihnen das Nasenloch zu eng, versuchen Sie das andere.

- Geben Sie das Gleitmittel auf die Sonde.
- Führen Sie die Sonde horizontal entsprechend dem Verlauf des Nasenganges in ein Nasenloch ein. Meist gibt es wegen einer Septumdeviation ein größeres und ein kleineres Nasenloch.

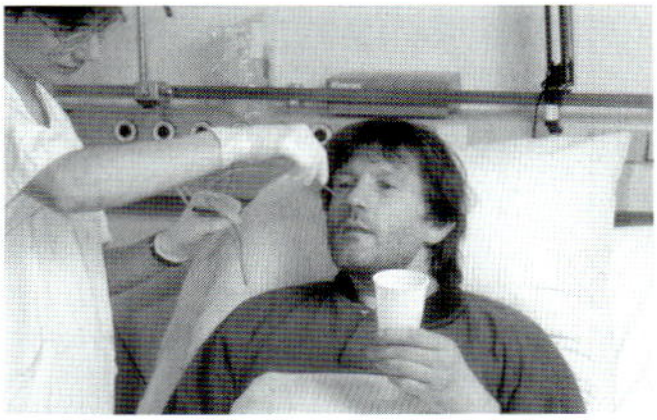

- Schieben Sie die Sonde vorsichtig durch den unteren Nasengang bis in den Rachenraum, ohne dabei Gewalt anzuwenden.
- Bitten Sie den Patienten, zu schlucken. Reichen Sie ihm dazu eventuell etwas Wasser.

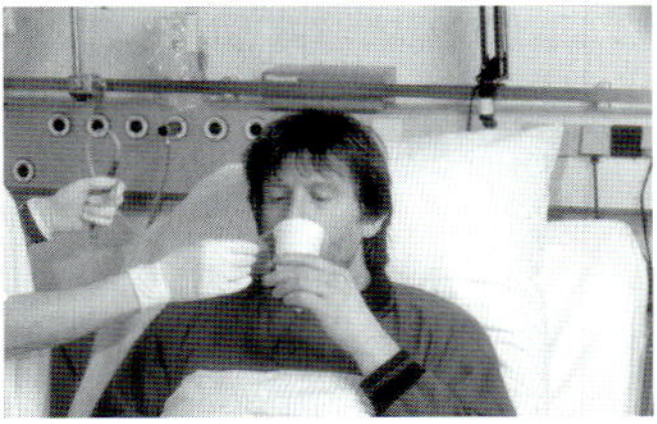

- Während des Schluckens schieben Sie die Sonde zügig in den Ösophagus vor. Der Kopf wird dabei etwas vornüber gebeugt gehalten, wodurch ein Vorschub der Sonde in die Trachea verhindert wird.
- Bei Erwachsenen erreicht die Sonde etwa nach 50 cm den Magen. Auf den Sonden befindet sich meist nach jeweils 10 cm eine Markierung.
- Kontrollieren Sie die korrekte Sondenlage durch Magensaftaspiration mit einer 50-ml-Spritze oder durch Insufflation von Luft mit der Spritze bei gleichzeitiger epigastrischer Auskultation. Bei korrekter Sondenlage ist bei der Luftinsufflation ein blubberndes Geräusch zu hören.

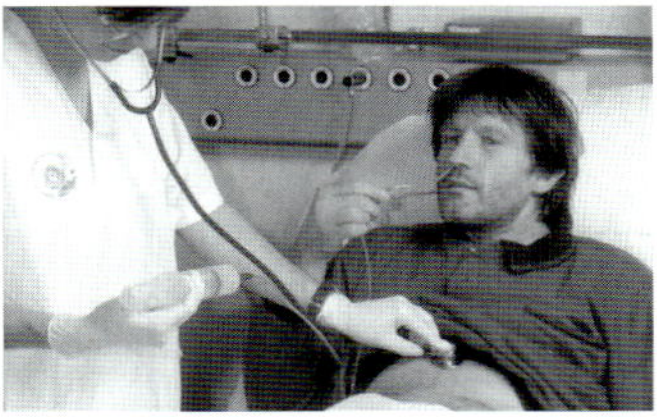

- Fixieren Sie die Magensonde mit den vorgeschnittenen Pflasterstreifen auf Nase und Wange.

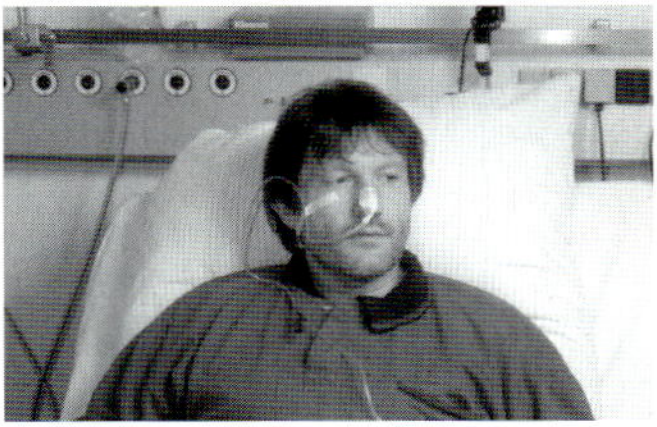

- Wenn der Magensaft abgeleitet werden soll, schließen Sie einen Sekretbeutel an.
- Wenn Sie die Sonde entfernen, spülen Sie sie vorher durch und klemmen Sie ab. Dann ziehen Sie sie zügig beim aufrecht sitzenden Patienten heraus. In der anderen Hand halten Sie etwas Zellstoff bereit, um den Schleim von der Sondenspitze zu wischen.

Tipps und Tricks

- Experten für Magensonden sind die Pflegekräfte. Hier können Sie bei Problemen Hilfe erhalten.
- Lenken Sie den Patienten während der Sondenlegung durch ein Ge-

spräch ab, oder wirken Sie beruhigend auf ihn ein.

- Verwenden Sie dünne Sonden am besten, wenn sie zuvor im Kühlschrank gelagert waren, weil sie dann steifer sind und sich besser einführen lassen. Die Sonde wird dann im Körper rasch weicher. Eine Einführung durch den Mund sollten Sie erst erwägen, wenn es durch das andere Nasenloch auch nicht möglich sein sollte.
- Lassen Sie sich nicht durch das Würgen des Patienten verunsichern. Gehen Sie bestimmt, aber nie mit Gewalt vor.
- Lassen Sie eine Magensonde nie länger als unbedingt nötig liegen. Selbst weiche Sonden verursachen Druckläsionen bis hin zu Ulzera im Nasen-Rachen-Raum und im Magen, auch Blutungen sind möglich.
- Verwenden Sie nach Möglichkeit eine doppelläufige Magensonde, die sich bei Aspiration nicht an der Magenwand festsaugen kann.
- Zur Magensaftgewinnung ist die Linksseitenlage besser geeignet.
- Wenn sich kein Magensaft aspirieren lässt, sollten Sie den Mund des Patienten inspizieren, da sich die Sonde dort aufgerollt haben kann. Schieben Sie sonst die Sonde ein kleines Stück weiter vor, falls sie sich an der Magenwand festgesaugt hat.
- Manche Patienten möchten die Sonde selbst einführen und auch vorschieben. Bieten Sie dem Patienten dann Ihre Hilfe an, und bleiben Sie anwesend, bis das Manöver gelungen ist.

Probleme und Sonderfälle

- **Vorschub in die Trachea:** Sofortiger Rückzug bei Hustenreiz oder Luftnot.
- **Langes Sammeln von Magensaft:** Dies führt zu erheblichen Elektrolytverlusten (besonders Kalium!), die ausgeglichen werden müssen.
- **Vorgesehene Bestimmung der BAO** (= basale Säuresekretion des Magens): Beim Einführen der Sonde nichts zu trinken geben.
- **Narkotisierter oder bewusstloser Patient:** Die Sonde kann in Rücken- oder in Linksseitenlage eingeführt werden, eine Umlagerung ist meist nicht notwendig. Bei Einführungsproblemen schienen Sie die Sonde mit Mittel- und Zeigefinger im Rachen des Patienten und führen sie in den Ösophagus. Wenn auch dies nicht zum Erfolg führt, Übersicht mit dem Laryngoskop gewinnen und die Sonde mit Hilfe einer Magill-Zange in den Ösophagus schieben.

PEG (Perkutane endoskopische Gastrostomie)

Allgemeines

Eine ausreichende Ernährung ist Voraussetzung sowohl für den Erhalt von Gesundheit als auch für eine Genesung. Wenn eine Nahrungsaufnahme auf physiologischem Weg nicht mehr möglich ist, können flüssige Kost, Flüssigkeit und Medikamente mittels Magensonden verabreicht werden. Eine Möglichkeit dazu sind nasogastrale Sonden (s. Kapitel E1), die allerdings bei längerem Gebrauch für die Patienten unangenehm bis störend werden und lokale Komplikationen wie Drucknekrosen im Nasen-Rachen-Raum, Ösophagus oder Magen verursachen. Eine Alternative zur nasogastralen Sonde sind direkt durch die Bauchwand in den Magen oder Dünndarm eingebrachte Sonden. Diese werden in der Regel unter endoskopischer Sicht bzw. Kontrolle gelegt und können im Bedarfsfall leicht stillgelegt oder entfernt werden. Zustände, die eine Sondenernährung erforderlich machen, sind z. B. Schluckstörungen nach Schlaganfall oder Schädel-Hirn-Trauma, Tumoren von Larynx, Pharynx, Ösophagus, Magen oder Mediastinum, Kachexie, Muskeldystrophie, Multiple Sklerose, neurodegenerative Systemerkrankungen wie amyotrophe Lateralsklerose, chronisch-entzündliche Darmerkrankungen oder Langzeitbeatmung.
Kontraindikationen für eine PEG-Anlage sind z. B. massiver Aszites, Peritonitis, Peritonealkarzinose oder schwere Gerinnungsstörungen.

Durchführung

Vorbereitungen

- Für die Anlage einer PEG-Sonde (und anderer Ernährungssonden selbstverständlich auch) ist das Einverständnis des Patienten oder seiner gerichtlich bestimmten Betreuungsperson nach einem angemessenen Aufklärungsgespräch (s. S. 47) einzuholen. Wenn der Patient nicht einwilligungsfähig ist und bislang keine Betreuung vorhanden ist, kann in dringenden Fällen durch das zuständige Familiengericht oder Notariat eine Eilbetreuung eingerichtet werden.
- Am Tag der Sondenlegung bleibt der Patient nüchtern.
- Aktuelle Gerinnungsparameter und Thrombozytenzahlen müssen vorliegen.
- Rasur der Bauchhaut im potenziellen Punktionsgebiet.
- 30 Minuten vor der PEG-Anlage prophylaktische Antibiotika-Gabe i. v. (z. B. Ceftriaxon 1 g).
- **Materialien:**
  - Gastroskop, endoskopische Fasszange.
  - Sterile Handschuhe, Desinfektionsmittel, sterile Kompressen.
  - Steriles Lochtuch, Lokalanästhesie, lange Kanüle.

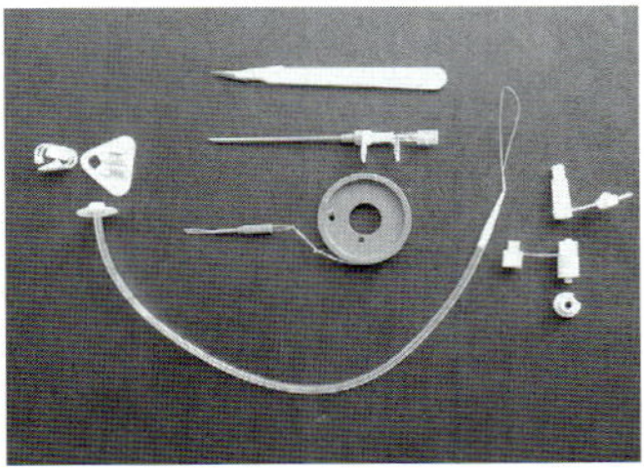

PEG-Set

- PEG-Set mit spitzem Skalpell, Trokar, Faden, PEG-Sonde, äußerer Halteplatte, Ritsch-Ratsch-Klemme, Adapter für Ernährungssysteme.
- Schlitzkompressen, großes Stechpflaster (z. B. Fixomull).

Anlage der Sonde

- Einführen des Gastroskops, Identifikation und Markierung einer möglichen Punktionsstelle mittels Diaphanoskopie (Lichtquelle in Magenkorpus oder -antrum, eindeutig durchschimmernd nach außen, im Magen eindeutig sichtbare Impression des außen tastenden Fingers).
- Lokalanästhesie der Bauchwand, Punktion mit der langen Kanüle durch die Bauchwand bis in den Magen, Fixierung der Kanüle im Magen mit der endoskopischen Fasszange.
- Einstich in die Bauchwand mit Skalpell „Rücken an Rücken" zur langen Kanüle, Einstich des Trokars parallel zur langen Kanüle bis in den Magen, Fixierung des Trokars mit der Fasszange, Entfernen der langen Kanüle und des Stahlmandrins.
- Einführen des Fadens durch das verbleibende Plastikröhrchen in den Magen, Fassen des Fadens mit der Fasszange, Herausziehen des Gastroskops mit Zange und Faden aus dem Mund.
- Anknoten der PEG-Sonde, Einführen der Sonde in den Mund, Schutz des Zungengrundes mit einem schienenden Finger, Ziehen am Faden bis zum Verschwinden der gesamten Sonde im Rachenraum .
- Weiteres Ziehen am Faden bis zur Ausleitung der Sonde von innen durch die Bauchdecke nach außen.
- Fixierung der Sonde mit der äußeren Halteplatte (so viel Zug auf die Sonde bringen, dass die Halteplatte senkrecht auf der Bauchhaut steht) und der Ritsch-Ratsch-Klemme, Anbringen des Ernährungssystem-Adapters.
- Steriler Verband mit Schlitzkompressen und großem Stechpflaster.
- Bereits nach 1–3 Stunden kann die Sonde mit Wasser und/oder Sondennahrung befahren werden.
- Nach 24 Stunden erste Lockerung der Sonde, d. h. Drehen der Sonde und Luxierung nach innen.

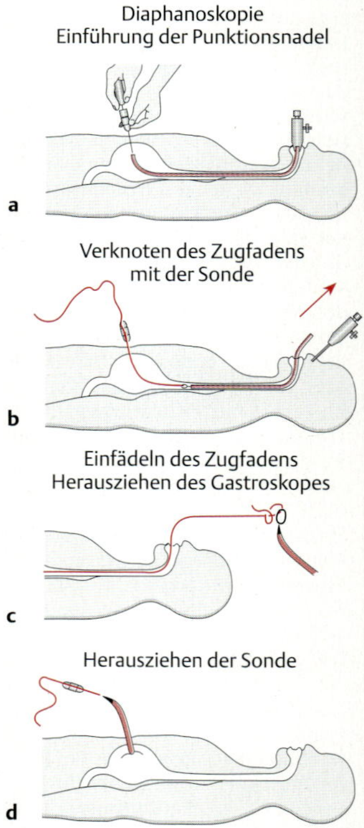

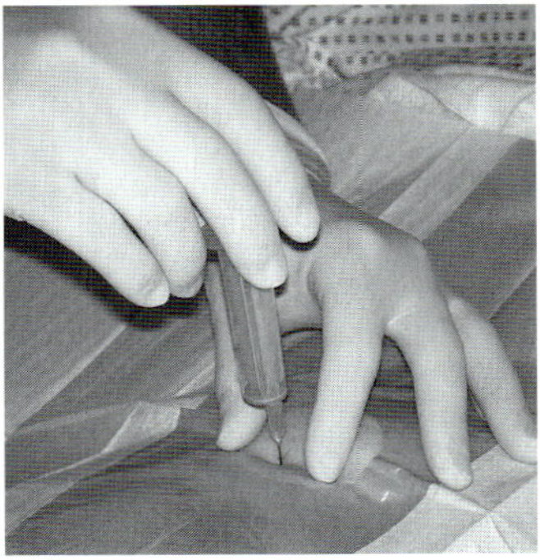

PEG-Anlage
Lokalanästhesie

Lokalanästhesie und Trokar

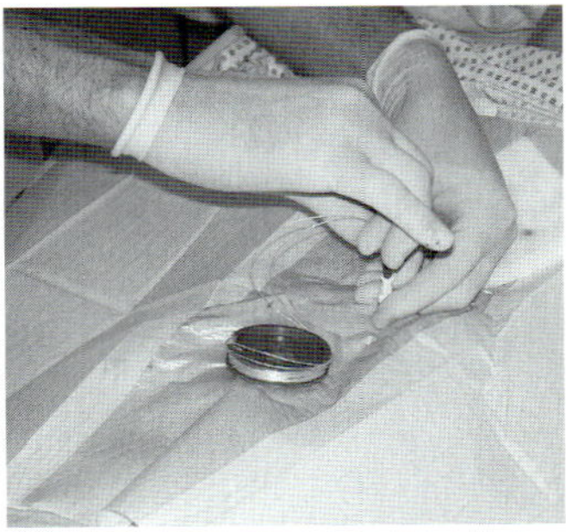

Einfädeln des Zugfadens

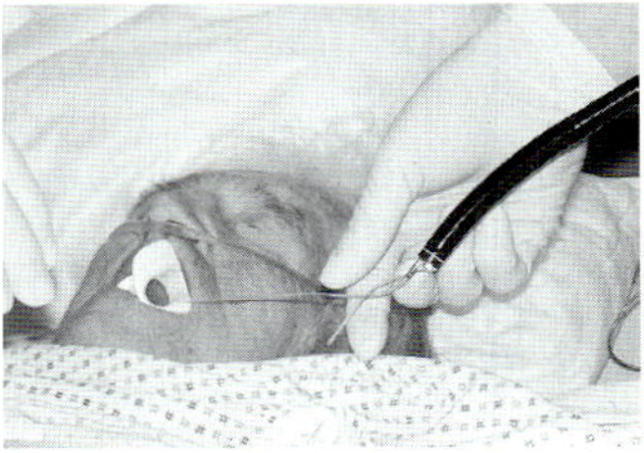

Fadenausleitung

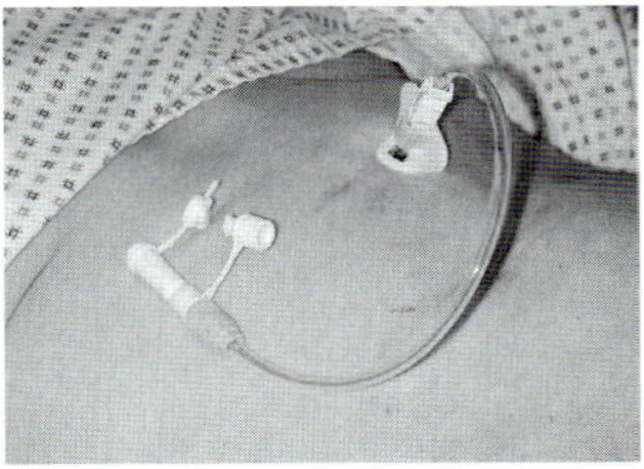

ausgeleitete und fixierte Sonde

Tipps und Tricks

- Verbandswechsel erfolgen nach der ersten Lockerung täglich. Dabei muss immer die Sonde gedreht und nach innen luxiert werden, um ein Einwachsen der inneren Halteplatte in die Magenschleimhaut zu verhindern (Buried bumper-Syndrom, s.u.). Es soll so viel Zug an der Sonde bestehen, dass die äußere Halteplatte flach auf der Bauchhaut liegt.
- Nach der PEG-Anlage kann für einige Tage im Abdomen freie Luft nachweisbar sein (Pneumoperitoneum), ohne dass dies auf eine Komplikation hinweist.
- Wenn trotz Aszites eine PEG-Sonde gelegt wird, den Aszites vorher möglichst vollständig ablassen und die Sonde erst nach 36–48 Stunden lockern.
- Schwarzer und roter Tee (z. B. Malve, Hagebutte u.ä.) färben den Kunst-

stoff der Sonde dunkel und sollten daher vermieden werden.
- Höherprozentiger Alkohol lässt den Kunststoff der Sonde quellen und kann dadurch zu einer Sondenverstopfung führen.
- Medikamente, die über die Sonde gegeben werden, müssen vorher auf Mörserbarkeit/Suspendierfähigkeit gecheckt werden (Übersicht z. B. durch die Apotheke der Universitätskliniken Tübingen) .
- Verstopfte Sonden können mithilfe von Cola, Multivitamin-Tropfen und/oder Drähten wieder durchgängig gemacht werden .
- Duschen oder Baden ist 1 Woche nach komplikationsloser Sondenanlage wieder möglich.
- Bei sondenkostbedingter Diarrhoe unter Verwendung von Standardnahrung kann z. B. auf ballaststoffhaltige Präparationen oder Oligopeptid-Nahrung umgestellt werden.
- Der tägliche Energiebedarf eines Menschen liegt bei 30 kcal pro kg Körpergewicht, bei hohem Energieverbrauch auch bei 40–50 kcal pro kg KG; entsprechend wird die Menge der Sondennahrung berechnet (Energiegehalt der Sondennahrung 900 – 1500 kcal pro 1000 ml, je nach Produkt). Der tägliche Flüssigkeitsbedarf liegt bei 40 ml pro kg KG, dabei muss man den Flüssigkeits- bzw. Wassergehalt der Sondenkost berücksichtigen (800–900 ml pro 1000 ml Sondenkost, je nach Produkt, siehe Etikett). Fehlende Flüssigkeit durch Wasser oder Tee ergänzen.
- Sondennahrung enthält oft nur wenig Natrium, daher auf die Serum-Elektrolytkonzentrationen achten und ggf. der Sondennahrung zusetzen. Hilfen bei der Betreuung von PEG-Patienten bieten spezialisierte Ernährungsberater, Apotheken oder die Herstellerfirmen von Sonden und Sondennahrung.
- Bei guter Pflege und korrektem Befahren halten PEG-Sonden durchaus einige Jahre.
- Wird die Sonde nicht mehr gebraucht, kann sie endoskopisch entfernt werden, wobei man die Sonde knapp über der Bauchhaut abschneidet und die innere Halteplatte anschlingt und herauszieht. In manchen Kliniken wird die Sonde lediglich außen kurz abgeschnitten und die innere Halteplatte mit den Fäzes ausgeschieden (Gefahr: mechanischer Ileus). Die Bauchwandfisteln heilen innerhalb weniger Tage zu, während dieser Zeit kann normale Nahrungs- und Flüssigkeitsaufnahme erfolgen.

Probleme und Sonderfälle

- Wenn beim Legen der Sonde keine eindeutige Diaphanoskopie erzielt werden kann, besteht die Gefahr, Organe oder Strukturen zu durchstoßen, die zwischen Magen und Bauchwand liegen (z. B. Kolon oder Dünndarm).
- Austritt von Nahrung aus der Fistel neben der Sonde:
  - Sonde zwischen innerer und äußerer Halteplatte nicht genügend fixiert.
  - „Buried bumper“: Bei ungenügender Lockerung der Sonde im Rahmen der regelmäßigen Verbandswechsel wird die innere Halteplatte allmählich zunächst teilweise, später vollständig von Schleimhaut bedeckt. Die innere Halteplatte kann durch die gesamte Bauchwand bis nach außen wandern. Applizierte Sondennahrung gelangt nicht mehr in den Magen, sondern wird in die Bauchwand gepresst und löst dort eine Phlegmone aus. Neben der entsprechenden Antibiotikatherapie ist dann entweder eine Entfernung der gesamten Sonde oder die endoskopische Entfernung der

bedeckenden Magenschleimhaut notwendig.

- Bei chronischem Ileus kann zur Entlastung und Symptomkontrolle anstelle einer nasogastralen Ableitung von Magen- und Darminhalt auch eine großlumige PEG-Sonde angelegt werden.
- **Ethische Probleme:** Wenn ein Patient seinen Willen in Bezug auf eine künstliche Ernährung klar äußern kann oder z .B. in einer Patientenverfügung festgelegt hat (mündlich oder schriftlich), muss der Arzt diese Entscheidung respektieren. Lässt sich nur ein mutmaßlicher Patientenwille feststellen oder ist nur eine rein medizinische, allein das objektive Patientenwohl berücksichtigende Entscheidung möglich, sollte die Gesamtsituation des Kranken bedacht werden. Ernährung und Flüssigkeitsgabe gehören zur Basisbetreuung von Patienten, insbesondere von solchen, die nicht in absehbarer Zeit sterben werden. Sterbende Patienten müssen nicht um jeden Preis ernährt werden, aber es sollte eine möglichst gute Symptomkontrolle, auch von Hunger- und Durstgefühlen, angestrebt werden.

Transurethraler Blasenkatheter

Allgemeines

Das Legen eines Blasenkatheters ist meist pflegerische Tätigkeit. Sie sollten es jedoch unbedingt ebenfalls beherrschen.
Ziel ist es, durch den Katheter entweder einen freien Abfluss zu schaffen oder bei Urininkontinenz durch einen Dauerkatheter hygienische Probleme zu vermeiden. Weitere diagnostische Gründe sind die präzise Bilanzierung der Flüssigkeitsausscheidung und die mikrobiologische Untersuchung.

Durchführung

Materialien:

- Es gibt verschiedene Kathetersysteme, deren Größenangabe über den inneren Durchmesser in Charrière (1 Ch = 1/3 mm) erfolgt. In der Regel werden die Größen 14–18 Ch verwendet.

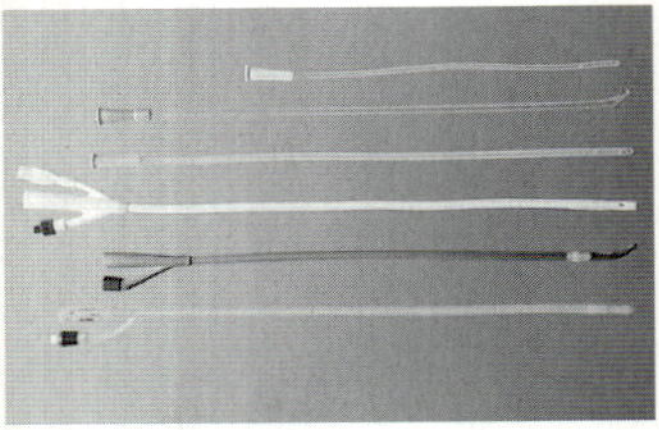

Kathetersysteme
a Nélaton-Dauerkatherter ♂ und ♀: Blockung durch 5–30 ml
b Tiemann-Katheter: mit sich verjüngender Spitze ♀
c Nélaton-Spülkatheter: Dauerkatheter mit zusätzlicher Spülung ♂ und ♀
d Nélaton-Einmalkatheter ♂
e Mercir-Einmalkatheter ♂
f Nélaton-Einmalkatheter ♀

- Sie benötigen ein steriles Katheterset. Enthalten sind folgende Dinge:
  - Wasserdichte Unterlage.
  - Steriles Ablagetuch und steriles Abdecktuch.
  - Anatomische Pinzette
  - Anästhesierendes Gleitgel (Instillagel).
  - Desinfektionslösung (meist Betaisodona).
  - Tupfer.
  - Auffangschale.
  - Spritze mit 5–15 ml Aqua dest. (abhängig von Kathetergröße, für Dauerkatheter).

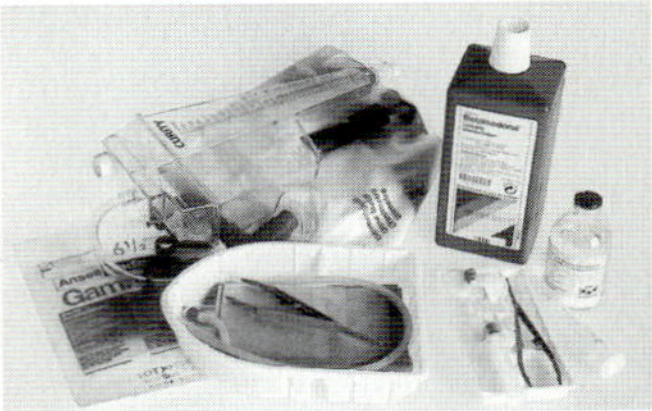

Katheterset

- Zusätzlich benötigen Sie:
  - Sterile Handschuhe.
  - 2 sterile Katheter (s. oben Mann/Frau, Größe).
  - Urinbeutel mit Aufhängevorrichtung und Klemme.

Praktisches Vorgehen

- Klären Sie den Patienten über das Prozedere auf (keine Schmerzen, eventuell unangenehm, ggf. anschließend Erleichterung).
- Schicken Sie unbeteiligte Personen nach Möglichkeit aus dem Zimmer, bzw. schützen Sie den Patienten vor den Blicken anderer (Mitpatienten).
- Bitten Sie eine Hilfsperson hinzu.
- **Lagerung der Frau:** Oberkörper flach, Gesäß erhöht, Beine gespreizt und an beiden Seiten aufgestellt; Oberkörper zudecken.

- **Lagerung des Mannes:** Beine geschlossen, Nierenschale direkt unter dem Penis auf den Beinen; Oberkörper zudecken.
- Setzen Sie das Katheterset zwischen bzw. neben die Beine des Patienten und öffnen Sie es.
- Ziehen Sie die sterilen Handschuhe an.
- Breiten Sie die sterile Unterlage aus.
- Übergießen Sie die sterilen Tupfer mit Desinfektionsmittel.
- Trennen Sie ein kurzes Stück der perforierten Katheterhülle ab, und legen Sie den Katheter griffbereit auf einer sterilen Unterlage ab.

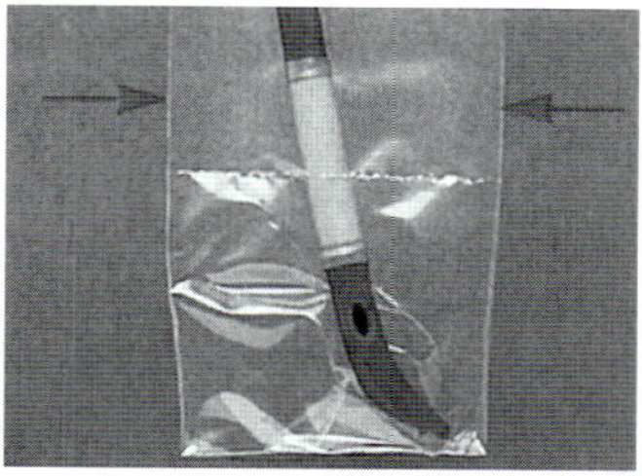

Katheterhülle

Vorgehen bei einer Frau

- Eine Hand spreizt die Schamlippen.

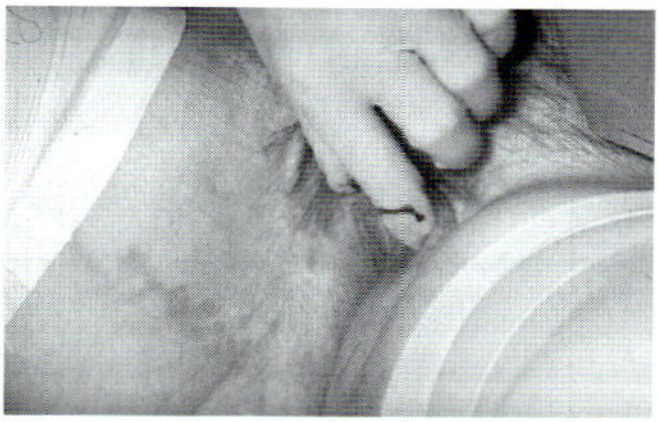

- Desinfizieren Sie das äußere Genitale mit der freien Hand mit den getränkten sterilen Tupfern in Richtung Damm (äußere und innere Schamlippen, Urethralöffnung). Der letzte Tupfer wird in den Vaginaeingang gelegt. Es sollten bei der Desinfektion alle Tupfer des Sets verbraucht werden.

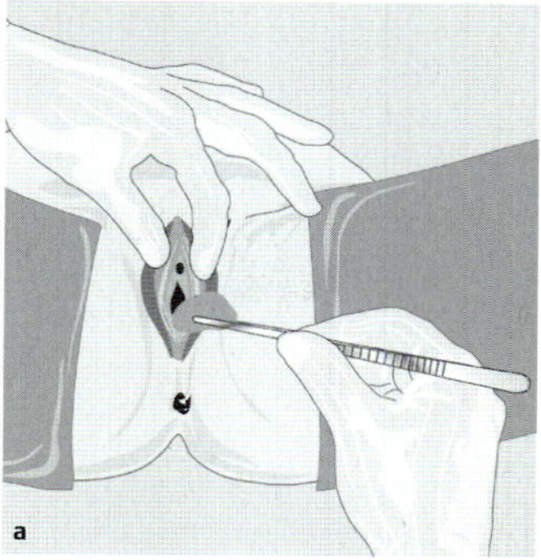

- Die spreizende Hand wird belassen, die andere Hand fasst den Katheter mit der Plastikhülle und schiebt das bereits freigelegte Ende etwa 5 cm in die Urethra ein.

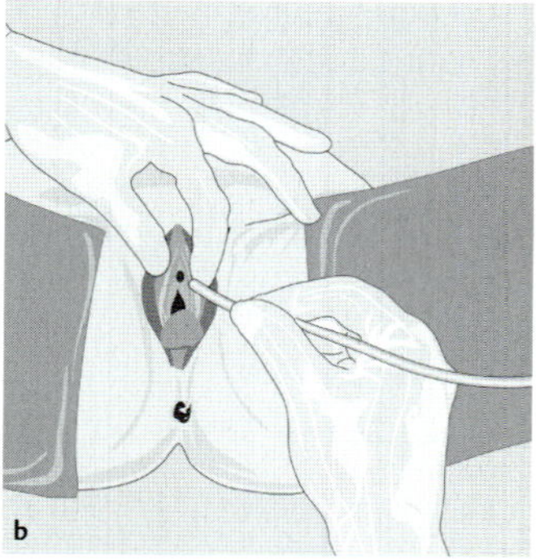

- Sobald der Urin abläuft, schieben Sie den Katheter nicht mehr weiter vor.
- Entfernen Sie den Tupfer aus der Vagina.
- Bei einem Dauerkatheter erfolgt die Blockung mit 5–15 ml Aqua dest. (je nach Katheter) durch das Einlassventil an der Seite des Katheters.

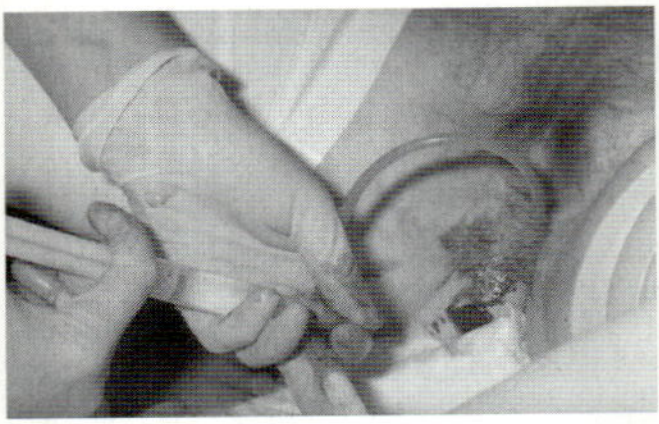

- Ziehen Sie den Katheter dann vorsichtig zurück, bis ein Widerstand spürbar wird.

Vorgehen bei einem Mann

- Schieben Sie die Vorhaut bis hinter die Corona zurück.
- Eine Hand fasst den Penis, die andere Hand desinfiziert die Glans und die Urethralöffnung. Es sollten bei der Desinfektion alle Tupfer des Sets verbraucht werden.

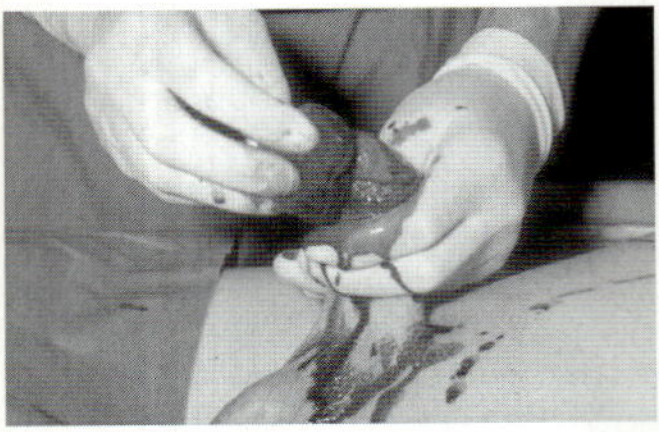

- Führen Sie die Spritze mit dem Gleitmittel in die Urethralöffnung ein. Instillieren Sie 11 ml des Lokalanästhetika-haltigen Gleitmittels in die Urethra.

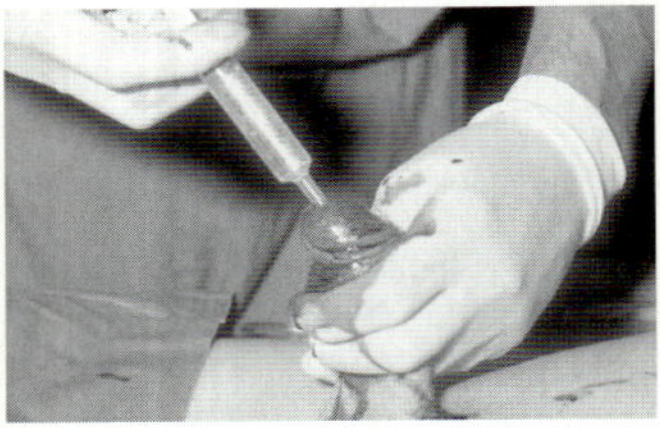

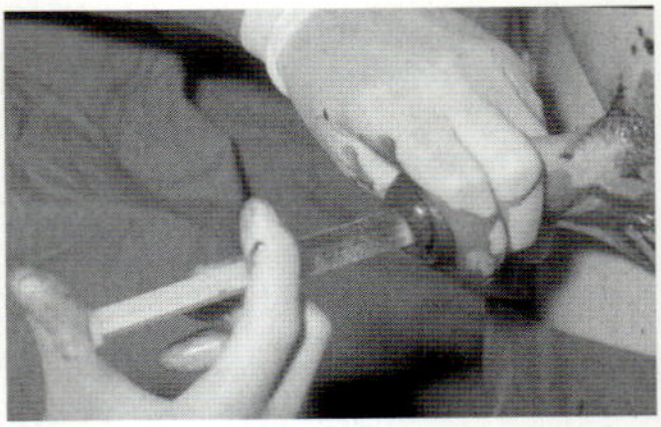

- Mit einer Pinzette oder dem zweiten sterilen Handschuh (Hilfsperson!) wird der Katheter in den nach oben gestreckten Penis eingeführt.

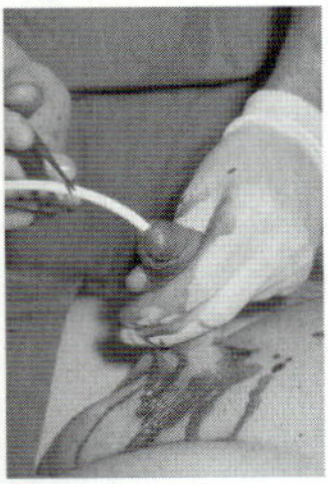

- Führen Sie den Katheter vorsichtig etwa 10 cm ein.
- Senken Sie den Penis dann und ziehen Sie ihn leicht nach vorn.

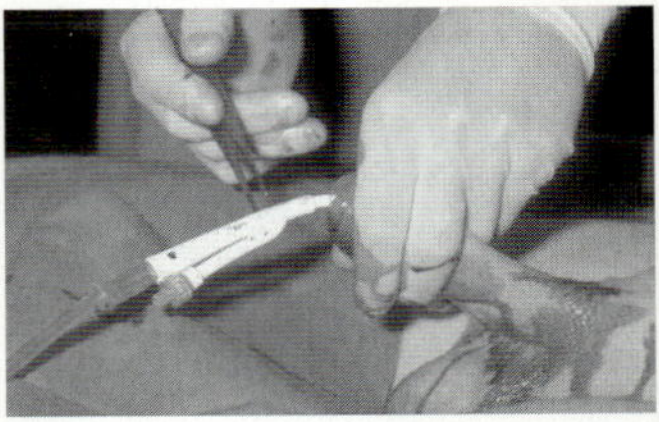

- Schieben Sie den Katheter weiter, bis Urin fließt.
- Beim Dauerkatheter streifen Sie die Vorhaut wieder über die Glans. Dann schließen Sie einen Urinbeutel an.

E 3

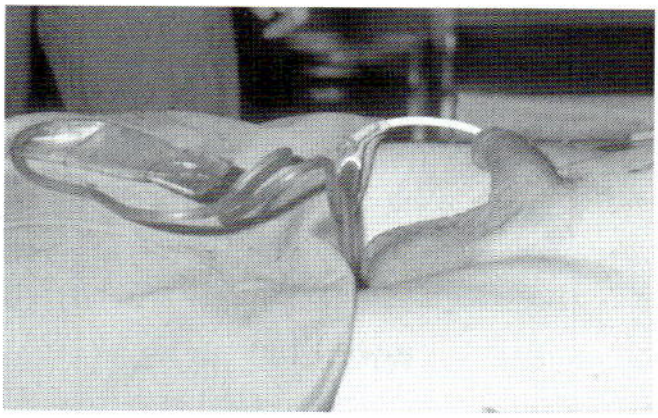

- Bei einem Dauerkatheter erfolgt die Blockung mit 5–15 ml Aqua dest. (je nach Katheter) durch das blind endende Einlassventil an der Seite des Katheters.

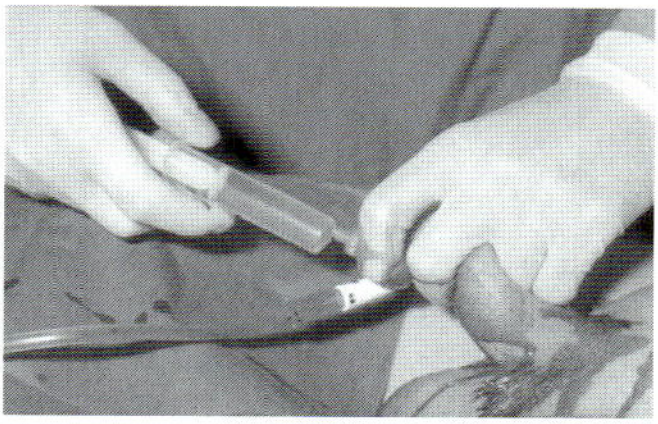

- Ziehen Sie den Katheter dann vorsichtig zurück, bis ein Widerstand spürbar wird.

Entfernung eines Katheters

- Legen Sie eine Auffangschale zwischen die Beine des Patienten.
- Saugen Sie die Blockungsflüssigkeit mit einer ausreichend großen Spritze durch das blinde Ende am Katheter ab.
- Entfernen Sie den Katheter durch leichten Zug und werfen Sie ihn weg.

Tipps und Tricks

- Hängen Sie den Urinbeutel wegen Rückflussgefahr des Urins nicht über das Niveau der Blase. Wenn es sich nicht vermeiden lässt, klemmen Sie den Schlauch zuvor ab.
- Beim Wechsel des Urinbeutels müssen Sie die aseptischen Bedingungen für das Ansatzstück des Beutels einhalten.
- Bei Patienten mit Dauerkatheter sollte, wegen der Gefahr der Keimverschleppung mit Infektion der Harnwege und nachfolgender Sepsis, regelmäßig die Körpertemperatur kontrolliert werden.
- Kontrollieren Sie regelmäßig den Urin im Beutel auf Blut, Flocken, Gerinnsel oder Trübung.
- Sorgen Sie beim Patienten für ausreichende Flüssigkeitszufuhr, um den Durchfluss zu erhalten. Dies beugt einer Keimaszension vor. **Cave:** Überwässerung bei Patienten mit Herzinsuffizienz.
- Bei vorsichtigem Vorgehen sind Verletzungen der Harnröhre selten, sie kommen aber vor. Sie können später zu Strikturen in der Harnröhre führen, die Probleme nach sich ziehen können. Legen Sie deshalb nie einen Katheter leichtfertig, nur um z. B. Urin für einen Uricult zu erhalten.
- Sind bereits Harnröhrenstrikturen vorhanden, wird ein kleinerer Katheter (evtl. ein Gummikatheter) verwendet.
- Treten während der Katheterisierung Spasmen auf, ist kurzes Warten oft hilfreich.
- NaCl-Lösung kann zur Verstopfung des Inflationskanals führen, daher sollten Sie immer Wasser zum Blocken nehmen.
- Latex-Katheter sollten wegen der Gefahr einer chemisch-toxischen Urethritis nicht mehr verwendet werden.

Probleme und Sonderfälle

- **Katheter liegt in der Vagina:** In diesem Fall belassen Sie den Katheter zunächst dort, um die Desinfektion nicht durch Herausziehen des Katheters aus der Vagina zu gefährden. Verwenden Sie einen zweiten Katheter.
- **Harnverhalt:** Nach der Katheterisierung bei einem Harnverhalt dürfen Sie wegen der Gefahr des Zusammenfallens der Blase nicht mehr als etwa 700 ml auf einmal ablassen.

Suprapubischer Blasenkatheter

Allgemeines

Ein suprapubischer Blasenkatheter ist notwendig, wenn ein akuter Harnverhalt besteht und die transurethrale Katheterisierung aufgrund von Strikturen, Phimosen, postoperativer Schwellung der Urethra oder einer ausgeprägten Prostatahyperplasie nicht möglich ist. Prinzipiell sollte die Indikation für einen suprapubischen Katheter jedoch nicht leichtfertig gestellt werden, denn er bildet eine mögliche Eintrittspforte für Infektionen. Kontraindikation ist eine schwere Gerinnungsstörung. Antikoagulanzien sollten vor Anlage des suprapubischen Katheters abgesetzt werden (Heparin 1 Tag, Thrombozytenaggregationshemmer wie ASS oder Clopidogrel möglichst 7–10 Tage vorher, Marcumar so lange, bis Quick > 60 % bzw. INR < 1,5). Soll eine Langzeit-Harnableitung erfolgen, ist der suprapubische Blasenkatheter komplikationsärmer und besser zu pflegen als ein transurethraler Katheter.

E 4

Durchführung

- **Materialien:**
  - Splittkanüle.
  - Trokar.
  - Katheter; für die Langzeitkatheterisierung 24–26 Fr. (= French).
  - Zellstoffunterlagen.
  - Rasierer.
  - Sterile Tupfer.
  - Sterile Handschuhe.
  - Abdecktücher.
  - Desinfektionsspray oder Polyvidon-Jod-Lösung.
  - Zur Lokalanästhesie 10-ml-Spritze mit 5–10 ml Lidocain-Lösung 1 %.
  - 1 er Kanüle (lang).
  - Zur Hautinzision 11 er-Skalpell (spitz).
  - Sterile Platten und Fixomullverband.

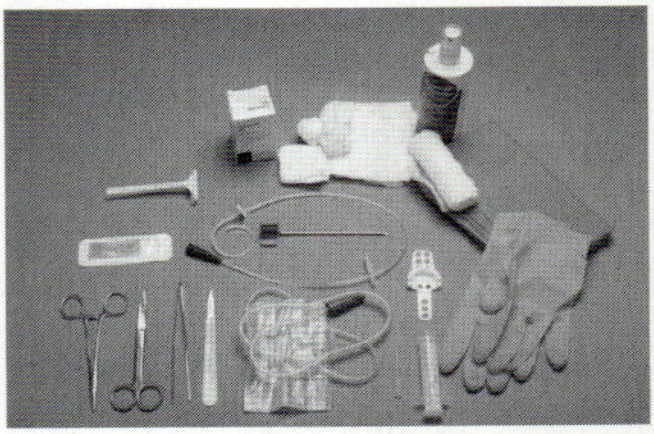

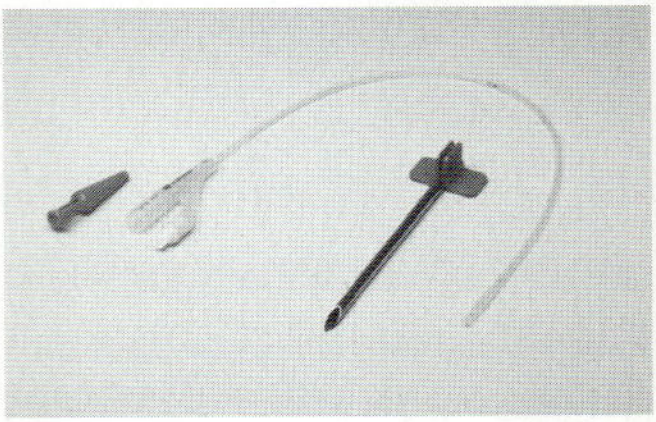

- Bitten Sie eine Hilfsperson, die Instrumente anzureichen.
- Sonographieren Sie die gefüllte Blase (unter Umständen vorher transurethralen Katheter legen und die Blase retrograd mit 500–1000 ml physiologischer Kochsalzlösung füllen), legen Sie die Punktionsstelle und die Punktionsrichtung fest. Suchen Sie dazu die Symphyse auf, und wählen Sie einen Punkt 2–3 cm kranial der Symphyse in der Mittellinie.
- Entfernen Sie die Behaarung, und desinfizieren Sie das Areal großflächig.
- Ziehen Sie sterile Handschuhe an, und decken Sie das Areal mit den vom Helfer angereichten Tüchern ab.
- Anästhesieren Sie die Punktionsstelle. Dazu setzen Sie zunächst mit der langen 1er Kanüle eine Hautquaddel und schieben dann

unter wiederholter Aspiration und Injektion von Lokalanästhetikum die Nadel in der vorher festgelegten Stichrichtung vor. Anästhesieren Sie das Subkutangewebe bis an die vordere Blasenwand. Mit Erreichen des Blasenlumens können Sie Urin aspirieren.

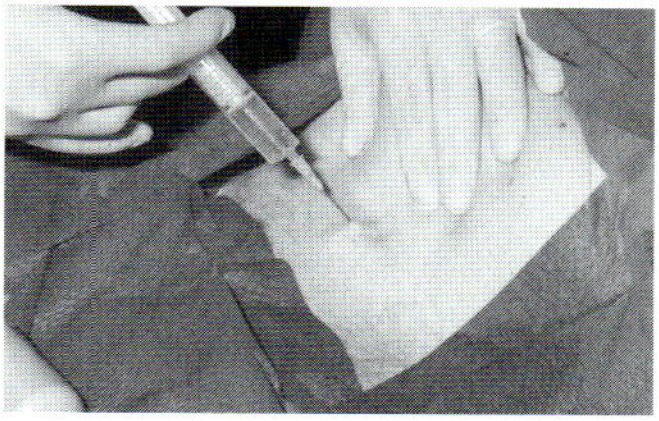

- Inzidieren Sie die Haut mit einem kurzen Schnitt 3 mm breit.

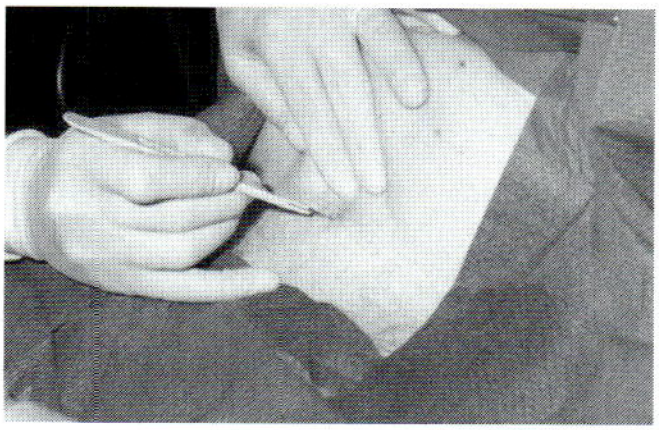

- Legen Sie den Katheterschlauch bis kurz vor die Spitze in die Splittkanüle ein.

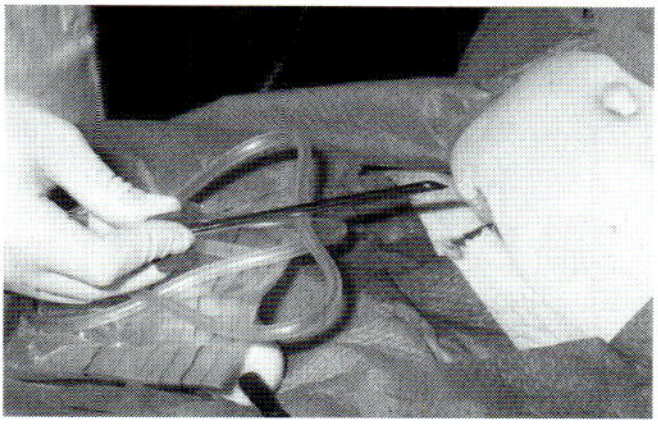

- Führen Sie die Splittkanüle durch die Hautinzision senkrecht in Richtung der Blase in derselben Richtung wie die vorausgegangene Lokalanästhesie. Wenn Sie die Blasenwand durchstechen, spüren Sie ein Nachlassen des Widerstandes. Urin tritt durch den Schlauch aus.

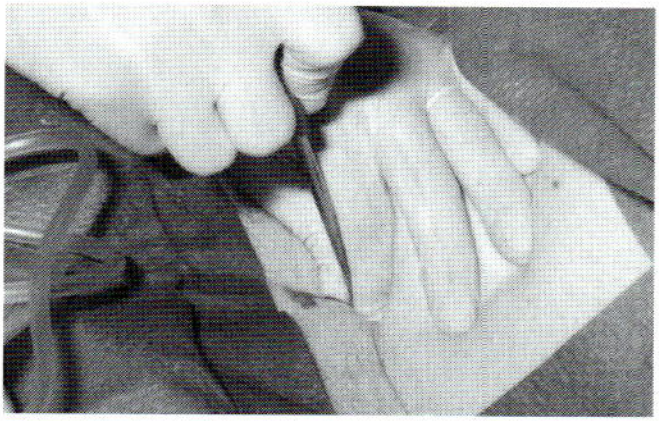

- Schieben Sie den Katheterschlauch durch die Kanüle weiter vor.

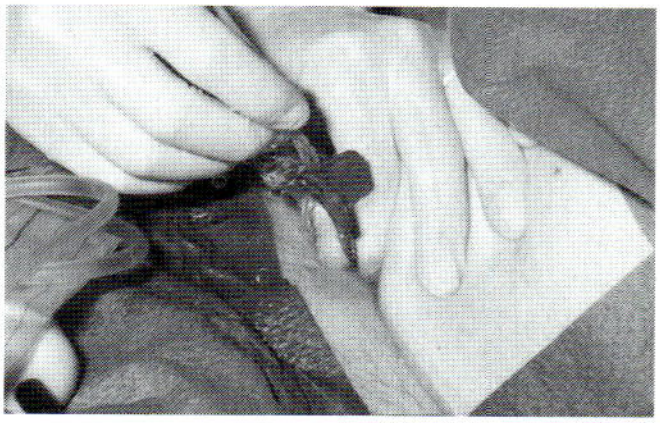

- Markieren Sie die Einführungstiefe, so kann später eine mögliche Dislokation erkannt werden.
- Wenn Urin durch den Katheterschlauch abfließt, schließen Sie den Urinbeutel an.

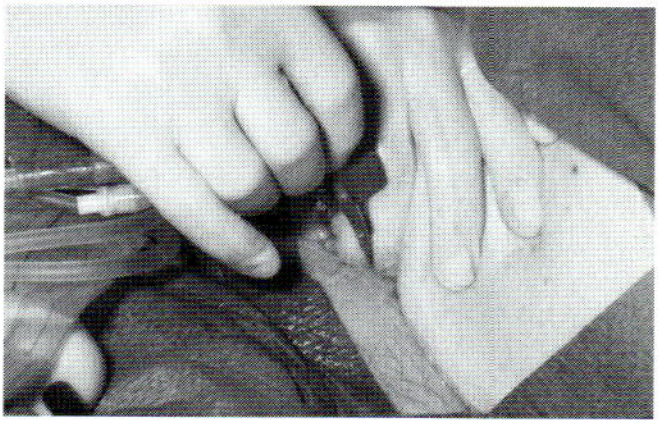

- Ziehen Sie die Splittkanüle zurück. Brechen Sie sie nach dem vollständigem Austritt aus der Bauchdecke auf und splitten Sie sie. Achtung: Die Kanüle besitzt sehr scharfe Ränder.

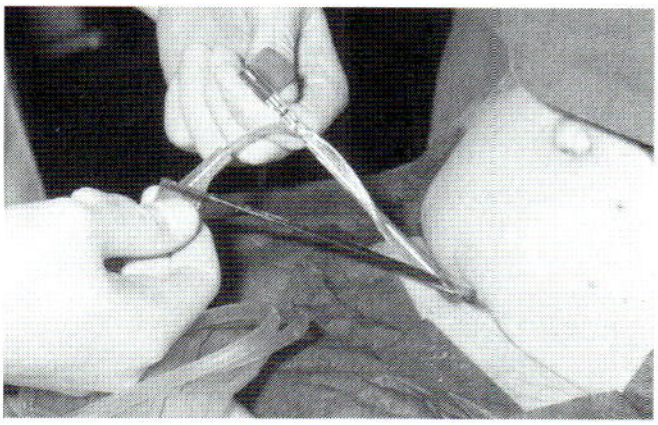

- Blocken Sie den Katheter (Aqua dest. 8–10 ml).

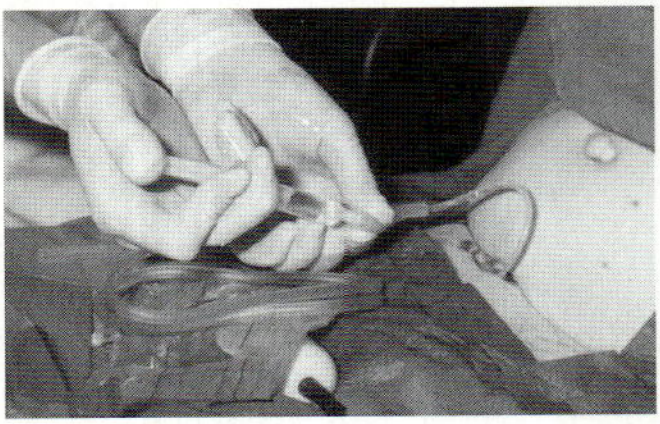

- Der geblockte Katheter muss nicht festgenäht werden. Säubern und desinfizieren Sie das Punktionsgebiet, verbinden Sie den Katheter mit Schlitzkompressen und einer sterilen Kompresse, fixieren Sie Verband und Katheter mit einem Stechpflaster (z. B. Fixomull).

Tipps und Tricks

- Legen Sie bei der sonographischen Festlegung der Punktionsstelle ein Stück Metalldraht oder eine aufgebogene große Büroklammer auf die Bauchdecke. Dies führt zu einer Echoauslöschung und damit leichter Lokalisation.
- Beim Zurückziehen der Splittkanüle sollten Sie den Katheterschlauch festhalten, damit er nicht versehentlich herausgezogen wird oder disloziert.
- Brechen Sie die Splittkanüle vorsichtig und behutsam auf, da sie an der Spitze sehr scharf ist. Beim Aufbrechen kann versehentlich der Katheterschlauch beschädigt werden.
- Soll der Katheter angenäht werden (z. B. bei sehr unruhigen Patienten), ziehen Sie beim Knoten der Hautnaht den Faden am Schlauch nicht zu stark fest, da sonst das Lumen des Katheters abgeschnürt werden kann.
- Risiken der Langzeitkatheterisierung: Gefahr einer Schrumpfblase. Häufig treten nach einigen Tagen Blaseninfekte auf.
- Der Wechsel eines suprapubischen Katheters erfolgt idealerweise in Seldinger-Technik. Dabei wird ein Seldinger-Draht mit weicher Spitze in den zu wechselnden Katheter eingeführt, bis der Draht sicher das Blasenlumen erreicht hat. Entblocken Sie den Katheter, ziehen Sie ihn über den Seldinger-Draht aus der Blase durch die Bauchdecke heraus. Reinigen und desinfizieren Sie die Fistelregion. Führen Sie dann unter sterilen Bedingungen den neuen Katheter über den Seldinger-Draht ein und blocken ihn im Blasenlumen. Anschließend verbinden Sie den Katheter steril und fixieren ihn mit Stechpflaster.

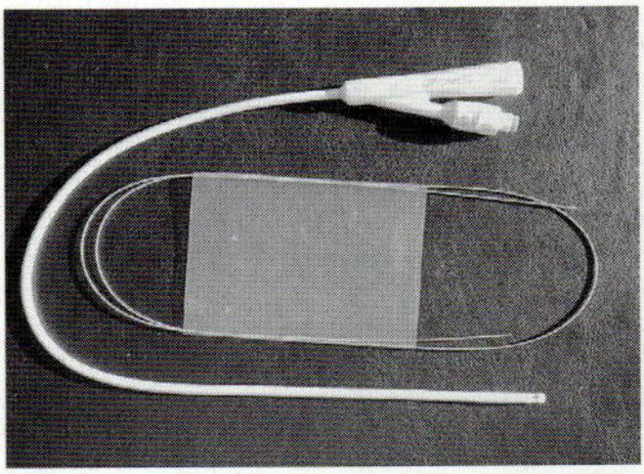

Wechselset für suprapubischen Katheter

Probleme und Sonderfälle

- **Harninkontinente Patienten:** Die Blase ist hier oft nicht ausreichend gefüllt, was die Punktion erschwert. Katheterisieren Sie den Patienten transurethral und füllen Sie die Blase mit 500–1000 ml steriler Kochsalzlösung auf.
- **Urin im Katheterbeutel initial blutig (Makrohämaturie):** Blasenspülung mit 1000 ml Kochsalzlösung. Flüssigkeit durch den suprapubischen Katheter einlaufen und durch einen transurethralen Katheter ablaufen lassen. Ist die Blase einmal leer, wird die Blutung durch Kollaps der Blasenwand komprimiert und hört

dann auf. Wenn es weiter blutet, sollten Sie den Hb kontrollieren und evtl. eine Zystoskopie durchführen lassen.

- **Schrumpfblase:** Hier ist die Anlage eines suprapubischen Katheters schwierig, da eine Schrumpfblase nicht gut retrograd aufgefüllt werden kann. Überlassen Sie die Katheterisierung dem Urologen.
- **Hämaturie:** Bei Patienten mit Hämaturie, Koagelbildung oder starker Sedimentbildung sollten großlumige Katheter verwendet werden (24–26 Fr.), da dünnere Schläuche (12–14 Fr.) zu schnell verstopfen.
- **Nach Unterbauch-Operationen:** Unterbauch-Operationen stellen eine relative Kontraindikation für den suprapubischen Blasenkatheter dar, weil Verwachsungen zu anatomischen Besonderheiten führen können. So können z. B. Darmschlingen vor der Blasenvorderwand zu liegen kommen. Eine sonographische Kontrolle ist hier sehr wichtig. Gegebenenfalls muss die Anlage unter Ultraschallsicht oder bei offener Zystotomie durch einen Urologen erfolgen.

F Nicht-invasive Diagnostik

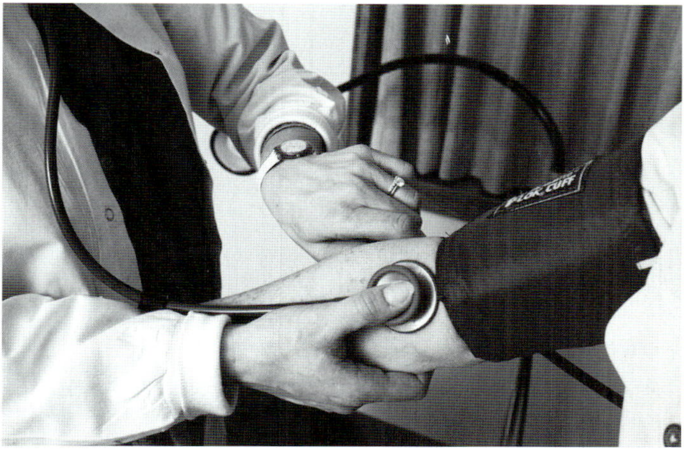

F

EKG

Allgemeines

- Das EKG ist nach wie vor ein unerlässliches Instrument zur Herzdiagnostik. Es empfiehlt sich daher, die Befundung von EKGs frühzeitig zu üben – nicht um möglichst rasch alle Feinheiten zu kennen, sondern vielmehr, um die Grundzüge sicher zu beherrschen. An dieser Stelle kann nur eine allgemeine Vorgehensweise in der EKG-Befundung vorgestellt werden. Die Anleitung zur Auswertung und Interpretation entnehmen Sie bitte der entsprechenden Fachliteratur.
- Das Ruhe-EKG liefert wichtige diagnostische Hinweise v. a. bei folgenden Erkrankungen: Myokardinfarkt, Lungenembolie, chronisches Cor pulmonale, Herzwandhypertrophie, Perikarditis, Myokarditis, Herzrhythmusstörungen.

EKG anlegen

Vorbereitung

- Der Patient liegt auf dem Rücken.
- Die Anlage der Ableitungen nach Einthoven (I, II, III) und Goldberger (augmented Voltage; aVR, aVL, aVF) erfolgt nach der Ampelregel:
  - Rechter Arm = rot.
  - Linker Arm = gelb.
  - Linker Fuß = grün.
  - Rechter Fuß = schwarzes Kabel der indifferenten Elektrode.
- Brustwandableitung (V1–V9).
  - V1: rechter Sternumrand, 4. ICR.

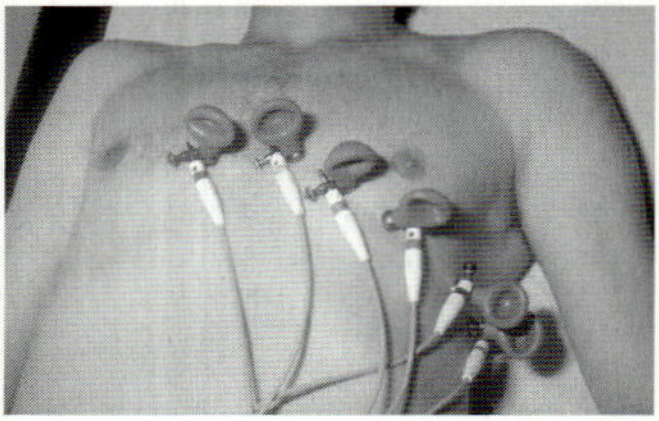

  - V2: linker Sternumrand, 4. ICR.
  - V3: auf der Hälfte zwischen V2 und V4.
  - V4: Herzspitze des Patienten (6.–7. ICR in Medioklavikularlinie).
  - V5: vordere Axillarlinie auf der gleichen Horizontalen wie V4.
  - V6: mittlere Axillarlinie auf der gleichen Horizontalen wie V4.
  - V7: hintere Axillarlinie in Höhe von V4–V6.
  - V8: Scapularlinie in Höhe von V4–V6.
  - V9: Paravertebrallinie in Höhe von V4–V6.
- Die Ableitungen V7–V9 werden erforderlich, wenn sich die Frage nach Hinterwandischämien stellt. Zuerst leiten Sie das Standard-EKG ab, verschieben dann die Elektroden/Saugnäpfe von V1–V3 auf die Positionen V7–V9 und leiten das EKG erneut ab. Auf dem EKG-Streifen sollten Sie die Ableitungen beschriften (statt V_{1-3} dann V_{7-9}).

  Tipp: Sind die Kabel lediglich farblich unterschieden und nicht mit V1–V6 beschriftet, ist an der Austrittsstelle der Kabel die Reihenfolge der farbig markierten Kabel ablesbar.
- Die Anlage erfolgt meist mit kleinen Vakuum-Ballons, gelegentlich auch mit Elektroden, die durch ein um den Brustkorb geschlagenes Gummiband gesteckt werden. Bei Dauerableitung z. B. auf Intensivstationen werden auch Haftelektroden verwendet, die lange Zeit an der gleichen Stelle belassen werden können. Feuchten Sie die Elektroden zur Verbesserung der Leitfähigkeit immer mit etwas Kontaktspray an.
- Machen Sie sich mit dem Gerät vertraut, und üben Sie z. B. das Papiereinlegen. Lassen Sie sich von einer mit dem betreffenden Gerät vertrauten Person eine kurze Einführung geben.

Durchführung

- Fordern Sie den Patienten zu Ruhe und Entspannung auf.
- Schreiben Sie vor Beginn des EKGs eine Eichzacke. Sie sehen ein kleines Rechteck, bei dem 1 mV 10 mm entspricht. Viele der neueren Geräte fertigen vor jedem EKG automatisch eine Eichzacke an.
- Stellen Sie die Geschwindigkeit ein (meist 25 oder 50 mm/s für normale Ableitungen).
- Es gibt einen Muskel- (25 Hz) und einen Wechselstromfilter (50 Hz). Setzen Sie den Muskelfilter bei Artefakten durch Muskelzittern ein, sonst sind 50 Hz üblich.
- **Standard-Ableitung:** Je etwa 5 s lang Einthoven, Goldberger und Brustwandableitungen, eventuell zusätzlich Rhythmusstreifen über die gleiche Dauer.
- **Rhythmusstreifen:** 10–25 mm/s; nur eine Ableitung laufen lassen.
- Beschriften Sie das EKG unmittelbar nach der Ableitung mit Name, Geburtsdatum, Datum und Uhrzeit.
- Trennen Sie die Seiten und heften Sie sie zusammen. Bei Verdacht auf einen pathologischen Befund Stationsarzt informieren!

Tipps und Tricks

- Ein häufiges Problem bei der EKG-Ableitung ist die Elektrodenhaftung an der Brustwand: Bei starker Brustbehaarung sollten Sie die Brust zuvor rasieren. Oft besteht Unsicherheit darüber, ob die Elektroden bei einer Frau über oder unter der Mamma angelegt werden sollen. Entscheidend ist nur die korrekte und reproduzierbare Lage bezogen auf den ICR.
- Bei mehrfachen Ableitungen z. B. zur Infarktabklärung verwenden Sie Klebeelektroden, die belassen werden können, oder markieren Sie die genaue Position der Elektroden nach der Ableitung mit einem wasserfesten Stift auf der Haut.
- Vermeiden Sie Zug der Elektrodenkabel an den Vakuumballons.
- Häufige Ursachen für Artefakte im EKG sind locker sitzende Elektroden, Wackelkontakte zwischen Elektrodenkabeln oder Steckern oder Kontakt der Untersuchungsliege mit der Wand.
- Fragen Sie ggf. bereits bei der Ableitung des EKG den Patienten nach der bestehenden Medikation, oder schauen Sie in der Kurve nach. Ohne Kenntnis der Medikation sind verschiedene wichtige EKG-Befunde (z. B. ST-Senkung unter Digitalis) schwer zu interpretieren.

Probleme und Sonderfälle

- Ableitung nach Extremitäten-Amputation: Die entsprechende Klemme kann am Stumpf angebracht werden.
- Sägezahnähnliche Artefakte: Tauchen solche Artefakte mit einer Frequenz von 50/s auf (bei 50 mm/s Vorschub eine Zacke pro Millimeterkästchen), entspricht das einem Wechselstromartefakt. Ursachen sind mangelnde Erdung, mangelnde Elektrodenhaftung, wackelnde Stecker oder eingeschaltete Elektrogeräte in der Nähe. Beseitigen Sie die Ursachen, und/oder schalten Sie den Wechselstromfilter ein. Oft hilft es, mehr Elektrodenspray zu verwenden (bessere Leitfähigkeit).

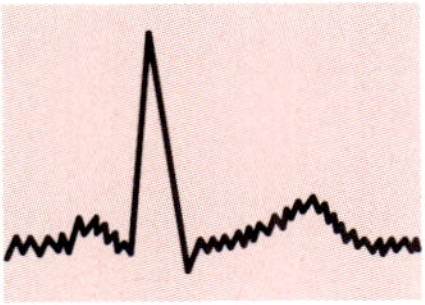

- Unregelmäßige kleingezackte Artefakte: Kleine Schwingungen unterschiedlicher Amplitude und Frequenz sprechen für Muskelzittern. Mögliche Ursachen sind falsche La-

F 1

gerung, Angst, Hyperthyreose, Morbus Parkinson, Frieren und zu stramm sitzende Elektroden. Schalten Sie hier den Muskelfilter ein oder beseitigen Sie die Ursache.

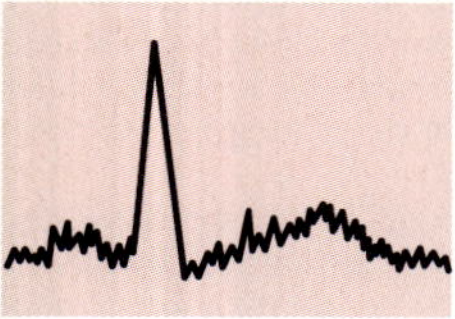

- Wandernde Nulllinie: Phasische oder sprunghafte Wanderung der Nulllinie; Ursachen sind lose Elektrodenkontakte, Elektroden unter Zug, Atemexkursionen, Husten, Schluckauf, Bewegungen der Extremitäten oder Kabelbruch. Kurzfristige Hilfe verschaffen Sie sich durch Drücken der Blocktaste.

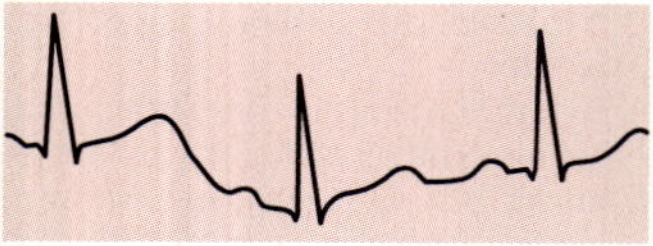

- Amplitudenverzerrung durch falsche Eichung:
  - Normal: Die Eichzacke steigt senkrecht an, bildet einen rechten Winkel und fällt im rechten Winkel wieder ab; 1 mV entspricht 10 mm. Das EKG wird nicht verzerrt.

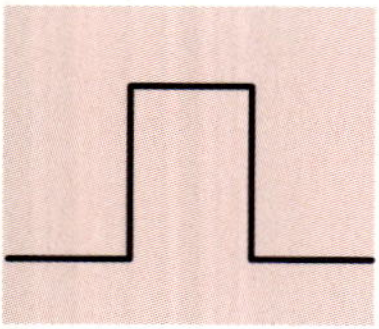

  - Zu starke Dämpfung: Die Eichzacke ist zu Beginn oder am Ende abgerundet, Q- und S-Zacken werden in der Folge gedämpft.

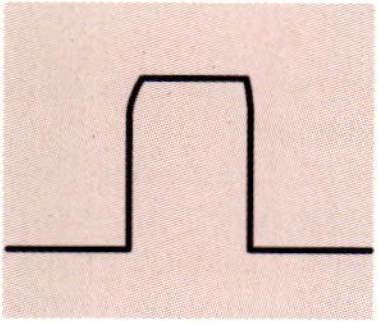

  - Zu geringe Dämpfung: Die Eichzacke steigt rasch mit überschießender Amplitude an, die QRS-Zacke wird vergrößert.

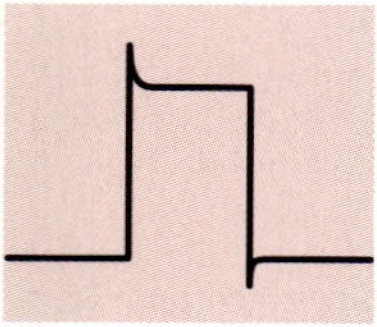

- Falsch gepolte Ableitungen: Werden Elektroden des rechten und linken Arms vertauscht, kommt es zu negativen Kammerkomplexen in den Ableitungen I und aVF (Vortäuschung eines Anteroseptalinfarkts oder eines Situs inversus). Verwechslung des V2- und V3-Kabels täuscht durch R-Reduktion in V3 einen umschriebenen anteroseptalen Infarkt vor.
- Starkes Muskelzittern: Bei starkem Tremor können Sie die Elektroden auch am proximalen Ende der Extremitäten anbringen, um den tremorbedingten Ausschlag zu umgehen.

Hilfsmittel zur EKG-Auswertung

- Zirkel: Durch Abmessen der Distanz zwischen zwei R-Zacken lassen sich Aussagen über die Regelmäßigkeit des Herzschlages machen.
- EKG-Lineal: Stellvertretend für alle anderen Lineale eine kurze Erläuterung am Beispiel des weit verbreiteten EKG-Lineals:
  - → Frequenzbestimmung: Schwarzen Pfeil am linken Linealrand an R-Zacke anlegen und je nach Maßgabe 1, 2 oder 3 RR-Abstände

F 1

abnehmen und ablesen. Beachten Sie immer die Geschwindigkeit, mit der das EKG aufgezeichnet wurde (25 oder 50 mm/s).

→ Bestimmung von PQ -, QRS - und QT-Zeit: Anwendung der Skalierung im Mittelfeld des Lineals je nach Vorschubgeschwindigkeit (25 mm/s oder 50 mm/s).

→ Bestimmung der relativen QT-Dauer: Absolute QT-Dauer auf X-Achse mit Kreuzungspunkt der Herzfrequenz auf Y-Achse und Verfolgung der dortigen Kurve zur Skala der relativen QT-Dauer in % (Cave: QT > 120 % muss weiter abgeklärt werden).

→ Analyse eines Schrittmacher-EKGs : hierzu benötigt man die reziproken Werte der Herzfrequenz, d. h. die Abstände zweier Herzaktionen in ms. Diese Zeiten sind beidseitig auf die 2-RR-Skala bezogen und dort abzulesen.

→ Bestimmung des Lagetyps: Hierzu befindet sich im linken Linealdrittel der Cabrera-Kreis.

→ QRS-Amplituden liest man am linken Linealrand ab.

→ Am rechten Linealrand befindet sich ein Maß über 50 mm.

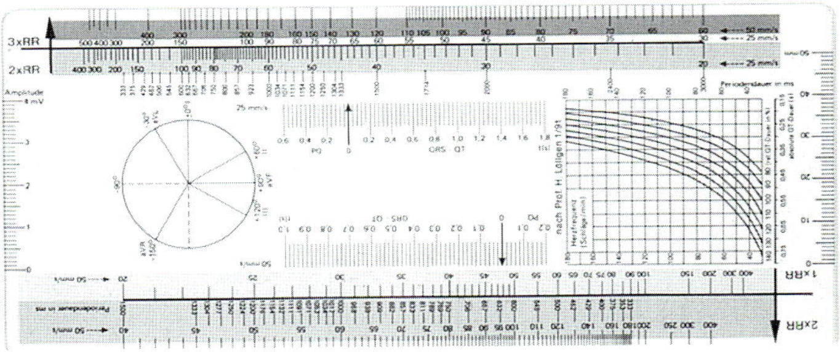

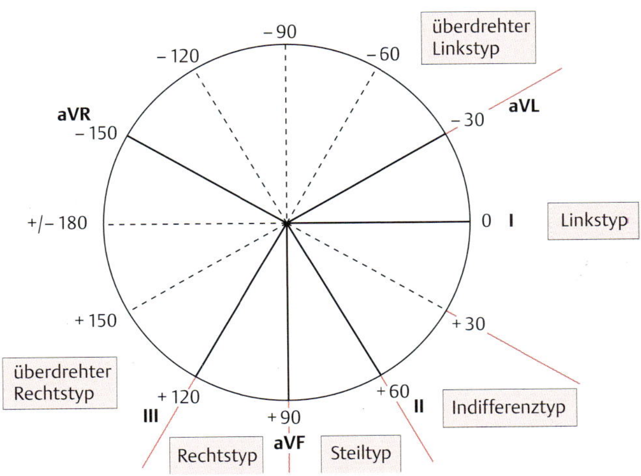

Lagetypen und EKG-Ableitungen der Frontalebene im Cabrerakreis

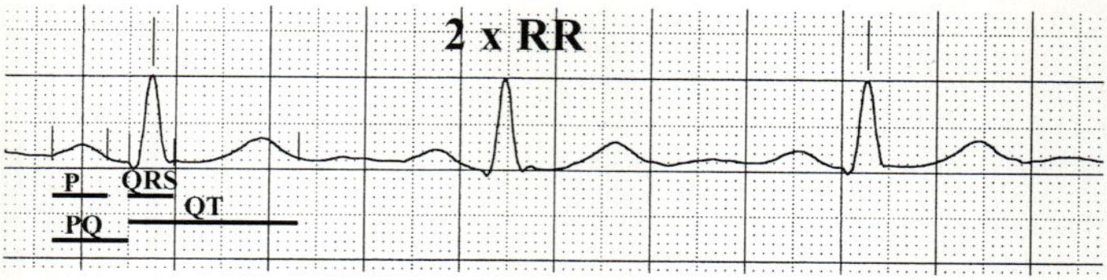

EKG-Messung

Anleitung zur Auswertung

Die Auswertung eines EKGs gliedert sich in drei Abschnitte:
1. Messung
2. Beschreibung
3. Interpretation.

Material: EKG-Lineal, evtl. Zirkel.

Messung

- Der erste Schritt der EKG-Auswertung besteht immer in der sorgfältigen Ausmessung des EKGs. Als Standardableitung für die Messung gilt Ableitung II der Extremitätenableitungen.
- Gemessen werden (Normalwerte)
  - Herzfrequenz (60–100/min),
  - P (≤ 0,1 sec),
  - PQ (0,12–0,20 sec.),
  - QRS (< 0,12 sec),
  - QT (Normwert ist abhängig von der Herzfrequenz),
  - QT_C: Aus Tabellen ablesbares frequenzkorrigiertes QT-Intervall (max. 440 ms).
- Achten Sie darauf, dass Sie auf dem EKG-Lineal die Skalierung wählen, die zur Vorlaufgeschwindigkeit des EKGs passt (50 mm/s, 25 mm/s).

Beschreibung

Die Beschreibung sollte so systematisch wie möglich vorgenommen werden und folgende Komponenten enthalten:
1. Rhythmus.
2. Lagetyp.
3. P-Wellen.
4. QRS-Komplexe.
5. ST-Strecke, T-Welle (Endteile).
6. Extrasystolen.

Beurteilung

In der Beurteilung werden die Ergebnisse aus Messung und Beschreibung zusammengeführt und Aussagen gemacht zu Herzfrequenz, Lagetyp, Erregungsbildung (Rhythmus), AV-Überleitung (PQ), Erregungsausbreitung (QRS) und Erregungsrückbildung (ST-Strecke, T-Welle). Entscheidend ist es, sich bei der Befundung des EKGs Symptome und Medikation des Patienten zu vergegenwärtigen.

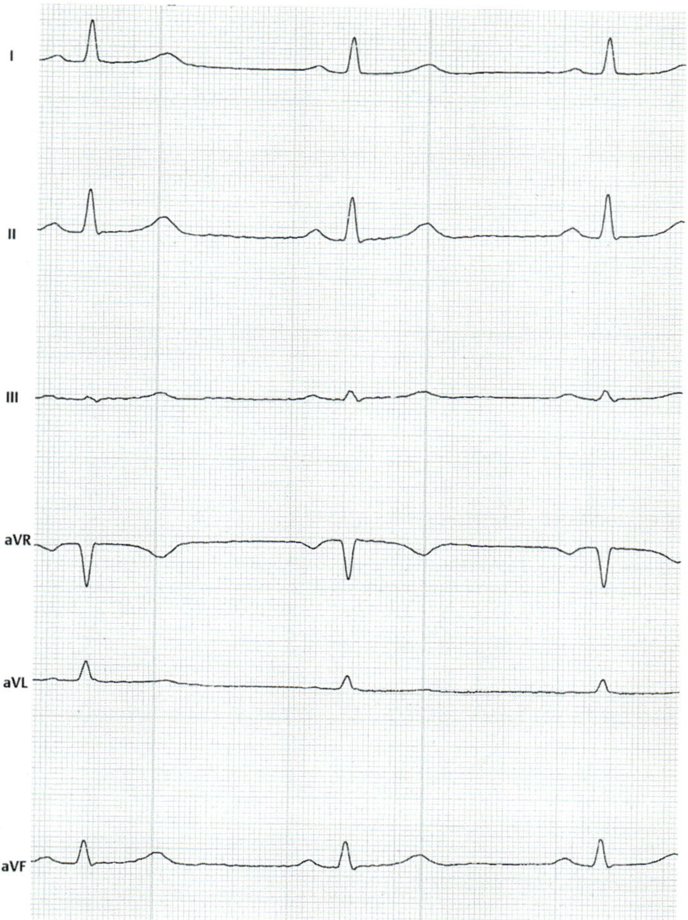

Normalbefund

- Beispiel 1:
  HF: 87/min
  P:0,08 sec
  PQ: 0,12 sec
  QRS: 0,06 sec
  QT: 0,28 sec = QT_C: ca. 340 ms

Beschreibung: Sinusrhythmus, Indifferenztyp, keine morphologischen Auffälligkeiten.
Beurteilung: Normofrequenter Sinusrhythmus, Indifferenztyp, unauffälliger Stromkurvenverlauf.

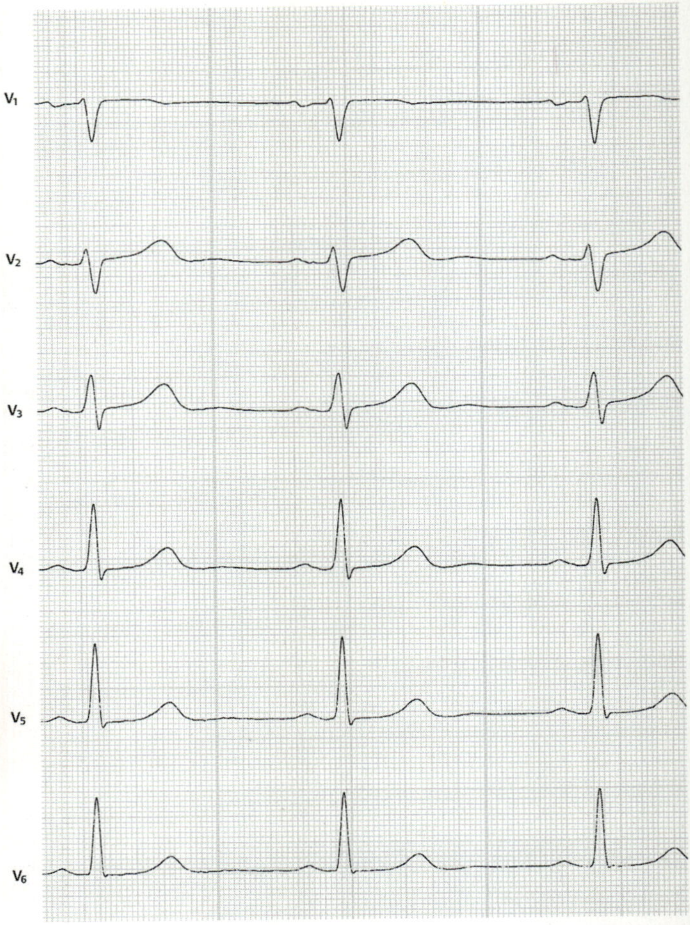

Normalbefund

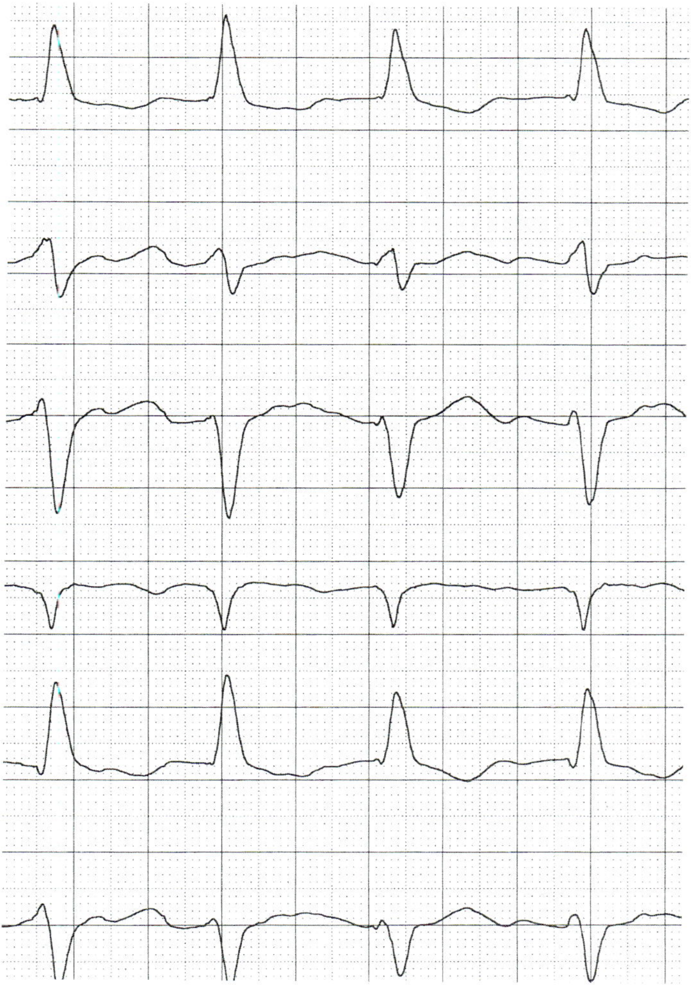

Tachyarrhythmia absoluta
a: Extremitätenableitungen (I–III; aVR–aVF)

- Beispiel 2:
  HF: um 130/min
  P: entfällt
  PQ: entfällt

QRS: 0,11 sec
QT: 0,36 sec = QT_c = 530 ms
Beschreibung: Absolute Arrhythmie bei Vorhofflimmern, überdrehter

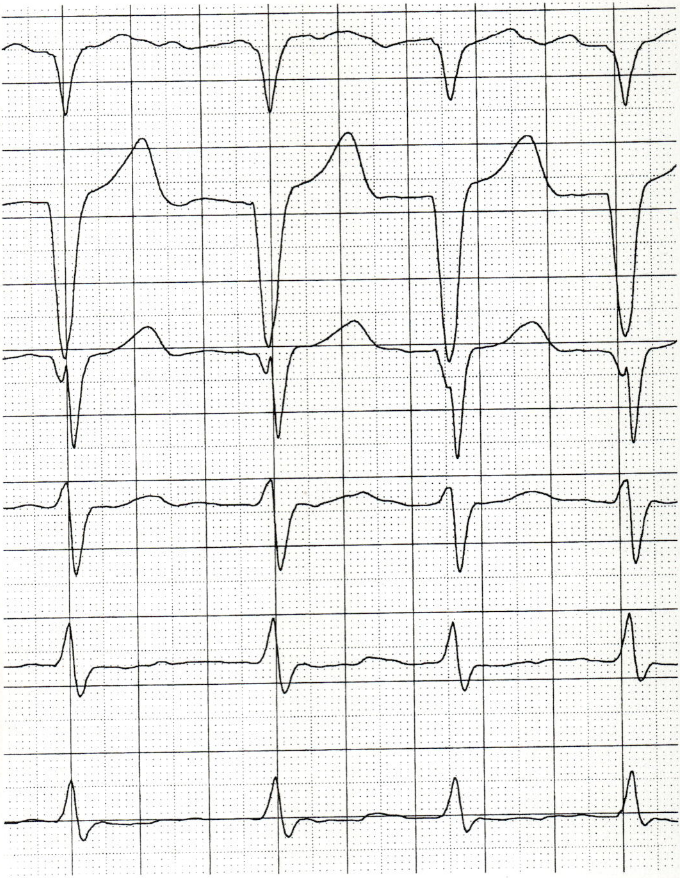

b: Brustwandableitungen (V_{1-6})

Linkstyp; Q in V3; abortives R in V2; deszendierende ST-Strecken mit präterminal negativem T in I, avL; präterminal negatives T in V5 und V6; verlängerte QT-Zeit.
Beurteilung: Pathologischer Stromkurvenverlauf. Tachyarrhythmia absoluta bei Vorhofflimmern. Überdrehter Linkstyp mit V. a. linksanterioren Hemiblock. Anteroseptalinfarkt Stadium III. Erregungsrückbildungsstörungen anterolateral.

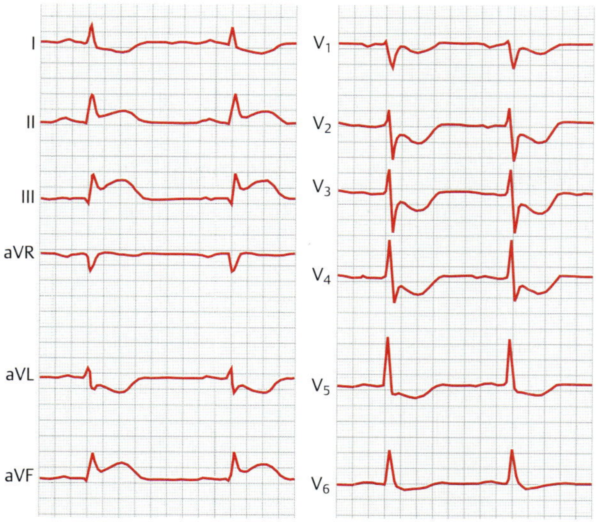

Hinterwandinfarkt

- Beispiel 3:
  HF: 66/min
  P: 0,12 sec
  PQ: 0,19 sec
  QRS: 0,09 sec
  QT: 0,38 sec = QT_c = 400 ms
  Beschreibung: Sinusrhythmus, Indifferenztyp; konkavbogige ST-Hebung in II, III, avF; spiegelbildliche ST-Senkungen, am deutlichsten ausgeprägt in I, avL, V2–V5.
  Beurteilung: Pathologischer Stromkurvenverlauf. Inferiorer Infarkt Stadium I mit indirekten Infarktzeichen über der Vorderwand.

Tipps und Tricks

- Beginnen Sie während Ihrer Famulatur bereits mit der EKG-Auswertung. Zum Beispiel können Sie EKGs ausmessen, nach Ihrem Kenntnisstand bearbeiten und anschließend mit Ihrem Stationsarzt besprechen. Das bringt mehr, als nur die fertigen Befunde zu lesen und wird sicher auch die ärztlichen Kollegen motivieren, Ihnen etwas zu erklären, wenn diese Ihre Bemühung sehen.
- Berücksichtigen Sie immer die Symptomatik des Patienten. Bei akuten Brustschmerzen müssen engmaschig EKG-Kontrollen erfolgen, selbst wenn die initiale Ableitung unauffällig war.
- Gewöhnen Sie sich ein festes Schema der Befundung an, um Details nicht zu übersehen. Vergleichen Sie das aktuelle EKG mit Vorbefunden (wenn vorhanden).
- Erfragen Sie die Medikation des Patienten. Die Kenntnis der Vormedikation ist notwendig, um das aktuelle EKG zu interpretieren und die richtigen therapeutischen Schritte einzuleiten. (z. B. verursacht Digitalis muldenförmige ST-Streckensenkungen und sollte bei Bradyarrhythmia absoluta pausiert werden).

- Fragen Sie den Patienten, ob Auffälligkeiten in seinem EKG bekannt sind.
- Schauen Sie sich immer wieder die gravierendsten EKG-Veränderungen an, und lernen Sie die entsprechenden Differenzialdiagnosen und Sofortmaßnahmen kennen. Häufiges Anschauen im Buch übt.
- Es gibt viele verschiedene EKG-Lineale, die eine gute Hilfe bei der EKG-Auswertung darstellen. Viele Pharmafirmen produzieren diese Lineale als Werbegeschenke. Sie erhalten Sie entweder im Krankenhaus, in medizinischen Buchhandlungen oder direkt beim Pharmaunternehmen (Kopie Studentenausweis beilegen).
- An manchen Universitäten werden EKG-Kurse angeboten, denen Sie sich anschließen sollten. Falls es keinen Kurs gibt, sprechen Sie einen Oberarzt oder erfahrenen Assistenten an.

Schellong-Test

Test auf orthostatische Hypotonie

Patientenname, Vorname geb.:	Station: Untersuchungsdatum:

RR/Puls							
200							
190							
180							
170							
160							
150							
140							
130							
120							
110							
100							
90							
80							
70							
60							
50							
40							
30							
	4 Min.	1 Min.	2 Min	3 Min	1 Min.		3 Min.
Liegen		Stehen			Liegen		

❒ **Test positiv** = orthostatische Hypotonie: Abfall des systolischen Blutdrucks um mindestens 20 mmHg oder des diastolischen Blutdrucks um mindestens 10 mmHg innerhalb von 3 Min. nach dem Aufstehen

❒ **Test negativ**

Vordruck für Test auf orthostatische Hypotonie

Allgemeines

Der Schellong-Test dient der Untersuchung der peripheren Kreislaufregulation bei hypotonen Kreislaufregulationsstörungen.

Durchführung

- Es existieren zwei Möglichkeiten der Durchführung: der klassische Schellong-Test und eine Kurzform mit gleicher Aussagekraft.
- **Materialien:**
  - Blutdruckmanschette.
  - Stethoskop.
  - Stift und Notizblock.
  - Uhr.

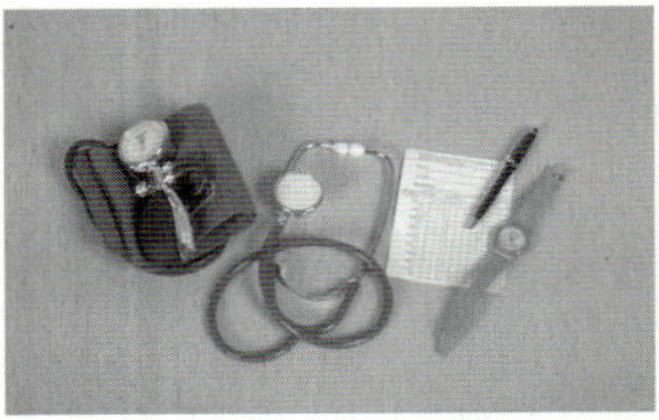

- „Klassischer" Schellong-Test:
  - Ruhephase von 10 Minuten. In dieser Zeit Messung von Blutdruck und Herzfrequenz alle 2 Minuten.
  - Patient aufstehen lassen. Messung von Blutdruck und Puls unmittelbar nach dem Aufstehen und dann jede Minute über 10 Minuten im Stehen.
- Schellong-Kurztest:
  - Bestimmung von Blutdruck und Puls nach einer mindestens 4-minütigen Ruhephase im Liegen.
  - Patient aufstehen lassen. Messung von Blutdruck und Puls jede Minute während der ersten drei Minuten im Stehen.

Auswertung

- **Normalbefund:** Der systolische Blutdruck bleibt beim Gesunden nach dem Aufstehen gleich oder sinkt nur kurzzeitig etwas ab, der diastolische bleibt gleich oder steigt etwas an. Der Puls kann bis zu 20% zunehmen. Pathologisch ist ein RR-Abfall > 20 mmHg.
- **Sympathikotone Regulationsstörung:** Der Puls steigt um mehr als 16/min an.
- **Hyposympathikotone Regulationsstörung:** Der Puls steigt kaum oder gar nicht.
- **Asympathikotone Regulationsstörung:** Puls und diastolischer Blutdruck fallen beide; Verdacht auf eine Störung des autonomen Nervensystems. Eine intensive neurologische Diagnostik sollte erfolgen.

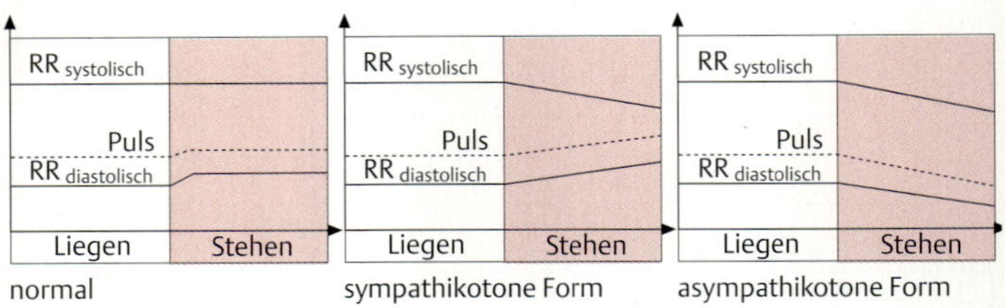

Formen der orthostatischen Dysregulation

Blutdruckmessung

Allgemeines

Die Blutdruckmessung ist alltägliche Routine in jedem Krankenhaus und in jeder Praxis. Doch auch bei diesem scheinbar einfachen Vorgang gibt es Fehlerquellen, die zu falschen Ergebnissen führen und Verwirrung stiften können.

Vorbereitung

- **Materialien:**
  - Blutdruckapparat mit Manometer und Manschette (12–14 cm breit).
  - Stethoskop.
- Schaffen Sie Ruhe (z. B. Fernseher ausschalten).
- Erklären Sie dem Patienten, was Sie tun werden.
- Der Patient sollte liegen oder sitzen. Eventuell besteht auch eine Indikation für eine Messung im Stehen.
- Die Anlage der Manschette erfolgt meist am Oberarm. Legen Sie die Manschette eng an den entblößten Oberarm an.
  Tipp: Nie durch das Hemd oder einen Bademantel hindurch messen.
- Schließen Sie die Ventilschraube am Blasebalg.
- Blasen Sie die Manschette etwa 50 mmHg über den vermuteten systolischen Wert auf (ca. 200–250 mmHg).
- Setzen Sie das Stethoskop unter der Manschette in der Ellenbeuge auf.
- Lockern Sie langsam den Manschettendruck durch Öffnen der Ventilschraube (3–5 mmHg/s).
- Der systolische Druck liegt beim ersten auskultierten Ton und ist auch palpatorisch an der A. radialis registrierbar.
- Der diastolische Druck liegt beim letzten hörbaren Ton bzw. beim Wechsel von hart auf weich (das Druckgeräusch ist eventuell bis 0 mmHg auskultierbar).

  Normalwerte:
  100–140/60–90 mmHg.
- Notieren Sie den Wert, und vermerken Sie Besonderheiten der Messung wie z. B. eine besondere Haltung.
- Die erste Messung wird wegen eventueller Gefäßanomalien oder Aortenstenosen, die einen unterschiedlichen Blutdruck für jeden Arm verursachen können, immer im Seitenvergleich durchgeführt.
- Bei Verdacht auf orthostatische Kreislaufdysregulation erfolgt die Messung im Liegen und Stehen (siehe S. 151).

Tipps und Tricks

- Wenn Sie sich nicht sicher sind, ob Sie die Manschette ausreichend hoch über den systolischen Wert aufgepumpt haben, dürfen Sie nicht nachpumpen, sondern müssen den Druck ablassen und erneut und höher aufpumpen.
- Vor einer erneuten Messung muss der Manschettendruck ganz auf 0 gebracht werden. Pressen Sie vorher die Manschette leer.
- Falsch niedrige systolische und falsch hohe diastolische Werte erhalten Sie, wenn die Manschette zu locker gewickelt, nicht ausreichend entleert oder der Druck zu rasch abgelassen wurde.

Probleme und Sonderfälle

- **Starke Abweichungen vom Normalwert:** Rufen Sie einen Arzt.
- **Dialyse-Patienten:** Keine Messung am Shunt-Arm!
- **Infusionen:** Keine Messung am Infusionsarm!
- **Messung bei Kindern/kachektischen Patienten**: Verwenden Sie schmale Manschetten, sonst erhalten Sie falsch niedrige Werte.

- **Adipositas** : Verwenden Sie breitere Manschetten (18 cm), sonst erhalten Sie falsch hohe Werte.
- **Messung im Notarztwagen**: Bei einer Fahrt im Notarztwagen ist es nahezu unmöglich, eine Blutdruckmessung auskultatorisch durchzuführen. Der systolische Druck kann jedoch auch palpatorisch bestimmt werden. Mit etwas Übung bekommen Sie auch ein Gefühl für den diastolischen Wert.

Tipp: Fühlen Sie bei der regulären Messung den Puls mit, dann bekommen Sie ein Gespür für die Festigkeit des Pulsschlags und den zugehörigen Blutdruck.

Doppler-Verschlussdruckmessung der Extremitätenarterien

Allgemeines

Die Doppler-Verschlussdruckmessung ist ein einfaches Screening-Verfahren in der Diagnostik der peripheren arteriellen Verschlusskrankheit (pAVK). Ursache der pAVK ist meist Arteriosklerose und ihre Risikofaktoren. Die Stadieneinteilung der pAVK nach Fontaine entnehmen Sie Tab. 12.
Indikationen zur Doppler-Verschlussdruckmessung sind z. B. nicht tastbare Fußpulse, Schmerzen im Sinne einer Claudicatio intermittens oder eine Fußwunde.

Durchführung

- **Materialien:**
  - Normale Blutdruckmanschette, evtl. Oberschenkelmanschette.
  - Stethoskop.
  - Tragbares Dopplergerät.
  - Kontaktgel.
  - Formular/Papier und Schreibzeug.
- Bitten Sie den Patienten, die Arme und Beine freizumachen.
- Lassen Sie den Patienten auf einer Liege Platz nehmen.
- Messen Sie nach einer Ruhepause von ca. 10 Minuten den systolischen Blutdruck an beiden Armen.
- Versuchen Sie die Fußpulse zu tasten: Die A. tibialis posterior tasten Sie dorsal des Innenknöchels, die A. dorsalis pedis zwischen bzw. proximal der Ossa metatarsalia I und II (Abb.). Falls Sie die Fußpulse nicht palpieren können, suchen Sie das arterielle Strömungsgeräusch an den gleichen Stellen mit der Stiftsonde.
- Legen Sie die normale Blutdruckmanschette supramalleolär an.
- Schalten Sie das Dopplergerät ein und benetzen Sie die Stiftsonde mit reichlich Kontaktgel.
- Setzen Sie die Stiftsonde über der zu untersuchenden Arterie schräg (!) auf.
- Führen Sie durch leichtes Kippen und Abwinkeln minimale Korrekturbewegungen durch, bis Sie ein kräftiges, pulssynchrones Strömungsgeräusch hören.

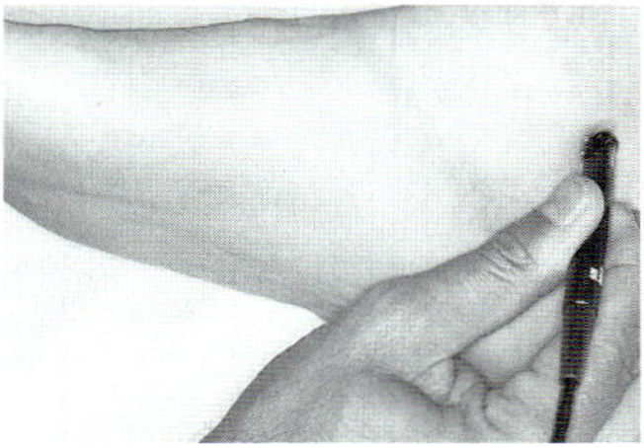

Position der Stiftsonde bei Untersuchung der A. tibialis posterior

Tabelle 12 Stadien der pAVK nach Fontaine

Stadium	Erkrankung
I	Beschwerdefreiheit
II	Claudicatio intermittens
IIa	schmerzfreie Gehstrecke > 200 m
IIb	schmerzfreie Gehstrecke < 200 m
III	Ruheschmerz im Liegen
IV	nekrotische Veränderungen

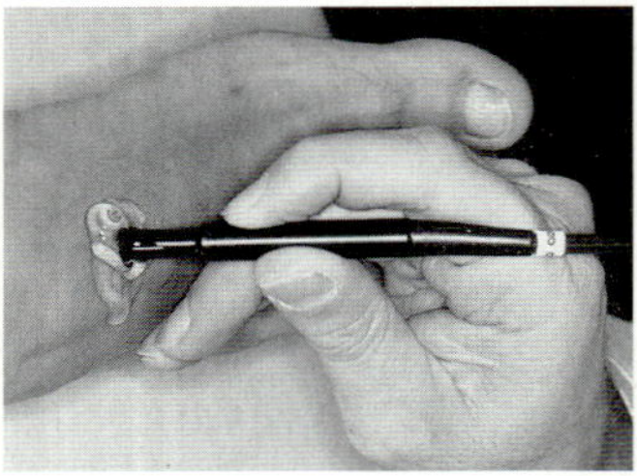

Position der Stiftsonde bei Untersuchung der A. dorsalis pedis

- Pumpen Sie die Blutdruckmanschette auf, bis das Strömungsgeräusch nicht mehr zu hören ist.
- Lassen Sie die Luft wie bei einer normalen Blutdruckmessung langsam ab. Der Doppler-Verschlussdruck ist der Wert, bei dem erstmals wieder ein Strömungsgeräusch wahrgenommen wird.
- Die A. dorsalis pedis und die A. tibialis posterior werden auf die gleiche Weise untersucht. Lagevarianten kommen bei der A. dorsalis pedis häufiger vor.
- Lässt sich eine dieser Arterien nicht untersuchen, wird zur weiteren Lokalisation des Verschlusses die A. poplitea gedopplert. Dazu müssen Sie eine Spezialblutdruckmanschette für den Oberschenkel dort anlegen, das Knie des Patienten beugen und in der Kniekehle die A. poplitea suchen. Hierdurch können Sie eine pAVK vom Oberschenkel- bzw. Unterschenkeltyp differenzieren.
- Zur Beurteilung therapeutischer Konsequenzen sind besonders die absolut gemessenen Druckwerte wichtig.

Auswertung

- Als Normalbefund gilt, wenn der Druck in der Knöchelregion 5–20 mmHg über dem systolischen Druck der A. brachialis am Oberarm liegt.
- Befundet wird der absolute Druck, der Druckgradient zwischen der A. brachialis und dem ermittelten Verschlussdruck sowie der Dopplerindex.
- **Absoluter Druck oder Perfusionsdruck** (= gemessener Verschlussdruck): Der Druck entspricht der Perfusionsreserve des Fußes (Tab. 13). Bei einem Druck ≤ 50 mmHg ist die Reserve verbraucht. Es besteht akute Nekrosegefahr. Ein solcher Befund entspricht einer schweren pAVK.
- **Druckgradient** (höherer systolischer Druck in der A. brachialis minus Verschlussdruck): Der Druckgradient spiegelt das Ausmaß der Strömungsbehinderung wider. Je höher der Gradient, desto ausgeprägter ist die vorgeschaltete Strömungsbehinderung. Man kann den Gradienten auch als einen Parameter verstehen, der die hämodynamische Kompensation ausdrückt. Ist eine Stenose durch Kollateralen überbrückt, wird der Druckgradient ebenfalls niedriger ausfallen (Tab. 14).

Dopplerindex

$$\frac{\text{Verschlussdruck am Fuß}}{\text{höchster systolischer Druck der A. brachialis}}$$

- Ein Wert unter 0,9 gilt als pathologisch (Tab. 15).
- Die Bedeutung des Dopplerindex sollte nicht zu hoch eingeschätzt werden, da er sehr vom systemischen Blutdruck abhängig ist. Beispiel: Ein Quotient von 0,4 entsteht sowohl bei einem Verschlussdruck von 80 mmHg/systemischer systolischer Blutdruck von 200 mmHg, als auch bei einem Verschlussdruck von 40 mmHg/systemischer systolischer Blutdruck 100 mmHg. Bei einem Perfusionsdruck von 80 mmHg besteht noch eine Perfusionsreserve,

Tabelle 13 Bedeutung des Perfusionsdruckes (Dopplerverschlussdrucks) als Ausdruck der Perfusionsreserve

Perfusionsdruck	Perfusionsreserve
< 50 mmHg	kritisches Druckniveau („Nekrosegrenze")
50–80 mmHg	mäßig
80–100 mmHg	ausreichend
> 100 mmHg	gut

Tabelle 14 Druckgradient (systolischer Druck A. brachialis minus Verschlussdruck) als Ausdruck der hämodynamischen Kompensation

Druckgradient	hämodynamische Kompensation
< 20 mmHg	sehr gut
40 mmHg	gut
60 mmHg	ausreichend
80 mmHg	mäßig
100 mmHg	schlecht

Tabelle 15 Dopplerindex, Korrelation mit Fontaine-Stadien

Doppler-Index	Klinische Stadien
> 0,9	normal
0,9–0,75	Fontaine I–II
0,75–0,5	Fontaine II–III
< 0,5	Fontaine III–IV, drohende Nekrose
> 1,4	V. a. Mediasklerose

F 4

bei 40 mmHg hingegen Nekrosegefahr.

- Nach der Messung muss überlegt werden, ob sich eine Indikation für weiterführende Diagnostik (Doppler-Duplexsonographie oder Angiographie) aus der Verschlussdruckmessung und der Symptomatik bzw. Gesamtsituation des Patienten ergibt.
- Falsch-hohe Werte entstehen bei der Mediasklerose, zu schmaler Manschette und Ödemen. Die pAVK wird unterschätzt.
- Falsch-niedrige Werte werden bei zu kurzer Ruhepause, zu fest angedrückter Sonde oder zu langer Messung erhoben. Dadurch überschätzt man die pAVK.

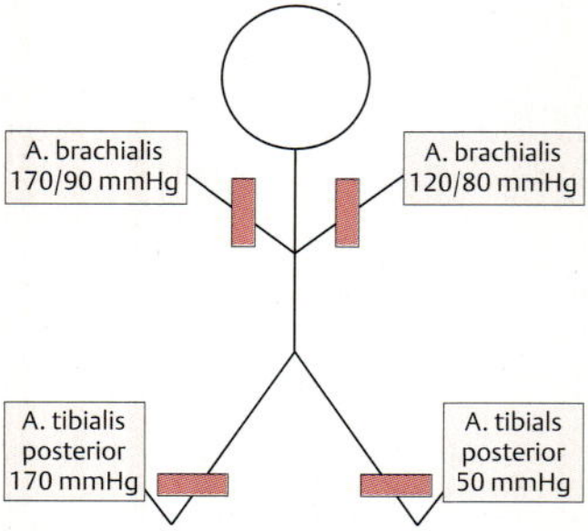

- Beispiel: 70-jähriger Patient mit Schmerzen in der linken Wade nach 50 m Wegstrecke. Fußpulse links nicht tastbar, rechts tastbar.
  Auswertung:
  Referenzdruck: rechte A. brachialis mit 170 mmHg.
  Rechts: absoluter Druck: 170 mmHg
  Druckgradient: 170 mmHg - 170 mmHg = 0 mmHg
  Dopplerindex: 170 mmHg / 170 mmHg = 1
  Normalbefund
  Links: absoluter Druck: 50 mmHg,
  Druckgradient 170 mmHg - 50 mmHg = 120 mmHg
  Dopplerindex: 50 mmHg / 170 mmHg = 0,29
  Pathologischer Befund!
  Periphere AVK IIb nach Fontaine (schmerzfreie Wegstrecke < 200 m) mit kritischer Perfusion ohne Perfusionsreserve und schlechter hämodynamischer Kompensation. Aufgrund dieses Befundes muss eine weitergehende Diagnostik erfolgen.
  Wegen der Blutdruckdifferenz an den Armen Verdacht auf Stenose des A. subclavia links oder Stenose des Aortenbogens.

Tipps und Tricks

- Eine Mediasklerose ergibt falsch hohe Werte (s. o.). Diese müssen dann mit der Klinik verglichen werden.
- Ab dem klinischen Stadium Fontaine II sollte auch eine Untersuchung nach Belastung erfolgen (z. B. 20-mal Zehenstand, 100 m Gehen).
- Analog zur Doppleruntersuchung der Füße ist diese diagnostische Methode auch auf die obere Extremität übertragbar.

Abstriche

Allgemeines

Abstriche werden durchgeführt, um Material für die Diagnostik zu gewinnen, das dann einer mikrobiologischen oder zytologischen Untersuchung zugeführt werden kann.

Durchführung

- **Materialien:**
  - Wattestäbchen oder Platinöse; eventuell ein spezielles Transportmedium (steriles Glasröhrchen mit Transportsubstanz) oder Röhrchen mit einem in den Verschluss eingefassten Abstrichstab.
  - Sterile Handschuhe.
  - Objektträger oder Kulturmedium (meist sterile Glasröhrchen mit gelbem Verschluss und Nährsubstanz).
  - Bei Wundabstrich Verbandmaterial.
- Klären Sie den Patienten über den Sinn der Untersuchung und die Vorgehensweise auf.
- Desinfizieren Sie Ihre Hände, und ziehen Sie Handschuhe an.
- Packen Sie das Entnahmewerkzeug neben dem Patienten steril aus.
- Drehen oder streichen Sie den Tupfer leicht unter Sicht am Entnahmeort.
- Vermeiden Sie jeden Kontakt mit irgendwelchen anderen Körperstellen oder Gegenständen.
- Streichen Sie das Material auf einem Objektträger zur mikroskopischen Untersuchung aus, oder bringen Sie es auf eine Kulturplatte bzw. in ein steriles Nährmediumröhrchen zum Transport und zur mikrobiologischen Anzüchtung. Beim Einbringen in ein steriles Transportmedium stecken Sie den Holzstab ohne Berührung der unsterilen Außenseite tief in die Nährsubstanz, und brechen Sie den Holzstab mit der gleichen Hand ab.
- Bei Kultur oder Transport muss die Probe vollständig beschriftet sein: Patientenname, Geburtsdatum, Entnahmezeitpunkt, Entnahmeort, Entnahmeart, Material, Verdachtsdiagnose und erwünschte Untersuchung.
- Bei Wunden legen Sie anschließend einen neuen Verband an.
- Veranlassen Sie den Transport unmittelbar nach der Entnahme, denn Verzögerungen können zu falschen Resultaten führen.

Tipps und Tricks

- **Wundabstrich:** Entnehmen Sie mit dem Abstrichtupfer Sekret vom Wundgrund und von den Randbezirken.
- **Rachenabstrich:** Drücken Sie die Zunge mit einem Mundspatel herab, und entnehmen Sie das Material durch drehendes Streichen über die Tonsillen oder andere entzündete Bereiche, ohne dabei andere Schleimhautbezirke zu berühren.
- Besonders bei Wundabstrichen sollten Sie nicht sprechen, um eine Kontamination zu vermeiden.
- Arbeiten Sie immer sauber. Bestehen Zweifel über die korrekte Durchführung, sollten Sie die Untersuchung wiederholen. Es hängt für den Patienten einiges vom Ergebnis der Untersuchung ab (z. B. eine nebenwirkungsreiche und belastende Antibiotikatherapie).
- Die Utensilien zur Entnahme, zum Transport oder zur mikroskopischen Diagnose sind infektiös. Sie gehören in den infektiösen Müll.

Probleme und Sonderfälle

- **Berührung anderer Körperstellen oder Gegenstände:** In diesem Fall ist die Probe kontaminiert und kann nicht zur Diagnostik verwendet werden. Ein neuer Abstrich muss erfolgen.

- **Harnröhrenabstrich:** Den Harnröhrenabstrich führen Sie zur mikroskopischen Untersuchung auf Gonokokken, Chlamydien u. ä. durch. Entnehmen Sie die Probe vor dem Morgenurin, ansonsten mindestens 1 Stunde nach der letzten Miktion. Die Urethralöffnung wird natürlich nicht desinfiziert. Streichen Sie die Harnröhre von proximal nach distal aus (bei Frauen von vaginal) und fangen Sie das austretende Sekret mit dem Wattetupfer auf. Wenn kein Sekret erscheint, führen Sie den Tupfer knapp 2 cm in die Urethra ein.
- **Trichomonaden:** Um Trichomonaden nachzuweisen, muss aus dem Abstrichmaterial sofort ein Nasspräparat angefertigt werden, das gleich im Anschluss mikroskopiert werden kann.

Röntgenverfahren

Allgemeines

Radiologie als Famulatur oder Wahlfach im PJ ist eine gute Wahl. Erfahrungen mit der Befundung von Röntgenaufnahmen sind in nahezu jedem Fach sehr nützlich. Außerdem können Sie später gerade in kleineren Häusern während der Dienste in Situationen kommen, wo kein Radiologe greifbar ist, um eine Röntgenaufnahme zu befunden.
Sie erhalten hier zunächst einen Überblick über die verschiedenen radiologischen Untersuchungen sowie einige allgemeine Anmerkungen zur radiologischen Technik und zur Interpretation eines Röntgenbildes.

Kurze Einführung in radiologische Untersuchungsmethoden

- Die radiologische Darstellung knöcherner Strukturen ermöglicht es, Frakturen, degenerative Veränderungen und Tumoren zu erkennen.
- Die Röntgen-Thorax-Aufnahme gibt in unklaren Situationen raschen Aufschluss über mögliche Lungen- und Herzaffektionen. Sie wird routinemäßig bei nahezu jeder internistischen stationären Aufnahme und häufig in vital bedrohlichen Situationen durchgeführt.
- Die Abdomenleeraufnahme in Linksseitenlage (oder im Stehen) zeigt pathologische Spiegelbildungen im Darm (Ileus), freie Luft unter dem Zwerchfell (Hohlorganperforation) oder den Füllungsgrad des Dickdarmes (Koprostase).
- Bänder, Gelenkkapseln und Sehnen sind im konventionellen Röntgenbild kaum sichtbar. Bänderzerrungen, Gelenkdistorsionen und Sehnenrupturen sind deshalb mit gewöhnlichen Aufnahmen nicht zu beurteilen und nur durch Spezialaufnahmen (z. B. gehaltene Aufnahmen des oberen Sprunggelenks zur Überprüfung einer lateralen Aufklappbarkeit) indirekt zu befunden.
- Mit speziellen Weichteilaufnahmetechniken (Mammographie) lassen sich auch schwache Gewebekontraste abbilden.
- Röntgenaufnahmen mit Kontrastmittel sollen den Kontrast zwischen zwei ansonsten kontrastgleichen Strukturen verstärken. Kontrastmittel werden oral (oder rektal) oder intravenös verabreicht. **VORSICHT:** Intravenös verabreichte Kontrastmittel (KM) können schwere allergische, nephrotoxische und thyreotoxische Nebenwirkungen hervorrufen.
  → Orale Kontrastmittel dienen der Darstellung von Hohlorganen (z. B. Magen-Darm-Trakt). Sie können Bariumsulfat oder Jod (wasserlöslich) enthalten.
  → I. v.- (oder i. a.-) Kontrastmittel werden zur Darstellung von Blutgefäßen und parenchymatösen Organen verwendet. Sie enthalten Jod und werden über die Niere oder Galle ausgeschieden. Dieser Umstand wird zur Darstellung der Harn- oder Gallenwege genutzt.
- Bei mehreren Röntgenuntersuchungen kann es zu nachteiligen Überlappungen kommen; nach einem Kolon-Kontrasteinlauf sind z. B. Abdominalaufnahmen (Abdomen-CT, IVP) für 2–3 Tage nicht möglich, da noch Bariumsulfat im Darm vorhanden ist und zu störenden Überlagerungen führt. Sinnvolle Reihenfolge:
  1. Leeraufnahme vor Kontrastmittelaufnahme.
  2. I. v.- (bzw. i. a.-) Aufnahmen vor oralen bzw. rektalen Kontrastmittelaufnahmen.

Tabelle 16 Röntgenverfahren, Übersicht

Untersuchung	Organ	KM-Gabe
Magen-Darm-Trakt		
Ösophagusbreischluck	Speiseröhre	oral
Magen-Darm-Passage (MDP)	Speiseröhre, Magen, Duodenum	oral
MDP mit Verfolgung	MDP mit Dünndarm	oral
Dünndarm-Doppelkontrastuntersuchung	Dünndarm	Duodenalsonde
Kolon-Kontrasteinlauf (KKE)	Dickdarm	rektal
Blutgefäße		
Phlebographie	Venen	intravenös
i. v.-DSA (digitale Subtraktionsangiographie)	Blutgefäße	intravenös
i. a.-DSA	Blutgefäße	intraarteriell
Gallenwege		
i. v.-Cholegramm	Gallenwege, -blase	intravenös
ERCP	Gallenwege, Ductus pancreaticus	über Duodenoskop
perkutane transhepatische Cholangiographie (PTC)	Gallenwege	perkutan, transhepatisch
Urogenitaltrakt		
Zystogramm, Miktionszystogramm	Harnblase	urethral
retrogrades Urogramm	Harnleiter, Nierenbecken	urethral
i. v.-Pyelogramm (IVP)	Niere, ableitende Harnwege	intravenös
Sonstige		
Fistelfüllung	Fisteln	in den Fistelgang
Arthrographie	Gelenke	intraartikulär
Hysterosalpingographie	Gebärmutter, Eileiter	transvaginal
Myelographie	Spinalkanal (spinaler Subarachnoidalraum)	über Lumbalpunktion in den Spinalkanal

3. Wasserlösliches KM vor Barium-Kontrastbreischluck.

- Eine genauere Übersicht über die einzelnen Röntgenverfahren finden Sie in Tab. 16.

Allgemeines zur Röntgenbefundung

Vor der Auswertung eines Röntgenbildes sollten Sie sich klar machen:

- Röntgenaufnahmen sind Foto-Negative. Wenn viele Röntgenstrahlen durch das Gewebe gelangen (z. B. Lunge), wird die Fotoplatte stark belichtet. Das wiederum bedeutet, dass das Negativbild der Lunge nicht etwa überwiegend weiß, sondern schwarz ist. Im Positiv-Abzug erschiene die Lunge tatsächlich weiß und das Herz schwarz. Deshalb nennt man z. B. einen Rundherd der Lunge, der auf dem Negativ hell ist Verschattung und eine aufgeblähte Emphysemlunge ohne Gefäßzeichnungen aufgehellt, obwohl sie auf dem Negativ sehr dunkel ist.
- Für die Auswertung sollte man auch wissen, wie der Strahlengang bei der Aufnahme verlief. a.p. bedeutet anterior-posterior, d. h. der Strahlengang verläuft von vorne nach hinten. p.a. steht für posterior-anterior und bezeichnet den umgekehrten Strahlengang. In der Regel liefern p.a.-Standaufnahmen des Thorax bessere Aufnahmen als z. B. a.p.-Bettaufnahmen.
- Röntgenbilder sind zweidimensionale Projektionen der dreidimensionalen Wirklichkeit. Darum sollte jede Aufnahme in zwei Ebenen angefertigt werden, um die Strukturen auch räumlich zuordnen zu können (z. B. Thorax seitlich).
- Wichtig ist bei jeder Interpretation, die Vereinbarkeit des Befundes mit dem Gesamtbild des Patienten aus Anamnese, Klinik und anderen Befunden zu prüfen.

Tipps

- Überlegen Sie vor jeder Röntgenuntersuchung, ob das Ergebnis zur Diagnose und Therapie beiträgt und ob nicht weniger strahlenbelastende Verfahren ausreichen. Fragen Sie Frauen im gebärfähigen Alter immer nach einer möglichen Schwangerschaft, und halten Sie bei einer positiven Antwort Rücksprache zur Überprüfung der Indikation. Elektive Aufnahmen sollten bei Frauen im gebärfähigen Alter in der ersten Zyklushälfte vorgenommen werden.
- Klären Sie (auch mit dem Patienten), ob eventuelle Vorbefunde/Voraufnahmen eine neuerliche Untersuchung vielleicht überflüssig machen. Fragen Sie den Patienten nach einem Röntgenausweis, um sich über Voraufnahmen zu informieren bzw. um die neuen Aufnahmen einzutragen.

Röntgen-Thorax

Zunächst muss ein Röntgenschein ausgefüllt werden. Dazu sind folgende Punkte wichtig:

→ Stammdaten des Patienten.
→ Spezifische Anamnese, die Symptome, evtl. eine Verdachtsdiagnose.
→ Formulierung der Fragestellung (Links- oder Rechtsherzinsuffizienzzeichen, Lungenentzündung, Tumor).
→ Art der gewünschten Untersuchung, z. B. im Stehen (p.a. und seitlich). Allerdings müssen Sie auch vermerken, wenn ein Patient z. B. wegen des Verdachtes auf einen Herzinfarkt nicht aufstehen darf und somit die Aufnahme im Liegen (a.p.-Strahlengang) erfolgen muss.

- Mögliche Thoraxaufnahmen finden sie in Tab. 17.
- In Tab. 18 finden Sie ein Beurteilungsschema des Röntgen-Thorax.

Beispiel für Normalbefund:

Glatt begrenztes und normal gewölbtes Zwerchfell in regelrechter Lage, Sinus phrenicocostales frei. Lunge allseits der Thoraxwand anliegend. Sämtliche Lungenabschnitte regulär belüftet bei unauffälliger Lungenstruktur und Lungengefäßzeichnung. Mediastinum mittelständig und normal breit. Trachea in Lage, Weite und Begrenzung regelrecht. Normal gro-

F 6

ßer und konfigurierter Herzschatten. Thoraxskelett symmetrisch, altersentsprechend. Normale Darstellung des Thorax-Weichteilmantels.
Beurteilung: *Unauffälliger Herz- und Lungenbefund.*

- In Tab. 19 finden Sie wichtige pathologische Befunde und ihre mögliche Differenzialdiagnose.

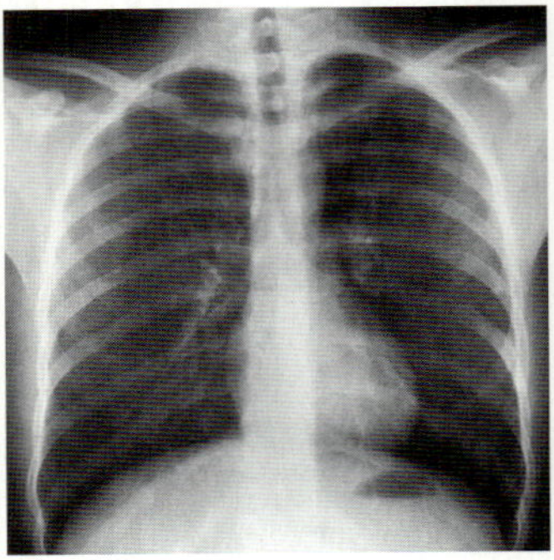

Röntgen-Thorax p.a., Normalbefund

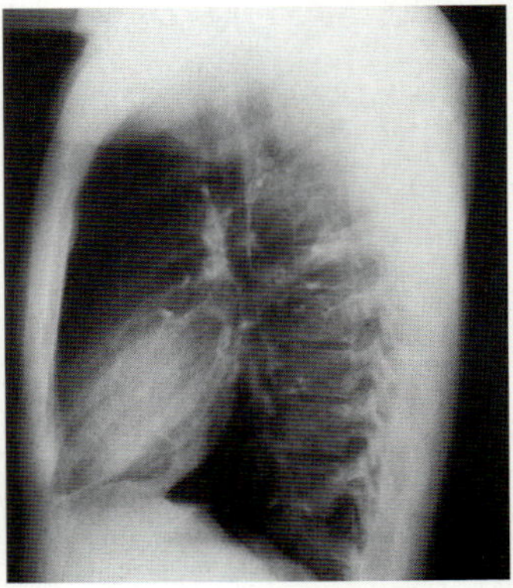

Röntgen-Thorax seitlich

Tabelle 17 Thoraxaufnahmen

Art der Aufnahme	Indikation
stehend p.-a. und seitlich in Inspiration	Standarduntersuchung
liegend a.-p. in Inspiration	bei Immobilität, z. B. Intensivstation
in Exspiration	V. a. Pneumothorax
Thoraxdurchleuchtung (nur als Zusatzuntersuchung)	Lagebeurteilung bei unklaren Herden, Zwerchfellbeweglichkeit

F 6

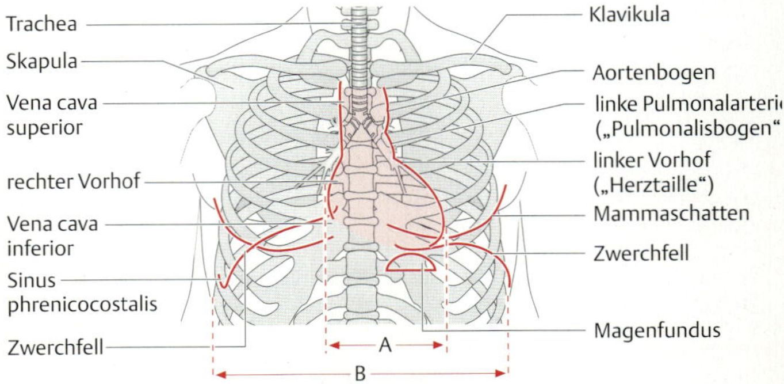

(Herzdurchmesser normal: $A/B \leq 0{,}5$)

Tabelle 18 Röntgen-Thorax: Beurteilungsschema

Anatomische Struktur	Achten Sie auf folgende Strukturen und mögliche Veränderungen
Hals	Verkalkungen, Asymmetrien der Halsweichteile
Trachea, oberes Mediastinum	Verlauf möglichst weit verfolgen, verlagerte Trachea, eingeengt? glatte Konturen?
Aortenbogen	Verbreitert, Lage, Form, Mediastinalemphysem (Aufhellungen), Tumoren, Struma
knöcherner Thorax	Symmetrie; Schultergelenke, Claviculae, Scapulae, Sternum, Wirbelsäule, Rippenusuren, Deformitäten, Frakturen; Knochenaufhellungen, -verdichtungen: Osteoporose, Osteolysen, osteoplastische Veränderungen; degenerative Veränderungen, Kyphose, Skoliose
Weichteile (incl. Mammae)	Verkalkungen, Schwellungen, Fremdkörper, Emphysem (Luft), Tumoren, Seitendifferenzen
Herz	Form und Größe (= maximal halber Thoraxdurchmesser bei p.-a.-Aufnahmen im Stehen; Beurteilung der Herzschattengröße immer mit Seitenaufnahme zur Einsicht des Retrosternal- und Retrokardialraums zusammen)
unterhalb des Zwerchfells	freie oder umschlossene Luft; Weichteile und Hohlorgane; Verkalkungen
Zwerchfell	Lage der Zwerchfellkuppen (normal: 10.–11. dorsale Rippe), Hochstand, Kontur abgrenzbar, spitzer Zwerchfellrippenwinkel, Verkalkungen, Adhäsion, Seitendifferenz
Hilus	Lage, Form, Breite, Verkalkungen
Lungenfelder	perihiläre Bereiche (besonders im oberen Mediastinum)Lungengefäßzeichnung: zentral/peripher, Kalibersprünge, Stauungszeichen: verwaschene Hili, erweiterte Pulmonalgefäße, interstitielle und/oder alveoläre Einlagerungen (spricht für interstitielles und/oder alveoläres Ödem), bei Standaufnahmen kalibergleiche Gefäße in den oberen und unteren Abschnitten Verschattungen: fleckig, kleinfleckig, konfluierend, rund, Dichte?
Pleura	Verkalkungen, Verbreiterungen, Erguss (Pleurarippenwinkel konkav verschattet) allseits der Thoraxwand anliegend

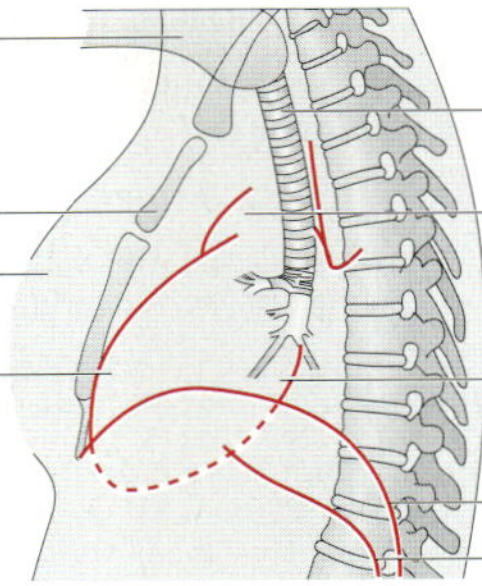

Tabelle 19 Röntgen-Thorax: wichtige pathologische Befunde

Pathologische Befunde	Wichtige Differenzialdiagnosen
flächige Verschattung, einseitig	Pneumonie, Pleuraerguss, Atelektase, Tumor
flächige Verschattung, beidseitig	kardiales Lungenödem, beidseitige Pneumonie, ARDS, interstitielle Lungenerkrankung
Rundherd	Bronchialkarzinom, Metastase, Mamillenschatten, spezifischer Kalkherd, Fremdkörper, Rundherdatelektase
Rundherde, multiple	meistens Metastasen (weichteildicht), spezifische Kalkherde, Miliar-Tbc
pulmonaler Ringschatten	Emphysemblase, Bronchiektasen, Tbc-Kaverne, Zyste, Abszess, Tumor mit Nekrose
Hilusverbreiterung	zentrales Bronchialkarzinom (einseitig), Lymphknotenvergrößerung (ein- oder beidseits), zentrale Stauung (beidseits)
Zwerchfellhochstand, links	subpulmonaler Erguss/Abszess, Phrenikuslähmung, Splenomegalie
Zwerchfellhochstand, rechts	subpulmonaler Erguss/Abszess, Phrenikuslähmung, Hepatomegalie
Zwerchfellhochstand, beidseits	Adipositas, Aszites, schlechte Inspiration, Phrenikusparese beidseits
vermehrte Strahlentransparenz beider Lungen und verminderte Gefäßzeichnung, Zwerchfelltiefstand	Lungenemphysem
Spalt zwischen den Pleurablättern, fehlende periphere Gefäßzeichnung	Pneumothorax
Mediastinalverschiebung	Spannungspneumothorax, Atelektase

Abdomenübersichtsaufnahme

- Sie wird zur Abklärung eines akuten Abdomens und anderer gastrointestinaler Erkrankungen angefertigt.
- Die Aufnahme erfolgt in zwei Ebenen: a.p. bzw. a.p. im Stehen und in Linksseitenlage.
- Alle übrigen Angaben sind ebenso auf dem Röntgenschein zu ergänzen wie beim Röntgen-Thorax (s. S. 163).
- Pathologische Befunde und ihre mögliche Differenzialdiagnose finden Sie in Tab. 20.

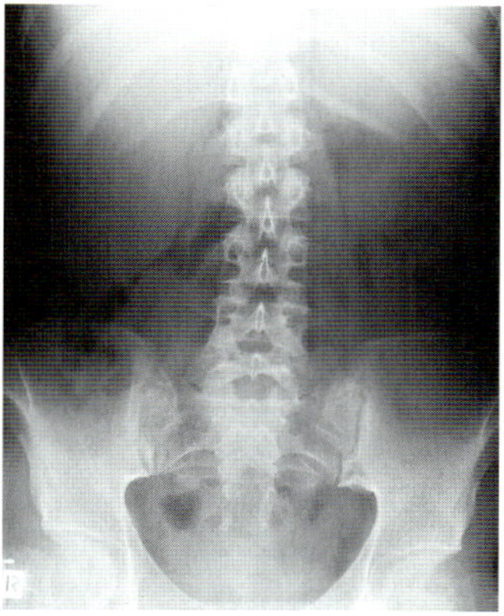

Abdomenaufnahme, Normalbefund

Tabelle 20 Abdomenübersicht: wichtige pathologische Befunde

Befunde	Wichtige Differenzialdiagnosen
freie Luft, subdiaphragmal bzw. bei Linksseitenlage unter dem rechten Zwerchfell und entlang der Bauchdecke	bei Perforation eines Hohlorgans oder postoperativ
Luft-/Flüssigkeitsspiegel im Darmlumen	V. a. Dick- und/oder Dünndarmileus
Verkalkungen	Gallen- oder Nierensteine, Pankreasverkalkungen nach chronischer Pankreatitis, Hämatom, Abszess, Zyste, Tumor, Arteriosklerose, Phlebolithen, Myome
unscharfer Psoasrand	Abszessbildung, retroperitoneales Hämatom, Fibrose
knöcherne Strukturen	Deformitäten, Frakturen, Knochenaufhellungen, -verdichtungen: Osteoporose, Osteolysen, osteoplastische Veränderungen, degenerative Veränderungen

Tipps und Tricks

- Lassen Sie sich von einem direkt sichtbaren Befund nicht ablenken, sondern halten Sie sich an das eingeübte Schema zur Interpretation.
- Schauen Sie sich die p.a.-Aufnahme immer mit der Seit-Aufnahme zusammen an.
- Alle Aufnahmen sollten mit Voraufnahmen verglichen werden, falls vorhanden.
- Ein Rundherd ist manchmal nur der Mamillenschatten.
- Bei a.p.-Aufnahmen im Bett erscheint das Herz verbreitert und die Gefäßzeichnung vermehrt.

F 6

G Invasive Diagnostik

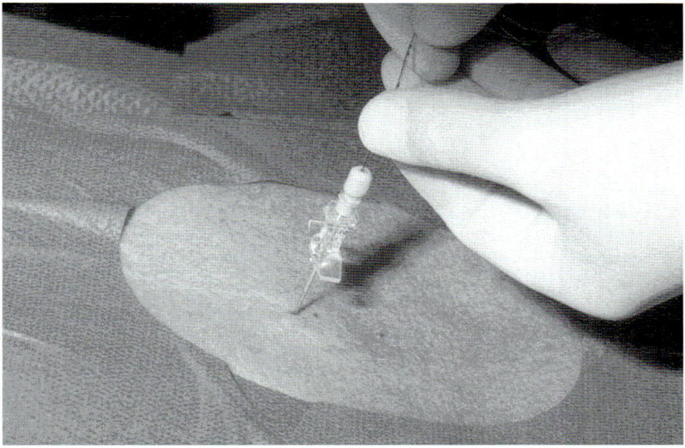

G

Blutzuckermessungen

Allgemeines

Zur Diagnose und Behandlung eines Diabetes mellitus gehören Blutzuckermessungen. Übliche Zeiten der Blutzuckermessung sind morgens nüchtern (8–16 Stunden nach der letzten Mahlzeit), 2 Stunden nach einer Mahlzeit, vor der Nacht und eventuell in der Nacht um ca. 3.00 Uhr.
Blutzuckermessungen können in Laborqualität mit Messmethoden erfolgen, die vorgegebenen Qualitätsstandards in Bezug auf Präzision genügen müssen. Häufig werden Blutzuckermessungen auf der Station mit sog. Teststreifen durchgeführt. Diese Messungen sind für die Diagnose eines Diabetes mellitus nicht geeignet, obwohl auch diese Art der Messung (point-of-care-testing, POCT) Qualitätsanforderungen unterliegt.
Die Normalwerte und pathologischen Werte für Blutzuckermessungen hängen von der Art des Untersuchungsmaterials ab: hämolysiertes Kapillarblut, hämolysiertes Vollblut, kapilläres oder venöses Plasma. Messungen im Serum, in dem auch andere Parameter der klinischen Chemie bestimmt werden, sind obsolet, da bis zur endgültigen Blutzuckermessung durch die Erythrozyten weiter Glucose verbraucht wird.
Screening auf Diabetes mellitus ist indiziert bei

- Allen Personen ab 45 Jahren, Wiederholung alle 3 Jahre.
- Erstgradigen Verwandten von Diabetikern Typ II.
- Übergewicht und geringer körperlicher Aktivität.
- Arterieller Hypertonie.
- Fettstoffwechselstörungen.
- Frauen nach Geburt eines Kindes mit einem Geburtsgewicht > 4000 g oder Gestationsdiabetes
- Früherem Nachweis einer gestörten Glucosetoleranz oder gestörter Nüchternglucose.
- Albuminurie.
- Fettleber.

Diagnosekriterien

(nach: Praxisleitlinien der Deutschen Diabetesgesellschaft, Diabetes und Stoffwechsel 11, Suppl. 2(2002))

Für Diabetes mellitus

- Klassische Symptome (Polyurie, Polydipsie und anders nicht erklärter Gewichtsverlust) **und** zu einer beliebigen Zeit gemessener Blutzucker > 200 mg/dl (11,1 mmol/l) im venösen Plasma oder kapillären Vollblut.
- Wiederholt zu einer beliebigen Zeit gemessener Blutzucker > 200 mg/dl (11,1 mmol/l) im venösen Plasma oder kapillären Vollblut.
- Wiederholt gemessener Nüchternblutzucker (8–16 Stunden nach der letzten Nahrungsaufnahme) > 110 mg/dl (6,1 mmol/l) im kapillären Vollblut bzw. > 126 mg/dl (7,0 mmol/l) im venösen Plasma.
- 2 Stunden-Wert im oralen Glucosetoleranztest > 200 mg/dl (11,1 mmol/l) im venösen Plasma oder kapillären Vollblut.

Für gestörte Nüchternglucose (IFG, impaired fasting glucose)

- > 110 mg/dl (6,1 mmol/l) und < 126 mg/dl (7,0 mmol/l) im venösen Plasma oder
- > 100 mg/dl (5,6 mmol/l) und < 110 mg/dl (6,1 mmol/l) im kapillären Vollblut).

G 1

Für gestörte Glucosetoleranz (IGT, impaired glucose tolerance)

- Nüchtern-Blutzucker unterhalb der Schwelle für Diabetes mellitus und
- 2 Stunden-Wert im oralen Glucosetoleranztest > 140 mg/dl (7,8 mmol/l) und ≤ 200 mg/dl (11,1 mmol/l) im venösen Plasma oder kapillären Vollblut.

Oraler Glucosetoleranztest (OGTT) nach WHO-Kriterien

- **Voraussetzungen:**
  - Nach 10- bis16-stündiger Nahrungskarenz (z. B. am Morgen).
  - Nach mindestens dreitägiger Ernährung mit mindestens 150 g Kohlenhydraten pro Tag.
  - Patient in sitzender oder liegender Position.
  - Kein Rauchen 1 Tag vor und während des Testes.
  - Nicht 3 Tage vor und nach der Menses.
  - Keine akute fieberhafte Erkrankung.
  - Keine vorausgehende Magen-/Dünndarmresektion oder bekannte Malabsorption.
- **Durchführung:**
  - Zum Zeitpunkt 0 trinkt der Patient 75 g Glucose gelöst in 250–300 ml Wasser, innerhalb von 5 Minuten (Kinder: 1,75 g/kg Körpergewicht, maximal 75 g).
  - Blutentnahmen zum Zeitpunkt 0 und 120 Minuten.
- **Bewertung:**
  - Siehe Diagnosekriterien für Diabetes mellitus und gestörte Glucosetoleranz.

Blutzuckerbestimmung mittels Teststreifen

- Reinigen Sie die Fingerkuppe oder das Ohrläppchen des Patienten (Desinfektion ist nicht zwingend nötig).
- Stechen Sie an die seitliche Fingerbeere (weniger schmerzempfindlich als die Fingerkuppe) oder in das Ohrläppchen kurz und tief mit einer sterilen Lanzette oder einer mechanischen Stechhilfe (auch in diese gehört eine sterile, unbenutzte Lanzette). Geben Sie einen genügend großen Tropfen Kapillarblut auf den Teststreifen.
- Lesen Sie das Testergebnis nach der Messzeit ab und dokumentieren Sie es in der Patientenakte.

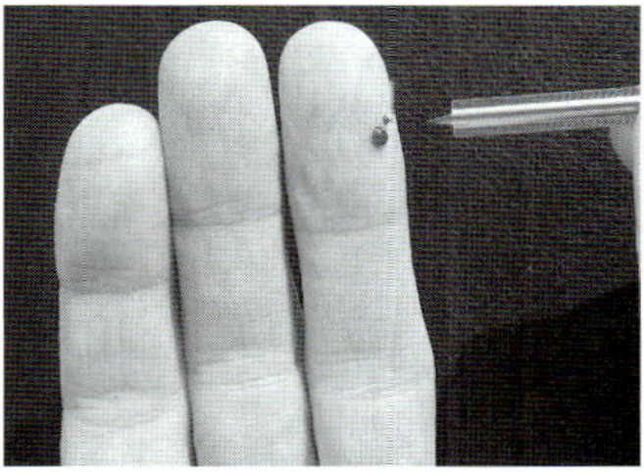

Lanzetten-Einstich der Fingerbeere

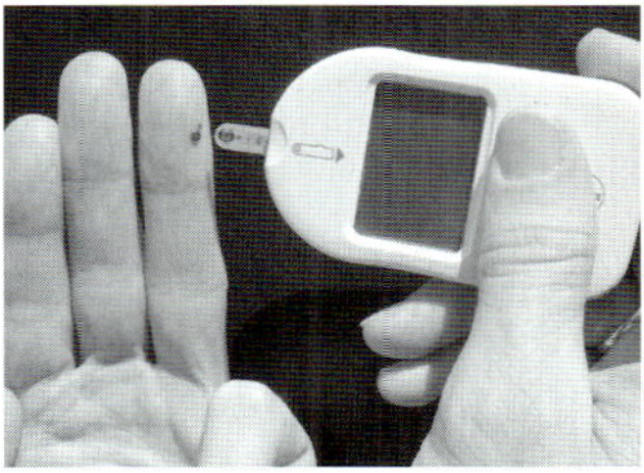

Messstreifen an der Fingerbeere

G 1

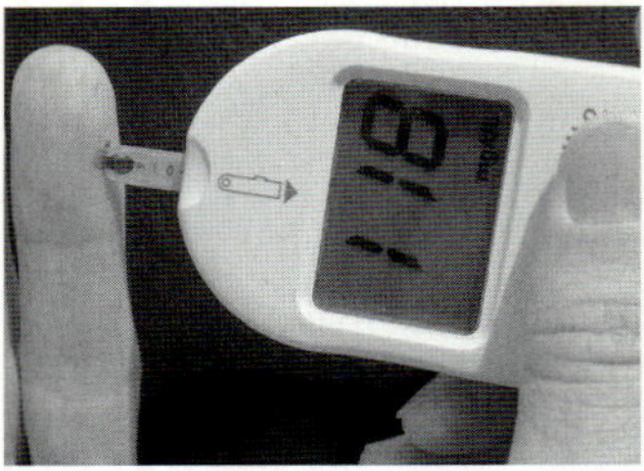

Blutzuckermessergebnis: Ablesen

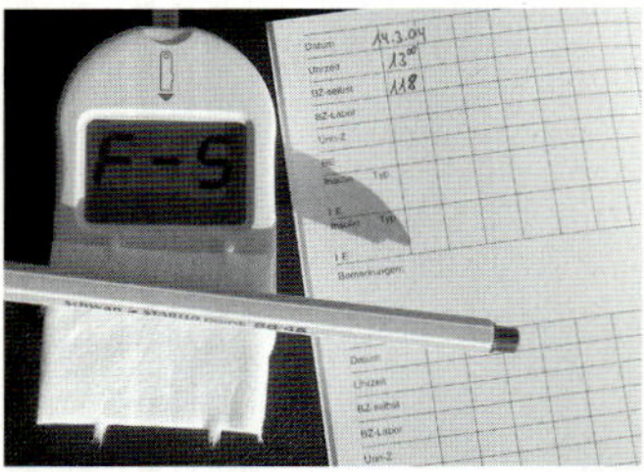

Blutzuckermessergebnis: Dokumentation

Tipps und Tricks

- Längeres Fasten oder kohlenhydratarme Ernährung können auch bei Gesunden zu pathologischer Glucosetoleranz führen.
- Bei Medikamenteneinnahme, die die Glucosetoleranz beeinflussen (z. B. Glucocorticoide, Thiaziddiuretika, Kontrazeptiva), ist ein OGTT unnötig.
- Der OGTT wird für die klinische Routinediagnostik nicht empfohlen, weil häufig die Voraussetzungen nicht erfüllt werden können.
- Teststreifen
  - Verschmutzte, klebrige Hände können das Testergebnis in Richtung falsch-hoch verändern.
  - Bei zu starkem Druck auf die Fingerbeere oder das Ohrläppchen tritt Gewebeflüssigkeit aus, verdünnt das Kapillarblut und verfälscht das Testergebnis in Richtung falsch-niedrig.
  - Runde, nadelartige Lanzetten sind deutlich weniger schmerzhaft für den Patienten als breite, flache Lanzetten.
  - Bei modernen Blutzuckermessgeräten wird in der Regel der Messstreifen zuerst in das Gerät gesteckt und dann der Blutstropfen aufgetropft oder eingesaugt. Die Messdauer schwankt zwischen 5 und 60 Sekunden. Die Geräte müssen vor der Messung auf die jeweilige Messstreifen-Charge kodiert werden (elektronisch durch entsprechenden Chip).

Lumbalpunktion

Allgemeines

Die beiden wichtigsten Indikationen für die Lumbalpunktion sind der Verdacht auf eine entzündliche Erkrankung des ZNS und auf eine Subarachnoidalblutung (SAB). Ferner kann beim liegenden Patienten der Liquordruck gemessen und durch Kompression der Halsvenen ein Ansteigen des Liquordrucks geprüft werden (Queckenstedt-Versuch); steigt der Druck nicht an, besteht der Verdacht auf eine Behinderung der Liquorpassage. Diagnostisch kann die Lumbalpunktion zur Applikation von Kontrastmittel und anschließender Röntgenuntersuchung (Myelographie) oder von radioaktiven Substanzen mit anschließender szintigraphischer Darstellung des Liquorraumes genutzt werden. Im Rahmen eines Liquorentnahmetests (ca. 50 ml) kann bei entsprechenden klinischen Hinweisen geprüft werden, ob ein Hydrocephalus malresorptivus (Ungleichgewicht zwischen Liquorproduktion und Liquorabbau) vorliegt.

Therapeutisch kann die Liquorpunktion zur Gabe von Zytostatika bei Lymphomen und Meningeosis carcinomatosa notwendig sein.

Die Lumbalpunktion muss unter streng sterilen Bedingungen ausgeführt werden.

Wichtig ist im Vorfeld die Spiegelung des Augenhintergrundes sowie eine sorgfältige neurologische Untersuchung, um einen möglicherweise bestehenden Hirndruck auszuschließen. Bei einer Stauungspapille ist die Durchführung der Lumbalpunktion kontraindiziert.

Durchführung

- Der Patient muss über die Risiken des Eingriffs aufgeklärt werden, die sich bei fachgerechter Durchführung weit gehend auf das Auftreten von postpunktionellen Kopfschmerzen beschränken. Allerdings sind selten auch Blutung, Infektion oder Hirnnervenstörungen durch Liquorhypotension (v. a. N. oculomotorius, N. trochlearis, N. abducens) möglich.
- Kurz vor der Lumbalpunktion sollten Sie durch Bestimmung der Gerinnungsparameter eine Gerinnungsstörung ausschließen.
- Bitten Sie eine Hilfsperson, das Material steril anzureichen.
- Der Patient sollte sich möglichst entspannen, nicht husten, nicht pressen und sich melden, wenn er einen „Stromstoß" in den Beinen spürt.
- **Materialien:**
  - Mundschutz
  - Sterile Handschuhe.
  - Sterile Unterlage.
  - Steriles Pflaster.
  - Sterile Tupfer.
  - Punktionsnadel (z. B. 22 G × 90 mm oder kleiner; die Kopfschmerzinzidenz steigt mit dem Durchmesser der Nadel).

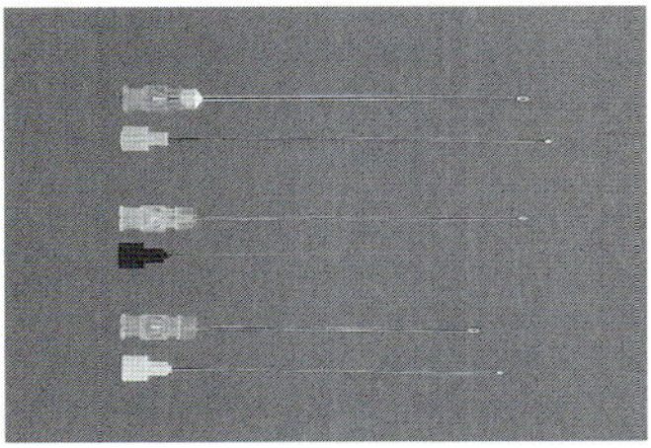

  - Steriles Tuch zum Abdecken der Punktionsstelle.
  - Desinfektionsmittel.
  - 3–4 sterile Liquorröhrchen.

zusätzlich bei Bedarf:
  - Steriles Manometer zur Druckmessung.

G 2

- Blutentnahmesystem.
- Zwei Serumröhrchen zur Blutzuckerbestimmung und Serologie.
- Evtl. Rasierer.

- Wenn möglich, sollte die Lumbalpunktion im Sitzen ausgeführt werden. Hierzu setzt sich der Patient mit maximal gebeugtem Rundrücken auf die Bettkante. Er wird von vorne von einer Hilfsperson gestützt.
- Zwischen den Oberkanten beider Beckenschaufeln zieht man eine gedachte Linie. Am Schnittpunkt dieser Linie mit der Wirbelsäule tasten Sie die Dornfortsätze. Zwischen dem 4. und 5. oder zwischen dem 3. und 4. Lendenwirbelkörper markieren Sie an der Oberkante des unteren Wirbelkörpers die Einstichstelle (z. B. mit Ihrem Fingernagel).

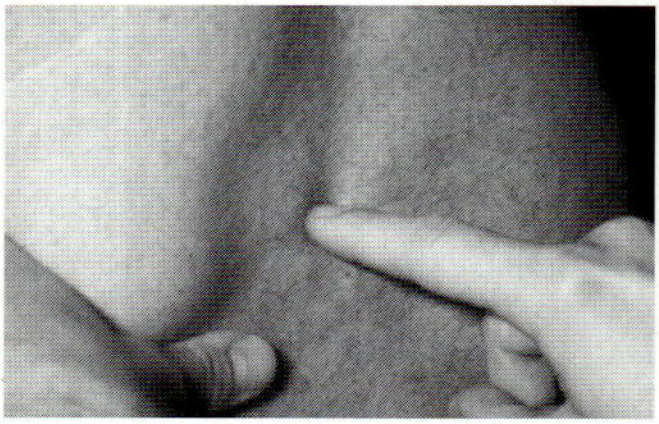

- Die Haut muss gründlich desinfiziert werden.
- Ziehen Sie Mundschutz und die sterilen Handschuhe an und decken Sie die Haut um die Punktionsstelle herum steril ab.
- Eine Lokalanästhesie kann durchgeführt werden, muss aber nicht. Durch die Hautquaddel ist die Einstichstelle schwieriger zu palpieren und der Einstich der Lokalanästhesie ist etwa so schmerzhaft wie die Punktion selbst. Da man aber gerade ohne Vorerfahrung oder bei schlechten Punktionsverhältnissen (z. B. adipöser Patient, Skoliose oder degenerative Veränderungen der Wirbelsäule) oft nicht sofort den schmalen Zwischenwirbelraum trifft, kann die Anästhesie oberflächlicher und tieferer Gewebeschichten dem Patienten und dem Punktierenden die Angst nehmen. Achten Sie darauf, dass Sie stets aspirieren und nur Anästhetikum spritzen, wenn Sie kein Blut aspirieren.

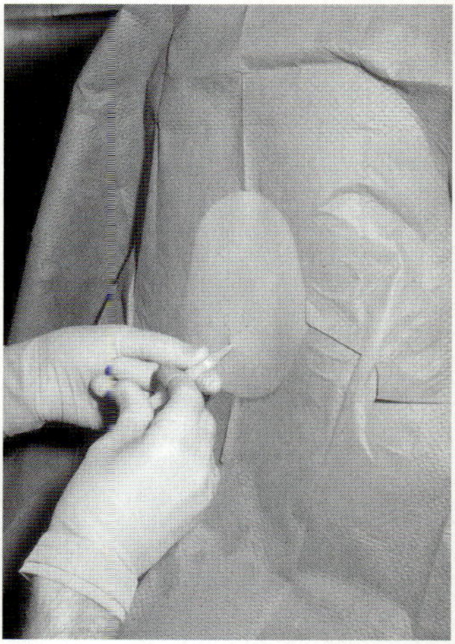

- Lassen Sie sich die Nadel und andere sterile Gegenstände von der Hilfsperson steril anreichen und auf dem sterilen Tuch ablegen.
- Halten Sie die Nadel wie eine Spritze, und führen Sie sie unmittelbar über dem unterhalb Ihrer gewählten Punktionsstelle gelegenen Wirbelkörper ein.
- Die Spitze soll so eingeführt werden, dass die longitudinal verlaufenden Durafasern nicht durch einen horizontal angesetzten Kanülenschliff zerschnitten, sondern durch eine vertikale Schliffführung auseinander gedrängt werden.
- Schieben Sie die Nadel nach kranial in einem Winkel von ca. 30° sagittal in Richtung des Bauchnabels vor. Dabei stützen Sie den Zeigefinger und Kleinfinger am Rücken des Patienten ab.

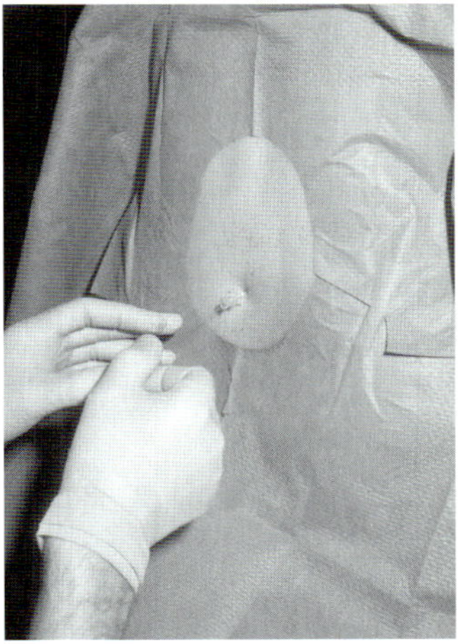

- Nach Überwindung der straffen Längsbänder der Wirbelsäule in etwa 4–5 cm Tiefe und der Dura nimmt der Widerstand beim Vorschieben der Nadel deutlich ab. Die Nadel wird jetzt nur noch in kleinen Schritten einige mm (4–7) vorgeschoben. Der Mandrin wird vorsichtig herausgezogen. Bei richtiger Lage sollte jetzt Liquor abtropfen.

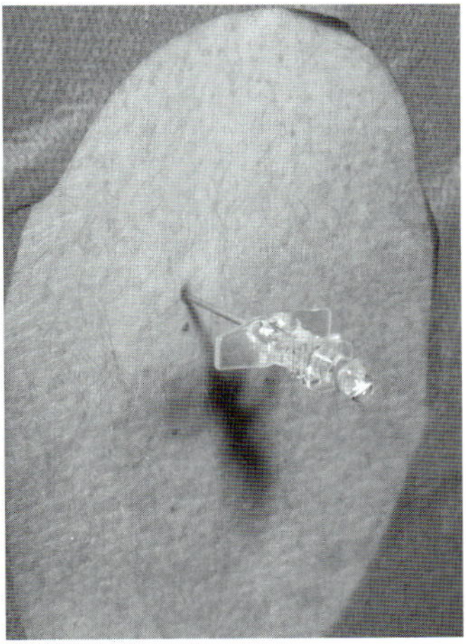

- Lassen Sie den Liquor in die bereitgestellten Röhrchen tropfen.
- Sie benötigen ca. 2 ml für die pathologische Untersuchung, 2–5 ml für laborchemische Untersuchungen und nochmals 2–5 ml für serologische Untersuchungen. Es empfiehlt sich, ca. 3 ml für eventuelle Zusatzuntersuchungen zu bewahren. Sollen Kulturen zur Keimbestimmung angelegt werden, muss der Liquor frisch in ein mikrobiologisches Labor gebracht werden.
- Nach Beendigung der Entnahme bitten Sie den Patienten, tief einzuatmen und ziehen die Nadel zurück.
- Decken Sie die Punktionsstelle mit einem sterilen Pflaster ab.
- Nehmen Sie dann je nach Indikationsstellung sofort das venöse Blut zur Glukosebestimmung und Serologie ab.
- Anschließende Bettruhe für einige Stunden zur Prophylaxe des postpunktionellen Kopfschmerzes wird häufig empfohlen, der Wert dieser Maßnahme ist jedoch, wie auch die reichliche Flüssigkeitszufuhr, nicht gesichert.

Tipps und Tricks

- Gute Vorbereitung (Lagerung und richtige Kennzeichnung der Punktionsstelle) trägt in erheblichem Maße zum Gelingen der Punktion bei.
- Das Halten des Patienten durch eine Hilfsperson hat nicht nur punktionstechnischen Nutzen, sondern gibt dem Patienten auch das Gefühl von menschlicher Nähe und Schutz.
- Treffen Sie bei älteren Menschen wegen der häufig zusammengesinterten Wirbelkörper auf knöchernen Widerstand, ziehen Sie die Nadel ausreichend weit zurück, so dass sie wieder in veränderter Richtung vorgeschoben werden kann.
- Tropft der Liquor nur langsam, hat sich vielleicht eine Nervenfaser vor die Nadelöffnung gelegt. Durch leichtes Drehen der Nadel wird in

diesem Fall der Liquorfluss verbessert.

- Bei Punktion in sitzender Haltung können Sie den unteren Wirbel mit dem Daumen fixieren und unmittelbar über dem Daumen einstechen, da Hautmarkierungen sich bereits durch kleinste Bewegungen des Patienten verschieben können.
- Bei der Punktion im Liegen wird die Einstichstelle wie oben beschrieben festgelegt. Der Patient liegt auf der Seite und zieht die Knie an die Brust, der Nacken ist gebeugt. Hängt der Rücken durch, erfolgt der Einstich nicht genau horizontal, sondern etwas nach unten gerichtet.

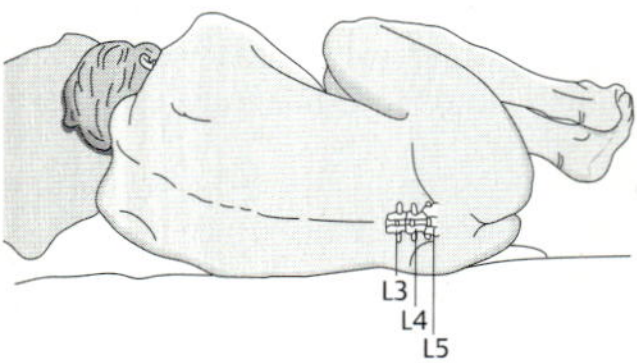

Probleme und Sonderfälle

- **Deformierte Wirbelsäule:** Die Lumbalpunktion kann bei starker Deformation der Wirbelsäule unmöglich sein. In diesem Fall sollte unter Röntgenkontrolle punktiert werden.
- **Initial blutiger Liquor:** Ist das Punktat blutig, hilft die Dreigläserprobe zu unterscheiden, ob eine Subarachnoidalblutung (SAB) vorliegt oder ob das Blut durch die Punktion in den Liquor geraten ist. Bei einer SAB bleibt die Verfärbung in allen drei Gläsern gleich, und nach dem Zentrifugieren ist der Überstand gelblich verfärbt. Bei Blutkontamination durch die Punktion nimmt die Verfärbung im zweiten und dritten Glas stetig ab, und der Überstand wird klar.
- **Kopfschmerzen**: Nach einer Punktion treten als häufigste Komplikation lageabhängige Kopfschmerzen auf, die im Liegen immer abnehmen. Gelegentlich können sie von Übelkeit und Kollapsneigung begleitet sein. Zur Prophylaxe sollte auf eine möglichst dünne Kanüle (≤ 22 G) mit atraumatischer Spitze (z. B. nach Sprotte) und vertikaler Kanülenschliffposition geachtet werden. Die Therapie erfolgt primär durch Flachlagerung des Patienten zur Behandlung der in aufrechter Körperhaltung auftretenden Kopfschmerzen. Neben analgetischen Maßnahmen ist die Gabe von Koffein und Theophyllin möglich. Bei schweren, länger als 48 Stunden anhaltenden, postpunktionellen Kopfschmerzen kann eine epidurale Eigenblutinjektion zur Tamponade des Duralecks und Kompression des Durasacks erwogen werden.
- **Parästhesien in den Beinen:** Beschreibt der Patient während der Punktion das Gefühl eines Stromschlags im Bein, hat die Nadel wahrscheinlich eine Nervenwurzel getroffen. In diesem Fall ziehen Sie sofort die Nadel weit zurück und korrigieren die Richtung zur Mitte hin. Schädigungen sind in aller Regel nicht zu befürchten, da die Fasern der Cauda equina im Liquor „schwimmen" und nur angestoßen werden
- **Hautveränderungen an Punktionsstelle:** Punktieren Sie nicht im Bereich krankhaft veränderter Hautareale, da die Gefahr einer Keimverschleppung in den Liquorraum besteht.
- **Kollaps:** Kommt es während der Punktion zu einem Kollaps, muss sie sofort abgebrochen und der Patient behandelt werden. Bei gefährdeten Patienten punktieren Sie besser gleich im Liegen.
- **Abgebrochene Kanüle:** Schadhafte Kanülen können besonders durch unvermittelte Bewegungen des Patienten bei der Punktion abbrechen. Ist die Kanüle im Gewebe abgebrochen, muss der Rest chirurgisch entfernt werden.

- **Gerinnungsstörungen:** Gerinnungsstörungen sind eine absolute Kontraindikation für die Lumbalpunktion.

Pleurapunktion

Allgemeines

Die Pleurapunktion wird aus diagnostischen Gründen (Zytologie, Mikrobiologie, pH-Wert, klinisch-chemische Parameter, Pleurabiopsie) oder aus therapeutischen Gründen (Ergussentlastung, Empyemdrainage, Entlastung eines Pneumothorax, Instillation von Substanzen zur Pleurodese, Einführung eines Pleurakatheters) vorgenommen. Liegt ein Erguss unklarer Genese vor, ist die diagnostische Punktion indiziert. Jeder radiologisch nachweisbare parapneumonische Erguss sollte diagnostisch punktiert werden, um einen komplizierten Erguss zu erkennen. Eine therapeutische Punktion ist abhängig vom klinischen Zustand des Patienten, der Ursache des Ergusses bzw. Laborparametern im diagnostischen Pleurapunktat. Die sensitivste Methode zum Ergussnachweis ist die Sonographie (ab 10 ml). Je breiter die Ergusslamelle, umso geringer ist das Verletzungsrisiko der Lunge und damit die Pneumothoraxgefahr.

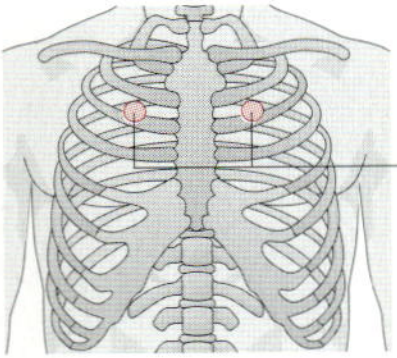

Vordere Pleurapunktion: Punktionsstellen

Durchführung

G 3

Jeder Pleurapunktion sollte eine präzise Lokalisation des Ergusses und der Atembeweglichkeit des Zwerchfells mittels Ultraschall vorangehen.

- **Vordere Pleurapunktion:** Die vordere Pleurapunktion dient der Entlastung eines Pneumothorax. Der Oberkörper des Patienten wird 75–90° hochgelagert. Die Punktionsstelle befindet sich im 2. oder 3. ICR in der Medioklavikularlinie direkt am Rippenoberrand.
- **Hintere Pleurapunktion:** Die hintere Pleurapunktion dient der Entlastung eines Pleuraergusses. Dazu sitzt der Patient und sollte sich nach vorne abstützen können. Die Punktionsstelle sollte oberhalb des 5. ICR in der Medioklavikularlinie, oberhalb des 7. ICR in der mittleren Axillarlinie und oberhalb des 9. ICR in der Skapularlinie erfolgen (Wahl des Punktionsortes mittels Sonographie. Die Punktionsstelle sollte möglichst weit kaudal liegen, um den gesamten Erguss ablassen zu können. Die Ergusslamelle sollte auch ausreichend breit sein, um das Verletzungsrisiko zu minimieren. Sonographisch auf Fibrinsepten achten, die Ergussflüssigkeit abkapseln können).
Als Orientierungshilfe dient der Unterrand der Skapula auf Höhe des 7. ICR. In der hinteren Axillarlinie befindet sich nur noch ein Gefäß-/Nerven-Strang im Interkostalraum. Daher wählen Sie bei der hinteren Pleurapunktion als Einstichstelle den Unterrand des ICR bzw. den Oberrand der Rippe.

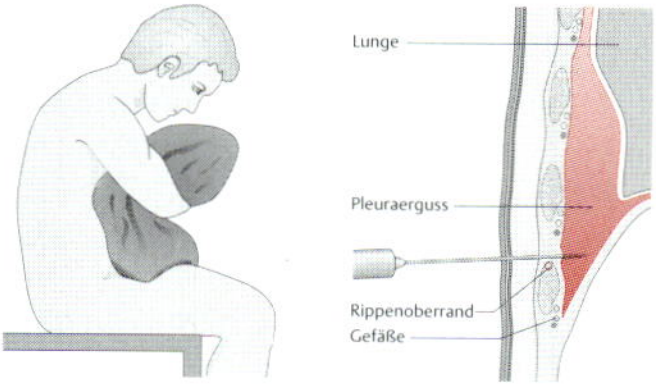

Hintere Pleurapunktion

- **Materialien:**
  - Desinfektionslösung.
  - Sterile Tupfer, Abdecktücher, Handschuhe.
  - Mundschutz.
  - 5–10 ml Lokalanästhetikum (z. B. Lidocain 1 %).
  - 10 ml- und 50 ml-Spritze, Kanülen (22 G und 25 G).
  - Großlumige periphere Verweilkanülen (mind. 16 G oder 17 G).
  - Dreiwegehahn, „Heidelberger"-Verlängerungsleitung, Schlauchsystem (z. B. steril abgeschnittenes Infusionssystem).
  - Steriles Auffanggefäß oder Sekretbeutel.
  - Laborröhrchen für Punktatanalyse (klinische Chemie, Mikrobiologie, Pathologie).
  - Verbandmaterial (sterile Kompressen, Stichpflaster wie z. B. Fixomull).
- Desinfizieren Sie die Punktionsstelle großflächig.
- Legen Sie den Mundschutz an, und ziehen Sie sich sterile Handschuhe an.
- Decken Sie die Punktionsstelle mit sterilen Tüchern (Lochtuch) ab.
- Setzen Sie mit der 22 G-Kanüle und der 10 ml-Spritze mit dem Lokalanästhetikum eine Hautquaddel über der Punktionsstelle. Infiltrieren Sie dann auch das subkutane Gewebe und die Interkostalmuskulatur.
- Wenn möglich sollte der Patient flach atmen, um die Zwerchfellbewegung etwas besser einschätzen zu können.
- Setzen Sie eine 10 ml-Spritze auf die großlumige periphere Verweilkanüle und punktieren Sie im anästhesierten Gebiet am Oberrand der Rippe (dort verlaufen keine Gefäß-Nervenbündel) senkrecht zur Haut. Unter Aspiration weiter vorschieben. Wenn Sie Pleuraflüssigkeit aspirieren, schieben Sie das Plastikröhrchen weiter vor und ziehen Sie den Stahlmandrin zurück. Verschließen Sie mit dem Daumen der nicht-dominanten Hand das Lumen der Verweilkanüle (Pneumothorax-Gefahr).
- An die im Pleuraraum liegende Verweilkanüle jetzt die „Heidelberger"-Verlängerung mit 3-Wege-Hahn, 50 ml-Spritze sowie den Ablaufschlauch mit Sekretbeutel/Auffanggefäß anschließen. Eine Hilfsperson bedient den Dreiwegehahn und die 50 ml-Spritze.
- Wenn sich kaum noch Flüssigkeit abziehen lässt, entfernen Sie die Kanüle am Ende einer Exspiration.
- Legen Sie einen sterilen Verband an.

Tipps und Tricks

- Wenn sich kein Sekret mehr absaugen lässt, lassen Sie den Patienten tief inspirieren und die Luft anhalten. Da man zum unmerklichen Absinken mit der fixierenden Hand neigt, wobei es zu Knickbildungen kommen kann, kontrollieren Sie die Lage der Kanüle und ändern ggf. ihre Richtung.
- Statt selbst zusammengebauten Punktionssystemen lohnt sich der Gebrauch von Pleurapunktions-Sets mit vorgefertigten Schlauch- und Ventilsystemen, Spritzen und Punktionskanülen sowie Auffangbeutel.
- Pathologisch-zytologische Untersuchungen werden gerne aus dem gesamten Punktat durchgeführt. Halten Sie daher vorher Rücksprache

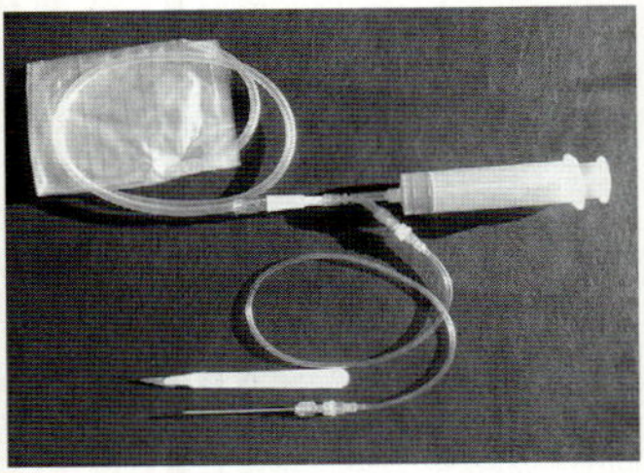

Pleurapunktionsset

mit dem untersuchenden Institut für Pathologie.

- Brechen Sie die Aspiration ab bzw. legen Sie eine Thoraxdrainage, wenn mehr als 500–1000 ml Blut oder 1500 ml einer anderen Ergussflüssigkeit abgezogen wurden. Bei größeren Punktions-Volumina besteht die Gefahr eines Post-Expansions-Lungenödems.
- Wenn der Patient während des Abpunktierens husten muss, hat wahrscheinlich die Kanüle die Pleura visceralis berührt. Ziehen Sie dann die Kanüle vorsichtig ein kleines Stück zurück, da die Gefahr eines Pneumothorax besteht.
- Um einen Pneumothorax auszuschließen, sollte zur Kontrolle 1–2 Stunden nach der Punktion ein Röntgen-Thorax in Exspiration durchgeführt werden.

Probleme und Sonderfälle

- **Pleurabiopsie:** Bei einem Pleuratumor oder Verdacht auf Pleura-Tuberkulose wird durch die Biopsie Material zur pathologischen Untersuchung gewonnen. Dabei wird jedoch eine spezielle Biopsienadel mit einer Führungskanüle verwendet. Die Biopsie sollte nur von einem sehr geübten Arzt durchgeführt werden.

G 3

Aszitespunktion (Parazentese)

Allgemeines

Unter Aszites versteht man eine pathologische Flüssigkeitsansammlung in der Bauchhöhle. Aszites entsteht im Rahmen von Lebererkrankungen mit erhöhtem Portalvenendruck (z. B. Leberzirrhose, Budd-Chiari-Syndrom, akute Hepatitis), im Rahmen von kardialen Erkrankungen (z. B. Rechtsherzinsuffizienz, Pericarditis constrictiva), von malignen Erkrankungen (z. B. Peritonealkarzinose, Metastasenleber, Lymphome, intraabdominale Tumoren) oder von entzündlichen Erkrankungen (z. B. Pankreatitis, Tuberkulose, bakterielle Peritonitis).
Eine Aszitespunktion (Parazentese) kann aus diagnostischer oder therapeutischer Indikation (schnelle Erleichterung bei Dyspnoe oder abdominellen Schmerzen infolge großer Aszitesmengen) erfolgen.
(Relative) Kontraindikationen sind Gerinnungsstörungen, Niereninsuffizienz, höhergradiger Ikterus oder eine fortgeschrittene Enzephalopathie.
Mögliche Komplikationen der Aszitespunktion sind hypovolämischer Schock, Blutung, bakterielle Peritonitis und Verschlechterung der Leber- und Nierenfunktion.

Durchführung

- Vorbereitungen:
  - Einverständnis des Patienten einholen und dokumentieren.
  - Sonographische Untersuchung des Aszitesausmaßes und Identifikation/Markierung einer günstigen Punktionsregion ohne Nähe zu verletzbaren Organen oder Gefäßen (A. epigastrica inferior am lateralen Rand des M. rectus abdominis, portale Umgehungskreisläufe und wiedereröffnete fetale Gefäße). Klassischer Punktionsort ist der Monroepunkt (im dritten äußeren Viertel einer Linie zwischen Nabel und Spina iliaca anterior superior, bevorzugt links, aber auch rechts).

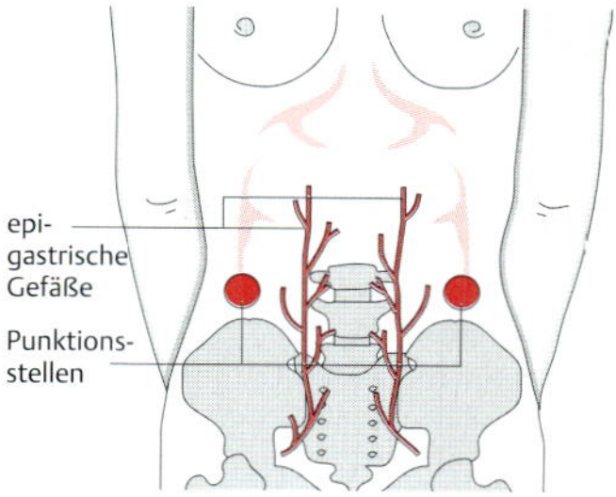

Aszitespunktionsstellen

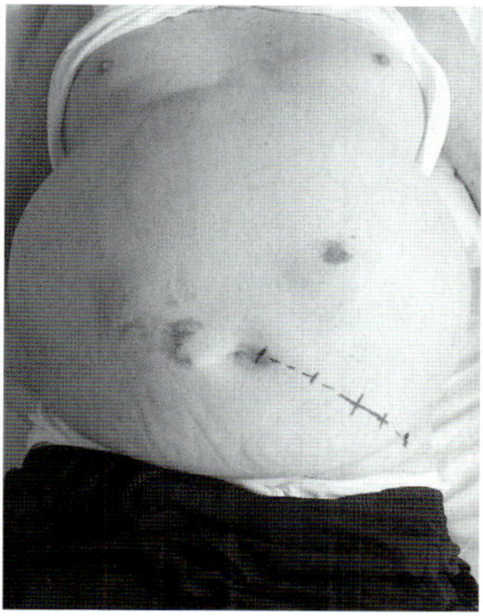

Aszitespunktionsregion

- **Materialien:**
  - Desinfektionsmittel, sterile Kompressen und Handschuhe.
  - Steriles Lochtuch, großes Stechpflaster (z. B. Fixomull).

- Für diagnostische Punktion: 10- oder 20 ml-Spritze, dünne Kanüle ausreichender Länge, Probengefäße, evtl. Blutkulturflaschen.
- Für therapeutische Punktion: Spritzen, dünne Kanülen, Lokalanästhesie, großlumige periphere Venenverweilkanüle, sterile Schere, Infusionssysteme mit abgeschnittener Tropfkammer, Dreiwegehahn, Auffanggefäß oder Sekretbeutel mit Volumenskalierung, steriles Pflaster.

- Lagern Sie den Patienten in Rückenlage, desinfizieren Sie die Haut und decken sie mit dem Lochtuch steril ab.
- Anästhesieren Sie die betreffende Region mit Einstich senkrecht zur Haut und punktieren Sie mit abwechselnder Injektion und Aspiration vor, bis sich Aszites aspirieren lässt.
- Mit der großlumigen Verweilkanüle und aufgesetzter Spritze punktieren Sie senkrecht zur Haut bis zur sicheren Aspiration von Aszites. Schieben Sie das Kunststoffröhrchen bei gleichzeitigem Rückzug des Stahlmandrins vor und fixieren es mit sterilem Pflaster.
- Über einen zwischengeschalteten Dreiwegehahn können Sie nun die abgeschnittenen Infusionssysteme an die Verweilkanüle anschließen und das gewünschte Aszitesvolumen unter engmaschiger Kontrolle der Vitalparameter in das Auffanggefäß bzw. den Sekretbeutel ablassen.
- Anschließend entfernen Sie die Verweilkanüle und verbinden die Punktionsstelle mit sterilen Kompressen und Stechpflaster.

Tipps und Tricks

- Bezüglich der Nebenwirkungshäufigkeit ist kein Vorteil für die totale Parazentese (vollständiges Ablassen des Aszites) im Vergleich mit der wiederholten Punktion von jeweils 4–6 l Aszites beschrieben.
- Zur Verhinderung eines intravasalen Volumenmangels infolge der Parazentese (ausgelöst durch Wiedereinstrom von Flüssigkeit in den Bauchraum aus den übrigen Körperräumen) kann pro 4–6 l Aszites 40–60 g Albumin i. v. infundiert werden. Die Albumininfusion sollte erst am Ende der Punktion beginnen, weil das Albumin schnell intraabdominal erscheint und dann evtl. bereits wieder abgelassen wird. Alternativen zu Albumin: Dextran 70 (6–8 g pro Liter Aszitespunktat) oder Haemaccel (150 ml 3,5 %ige Lösung pro Liter Aszitespunktat). Bei großlumiger Parazentese sollte auch bei nicht eindeutiger Evidenzlage einer der o. g. Plasmaexpander gegeben werden.
- Überlegen Sie sich schon vor der Punktion, welche Parameter im Punktat bestimmt werden sollen. Halten Sie die entsprechenden Probengefäße bereit und füllen Sie diese zu Beginn der Parazentese.
- Zur Mobilisation von evtl. „gefangenem" Aszites hilft Umlagern des Patienten. Bei prall-gespanntem Abdomen sollte zur Vermeidung einer Fistelbildung mit der Punktionskanüle kulissenartig durch die Bauchwandschichten gestochen werden.
- Um mehr Gefälle in das Ablaufsystem zu bringen können Sie das Patientenbett horizontal hochfahren.
- Nach der Parazentese sollten Sie Vitalparametern, klinischen Zustand sowie Leber- und Nierenfunktion kontrollieren.

Probleme und Sonderfälle

- **Leckage nach der Punktion:** Bei noch prallem Abdomen weiteres Ablassen von Aszites nach erneuter Punktion durch die Fistel.
- **Gewünschte Aszitesmenge nicht mobilisierbar:** Umlagerung des Patienten. Sonographische Kontrolle verbleibender Aszitesmengen.

Knochenmarkpunktion

Allgemeines

Die Knochenmarkuntersuchung (Jamshidi-Punktion oder Beckenkammstanze) ist zur Diagnose zahlreicher hämatologischer Erkrankungen unerlässlich, kann jedoch auch bei anderen Erkrankungen, wie Karzinomen, Lipoidosen, bestimmten Infektionen und nach Knochenmarktransplantation wichtige Informationen liefern.
Die bevorzugte Punktionsstelle ist die Spina iliaca posterior superior, andere Orte sollten nur in Ausnahmefällen punktiert werden.
Bei einem Quick < 50% kann die Beckenkammbiopsie zu Blutungskomplikationen führen. Gleiches gilt für Thrombozytenzahlen unter 20000/µl, eine Knochenmarkaspiration ist jedoch bei jeder Thrombozytenzahl möglich.
Die Untersuchung des Knochenmarks besteht aus der zytologischen und der histologischen Begutachtung. Für die Zytologie benötigt man Knochenmarkaspirat, für die Histologie einen Stanzzylinder.

Durchführung

- Prämedikation: Evtl. Sedierung vorher mit z. B. Midazolam (Dormicum) 5 mg i. v.
- Labor am Untersuchungstag: Gerinnung, BSG, Diff.-BB mit Retikulozyten und Blutbild für Nativausstriche.
- Bitten Sie eine Hilfsperson, die Instrumente anzureichen.
- **Materialien:**
  - Jamshidi-Nadel mit stumpfem und abgeschrägtem Obturator.
  - spitzes 1er-Skalpell.
  - 5, 10 und 20 ml-Spritze.
  - Sandsack.
  - Objektträger.
  - 10% gepuffertes Formalin in geschlossenem Gefäß zur Aufbewahrung des Stanzzylinders.
  - Lokalanästhesie (10 ml Lidocain 1%).
  - 20 ml-Spritze mit 2 ml Natrium-EDTA 1,107%.
  - Kanüle Gr. 2 für Hautquaddel.
  - Sterile Abdecktücher.
  - Sterile Tupfer.
  - Sterile Handschuhe.
  - Desinfektionsmittel.
  - Pflaster.
  - Begleitscheine.
  - evtl. klinische Angaben zu Milz-, Lebergröße und Lymphknotenveränderungen.

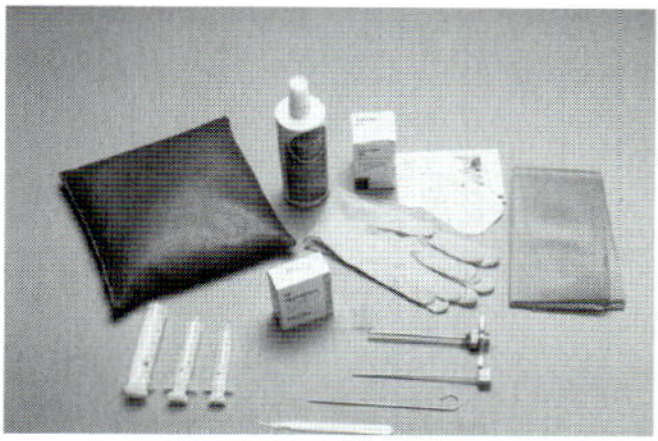

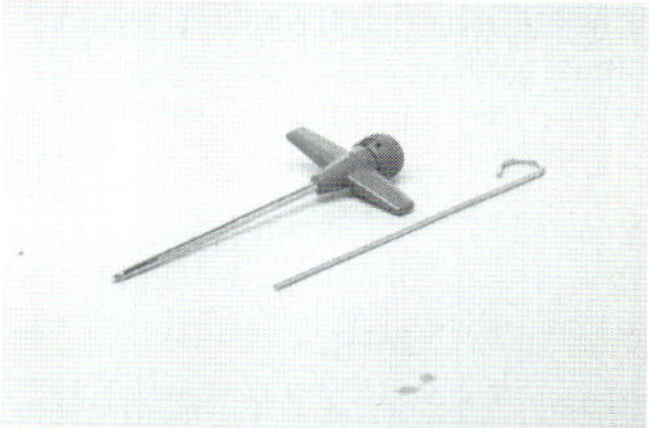

Beckenkammpunktion

- Zur Punktion des hinteren Beckenkamms liegt der Patient in Seitenlage.
- Suchen Sie zunächst die anatomischen Strukturen auf:
  → Hinterer Beckenkamm: Spina iliaca posterior superior;

→ Vorderer Beckenkamm: Spina iliaca anterior superior unterhalb der Crista iliaca.

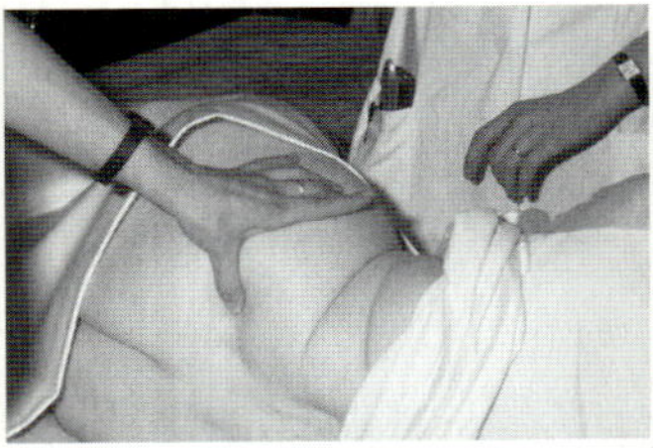

- Desinfizieren Sie die Punktionsstelle und decken Sie sie mit dem sterilen Tuch ab.
- Ziehen Sie sich sterile Handschuhe an.
- Setzen Sie eine Hautquaddel mit einem Lokalanästhetikum, und infiltrieren Sie bis zum Periost unter Aspiration mit 3–4 ml Lidocain 1 %.
- Nutzen Sie die Lokalanästhesie, um sich mit der Punktionskanüle die Stichrichtung für die Jamshidi-Nadel klar zu machen. Sie sollten in jedem Fall bei diesem Vorpunktieren Knochenkontakt bekommen. Warten Sie die Wirkung der Lokalanästhesie ab, bevor Sie fortfahren.
- Setzen Sie eine 3–4 mm große Hautinzision mit dem Skalpell durch einen kurzen Stich senkrecht in die Haut, um die Jamshidi-Nadel besser einführen zu können.

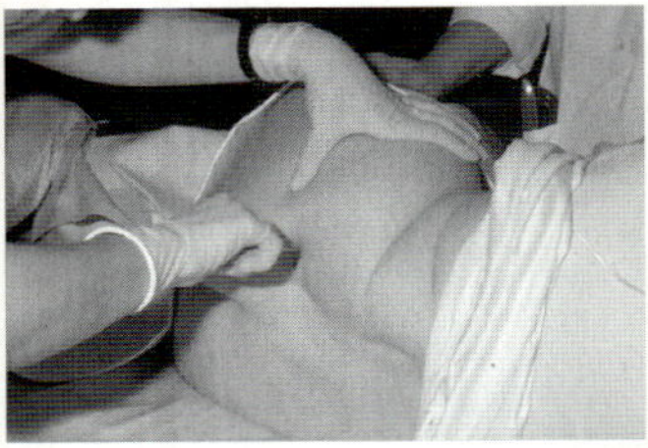

- Schieben Sie die Jamshidi-Nadel mit abgeschrägtem Obturator unter druckvollen Drehbewegungen durch die Hautinzision senkrecht bis auf das Periost vor. Die Punktionsrichtung ist hinten 15° nach kaudal und vorne 15° nach kranial (in Richtung der Spina iliaca ant. sup.).

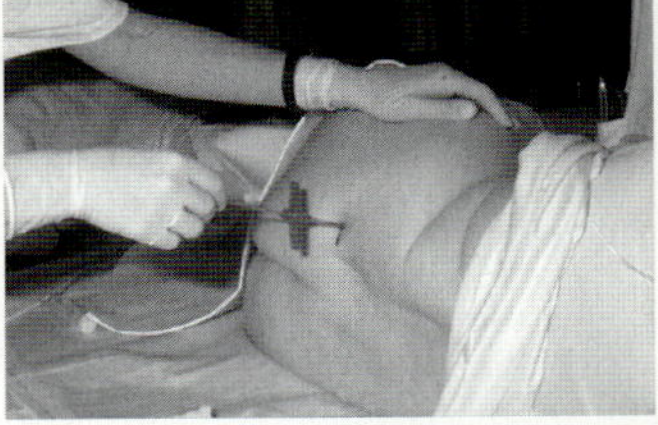

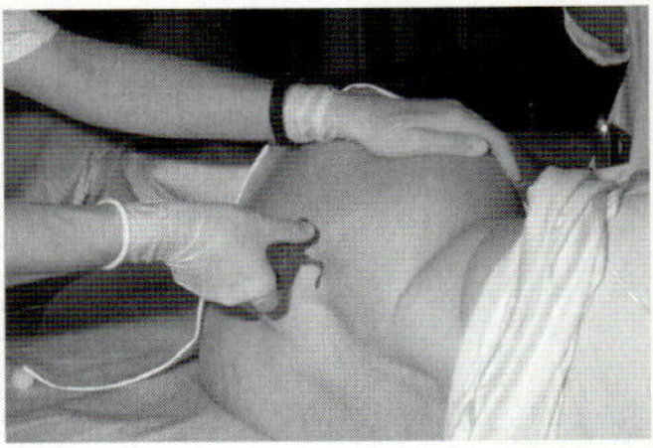

- Bringen Sie die Nadel drehend in die Knochenmarkhöhle ein, wobei ein plötzlicher Widerstandsverlust bemerkt wird, sobald die Nadel den Knochen passiert und sich in der Knochenmarkhöhle befindet. Wenn Sie die Kompakta passiert haben, nehmen Sie den Obturator heraus.
- Setzen Sie die mit 2 ml EDTA gefüllte 20 ml-Spritze auf die Jamshidi-Nadel, aspirieren Sie 5 ml Knochenmarkblut und vergewissern Sie sich, dass Ihr Aspirat Knochenmarkbröckel enthält. Kippen Sie Ihre Spritze mehrfach, um das Knochenmarkblut mit dem EDTA zu vermischen.

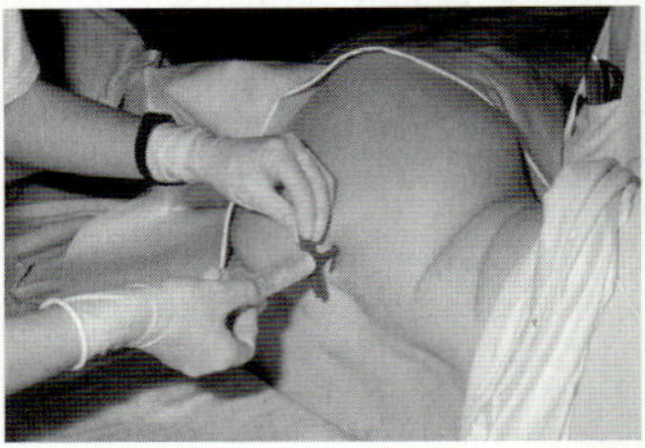

- Schieben Sie die Jamshidi-Nadel mit Drehbewegungen noch etwa 4 cm weiter vor, um den Stanzzylinder zu gewinnen. Wenn Sie die gewünschte Punktionstiefe erreicht haben, scheren Sie den Knochenzylinder durch rasche Drehbewegung der Jamshidi-Nadel ab und ziehen sie unter leichten Links-Rechts-Drehungen hinaus. Der Knochenzylinder sollte mindestens eine Länge von 15 mm haben.
- Mit dem stumpfen Obturator wird durch Einführen über das distale Ende die Biopsie herausgeschoben und in Formalinlösung gegeben.

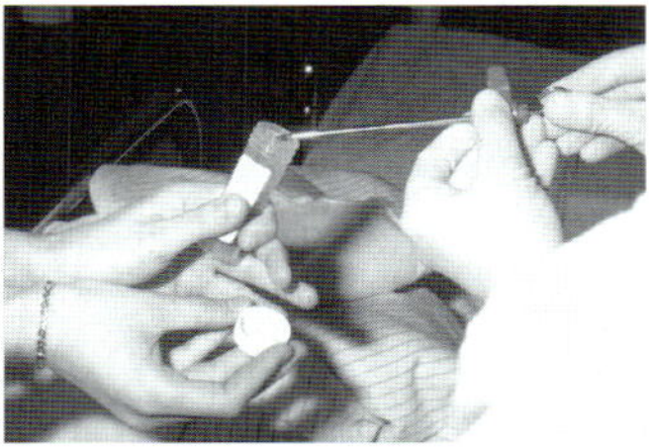

- Mit einem sterilem Tupfer komprimieren Sie die Punktionsstelle einige Minuten und kleben ein Pflaster auf. Anschließend wird der Patient auf einem Sandsack gelagert.

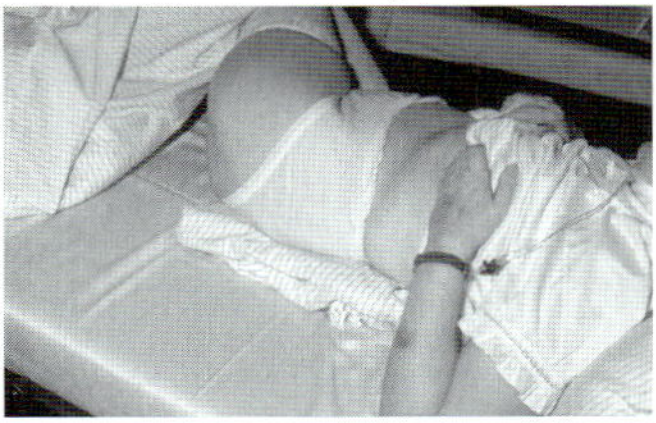

- Nachdem der Patient verbunden ist, streichen Sie in Ruhe das Knochenmark aus. Je blutärmer die Präparate angefertigt sind, und je weniger sie gequetscht werden, desto besser werden die Ausstrichqualität und damit die Beurteilbarkeit. Stellen Sie einen Objektträger in einer Schale schräg auf und spritzen Sie Ihr Knochenmarkaspirat tropfenweise auf. Das Blut soll ablaufen und sie nehmen die Knochenmarksbröckel mit einem zweiten Objektträger auf, tupfen ihn auf einen weiteren Objektträger und streichen dann gleichmäßig ohne besonderen Druck aus. Fertigen Sie unbedingt ausreichend viele Präparate an. Die Ausstriche müssen mit Name und Geburtsdatum des Patienten beschriftet werden, trocknen und können dann gefärbt oder versandt werden.

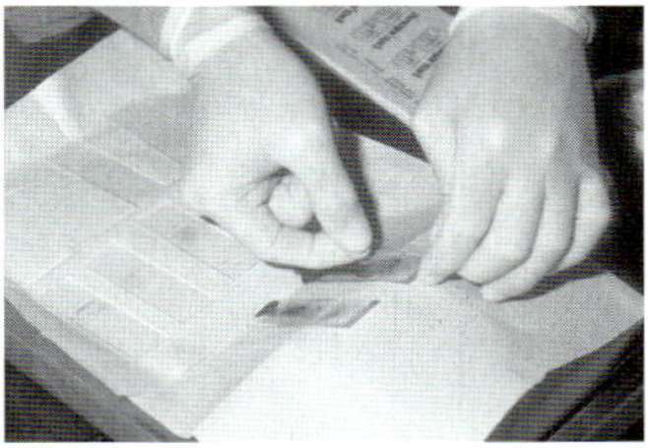

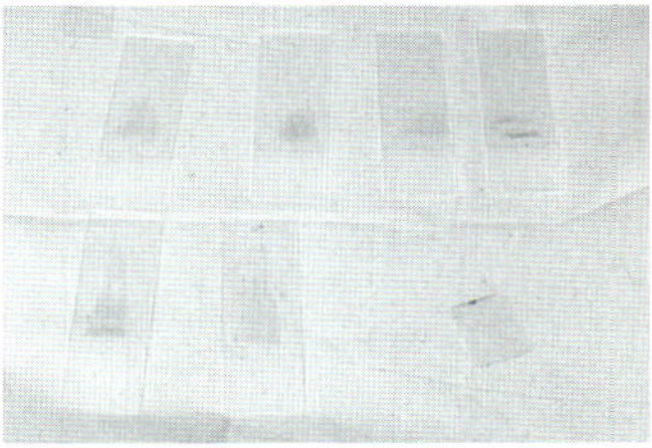

Sternalpunktion

- Diese Methode wird eher selten angewandt, weil sie für den Patienten schmerzhafter ist als die Beckenkammbiopsie. Allerdings liegt be-

G 5

sonders bei adipösen Patienten der Vorteil darin, dass die zu punktierende Struktur besser palpabel oder sogar sichtbar ist. Es handelt sich jedoch um eine rein zytologische Untersuchung, über das Gewebe (Verhältnis Bindegewebe/Zellgehalt) des Knochenmarks ist keine Aussage möglich.

- Vorbereitung und sterile Bedingungen entsprechen größtenteils der Beckenkammbiopsie. Die Materialien unterscheiden sich in der Art der Nadeln, zusätzlich benötigen Sie eine Petrischale (evtl. mit EDTA oder Zitrat)

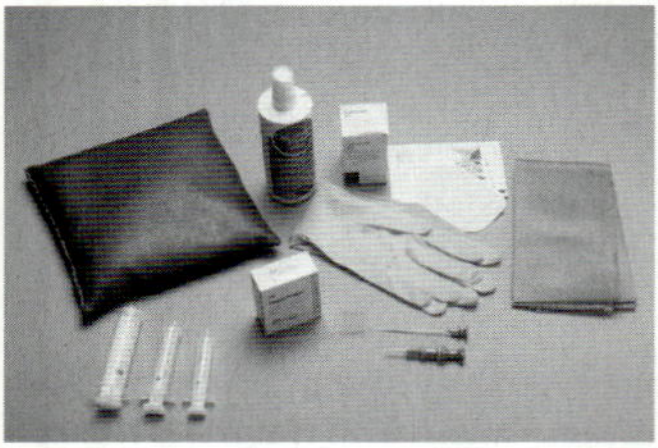

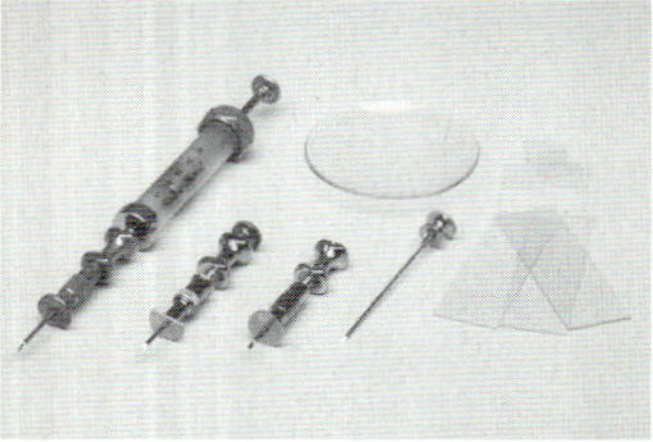

- Tasten Sie das Manubrium sterni ab. In Höhe des 2. ICR bildet es meist eine ebene Fläche, die Sie mit dem Fingernagel markieren können.
- Setzen Sie eine Hautquaddel mit Lokalanästhetikum. Stechen Sie dann senkrecht ein, und infiltrieren Sie unter zwischenzeitlicher Aspiration bis auf das Periost. Dies ist sehr schmerzhaft, darum sollten Sie fächerförmig infiltrieren. Lassen Sie die Anästhesie etwa 5 min einwirken.
- Stellen Sie den Abstandhalter an der Sternalpunktionsnadel entsprechend der ungefähren Eindringtiefe ein (5–10 mm), und führen Sie den Obturator in die Nadel ein.
- Führen Sie die Nadel senkrecht durch die Hautquaddel und das Unterhautfettgewebe bis auf das Periost ein, und schieben Sie sie unter leichten Drehbewegungen mit konstantem, senkrecht ausgeübtem Druck in das Sternum ein.
- Entnehmen Sie den Obturator, wenn die Nadel im Knochen fixiert ist oder Sie einen Widerstand passiert haben. Befindet sich Blut an der Spitze, sind Sie mit großer Wahrscheinlichkeit bereits im Mark.
- Setzen Sie die Spritze auf, und aspirieren Sie vorsichtig.
- Wenn Blut kommt, geben Sie es sofort in die Petri-Schale und schauen nach, ob Markanteile enthalten sind (kleine helle Bröckchen).
- Alternativ verwenden Sie zur Aspiration eine mit 2 ml EDTA gefüllte Spritze (s. o.).
- Komprimieren Sie nach dem Entfernen der Nadel die Punktionsstelle einige Minuten mit einem sterilen Tupfer, um eine Hämatombildung zu vermeiden. Kleben Sie ein Pflaster auf, und legen Sie für etwa zwei Stunden einen kleinen Sandsack auf das Sternum.
- Die Ausstrichtechnik entspricht der Beckenkammbiopsie (s. S. 185).

Tipps und Tricks

- Der Moment der Knochenmarkaspiration ist durch den entstehenden Unterdruck für den Patienten

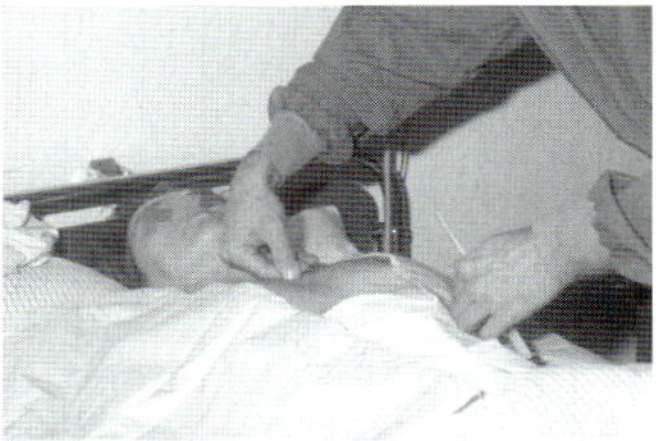

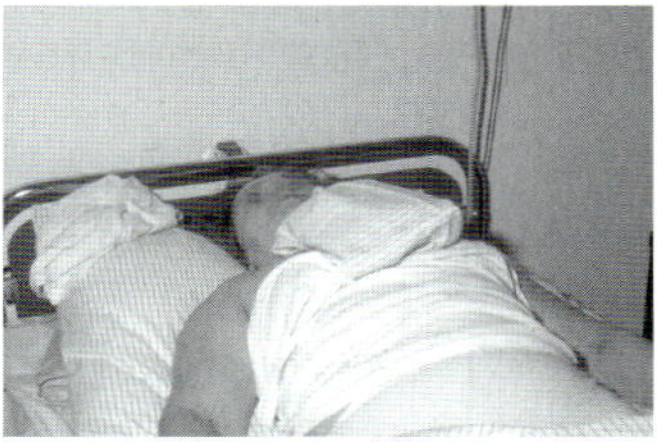

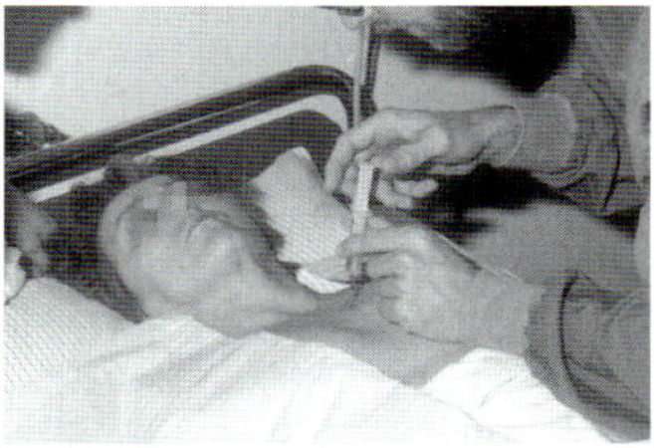

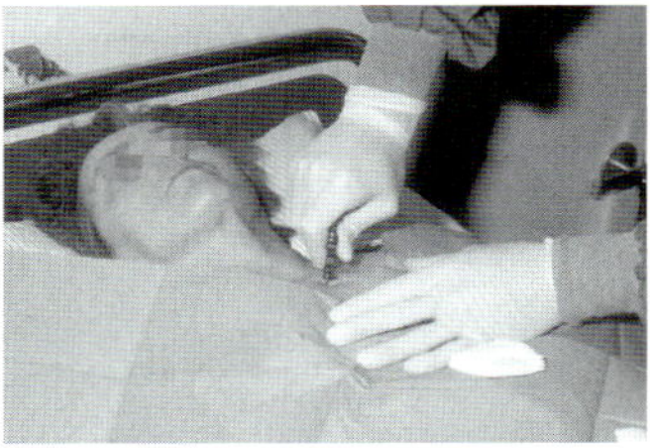

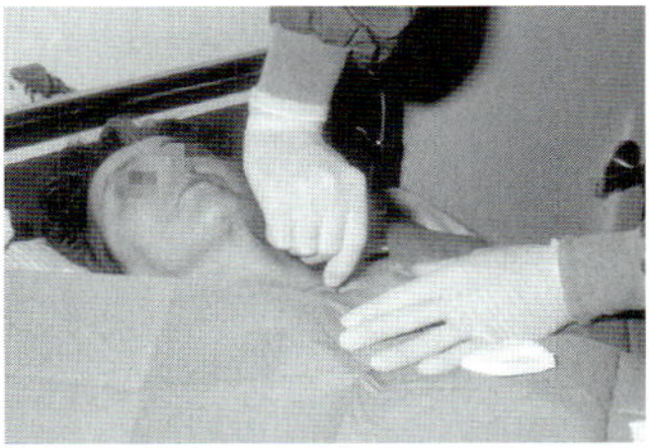

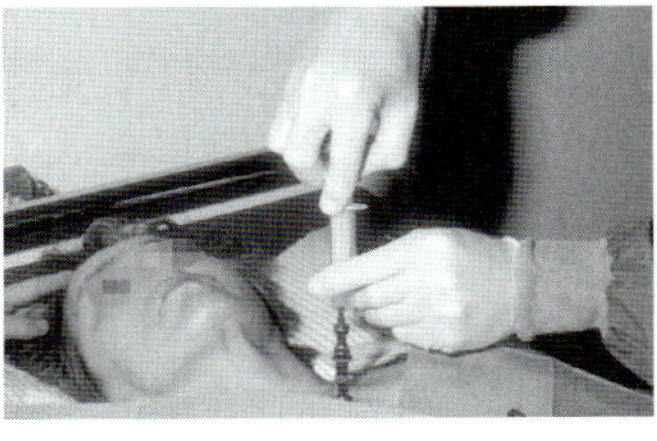

schmerzhaft und sollte angekündigt werden.

- Es gibt zwei Ausstrichverfahren: die Nativmethode und wie oben beschrieben das Verfahren mit EDTA-Antikoagulation. Letztere Methode hat den Vorteil, dass die Knochenmarkpräparate in beliebiger Anzahl ohne Zeitdruck angefertigt werden können. Die fertigen Präparate müssen vor der üblichen panoptischen Färbung 10 Minuten mit Methanol fixiert werden.
- Bei der Nativmethode muss das Knochenmarkaspirat sofort nach Gewinnung ausgestrichen werden, sonst beginnt das Blut zu gerinnen und das Material wird unbrauchbar. Es kann aus Zeitgründen nur eine begrenzte Anzahl an Präparaten hergestellt werden.

Probleme und Sonderfälle

- **Punctio sicca:** Ihre Jamshidi-Nadel steckt im Beckenkamm, aber es lässt sich kein Knochenmarkblut aspirieren. Möglicherweise haben Sie zu tangential punktiert und stecken nicht in der Markhöhle, sondern in der Kompakta. Ziehen Sie die Nadel zurück und penetrieren den Beckenkamm an einer anderen Stelle. Falls Sie den Überblick über die gewünschte Stichrichtung verlieren, ziehen Sie die Jamshidi-Nadel wieder heraus und nehmen noch einmal eine dünne Kanüle (evtl. in Überlänge), führen diese bis zum Knochenkontakt ein und verdeutlichen sich den Ort, an dem Sie punktieren möchten. Natürlich kann auch eine Markfibrose als Ursache für die Punctio sicca vorliegen.

- **Blutungen aus der Punktionsstelle bei Gerinnungsstörungen:** Blutungen können unerwartet auftreten. Sie werden durch anhaltende Kompression gestillt oder müssen bei ausbleibendem Erfolg chirurgisch mit Gefäßligatur versorgt werden.
- **Postpunktionelle Hämatome:** Können sich im Bereich des Periosts bilden. Sie können bis zur vollständigen Resorption anhaltende Schmerzen verursachen, die in den Oberschenkel ausstrahlen und leicht fehlgedeutet werden. Sind andere Ursachen für die Schmerzen ausgeschlossen, empfiehlt sich der Einsatz nichtsteroidaler Antiphlogistika.
- **Osteoporotische Knochen:** Es besteht die Gefahr einer Kompaktaperforation der Beckeninnenseite.
- **Harte Knochen:** Sie können die Biopsie sehr erschweren (z. B. bei M. Paget, Osteomyelosklerose, osteoplastischer Metastasierung). Die Nadel kann abbrechen und eine chirurgische Entfernung erforderlich machen.

H Chirurgische Station und OP

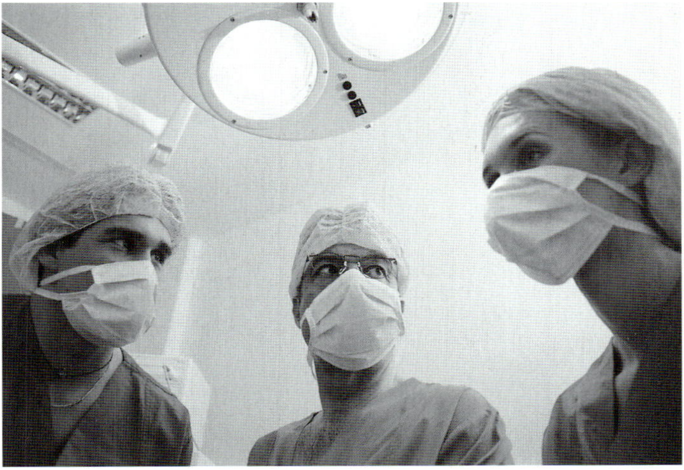

H

Chirurgische Händedesinfektion

Allgemeines

Die chirurgische Händedesinfektion ist ein unerlässlicher Bestandteil der Vorbereitung einer Operation. Mit ihr sollen pathogene Keime entfernt und die hauteigenen Stammkeime reduziert werden. Die tiefer gelegenen Keime an den Haarfollikeln und Schweißdrüsen werden allerdings nicht erreicht. Außerdem beginnt nach etwa 20–30 min die Wiederbesiedlung der Haut. Daher ist größte Sorgfalt vonnöten, um soviel Sterilität wie möglich zu erreichen. In der Regel ist das OP-Personal für die Einhaltung der Hygienevorschriften verantwortlich.

Durchführung

- Die eigens für die chirurgische Händedesinfektion eingerichteten Waschräume werden von der Flurseite betreten und durch eine mit Fußtaste oder Lichtschranke zu öffnende Tür zum Operationssaal verlassen.
- Der Waschraum darf nur in OP-Kleidung, mit OP-Schuhen, Kopfbedekkung und Mundschutz betreten werden.
- Sie dürfen keinen Schmuck an Händen oder Armen tragen (auch keine Eheringe oder Armbanduhren).
- Mit einer infektiösen Hauterkrankung der Hände sollte bis zur Ausheilung die Teilnahme an Operationen unterbleiben.
- Die chirurgische Händedesinfektion erfolgt, im Gegensatz zur hygienischen Händedesinfektion, nach dem Waschen.
- Stellen Sie sich eine angenehme Wassertemperatur ein.
- Vom Beginn der Waschung an dürfen Sie nichts mehr mit den Händen berühren.
- Beginnen Sie mit einer einfachen Wäsche der Hände und Unterarme mit Seife.
- Lassen Sie das Wasser immer von den Händen über die Ellenbogen abfließen, und halten Sie Hände und Unterarme leicht erhoben.
- Reinigen Sie die Fingernägel bei Bedarf mit einer sterilen Bürste. Hände und Arme müssen nicht abgebürstet werden.
- Wenn es im Waschraum sterile Handtücher gibt, trocknen Sie jeden Arm mit einem eigenen sterilen Handtuch von den Händen in Richtung Ellenbogen ab. Wenn es keine sterilen Handtücher gibt, trocknen Sie sich unsteril ab und beginnen dann mit der Desinfektion. Auf keinen Fall nasse Haut desinfizieren, da mit einer wässrigen Verdünnung des Desinfektionsmittels dessen Wirkung verloren geht.
- Die Desinfektionsmittel-Spender bedienen Sie mit dem Ellenbogen. Reiben Sie zunächst die Unterarme von proximal bis zu den Händen mit Desinfektionsmittel ein (2 Minuten), anschließend für ebenfalls 2 Minuten nur noch die distalen Unterarme und Hände. Der letzte Schritt besteht in der einminütigen

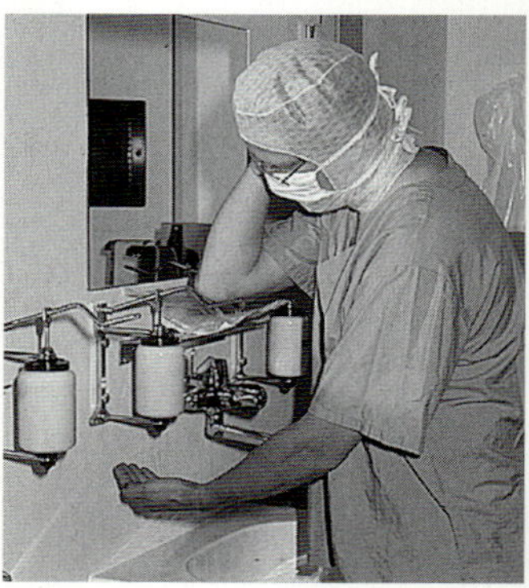

H 1

gründlichen Händedesinfektion, bei der Sie insbesondere darauf achten sollten, dass Sie nicht das Einreiben zwischen den Fingern, an den Handkanten und die Fingernägel vergessen.
- Nach der Desinfektion, die insgesamt mindestens über 5 Minuten durchgeführt wird, halten Sie die Hände ohne Berührung vor den Oberkörper, bis das sterile Ankleiden erfolgt.

Tipps und Tricks

- Einer Hautschädigung (Rhagadenbildung, Infektionen) durch häufige Hautdesinfektion können Sie durch Hautpflege mit alkalifreien Seifen, Cremes und Salben vorbeugen.

Probleme und Sonderfälle

- **Empfindliche Haut:** Sie sollten auf jodhaltige Desinfektionsmittel umsteigen (Braunosan, Betadine u. a.). Diese Desinfektionsmittel wendet man durch normale Waschbewegungen an. Es bildet sich ein gelblich-brauner Schaum, der über Hände und Unterarme verteilt wird.
- **Berühren unsteriler Gegenstände:** Wenn Sie aus Versehen während oder nach der Desinfektion unsterile Gegenstände berühren, muss die ganze Waschung wiederholt werden.

Wundversorgung

Allgemeines

Wunden entstehen durch äußere Gewalteinwirkung. Ziele einer Wundversorgung sind Blutstillung, die Vermeidung einer Infektion, eine Beschleunigung der Heilung und ein funktionell und kosmetisch gutes Heilungsergebnis. Diese Ziele werden durch eine möglichst rasche Wundversorgung und Induktion einer primären Heilung erreicht.
Für einen primären Wundverschluss (s.u.) gilt als Anhalt ein Zeitfenster von 6–8 Stunden, ältere Wunden sollten wegen einer bereits eingesetzten bakteriellen Besiedelung und der damit verbundenen Infektionsgefahr nicht primär verschlossen werden. In gut durchbluteten Regionen wie Gesicht oder Kopfhaut kann allerdings auch etwas später noch ein primärer Wundverschluss erfolgen, in schlecht durchbluteten Regionen wie Hände, Füße oder Gesäß sollte möglichst innerhalb von 6 Stunden der primäre Wundverschluss durchgeführt werden.

Indikation zur Wundnaht

- Die Wundbehandlung hat zum Ziel, eine schnelle, infektionsfreie und kosmetisch akzeptable Heilung zu fördern.
- **Primärer Wundverschluss:** bei sauberen Wunden mit glatten Rändern, die nicht allzu tief gehen. Sie können sofort vollständig vernäht werden.
- **Sekundärer Wundverschluss:** bei Wunden, die älter als 6–8 Stunden sind, infizierten, verunreinigten Wunden und Bisswunden aller Art sowie Schusswunden. Sekundärer Wundverschluss erfolgt auch bei tiefen Wunden mit Verletzung tieferer Strukturen. Sie sollten nur grob mit einigen Stichen adaptiert werden, dann wird eine Lasche eingelegt und die Wunde täglich gespült und kontrolliert.
- Auch Defektwunden können sekundär verschlossen werden. Die Wundränder dürfen nicht unter Spannung adaptiert werden, da sonst die Nekrosegefahr zu groß wird.
- Nicht erforderlich ist eine Wundnaht bei kleinen oberflächlichen Schnitten, wenn sie mit einem Desinfektionsmittel wie Chlorhexidin oder PVP-Jod gereinigt und mit einem Klebeverband verdeckt werden.

Durchführung

- Zunächst erheben Sie die Anamnese, um den Unfallmechanismus zu klären und die Wundart einordnen zu können. Erhalten Sie vom Patienten keine verwertbare Information, versuchen Sie über Begleitpersonen (Angehörige, Zeugen) mehr über den Unfallhergang zu erfahren.
- Klären Sie, ob es sich um einen Arbeits-, Wege- oder Schulunfall handelte, da sich der Patient in diesem Fall einem D-Arzt vorstellen muss.
- Überprüfen Sie den Tetanusschutz, ggf. muss geimpft werden (S. 196).
- Frische Wunden bleiben bis zur Wundinspektion und Wundversorgung steril abgedeckt. Am besten belassen Sie den ersten Verband bis zur ärztlichen Versorgung.

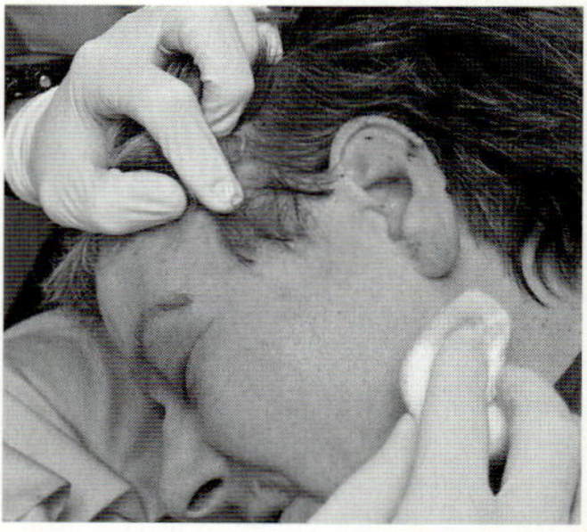

H 2

- Tragen Sie immer Einmalhandschuhe zur Wundinspektion.
- Überprüfen Sie Durchblutung, Motorik und Sensibilität (DMS) in der abhängigen Körperpartie und zwar immer vor der Lokalanästhesie oder einer therapeutischen Manipulation.
- Wenn nötig, ordnen Sie eine Röntgenuntersuchung des Verletzungsgebietes in zwei Ebenen zum Ausschluss knöcherner Begleitverletzungen oder Fremdkörperinkorporationen an.
- **Materialien:**

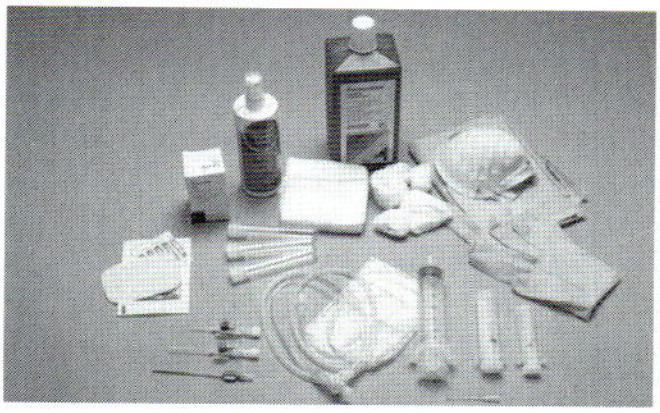

  - Sterile Handschuhe.
  - Abdecktuch (z. B. Lochtuch).
  - Sterile Kompressen und Tupfer.
  - Chirurgische Pinzette.
  - Fadenschere.
  - Nadelhalter.
  - Kornzange und sterile Tupfer zur Wunddesinfektion, ein steriles Schälchen für das Desinfektionsmittel und die Tupfer.
  - Spritze (5 oder 10 ml) mit Lokalanästhetikum (z. B. Xylonest 1% oder 2%), Kanüle (braun oder grün).
  - Desinfektionsmittel, Wundspüllösung (Ringerlösung).
  - Einmalrasierer, Mullbinden und Pflastermaterial.
  - Nahtmaterial: monofiler Nylonfaden 3/0 bis 5/0 zur Hautnaht (bei Bedarf resorbierbares Nahtmaterial wie Dexon, Vicryl, Catgut 3/0 bis 5/0 für Gefäßligaturen, Sehnen-, Faszien und Subkutannähte).

  Je nach Wundverhältnissen zusätzlich:
  - Spitze Fremdkörperextraktionszange.
  - Knopfsonde.
  - 1–2 Arterienklemmen.
  - Steriles Einmalskalpell (Größe 10, 11 oder 13).
  - Scharfe Löffel zum Ausräumen von nekrotischem Gewebe.
  - 20-ml-Spritze mit Knopfkanüle zum Spülen von Wundtaschen.
  - Sterile Gummi- oder Silikonlaschen zur Drainage von Wundsekret.
- Sie benötigen eine Hilfsperson, um sich die Instrumente steril anreichen zu lassen.
- Der Patient wird auf den Rücken horizontal und möglichst bequem auf dem OP-Tisch gelagert. Achten Sie auf eine gute Zugänglichkeit der verletzten Körperpartie. Nach Möglichkeit lagern Sie die Wunde hoch.
- Sorgen Sie für ausreichende Beleuchtung im Arbeitsbereich.
- Ziehen Sie Einmalhandschuhe an.
- Entfernen Sie den primären Verband.
- Inspizieren Sie die Wunde und die Wundränder.
- Eventuell ist eine Rasur der verletzten Region erforderlich.

  Merke: Augenbrauen nie rasieren, weil sie nur sehr langsam nachwachsen.
- Lokalanästhesie: Unterspritzen Sie die Wunde fächerförmig von den Enden aus. Spritzen Sie langsam, da zu großer Druck im Gewebe für den Patienten schmerzhaft ist. Bei sehr kleinen Wunden kann in Absprache mit dem Patienten auf die Lokalanästhesie verzichtet werden. Zwei Stiche Naht schmerzen nicht mehr als zwei Stiche mit einer Injektionsnadel.

  Merke: Verwenden Sie an Akren (Finger oder Zehen, Nase, Ohrläppchen) niemals adrenalinhaltige Lokalanästhetika, da sie vasokonstriktorisch wirken und zu Nekrosen führen können.

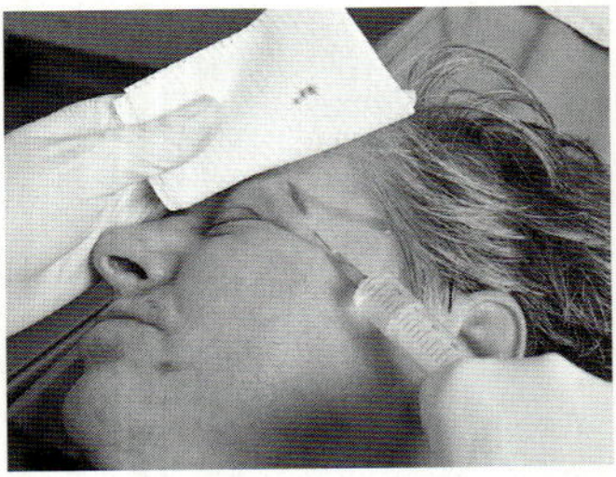

- Kontrollieren Sie die Anästhesie nach 3–5 min (z. B. mit der Pinzette).
- Ziehen Sie sterile Handschuhe an. In manchen Kliniken wird zur Wundversorgung zusätzlich noch Mundschutz und Kopfbedeckung getragen. Wichtiger als der Mundschutz ist unter hygienischen Aspekten, dass während der Wundversorgung und -naht möglichst wenig oder gar nicht gesprochen wird.
- Reinigen Sie die Wunde mit Ringer- oder physiologischer NaCl-Lösung, desinfizieren Sie dann die Wunde mittels Kornzange und mit desinfektionsmittelgetränkten sterilen Tupfern, und decken Sie dann die Wundumgebung mit dem Lochtuch oder Schlitztuch ab. Dann inspizieren Sie die Wunde nochmals. Oft ist es erst nach der Lokalanästhesie möglich, die Wundränder mit einer Pinzette anzuheben und das Ausmaß der Verletzung ganz zu erfassen. Durch die Injektion des Lokalanästhetikums ist das Wundgebiet etwas angeschwollen

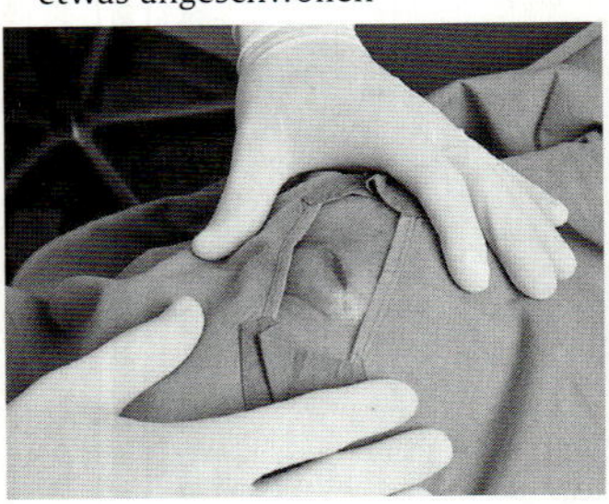

- Achten Sie in der Tiefe der Wunde auf Verletzungen der Faszie, der Sehnen oder Nerven, bei starken Blutungen auch auf Gefäßverletzungen.
- Entfernen Sie Fremdkörper und Verunreinigungen und tragen Sie Nekrosen ab. Hautfetzen sollten nicht vernäht, sondern entfernt werden, da sie wegen mangelnder Versorgung absterben.
- Spülen Sie die Wunde erneut gründlich mit Ringerlösung.
- Wundrandexzision: Bei stark ausgefransten Wundrändern kann es notwendig sein, sie mit einem Skalpell zu exzidieren, um eine glatte Kante zu erhalten, die sich besser adaptieren lässt. Dies gilt nicht für Gesichts- und Handverletzungen!
- Handelt es sich um tiefe Wunden, so gilt das Prinzip: Tiefer liegende Strukturen werden zuerst versorgt, d. h. Frakturen, Sehnen, größere Nerven und Gefäße werden vor der Subkutis und der Haut versorgt. Das Subkutangewebe oder eine verletzte Faszie werden evtl. durch einige Einzelknopfnähte mit resorbierbarem Faden adaptiert. Dazu ist eine Hilfsperson erforderlich, die unter sterilen Bedingungen die Wundränder mit scharfen Haken auseinanderhält.
- Die Hautnaht wird meist als Einzelknopfnaht mit nichtresorbierbarem Faden wie Dermalon 3/0 oder 5/0 ausgeführt, alternativ als intrakutane Naht (z. B. im Gesicht).
- Mit dem Nadelhalter in der führenden Hand ziehen Sie Nadel und Faden steril aus der Innenverpackung. Kontrollieren und korrigieren Sie die Nadelposition im Nadelhalter.

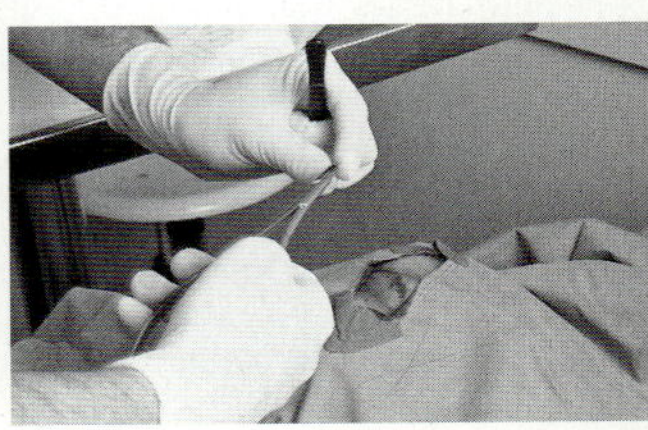

- Nehmen Sie die chirurgische Pinzette in die andere Hand und heben Sie mit der Pinzette den Wundrand an, ohne ihn zu quetschen. Der Wundrand sollte nicht nach innen eingerollt sein.
- Stechen Sie die Nadel ca. 2–5 mm vom Wundrand entfernt ein. Führen Sie sie durch das Gewebe in Richtung des gegenüberliegenden Wundrandes. Dabei sollte das Gewebe in seiner ganzen Tiefe erfasst werden.

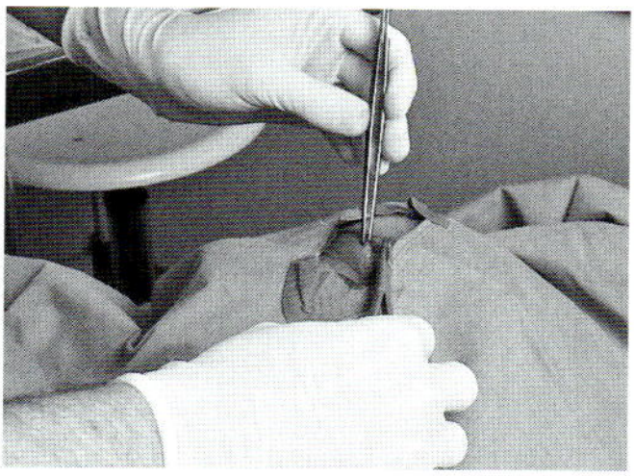

- Entweder führen Sie die Nadel nun in den Wundspalt hinein und stechen auf der Gegenseite von innen erneut in den Wundrand, oder Sie führen die Nadel direkt zum gegenüberliegenden Wundrand in gleichem Abstand wieder aus der Haut hinaus.

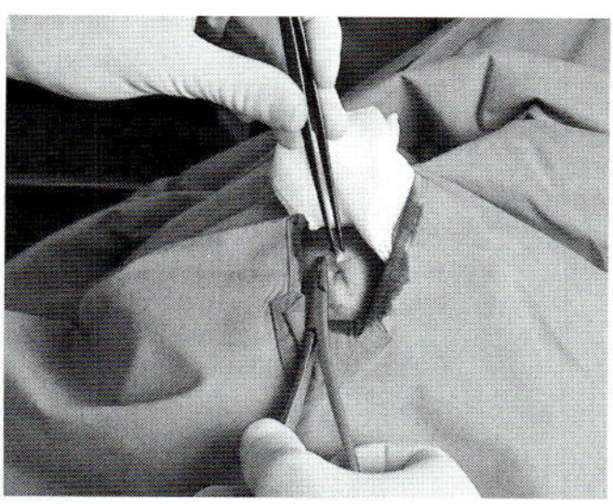

- Öffnen Sie den Nadelhalter. Fassen Sie die auf der Gegenseite hervortretende Nadel erneut und ziehen Sie sie aus der Haut.
- Wickeln Sie nun den Faden zweimal um den Nadelhalter und fassen Sie mit dem Nadelhalter das Fadenende am anderen Wundrand. Ziehen Sie die Fadenschlaufen über das Fadenende und ziehen Sie den Knoten vorsichtig fest. Verknoten Sie den Faden mit drei gegenläufigen Knoten, bei glatten Fäden, wie z. B. Monofil, sind auch vier bis fünf gegenläufige Knoten erforderlich.
- Die Knotenspannung sollte die Wundrandadaptation gewährleisten. Durch zu starken Zug am Faden entstehen Einschnitte und Gewebequetschungen. Achten Sie auf die korrekte Adaptation der einzelnen Hautschichten.
- Schneiden Sie den restlichen Faden mit der Nadel daran ca. 1 cm über der Haut ab.

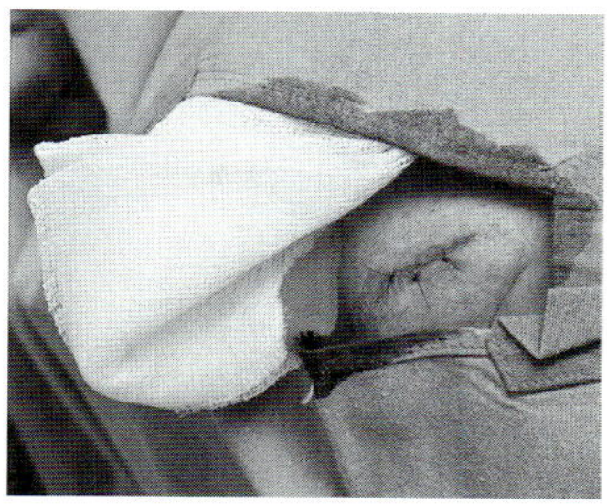

- Nach dem Nähen wird das Wundgebiet nochmals mit einem Desinfektionsmittel gereinigt.
- Die versorgte Wunde wird je nach Größe mit einem sterilen Pflaster oder mit sterilen Kompressen abgedeckt und wenn nötig mit Pflaster oder Mullbinden fixiert.
- Informieren Sie den Patienten über das weitere Vorgehen hinsichtlich Wundkontrollen, Fadenentfernung und eventueller Tetanus-Nachimpfungen. Für den weiterbehandelnden Arzt erstellen Sie eine kurze Dokumentation in einem Kurzbrief. Bei einem Arbeits- oder Wegeunfall wird der Patient, falls kein lebensbedrohlicher Notfall vorliegt oder besondere Eile geboten ist, dem D-Arzt zur Versorgung weitergeleitet. Die Wundkontrolle erfolgt entwe-

Tabelle 21 Fadenentfernung

Körperregion	Fadenstärke	Entfernungszeitraum
Erwachsene		
Gesicht	5 – 0 monofil Nylon	nach 5 Tagen
Bein	3 – 0 Nylon	nach 2 Wochen
Arme und Stamm	3 – 0 Seide	nach 9 Tagen
Kopfhaut	3 – 0 Seide	nach 5 Tagen
Kinder		
Gesicht	6 – 0 monofil Nylon	nach 3–5 Tagen
Körper	Polyglykol-Fäden (z. B. Vicryl)	tiefer Anteil wird resorbiert, oberer Teil fällt nach 10–14 Tagen ab

der durch den D-Arzt oder durch den Hausarzt.

- Sorgen Sie für eine ausreichende Analgesie auch nach dem Abklingen der Lokalanästhesie. Grundsätzlich bedürfen alle heilenden Wunden der Ruhigstellung und Asepsis. Tetanusschutz s. Tab. 22.
- Die Fäden werden in der Regel nach ca. 10 Tagen entfernt (s. Tab. 21). Dabei werden der Knoten oder die abgeschnittenen Fadenenden mit der Pinzette angehoben und mit einem spitzen Messer oder Skalpell einer der in das Gewebe eingebrachten Fäden durchschnitten. Mit der Pinzette lässt sich dann ein dreiteiliges „Sternchen“ oder ein „Krähenfuß“ herausziehen. Wenn nur der Knoten mit den Restfäden abgeschnitten wird, verbleiben Fadenreste im Gewebe und können dort zu Problemen, z. B. Granulombildungen, führen.

H 2

Tetanusprophylaxe

- Jeder Patient muss nach seinem Tetanusschutz gefragt werden. Die notwendige aktive und passive Immunisierung ist Tab. 22 zu entnehmen.
- Die Impfung wird i.m. in den Oberarm oder Oberschenkel verabreicht (s. Injektionen S. 87). Dabei sollte die unverletzte Extremität bevorzugt werden, und die aktive und die passive Impfung sollten möglichst an verschiedenen Stellen weit von einander entfernt injiziert werden.

Tipps und Tricks

- Bei kosmetisch anspruchsvollen Nähten sind Intrakutannähte oder sogar nur Steristrips vorzuziehen. Bei der Wahl der Fadenstärke muss ein Kompromiss zwischen der mechanischen Belastung (dicker Faden, z. B. 3/0) und dem kosmetischen Anspruch (dünner Faden, z. B. 5/0) gefunden werden.
- Bei kleinen Kindern, die sich heftig gegen Lokalanästhesie und Naht wehren, reicht eventuell auch die Wunddesinfektion und der Wundverschluss nach dem Abtrocknen mit Steristrips.
- Auch nichtdehiszente, glattrandige, saubere und oberflächliche Wunden können nach Desinfektion mit Steristrips versorgt werden, sofern keine mechanische Belastung und kein Wasserkontakt zu erwarten ist (Wasser löst Steristrips). Es kann notfalls auch ein Duschpflaster (z. B. Cutifilm) über die Steristrips geklebt werden, das ca. 2–3 Tage auf der Wunde verbleibt.

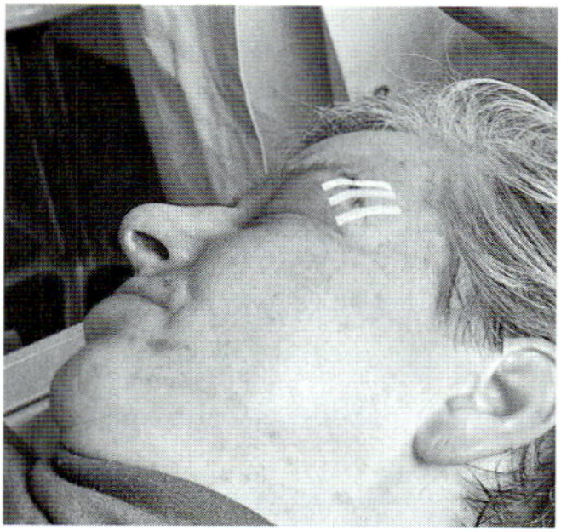

Hier wurden Steristrips gesetzt, um der frischen Naht einen zusätzlichen Halt zu geben.

- Rechnen Sie auch bei scheinbar rein oberflächlichen Wunden mit tieferen Verletzungen und nehmen Sie IMMER eine gründliche Inspektion vor.
- Im Zweifelsfall führen Sie immer eine offene Wundbehandlung durch.
- Bei großflächigen Verletzungen können Sie die Wunde direkt mit Lokalanästhetikum betropfen und eine oberflächliche Anästhesie erreichen, die eine schmerzlosere Desinfektion und Lokalanästhesie ermöglicht.
- Achten Sie darauf, dass der lose Faden nicht mit unsterilen Materialien in Kontakt kommt.
- Bei der Dokumentation komplizierter Wundverhältnisse kann eine kleine Skizze hilfreich sein.
- Die Termine für notwendige Tetanusnachimpfungen sollten den Patienten (auch aus Dokumentationsgründen) schriftlich mitgegeben werden. Erfolgte Impfungen sollten möglichst bald in den Impfausweis nachgetragen werden (kann beim Hausarzt geschehen).

Tabelle 22 Tetanus-Immunprophylaxe im Verletzungsfall (Robert Koch-Institut, Juli 2004; die jeweils aktuellsten Impfempfehlungen sind zu finden unter www.rki.de)

Anzahl der bisherigen Impfungen	**saubere, geringfügige Wunden**		**alle anderen Wunden[1]**	
	Td[2]	TIG[3]	Td[2]	TIG[3]
unbekannt	ja	nein	ja	ja
0–1	ja	nein	ja	ja
2	ja	nein	ja	nein[4]
3 oder mehr	nein[5]	nein	nein[6]	nein

[1] Tiefe und/oder verschmutzte (mit Staub, Erde, Speichel, Stuhl kontaminierte) Wunden, Verletzungen mit Gewebszertrümmerung und reduzierter Sauerstoffversorgung oder Eindringen von Fremdkörpern (z. B. Quetsch-, Riss-, Biss-, Stich-, Schusswunden)
- ▶ schwere Verbrennungen und Erfrierungen
- ▶ Gewebsnekrosen
- ▶ septische Aborte

[2] Kinder unter 6 Jahren erhalten T, ältere Personen Td (Tetanus-Diphtherie-Impfstoff mit verringertem Diphtherietoxoidgehalt).
[3] TIG = Tetanus-Immunglobulin, im Allgemeinen werden 250 IE verabreicht, die Dosis kann auf 500 IE erhöht werden; TIG wird simultan mit Td/T-Impfstoff angewendet.
[4] Ja, wenn die Verletzung länger als 24 Stunden zurückliegt.
[5] Ja (1 Dosis), wenn seit der letzten Impfung mehr als 10 Jahre vergangen sind.
[6] Ja (1 Dosis), wenn seit der letzten Impfung mehr als 5 Jahre vergangen sind.
Fehlende Impfungen der Grundimmunisierung sind entsprechend den für die Grundimmunisierung gegebenen Empfehlungen nachzuholen. Nicht dokumentierte Impfungen sind wie nicht erfolgt zu betrachten.

- Salben, Lösungen oder Puder werden nicht auf genähte Wunden aufgetragen. Puder werden auch nicht auf offene Wunden aufgetragen, da eine hohe lokale Allergisierungsgefahr besteht.
- Schweinefüße vom Metzger oder eine Orange sind gute Übungsobjekte für den primären Wundverschluss. Vielleicht können Sie sich über Pflegekräfte das Nahtmaterial zum Üben verschaffen (Fäden jenseits des Verfallsdatums).
- Zum Thema Knoten wird von manchen Faden-Firmen ein kleines Handbuch oder Heft produziert. Eventuell stellt Ihnen auch ein Arzt oder jemand vom OP-Personal eine solche Anleitung zur Verfügung.

Probleme und Sonderfälle

- **Polytraumatisierte Patienten:** Zuerst müssen lebensbedrohliche Verletzungen erkannt und behandelt werden. Die Wundversorgung ist bei polytraumatisierten Patienten zweitrangig!
- **Bisswunden:** Aufgrund der fast regelhaften bakteriellen Kontamination besonders ausgiebige Spülung. Falls nötig, auch sparsames Ausschneiden der Wunde und weit gefasste Indikation zur systemischen Antibiotikatherapie. Immer sekundärer Wundverschluss.
- **Infizierte Wunden:** Wunde eröffnen, ausgiebig spülen und ggf. zum ungehinderten Abfluss von Sekret oder Eiter Einlegen einer Lasche.
- **Antibiotika:** Bei infizierten Wunden (außer Bisswunden) sollten Antibiotika nur bei beginnender Infektionsausbreitung und allgemeinen Entzündungszeichen (Fieber, Lymphangitis, Lymphadenitis) verordnet werden.
- **Tiefe oder gekammerte Wunden:** Einlage einer Drainage (Lasche), damit Sekret und Blut abfließen können (Hämatom- und Infektionsprophylaxe).
- **Wundlänge > 5 cm:** Evtl. den mittleren Faden zuerst setzen (verschlechtert allerdings die Übersicht), dann von einem Wundende zum anderen Nähte setzen. Nicht an beiden Wundenden mit dem Nähen beginnen.
- **Y-förmige oder komplizierte Wunden:** Hierbei sollten für einen spannungsfreien Verschluss an den wichtigen Eckpunkten zunächst subkutane oder kutane Situationsnähte gelegt werden. Diese Nähte sind etwas lockerer und adaptieren die Wundränder nicht vollständig, sondern geben nur die Richtung vor. Der „Stiel" des Ypsilons ist durchblutungsgefährdet, daher sollte hier nicht viel Nahtmaterial eingebracht werden und die Nähte sollten nicht sehr straff sitzen.
- **Fremdkörper:** Ist aufgrund der Anamnese und des Verletzungsereignisses ein Fremdkörper in der Wunde wahrscheinlich, muss akribisch mit der Pinzette, evtl. auch mit dem steril behandschuhten Finger, die Wunde nach einem Fremdkörper ausgetastet werden. Wurden röntgendichte Fremdkörper im Röntgenbild nachgewiesen (Metall, z. B. Holz ist nicht röntgendicht), werden sie unter Bildwandlerkontrolle extrahiert. Manchmal muss die Wunde dazu vergrößert werden. Abschließend sollte aus formal-juristischen Gründen eine Dokumentationsaufnahme in zwei Ebenen angefertigt werden. Dieses Vorgehen bleibt jedoch meist einem erfahrenen Chirurgen überlassen.

Verbände

Allgemeines

Die Hauptfunktionen von Verbänden sind der Schutz einer Wunde, die Ruhigstellung eines verletzten oder erkrankten Körperteils und die Kompression blutender Wunden und thrombosegefährdeter Extremitäten.
Entsprechend der Vielzahl von Anwendungsmöglichkeiten und -orten gibt es auch eine Vielzahl verschiedener Verbandformen und Verbandmaterialien.

Durchführung

- Meistens existiert auf chirurgischen Stationen ein Verbandswagen, in dem alle notwendigen Utensilien vorhanden sind.

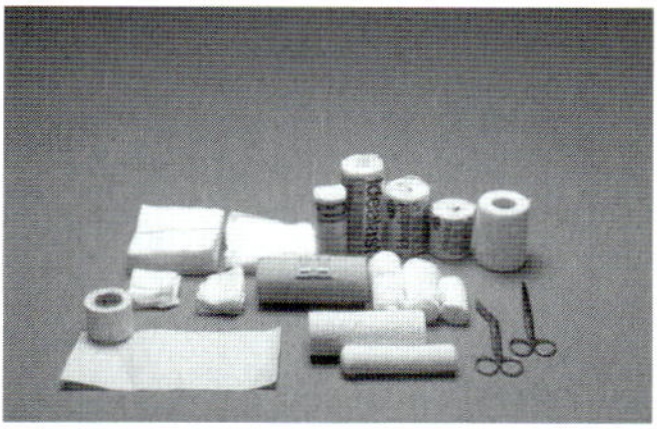

  - Sterile Tupfer und Kompressen in unterschiedlichen Größen.
  - Mullbinden.
  - Elastische Binden.
  - Wattebinden.
  - Heftpflasterrollen.
  - Spitze/stumpfe Schere, anatomische/chirurgische Pinzette (Aufbewahrung in sterilen Einmalverpackungen).
  - Desinfektionsmittel für Haut und Hände.
  - Handschuhe.
  - Abfallsack.
  - Salben und Desinfektionslösungen für die Wunden (Betaisodonalösung, Ringer- oder NaCl-Lösung zum Spülen).
- Wechseln Sie Verbände am besten gemeinsam mit einer Hilfsperson.
- Klären Sie den Patienten über das Vorgehen auf. Vor Manipulationen an der Wunde besteht meist große Angst.
- Sorgen Sie für gute Beleuchtung.
- Nehmen Sie alle benötigten Materialien bereits vor dem Kontakt mit dem Verband vom Wagen herunter. Ein Verband gilt immer als infektiös.
- Führen Sie die hygienische Händedesinfektion durch.
- Legen Sie sich alle Materialien zurecht und zwar so viel wie nötig und so wenig wie möglich. Schaffen Sie sich, falls nötig, eine sterile Ablagefläche durch Öffnen einiger Kompressenverpackungen, deren Innenseite steril ist.
- Tragen Sie bei jedem Verbandswechsel Handschuhe.
- Die Breite der verwendeten Binde sollte den Durchmesser des zu verbindenden Körperteils nicht überschreiten.
- Der Verband beginnt immer mit einer Kreistour, die den Bindenkopf fixiert.
- Der einfachste weitere Bindengang ist der Schrauben- oder Spiralgang, bei dem sich die einzelnen Bindentouren um mindestens die Hälfte überdecken sollten.
- Bei ruhig-stellenden Verbänden werden die Gelenke in funktioneller Mittelstellung fixiert, um die physiotherapeutische Rehabilitation nicht zu erschweren (Sprunggelenk: Fixation im rechten Winkel zum Unterschenkel, sonst Gefahr der Spitzfußbildung).
- Das Ende des Verbandes wird mit Klammern oder Pflaster fixiert.
- Nach dem Verband desinfizieren Sie Ihre Hände.

Besonderheiten beim Wundverband

- Vermeiden Sie bei Wundverbänden das Aufwirbeln von Keimen und schließen Sie deshalb Fenster und Türen. Es sollte auch nach Möglichkeit keine Raumreinigung unmittelbar vor dem Verbandwechsel stattgefunden haben.
- Sie sollten Wundverbände mit unsterilen Handschuhen abnehmen und direkt in den Abfallsack abwerfen. Wechseln Sie die Handschuhe, bei entzündeten Wunden oder abwehrgeschwächten Patienten ziehen Sie sterile Handschuhe an.
  → Inspizieren Sie die Wunde: Farbe, Druckschmerz, Schwellung, Blutung, seröse Sekretion, Überwärmung, Eiter, Schorf, Pflasterallergie? Sehen Sie sich auch den Verband selbst an.
  → Bei infizierten Wunden entnehmen Sie einen Abstrich (s. S. 159).
  → Reinigen Sie die Wunde mit feuchten Tupfern oder Spüllösung. Tragen Sie mit Pinzette und Skalpell Nekrosen ab. Bei schmerzhafter Wundbehandlung ggf. 1/2 h vorher Folien-Okklusiv-Verband mit lokalanästhetikumhaltiger Salbe (z. B. Emla).
  → Bedecken Sie die Wunde mit sterilen Wundauflagen (Kompressen, spezielle Pflaster, Hydrokolloidverbände.

  Merke: Primär heilende Wunden werden trocken verbunden und mit sterilen Baumwollkompressen bedeckt, um Infektionen zu verhindern und Wundsekret aufzusaugen. Sekundär heilende Wunden werden feucht verbunden (mit NaCl 0,9 % oder Hydrokolloidverbänden), um ein granulations- und epithelisierungsförderndes Milieu zu erhalten.
  → Oft ist es sinnvoll, den neuen Verband nach dem Vorbild des alten anzulegen. Der Verband soll die Wunde straff, glatt und faltenfrei bedecken.
- Fixierung der Wundauflage:
  → Materialien:
  - Pflasterstreifen, Klebemull (z. B. Fixomull) oder Klebevlies (z. B. Curafix).
  - Binden (Mullbinden, Wattebinden, elastische Mullbinden, elastische Fixierbinden, elastische Pflasterbinden).
  - Schlauchmull, Strick- und Netzschlauchverbände, im Gesäßbereich auch Netzhosen.

  → Beispiele für spezielle Wundverbände: Großzehen-, Fingerspitzen-, Kopfverband (s. u.).
- Offene Wunden:
  → Die Kompressen werden mit physiologischer Kochsalzlösung oder Ringerlösung getränkt.
  → Unmittelbar auf die Wunde kann eine feuchte Gaze gelegt werden, damit die Wundauflage nicht mit der Wunde verklebt und Granulationsgewebe oder neues Epithel beim Verbandswechsel abgerissen wird. Tiefe, infizierte Wunden werden mehrfach täglich gespült und verbunden, bei drohendem Sekretverhalt eine Tamponade oder Lasche eingelegt. Antibiotika- oder desinfektionsmittelhaltige Wundauflagen werden aufgrund der lokalen Allergisierungsgefahr immer seltener benutzt. Eine notwendige Antibiotikatherapie erfolgt systemisch.
  → Für die Behandlung großflächiger Ulzera (Dekubitus) gibt es verschiedene granulationsfördernde, nichtadhäsive Abdeckmaterialien (z. B. Hydrosorb, Varihesive). Ihre Anwendung muss jedoch fachgerecht erfolgen und ist nicht immer sinnvoll.
  → Bei starker Wundsekretion müssen die Verbände mehrmals täglich gewechselt werden. Nach Möglichkeit sollten dann die Kompressen zum Schutz der Haut nicht mit Pflastermaterial, sondern mit Binden fixiert werden.

Spezielle Wundverbände

- Großzehenverband:
  → Er wird z. B. nach Emmet-Plastik oder Hallux-valgus-OP angelegt (vgl. Fingerspitzenverband).
  → Materialien: Idealbinde 4–6 cm breit.
  → Die Kreistouren setzen Sie jeweils unter Einbeziehung einer weiteren Zehe nach proximal fort.

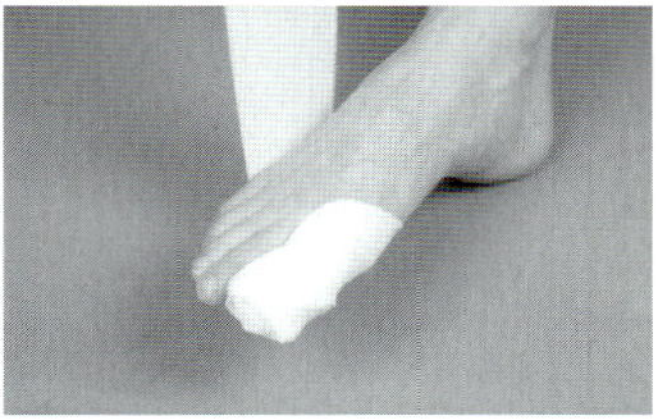

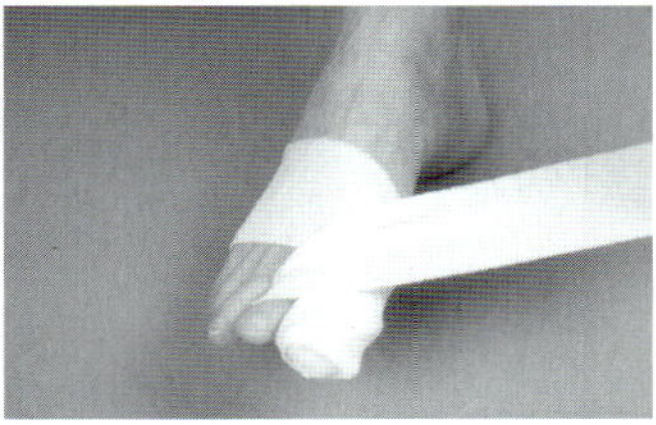

Großzehenverband mit Umschlagtouren

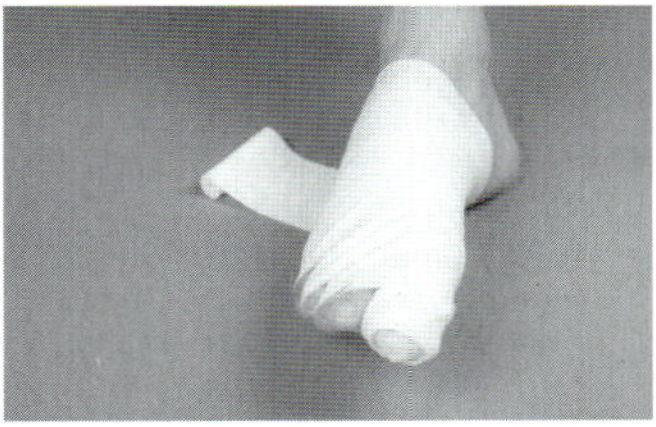

Fertiger Großzehenverband

- Fingerspitzenverband:
  → Ist ein Richtungswechsel, z. B. für das Abdecken einer Fingerspitze, notwendig, werden Umschlagtouren durchgeführt, wobei der Daumen der freien Hand zur Fixation des Umschlagpunktes eingesetzt wird.
  → Häufig wird die Wundauflage auch mit Schlauchmull des entsprechenden Durchmessers fixiert.

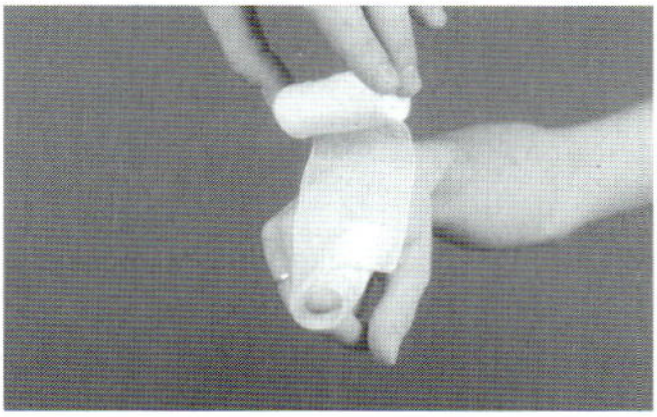

Umschlagtour

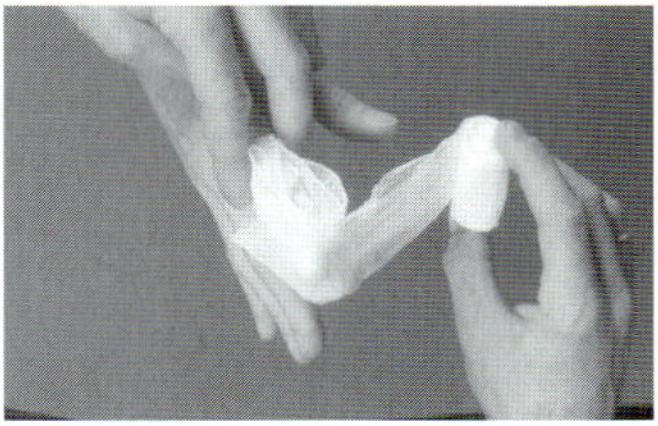

Kuppenabdeckung

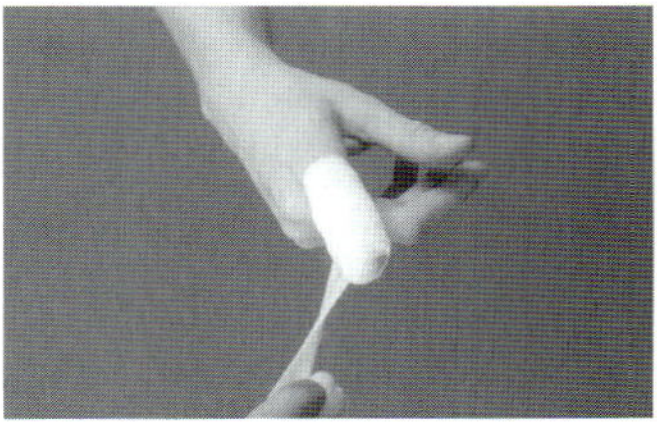

Fixierung durch Kreistouren

- Kopfverband:
  → Der Kopfverband dient der Fixierung von Wundauflagen im Bereich des Schädels.
  → Material: Schlauchmull (tg 7–9, dreifache Distanz Kinn bis Scheitel).

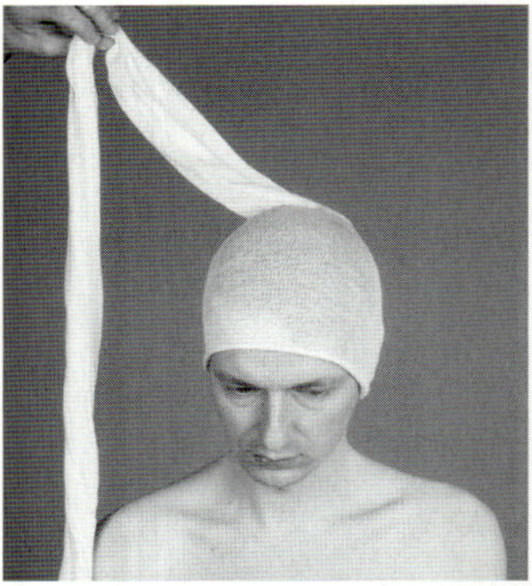

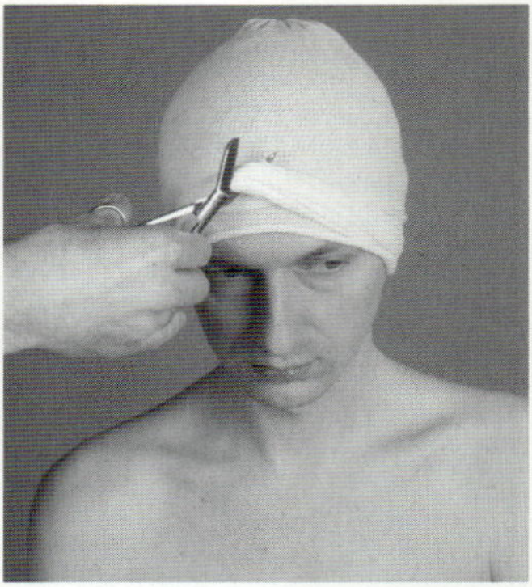

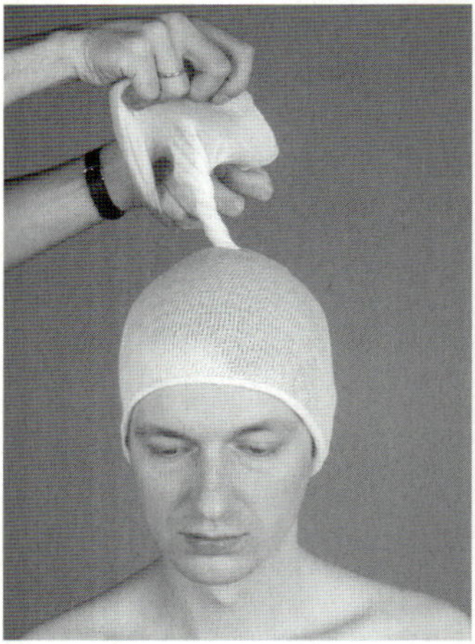

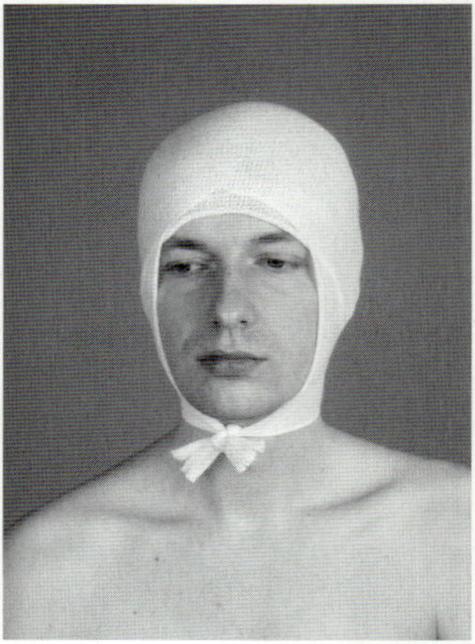

Schutzverbände für das Auge

- Augenverband nach Verletzung:
  - → Einfacher Schutz bis zur definitiven ophthalmologischen Versorgung.
  - → Material: Sterile Mullkompressen, Heftpflaster.
  - → Kleben Sie einfach die Kompresse mit dem Pflaster fest.
- Uhrglasverband:
  - → Schutz vor Austrocknung bei Hemi- oder Faszialisparese.
  - → Material: Spezieller Uhrglasverband mit eingelassenem durchsichtigem Kunststoffteil, Pflaster.

Kompressionsverbände

Zweck ist die gleichmäßige Kompression des oberflächlichen Venensystems bei Venenerkrankungen und die Thromboseprophylaxe.

- Schildkrötenverband oder Kornährenverband:

→ Material: 2 oder 4 elastische Binden, schmale Heftpflasterstreifen oder elastische Verbandklammern.
→ Beim Anlegen wickeln Sie mit 2 gegenläufigen elastischen Binden gleichzeitig, so dass sie sich bei jeder Tour überkreuzen.
→ Um ein Verrutschen zu verhindern, können Sie insbesondere beim Oberschenkelverband einen langen Pflasterstreifen, angebracht in Form eines U an der medialen und lateralen Seite, aufkleben.

- gewöhnlicher Kompressionsverband:

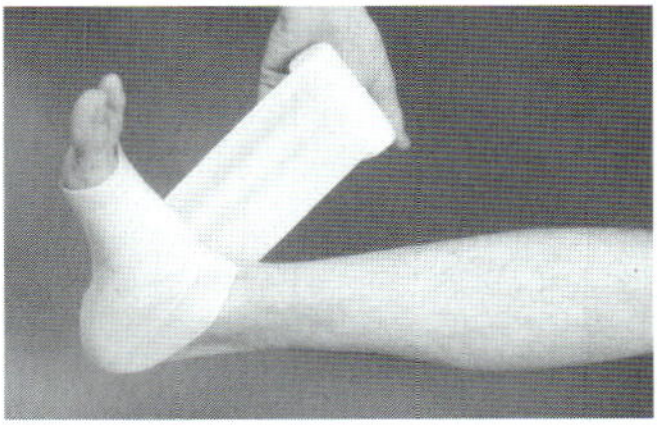

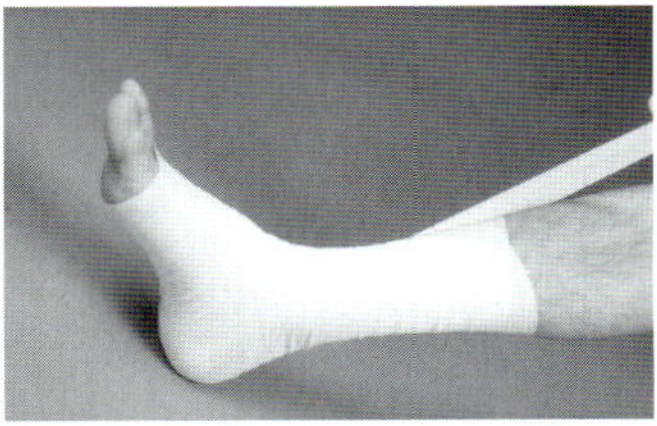

Kompressionsverband, straff von distal nach proximal gewickelt

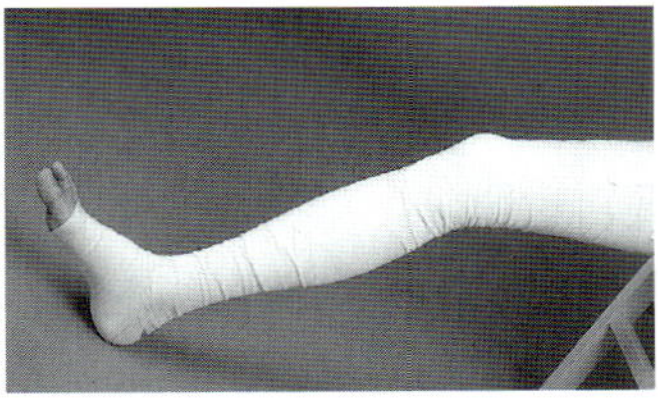

Fertiger Kompressionsverband

Merke: Achten Sie darauf, dass Sie den Verband faltenfrei anlegen, die Zehen gut durchblutet sind und keine blaue Verfärbung aufweisen. Sind diese Bedingungen nicht erfüllt, ist der Verband zu straff oder einschnürend gewickelt worden und muss erneuert werden.

Verbände zur Ruhigstellung

- Schanz-Krawatte:
  → Stellt die Halswirbelsäule ruhig.
  → Sie wird häufig nach einem Schleudertrauma oder beim Zervikalsyndrom eingesetzt, ist jedoch umstritten.
  → Material: Polsterwatte, Idealbinde (10 cm breit). Meistens werden ohnehin fertige Halskrawatten verwendet, die schneller an- und abgelegt werden können. Bei der Erstversorgung Wirbelsäulenverletzter werden starre Kunststoffkragen mit Kinnhalter (z. B. Stiff-Neck) verwendet.

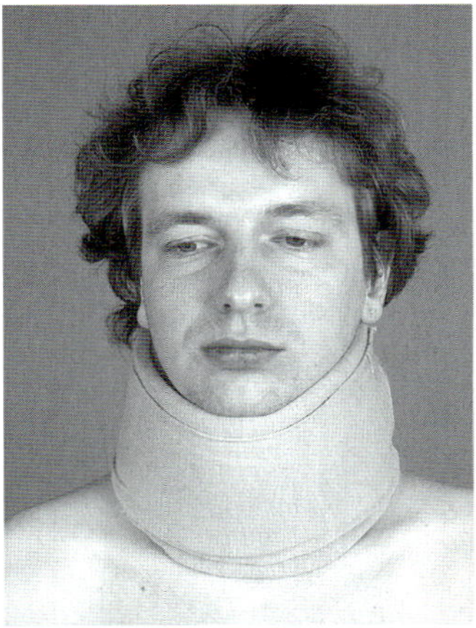

- Gilchrist-Verband:
  → Dient der Ruhigstellung des Schulter- und Ellenbogengelenks.
  → Material: Schlauchmull (tg 9) in vierfacher Armeslänge.

H 3

→ An der Grenze zwischen dem äußeren und mittleren Drittel schlitzen Sie die Schlauchkante über ca. 20 cm der Länge ein.
→ Durch diese Öffnung streifen Sie das lange Ende des Schlauchs über den Arm.
→ Das kurze Ende legen Sie über den Nacken und die gegenseitige Schulter nach vorne und um das Handgelenk (an Schulter und Handgelenk polstern, evtl. auch die Achselhöhle).
→ Schneiden Sie einen Schlitz zum Durchstecken der Hand.
→ Den Rest des langen Endes führen Sie vom Handgelenk nach hinten über den Rücken zum kranken Arm und fixieren es dort um den Oberarm (mit einer Sicherheitsnadel oder Pflaster).

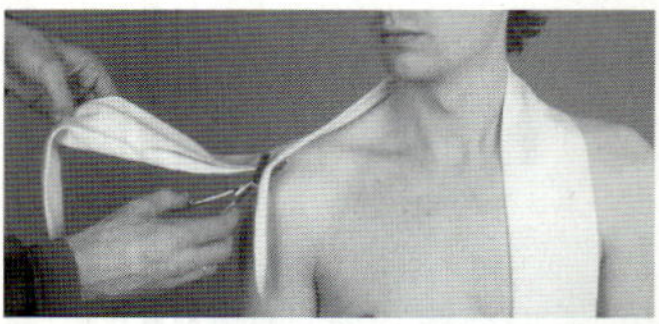

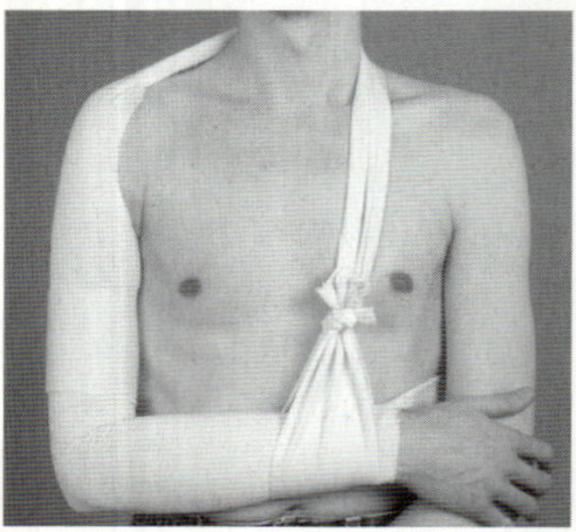

- Desault-Verband:
  → Dient ebenfalls der Ruhigstellung des Schulter- und Ellenbogengelenks sowie des Oberarms.
  → Material: Schlauchmull (tg K1 bis K2, doppelte Oberarmlänge, Breite von Schulter zu Schulter), Polsterwatte zum Auspolstern von Achselhöhle und Submammarfalte und Heftpflasterrolle.
  → Streifen Sie den Trikotschlauch über den nichtverletzten Arm und den Kopf.
  → Ziehen Sie ihn dann vorsichtig über die verletzte Schulter und den im Ellenbogengelenk 90° gebeugten Arm.
  → Schneiden Sie ihn unter der kontralateralen Achsel ein, und verknoten Sie die Enden über der Schulter.
  → Geben Sie die Hand der verletzten Seite durch einen Einschnitt

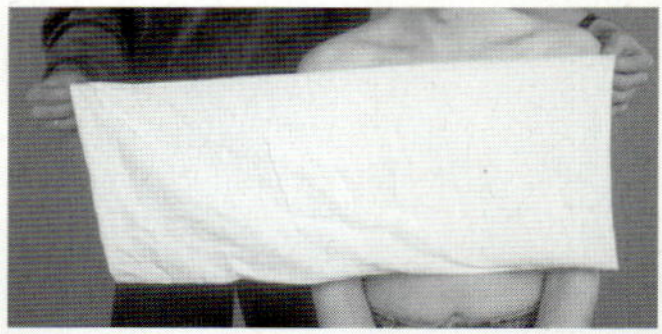

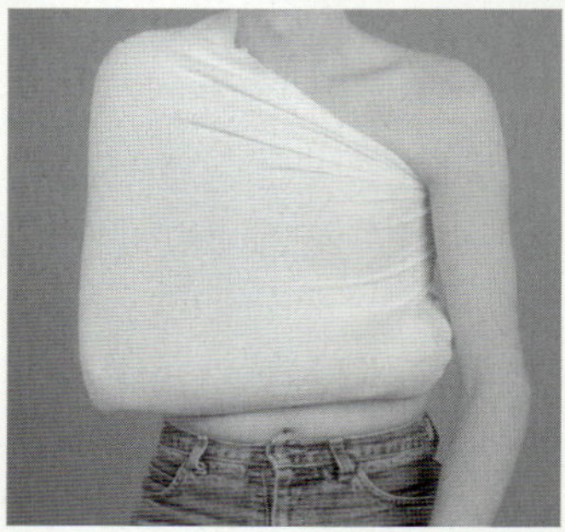

über dem Handgelenk frei. Stabilisieren Sie alles zusätzlich durch Pflasterzügel.

→ Alternativ kann der Verband auch so angelegt werden, dass der Patient mit den Füßen zuerst in den Schlauch einsteigt. Schlauch dann bis unter die Achseln hochziehen. Bei herabhängendem, angewinkeltem Arm die untere Schlauchhälfte über die kranke Schulter hochziehen, einen Schlitz für die Hand schneiden. Pflasterfixierung für die kranke Schulter. Befreiung der gesunden Achsel und Knotung auf der gesunden Schulter.

→ Strick- oder Trikotschlauchverbände (z. B. Tricodur) ergeben wegen ihrer geringeren Elastizität auch einfach gelegt einen stabilen Verband, jedoch sollten Sie bei der Wahl der Größe darauf achten, dass die Atmung nicht behindert wird.

- Rucksackverband:
  - → Stellt Klavikulafrakturen ruhig.
  - → Material: Schlauchmull (tg 2 bis 3, drei- bis vierfache Schulterbreite, über eine Watte- bzw. Schaumstoffrolle z. B. Collar NCuff stülpen, dreifache Schulterbreite) oder Fertigverband.
  - → Führen Sie den Schlauchverband vom Nacken aus vor die Schultern, unter den Achseln hindurch und wieder nach hinten, und verknoten Sie ihn bei mäßiger Spannung zwischen den Schulterblättern.
  - → Führen Sie ein Schlauchende unter der Schlauchmitte im Nacken durch.
  - → Spannen Sie den Verband, indem Sie ihn mit dem zweiten Schlauchende verknoten.
  - → Kontrollieren Sie den Radialispuls und die Sensibilität, der Verband sollte nichts abschnüren. Wegen zunehmender Dehnung müssen Sie die Spannung regelmäßig kontrollieren und alle 3–4 Tage nachspannen.

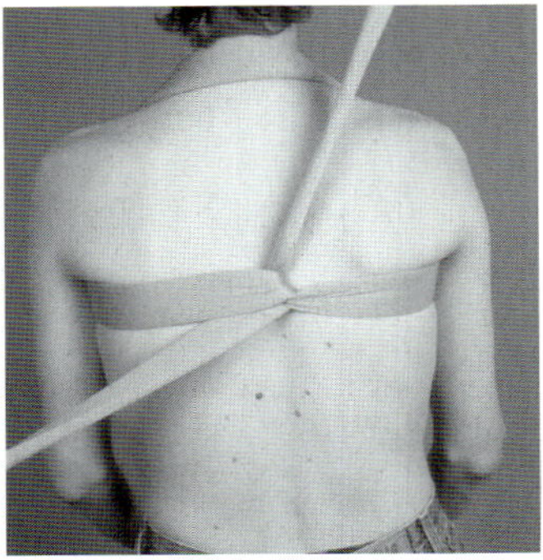

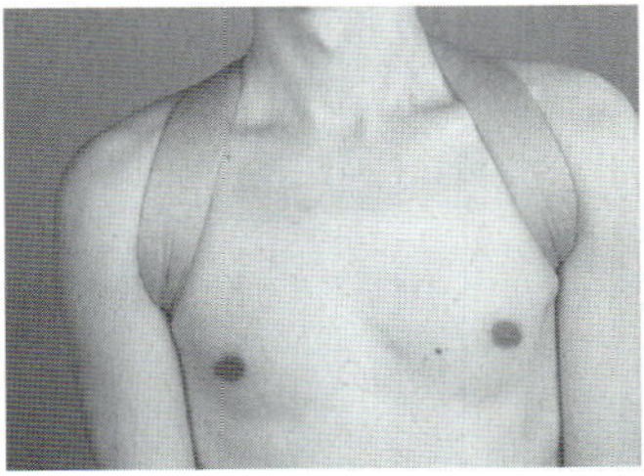

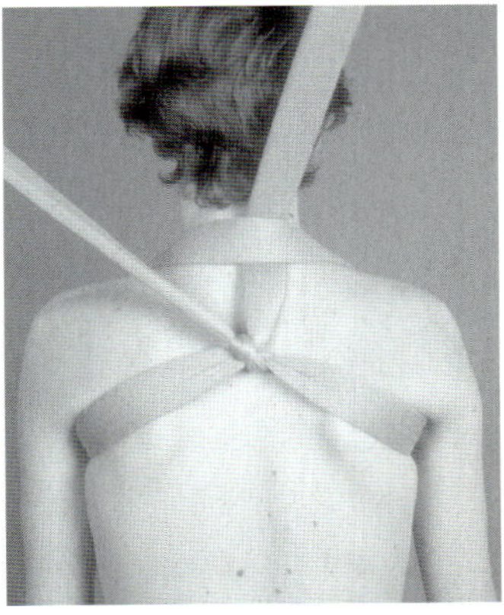

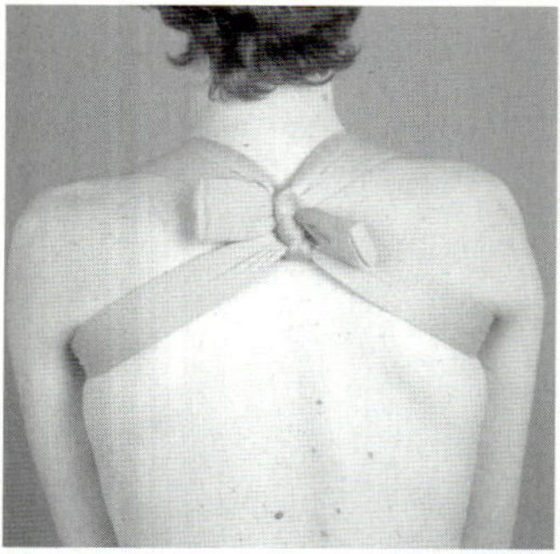

- Pflasterzügel- und Tapeverbände:
  - Ruhigstellung des Daumengrundgelenks:
  → 3–5 ca. 20 cm lange, schmale (1 cm) Heftpflasterstreifen oder starres Tape-Verbandmaterial.

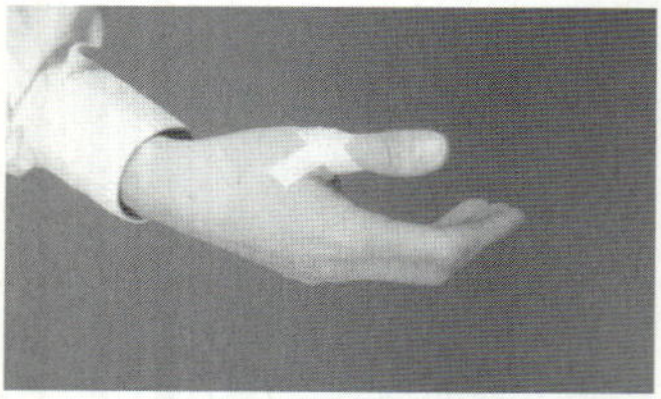

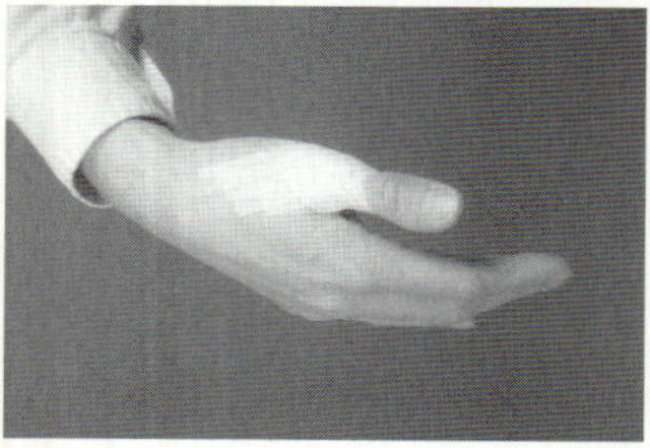

  - Ruhigstellung des Zehengrundgelenks:
  → 3–5 ca. 10–15 cm lange, schmale (1 cm) Heftpflasterstreifen oder starres Tape-Verbandmaterial.

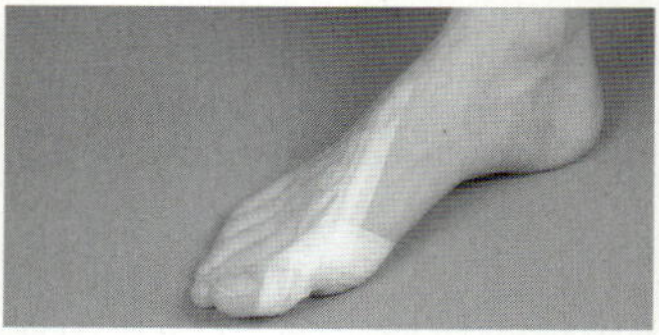

  - Ruhigstellung des Schultereckgelenks (z. B. bei Tossy I und II):
  → Mull- oder Schaumstoffkompresse, breites Heftpflaster oder starres Tape-Verbandmaterial.

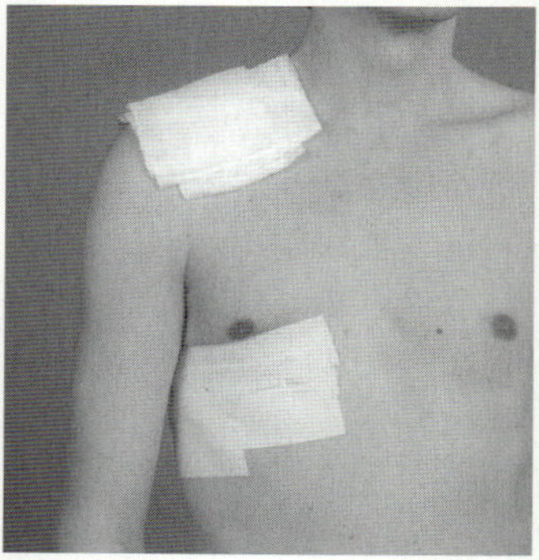

Polsterung und hemizirkuläre Zügel am Thorax bei Anlage eines Pflasterzügelverbands der Schulter

Merke: Vorsicht: Pflasterzügelverbände können Spannungsblasen und Einschnürungen auf der Haut verursachen und werden daher nicht überall gerne angewendet. Bei Gliedmaßenschwellung, Blauverfärbung oder Sensibilitätsstörungen den Verband sofort aufschneiden.

Tipps und Tricks

- Klebende Verbände lassen sich für den Patienten schmerzfreier mit NaCl-Lösung, Ringerlösung oder Desinfektionsmitteln entfernen.
- Klebereste können mit Waschbenzin entfernt werden.

H 3

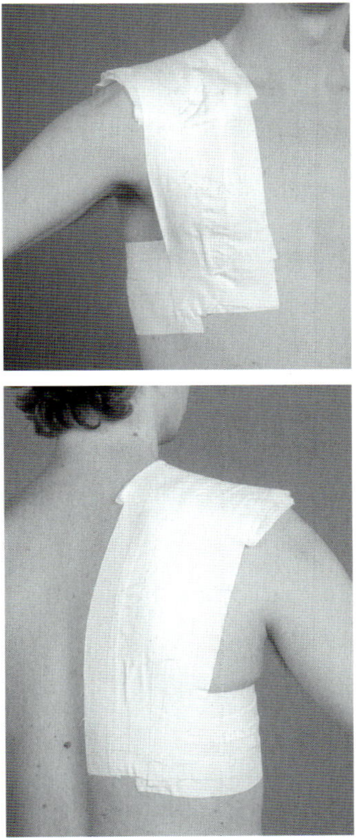

Fertiger Pflasterzügelverband der Schulter: Vorder- und Rückansicht

- Nehmen Sie Beschwerden des Patienten in Zusammenhang mit der Wunde und dem Verband unbedingt ernst.
- Ruhig-stellende Verbände können bei zu langer Anwendung zu irreversiblen Bewegungseinschränkungen der Gelenke führen. Die Indikation sollte daher sorgfältig gestellt und regelmäßig überprüft werden.
- Räumen Sie den Verbandwagen nach Benutzung auf und melden Sie beim Pflegepersonal, wenn etwas aufgebraucht ist.

Probleme und Sonderfälle

- Zirkuläre Verbände: Bei zirkulären Verbänden prüfen Sie immer Durchblutung, Sensibilität und Motorik.
- Aseptische Wunden: Postoperativ wird meistens bis zum 2. postoperativen Tag der erste Verband belassen, wenn keine Komplikationen auftreten (Schmerzen, Schwellung, Temperaturanstieg, starke Sekretion, Blutungszeichen).
- Septische Wunden: Müssen unter Umständen mehrmals täglich verbunden werden.

Gipsen

Allgemeines

Gips- und Kunststoffverbände dienen der Ruhigstellung von Frakturen und Weichteilverletzungen oder Entzündungen im Bereich der Extremitäten. Bei Frakturen fixiert der Gipsverband das Ergebnis einer Reposition oder einer operativen Osteosynthese. Ist der betreffende Körperteil noch geschwollen, sollte zunächst eine Gipsschiene angelegt und mit elastischen Binden fixiert werden, der dann einige Tage später ein zirkulärer Gipsverband folgen kann.

Beim Anlegen von Gipsverbänden ist besonders die gute Polsterung von druckgefährdeten Körperregionen wichtig (s. Tab. 23).

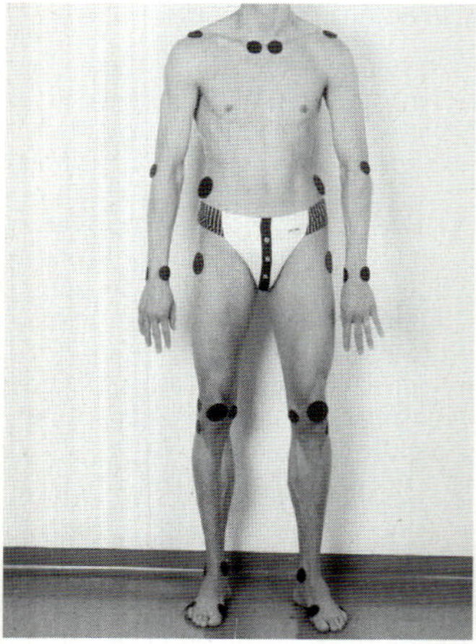

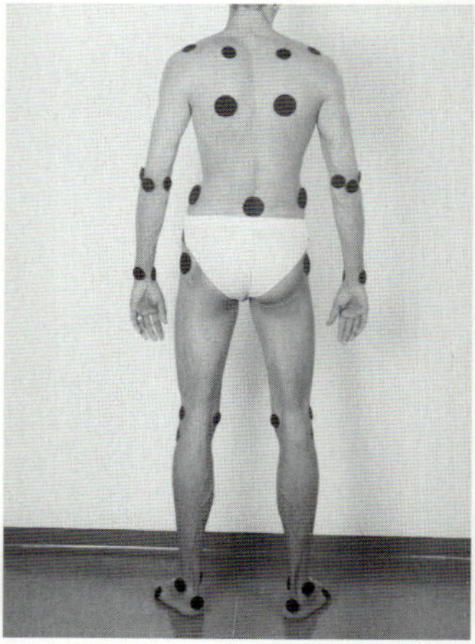

Tabelle 23 Druckexponierte Körperstellen

obere Extremität	untere Extremität
Epicondylus radialis humeri	Patella
Epicondylus ulnaris humeri	Epicondylus medialis femoris
Olecranon	Epicondylus lateralis femoris
Processus styloideus radialis	Condylus medialis tibiae
Processus styloideus ulnaris	Caput fibulae
Fingergrundgelenke	Malleolus lateralis fibulae
Malleolus medialis tibiae	Tuber calcanei
Tuberositas ossis metatarsalis V	Großzehengrundgelenk

Durchführung

Inspizieren Sie die einzugipsende Körperpartie und nehmen Sie genau Maß.

Materialien:
- Trikotschlauch aus Baumwolle.
- Polsterwatte.
- Kreppbinden.
- Gipslonguetten für Gipsschienen.
- Gipsbinden oder Kunststoffbinden (z. B. Scotchcast)
- Elastische Binden.
- Verbandsschere und Gipsschere.
- Eimer mit ca. 20 °C warmem Wasser.
- Einmalhandschuhe.

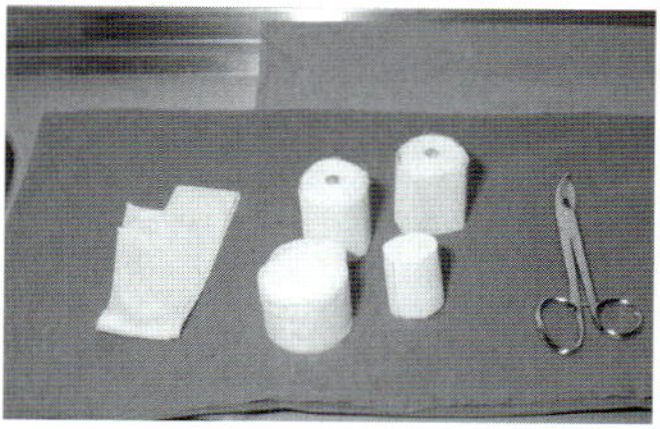

- Schneiden Sie sich einen Trikotschlauch aus Baumwolle in ausreichender Länge zurecht. Für Gipsschienen schneiden Sie Gipslonguetten in der richtigen Länge zurecht.
- Ziehen Sie eine Kunststoffschürze und Einmalhandschuhe an.
- Entfernen Sie Patientenkleidung, die später nicht mehr über den Gips gestreift werden kann.
- Lagern Sie den Patienten so, dass die betroffene Körperpartie möglichst in der richtigen (endgültigen) Stellung bleibt und gut zugänglich ist.
- Ziehen Sie der betroffenen Extremität einen so langen Trikotschlauch über, dass Sie die Enden über den Gips umschlagen können.
- Wickeln Sie die Extremität möglichst faltenfrei in Polsterwattebinden ein, 1/2 bis 1/3 überlappend. Druckexponierte Stellen polstern Sie zusätzlich (Tab. 23).

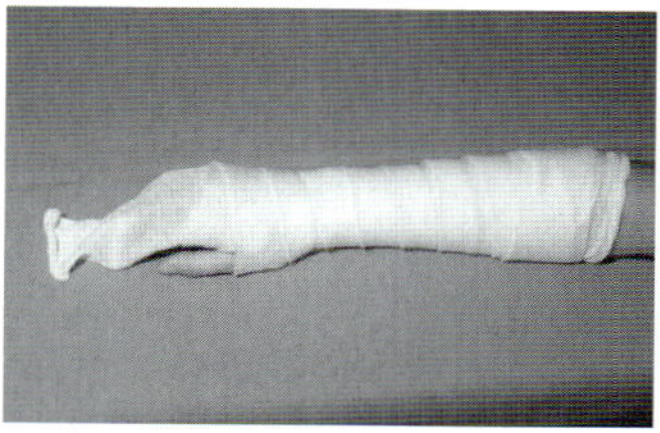

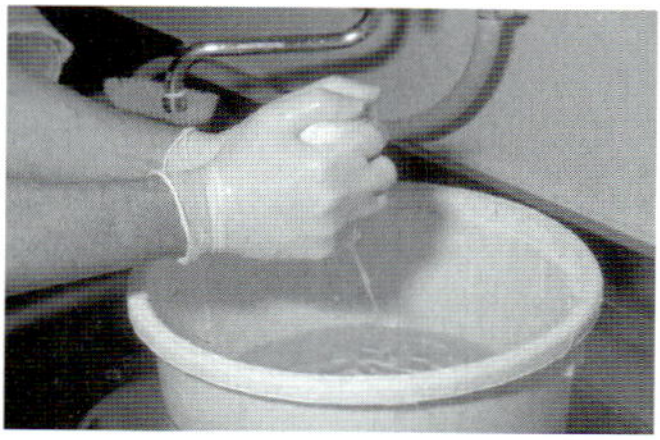

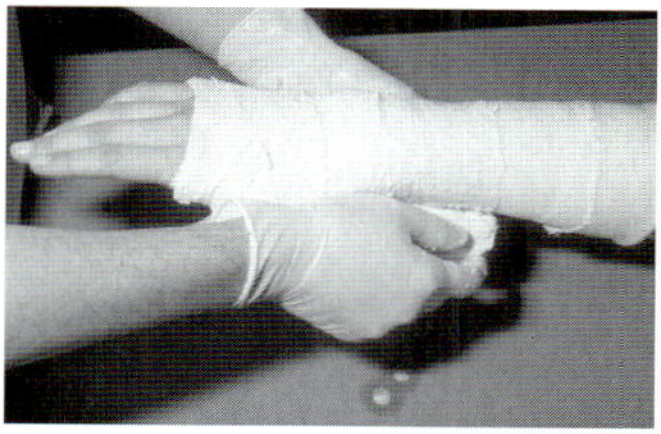

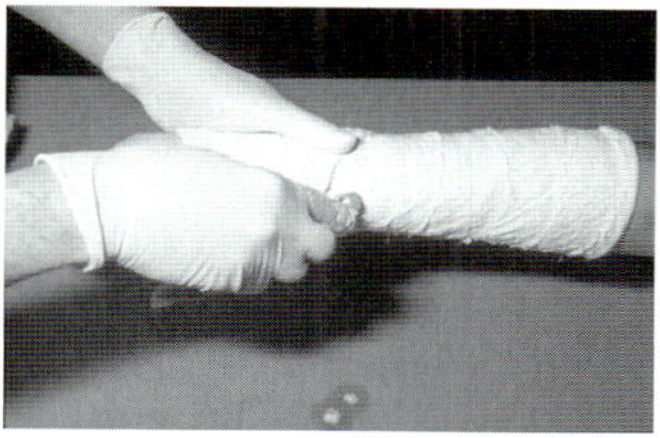

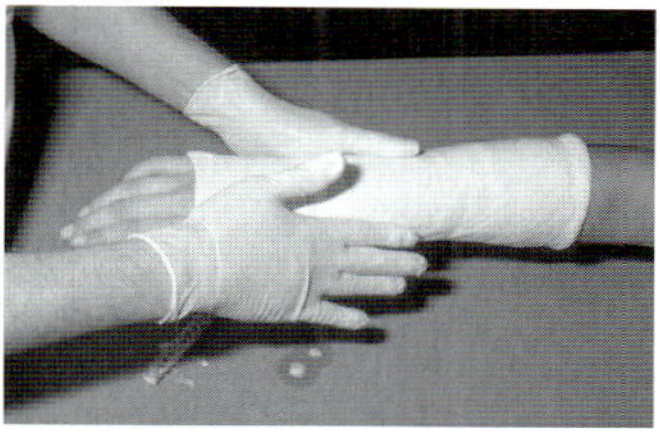

H 4

- Umwickeln Sie die Polsterung faltenfrei mit einer Kreppbinde.
- Tauchen Sie eine Gipsbinde oder -longuette für 2–4 s in Wasser ein.
- Lassen Sie die Gipsbinde kurz abtropfen und wringen Sie sie aus. Longuetten lassen Sie etwas aushängen.
- Jetzt müssen Sie zügig arbeiten!
- Wickeln und legen Sie den Gips an, und modellieren Sie ihn. Der Trikotschlauch sollte umgeschlagen und mit einer Lage Gips fixiert werden, sodass der Gips nicht an die Haut stößt.
- Jetzt ist eine letzte Korrektur der Stellung möglich.
- Wickeln Sie eine kurz in Wasser getauchte, nicht elastische Mullbinde straff um den Gips.
- Nehmen Sie während der gesamten Zeit bis zum Abbinden des Gipses (2–5 min) keine Haltungsänderungen und keine Nachkorrekturen vor.
- Säubern und glätten Sie scharfe Gipskanten.
- Einige Beispiele wichtiger Gipsverbände zeigen die folgenden Abbildungen:

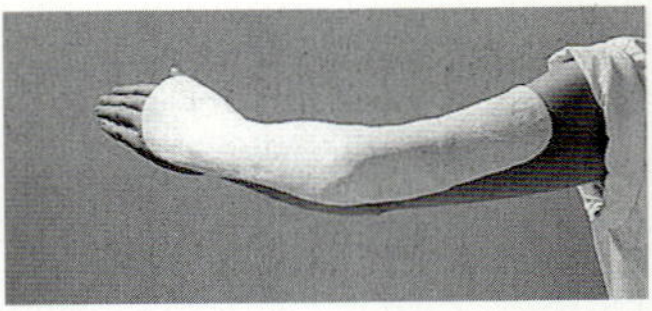

Oberarmgipsschiene

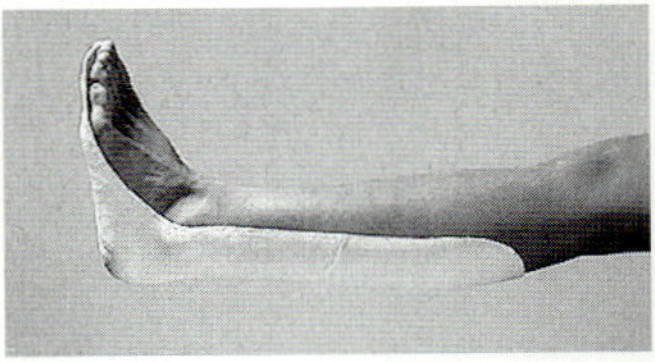

Dorsoplantare Unterschenkelgipsschiene

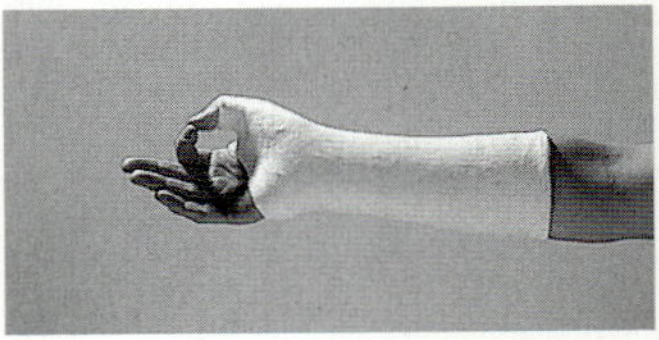

Navikularer Unterarmgipsverband

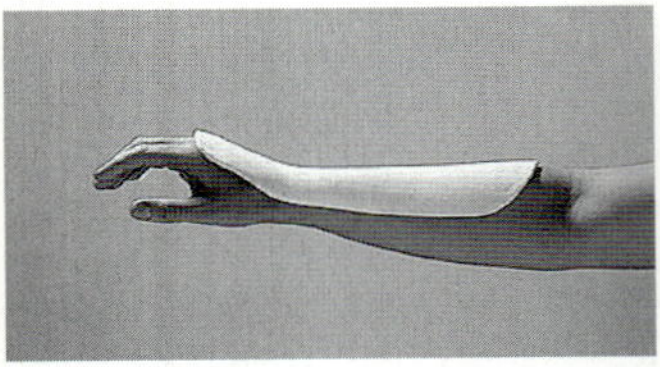

Dorsale Unterarmgipsschiene

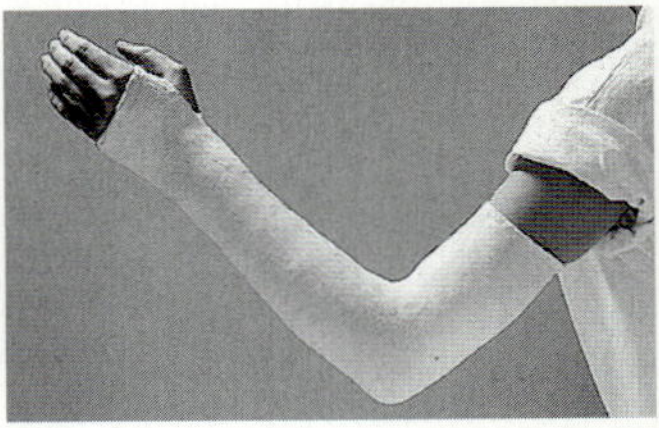

Oberarmgipsverband

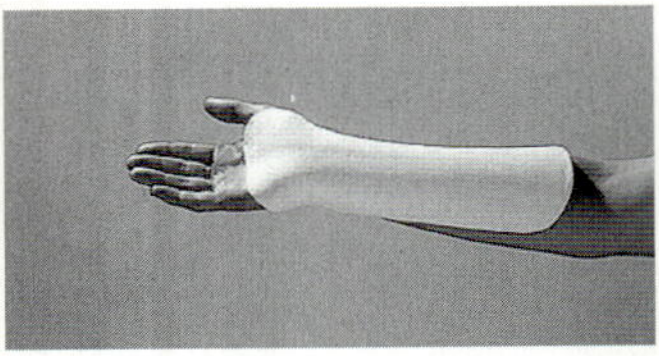

Volare Unterarmgipsschiene

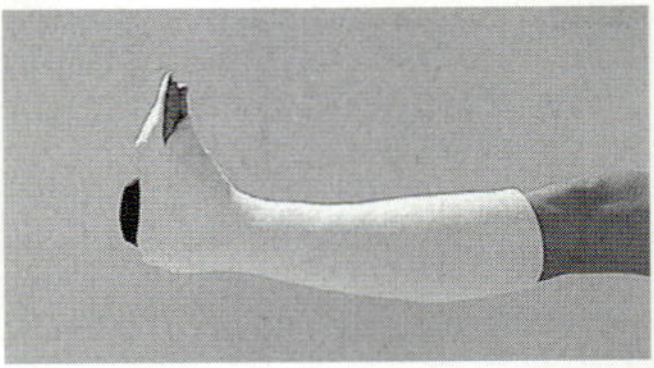

Unterschenkelgehgips

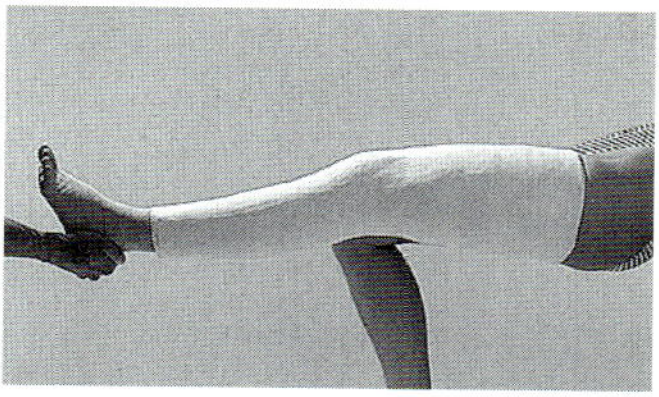

Tutor oder Oberschenkelgehgips

- Abschließend wird eine Gipsschiene mit einer elastischen Binde angewickelt und fixiert.
- Der Patient darf den Gips während der ersten 24 Stunden nicht belasten.
- In den folgenden Tagen muss der Gips wegen möglicher Komplikationen (s. u.) ärztlich kontrolliert werden. Bei Gipskontrollen müssen Sie auf Durchblutung, Sensibilität und Beweglichkeit der Finger- bzw. Zehenspitzen achten. Jede Beschwerde des Patienten muss ernst genommen und der Gips gegebenenfalls korrigiert werden!
- Der Patient sollte über das Verhalten im Gips, über Komplikationen und bei Ruhigstellung der unteren Extremität auch über die Notwendigkeit einer medikamentösen Thromboseprophylaxe aufgeklärt werden.

Tipps und Tricks

- Der Patient erhält einen Brief mit den wichtigsten Daten (Diagnose, Zeitpunkt der Gipsanlage, Termine von Röntgenkontrollen, geplante Gipsabnahme).
- Gipsverbände sollten nicht mit Wasser in Berührung kommen, Kunststoffverbände sind jedoch meistens wasserfest.
- Nach frischen Verletzungen und operativen Eingriffen sollten wegen der Schwellungszunahme Gipsschienen angelegt werden oder zirkuläre Gipsverbände gespalten werden. Auch die unterliegende Watte muss durchtrennt werden.
- Kunststoffverbände lassen sich leichter anlegen, wenn sie trocken gewickelt und dann erst mit einer nassen elastischen Binde angefeuchtet werden.
- Bei Immobilisation der unteren Extremitäten durch Gipse oder Verbände besteht ein erhöhtes Risiko für tiefe Venenthrombosen. Daher sollte, falls keine Kontraindikationen vorliegen, für Erwachsene eine Thromboseprophylaxe mit Heparin s.c. erfolgen.

Probleme und Sonderfälle

- **Gebrochener Gips:** In manchen Fällen ist eine Reparatur oder Verstärkung mit einer neuen Gipsbinde möglich.
- **Druckstellen:** Bei leichten Druckstellen kann ein fester Gips mit einem Rabenschnabel (spezielle Gipszange) geweitet oder zusätzlich gepolstert werden.
- **Mögliche Komplikationen:**
  - Gefäß-/Nerven-Kompressionssyndrome.
  - Hautdefekte durch Druck oder Scheuerbewegungen.
  - Thrombose und Thromboemboliegefahr.
  - Hautinfektion wegen mangelnder Hygiene.
  - Inaktivitätsatrophie von Muskeln, Knochen und Knorpel.
  - Gelenkeinsteifung durch Kapselschrumpfung.
  - Nachfolgende Bewegungseinschränkung durch Adhäsionen des Muskel- und Sehnengleitgewebes.

Tabelle 24 Dauer einer Gipsimmobilisation (durchschnittlich)[1]

Ulnare Kollateralbandruptur (Ski-Daumen)	4 Wochen Daumengipsschiene post-OP
Fingergliedfraktur	3–4 Wochen
Mittelhandfraktur	3–4 Wochen
Mittelhandknochen, Basisfraktur I	4–6 Wochen Daumengipsschiene (in Abduktion und Opposition)
Fingerluxation	3 Wochen Iselin-Gips
Kahnbeinfraktur	6 Wochen Kahnbeingips
Radiusfraktur loco typico	4–6 Wochen Radiusgipsschiene
Monteggia-Fraktur	4 Wochen Oberarmgipsschiene
Olecranonfraktur	4–6 Wochen Oberarmgipsschiene
Radiusköpfchenfraktur	4–6 Tage (!) Oberarmgipsschiene
Distale Humerusfraktur	4–6 Wochen Oberarmgips
Großzehen-/Mittelfußfraktur	4–6 Wochen Gipsschuh oder Unterschenkelgehgips
Knöchelfrakturen	4–6 Wochen Unterschenkelgehgips
Achillessehnenruptur	2 Wochen Unterschenkelgehgips in 20°-Spitzfußstellung, danach 4 Wochen in 0°-Stellung des oberen Sprunggelenks
Distale Unterschenkelstauchungsfraktur	8–12 Wochen Unterschenkelgehgips post-OP
Tibiaschaftfraktur	10–12 Wochen Oberschenkelgehgips
Unterarmfraktur bei Kindern	4–6 Wochen Oberarmgips
(Epi-)Kondylenfraktur	3 Wochen Oberarmgips
Kindliche Monteggia-Fraktur	6 Wochen Oberarmgips
Kindliche Galeazzi-Fraktur	6 Wochen Oberarmgips
Kindliche Unterschenkelfraktur	3–4 Wochen Oberschenkelgehgips
Kindliche Verletzung des oberen Sprunggelenks	2 Wochen gespaltener Unterschenkelliegegips und 2 Wochen Unterschenkelgehgips
Kindliche Femurschaftfraktur	6–8 Wochen Becken-Bein-Gips

[1] Die angegebenen Immobilisationszeiten beziehen sich nicht auf osteosynthetisch versorgte Frakturen (Ausnahmen sind explizit erwähnt), diese hängen vom jeweiligen OP-Verfahren ab.

Patientenvorbereitung für OP

Allgemeines

Vor einer Operation sind eine Reihe von Vorbereitungen für den Patienten notwendig, damit der Ablauf im Operationssaal rasch und reibungslos ist und keine Komplikationen auftreten. Ein Großteil dieser Vorbereitungen wird vom Pflegepersonal durchgeführt, häufig werden Famulanten und PJler jedoch in diese Tätigkeiten miteinbezogen. In jedem Fall ist es wichtig, einige wesentliche Punkte der OP-Vorbereitung zu kennen, damit sie auch korrekt verordnet werden können.

Praktisches Vorgehen

Organisatorisches

- Klären Sie am Vortag, ob alle Befunde vorhanden sind (Röntgenbilder, Konsile, Labor).
- Schnellschnitt: Die Pathologie muss am Vortag benachrichtigt und der Transport des Präparates muss organisiert werden.
- Einverständniserklärung: Sie muss ausreichend lange vor der Operation, am besten am Vortag, unterschrieben vorliegen (bei Notfällen so bald wie möglich). Die Patientenaufklärung übernimmt in der Regel der zuständige Operateur oder Oberarzt.
- Labor: Spezielle Laborparameter sollten am Vortag, im Einzelfall auch am OP-Tag morgens (z. B. Gerinnung) bestimmt werden. Nach Bestimmung der Blutgruppe bestellen Sie ggf. Blutkonserven (Anzahl der Konserven mit Anästhesie absprechen, Richtwerte s. Tab. 25). Bei elektiven Eingriffen sollte die Möglichkeit einer Eigenblutspende 2–4 Wochen vor der geplanten Operation erörtert werden.
- Klären Sie schon bei der Anamnese eine Antibiotika-Allergie ab. Erheben Sie auch die Anamnese wichtiger Medikamente für OP und Anästhesie (z. B. Antikoagulanzien, Antiarrhythmika, Antibiotika, Kortikosteroide, Insulin, Glaukom-Medikamente, Antihypertensiva).
- Orale Kontrazeptiva werden wegen der Thrombosegefahr abgesetzt.

Vorbereitung des Patienten

- Ordnen Sie den Nüchternzustand an (12 h vor OP keine feste Nahrung mehr und 6 h vorher keine Flüssigkeit, auch kein Wasser). Bei nichtintraabdominellen Eingriffen gilt dies üblicherweise ab Mitternacht. Hat der Patient starken Durst, kann

Tabelle 25 Anzahl der Blutkonserven (häufig klinikinterne Richtwerte)

Anzahl	OP-Maßnahme
2	Mastektomie, Schilddrüsenresektion, Dünndarmresektion, Kolektomie, Ileus, Osteosynthese des Armes, Knie-Endoprothese, Sectio, Hysterektomie
4	obere gastrointestinale Blutung, Ösophagusresektion, Gastrektomie, Osteosynthese des Beines, TUR-Prostata, Wertheim-OP
6	Herz-Thorax-Gefäßchirurgische Notfall-OP, Totalendoprothese der Hüfte, radikale Prostatektomie, Tumor-Nephrektomie
8	Lebertransplantation

bei ihm eine Mundpflege durchgeführt werden. Bei bestimmten Darmoperationen ist eine dreitägige Nahrungskarenz erforderlich oder es wird nur parenteral ernährt.
- Der Patient darf mindestens einen Tag vor der OP nicht mehr rauchen, da sich sonst die kardialen und pulmonalen Narkoserisiken erhöhen.
- Bestimmen Sie Gewicht und Größe des Patienten (wichtig für Dosierungen in der Anästhesie).
- Darmentleerung: orale Laxanzien, Klysma, Einlauf oder orthograde Magen-Darm-Spülung, evtl. medikamentöse Darmsterilisation. Bei intraabdominellen Eingriffen erfolgt eine gründliche Dickdarmentleerung, bei extraabdominellen Eingriffen genügt die Reinigung des Rektums. Orthograde Magen-Darm-Spülung mit salinischen oder polyethylenglykolhaltigen Abführmitteln: Patient 4 Liter in 2 Stunden trinken lassen; vorher und nachher Gewichts-, RR-, Hb- und Elektrolytkontrolle.
- Die Nachtruhe sollte möglichst nicht durch Stuhlgang gestört werden, daher sollten Laxanzien zum richtigen Zeitpunkt verabreicht werden (unterschiedliche Wirkungsdauer → Produktinformation).
- Der Patient sollte schon vor der OP bestimmte Fähigkeiten einüben, die er nach der OP benötigt (z. B. Gehübungen an Gehstöcken, Laufen im Gehwagen oder mit Gehgestell, Fahr- und Hebetechnik mit dem Rollstuhl, Atemtechnik, Abhusten und Abstützen, Drehen im Bett).
- Bei großen Operationen ist ggf. das Legen eines zentralen Venenkatheters sinnvoll.

Prämedikation

- Nichtmedikamentös: Angst des Patienten lindern durch Gespräch über Vorbereitung, Narkose, OP und postoperative Phase.
- Die Prämedikation für den Vorabend und den OP-Tag wird durch den Anästhesisten festgelegt.
- Medikamentös am Vorabend: Sedativum, Schmerzmittel.
- 1 Stunde vor OP: Benzodiazepin.

Am OP-Tag

- Rasur des OP-Gebietes: spezielle Rasuren für jede OP s. Tab. 26. Zur Rasur gehören auch Hautinspektion, Nagelpflege und Nabelreinigung. Die Rasur sollte erst kurz vor der OP erfolgen (entweder auf der Station oder im Operationssaal).
- Venenzugang: Wird in manchen Krankenhäusern bereits auf der Station gelegt, meist aber erst im OP durch den Anästhesisten.
- Sämtliche Prothesen und andere Objekte werden entfernt (Zahnprothesen, Brillen, Kontaktlinsen, Perücke, Hörgerät).
- Lange Haare werden zusammengebunden (ohne Spangen oder Nadeln).
- Vor der OP sollte noch einmal die Blase entleert werden, danach Bettruhe.
- Evtl. wird die Blase katheterisiert.
- Evtl. wird eine Magensonde gelegt.
- OP-Kleidung für den Patienten: OP-Hemd, Kopfhaube und evtl. Thrombosestrümpfe (nicht bei pAVK).
- Papiere für den OP: Patientenkurve, Konsile, Röntgen- und CT-Bilder, EKG, Anästhesieprotokoll, andere Befunde, Einverständniserklärung.
- Vitalzeichenkontrolle: Vor OP sollten Puls, Blutdruck, Temperatur und Atemfrequenz dokumentiert werden. Ebenso Veränderungen wie Menstruationsbeginn, Erbrechen, Durchfall.
- Antibiotikaprophylaxe abhängig von der geplanten OP. Ggf. Endokarditisprophylaxe (s. S. 33).
- Transport zum OP: sollte durch eine dem Patienten möglichst vertraute Pflegeperson erfolgen.

Tabelle 26 Spezielle Rasurgebiete je nach OP-Gebiet

OP-Gebiet	Rasurgebiet
Eingriffe an der Halsvorderseite	Unterkiefer von Ohr zu Ohr, Vorder- und Seitenfläche des Halses, Brust bis Mamillarlinie, Achselhöhlen
Eingriffe an Brustkorb und Mamma	Operationsseite von Hals bis Beckenkamm und Wirbelsäule bis einige Zentimeter über die Mittellinie, Achselhöhle, Schulter, Oberarm
Eingriffe im Abdominalraum	Brustwarzen bis einschließlich Schamgegend, Flanken beiderseits
Eingriffe an den Nieren	Operationsseite von Mamillarlinie bis Schamgegend, dabei einige Zentimeter über die Mittellinie hinaus, entsprechende Seite von Schulterblatt bis Gesäß, dabei einige Zentimeter über die Wirbelsäule hinaus
Eingriffe an der Leiste	Unterbauch ab Nabel über beide Leistenbeugen bis Mitte der Oberschenkel
Eingriffe in Steinschnittlage	Unterbauch ab Nabel über beide Leistenbeugen bis Mitte der Oberschenkel, beide Gesäßhälften, Rückseiten der Oberschenkel
Amputationen	25–30 cm ober- und unterhalb der vorgesehenen Amputationsstelle
Punktionen und Inzisionen	Umkreis von 10–25 cm um die Punktions- oder Inzisionsstelle

Im Operationssaal

- Lagerung des Patienten:
  - → Der Patient wird nach der Narkoseeinleitung auf dem Operationstisch gelagert. Häufig sind spezielle Lagerungsformen notwendig, um optimale Zugangsbedingungen zum Operationsfeld zu schaffen.
  - → Es darf kein Druck oder Zug an Körperteilen bestehen, der Läsionen an Nerven, Gefäßen, Haut und Weichteilen verursachen könnte. Empfindliche Stellen: Plexus brachialis (Arm-Abduktion über 90°), N. ulnaris (Bereich des Sulcus ulnaris am Ellenbogen) und N. peronaeus (Bereich des Fibulaköpfchens).
  - → Durch unphysiologische Bewegungen des relaxierten Patienten kann der Bewegungsapparat verletzt werden (Gelenküberstreckungen oder Hyperextension der HWS).
  - → Bei längeren Operationen können Druckstellen/Dekubiti an der Haut entstehen (untergelegte Tücher sollten faltenfrei sein).
  - → Zur schonenden Lagerung ist ausreichendes Hilfspersonal und eine Auswahl an Polsterungshilfen (Nackenrolle, Knierolle) notwendig.
  - → Die Haut des Patienten darf keinen Kontakt zu geerdeten, metallischen Teilen des Operationsti-

sches haben, sonst kann es zu Verbrennungen kommen.

→ Der Patient sollte nach erfolgter Lagerung mit einem gepolsterten Gurt am OP-Tisch fixiert werden.

→ Lagerung und sterile Abdeckung können und dürfen während des Operationsverlaufs in der Regel nicht verändert werden. Der Operateur muss sich deshalb von der korrekten Lagerung selbst überzeugen.

- Elektroden: Die indifferente Elektrode für die Diathermieanwendung auf rasierter und entfetteter Haut muss sicher befestigt sein. Sie sollte möglichst nah am Operationsfeld platziert werden, aber sie darf nie in Kontakt mit Desinfektionslösungen oder anderen intraoperativ ablaufenden Flüssigkeiten kommen, da sonst die Gefahr von elektrothermischen Schäden und Verbrennungen besteht.
- Desinfektion: Desinfizieren Sie das Operationsfeld unter Berücksichtigung möglicher Schnitterweiterungen. Die Haut wird dreimal mit desinfektionsmittelgetränkten, in Kornzangen gehaltenen Tupfern abgerieben. Wischen Sie mit dem Tupfer vom Bereich der Schnittführung zur Peripherie des OP-Feldes hin. Der erste Tupfer desinfiziert das maximale Hautareal. Nach einer Einwirkzeit von zwei Minuten wird ein etwas kleineres Areal mit dem zweiten Tupfer abgerieben. Der Vorgang wird mindestens dreimal wiederholt, die Hautdesinfektion sollte ca. 10 min dauern. Bei Jodallergie, Hyperthyreose oder bei Schilddrüsen-OP dürfen keine jodhaltigen Desinfektionsmittel verwendet werden.
- Abdecken des Patienten: Steriles Material darf nicht mit unsterilen Körperteilen oder Gegenständen des Operationssaals in Kontakt kommen. Sterile Tücher werden nach dem Entfalten vom Operateur und Assistenten in gespanntem Zustand abgelegt. Die Abdecktechniken sind für jede Operation und auch von Haus zu Haus unterschiedlich. Grundsätzlich wird das OP-Gebiet in Schichten von peripher nach zentral abgedeckt. Alle Körperteile sollten mit Tüchern bedeckt sein, die bis knapp über den Boden reichen (außer Kopf und einem Arm, die dem Anästhesisten frei zugänglich sein müssen). Häufig wird das OP-Feld zum Schluss von einem Lochtuch oder Schlitztuch eingegrenzt. Die Größe und Lage des freigelassenen OP-Feldes bestimmt der Operateur. Die Abdeckmaterialien werden mit Backhausklemmen oder mit speziellen Klebefilmen fixiert. Zur Hautabdeckung im OP-Bereich und zum Abdecken möglicherweise infizierter Hautläsionen dienen transparente Klebefolien. Selbsthaftendes Abdeckmaterial bleibt nur dann haften, wenn das Hautdesinfektionsmittel vollständig getrocknet ist.

Tipps und Tricks

- Am OP-Tag sollte eine Patientin (und auch ein Patient) sich nicht schminken, damit die Haut besser beurteilt werden kann.
- Sämtlicher Schmuck muss abgelegt und sicher deponiert werden (z. B. im Giftschrank).
- Nagellack oder künstliche Fingernägel sollten entfernt werden, da sonst die Messung der O_2-Sättigung erschwert ist und Zyanose oder Anämie nicht erkannt werden können.
- Typische Ängste (nicht mehr aufwachen, Ausgeliefertsein, Schmerzen, Komplikationen, ungünstiges OP-Ergebnis) können durch ein verstärktes Kontaktangebot vor und nach der Operation gelindert werden.
- Informieren Sie den Patienten, wann er ungefähr in den OP gebracht wird und falls es Verzögerungen gibt, da ungewisse Wartezeiten quälend sind.

Probleme und Sonderfälle

- **Patienten in schlechtem Ernährungszustand:** Bis zur OP erhalten solche Patienten hochkalorische Ernährung oral mit vollresorbierbarer Flüssigkost oder parenteral über Infusionen.

Spezielle Vorbereitungen

- Im Folgenden einige Beispiele für Untersuchungen, die bei speziellen Operationen ggf. vorliegen sollten. Klären Sie unter Umständen mit dem zuständigen Stationsarzt, ob diese Untersuchungen angeordnet werden sollen und achten Sie darauf, dass die Befunde bei den Patientenakten liegen und in den OP mitgegeben werden.
- **Bei Operationen im Bereich der Venen:** Befunde von Phlebographie, Ultraschall, Venendruckmessung, Strömungsuntersuchungen, (Infrarotfotographie), CT und/oder MRT.
- **Bei Operationen im Bereich der Arterien:** Befunde von Oszillographie, Aorto- und Arteriographie, (Thermographie), Ultraschall zur Strömungsmessung, Isotopendiagnostik, CT und/oder MRT.
- **Bei Operationen im Bereich des Magens:** Röntgenkontrastuntersuchung, Gastroskopie, Magensaftbestimmung, Saugbiopsie, Laparoskopie, Stuhluntersuchungen, CT und/oder MRT.
- **Bei Operationen im Bereich der Leber und Galle:** Cholangiozystographie, Leberszintigraphie, ERCP, Laparoskopie mit Biopsie, CT und/oder MRT.
- **Bei Operationen im Bereich des Pankreas:** Stuhlanalysen, Röntgenkontrastdarstellung, ERCP, Pankreasszintigraphie, CT und/oder MRT.
- **Bei Operationen des Dünndarms:** Laparoskopie, Duodenoskopie, Enteroskopie, Röntgenkontrastuntersuchung, CT und/oder MRT.
- **Bei Operationen im Bereich von Kolon und Rektum:** Rektosigmoidoskopie, Koloskopie, Biopsie, Kontrastmitteleinlauf, CT und/oder MRT.
- **Bei Operationen im Bereich der Nieren, Harnleiter, Blase und Prostata:** Nierentomographie, Urographie, Renovasographie, Isotopennephrographie, Zystoskopie, (Chromozystoskopie), CT und/oder MRT.
- **Bei Operationen der Knochen und Gelenke:** Röntgen-Funktionsaufnahmen, Tomographie, Knochenszintigraphie, Gelenkpunktion, Knochenbiopsie, Arthroskopie, CT und/oder MRT.
- **Schilddrüsenresektion:** Die Trachea sollte zuvor geröntgt werden (Trachealkompression). Evtl. ist ein HNO-Konsil (Heiserkeit? Rekurrensparese?) notwendig.

Verhalten im OP

Allgemeines

Die Ankunft eines „Neuen“ im OP ist nicht nur für den Betroffenen etwas Besonderes, sondern sorgt auch im bestehenden OP-Team für Unruhe. Häufig bekommt der Neue im Team die Unsicherheit der anderen in Form von unfreundlichem Verhalten ihm gegenüber zu spüren. Im Operationsbereich eines Krankenhauses herrscht oft eine eigene Gruppendynamik. Unfreundliche Bemerkungen sollten Sie nicht allzu persönlich nehmen, sie haben meistens weniger mit Ihrer Person zu tun als mit Ihrem Platz in der Hierarchie des „Mikrokosmos“ OP. Sie müssen sich nicht alles gefallen lassen, aber oft ist es klüger, auf eine Diskussion zu verzichten. Bedenken Sie, dass Sie in der Regel nur einige Wochen dort sein werden. Versuchen Sie, so wenig Angriffsfläche wie möglich zu bieten.

Ein häufiges Problem für den Anfänger im OP ist ein Kreislaufkollaps. Seien Sie getrost: Zu Beginn ist das fast jedem passiert. Ursache sind meistens die ungewohnte Situation, die Wärme unter der OP-Lampe oder äußere Faktoren wie Schlafmangel oder Unterzuckerung (fehlendes Frühstück!). Im folgenden Kapitel finden Sie unter anderem einige Tricks, die den Kollaps verhindern helfen.

Vorbereitungen vor der OP

- Falls Sie schon am Vortag wissen, zu welcher OP Sie eingeteilt sind, sollten Sie sich vorbereiten, die Anatomie des OP-Gebietes kurz nachlesen und sich – falls möglich – über das operative Vorgehen informieren. Die Kenntnis möglicher Komplikationen ist ebenfalls sehr hilfreich.
- Stellen Sie sich im OP beim Personal vor, wenn Sie den OP-Saal das erste Mal betreten.
- Nehmen Sie keine Wertsachen mit in den OP, häufig sind nicht genügend Schließfächer vorhanden.
- Legen Sie sämtlichen Schmuck ab, d. h. Ohrringe, Ketten, Armbänder, Uhren, Ringe usw.
- Ziehen Sie die OP-Kleidung an. Alle Haare werden unter die Haube gesteckt. Knoten Sie den Mundschutz gut fest, und drücken Sie den Draht über der Nase an. Für Bartträger gibt es Extrahauben.
- Wenn die Brille rutscht, binden Sie sie vorher mit einem Band fest. Es gibt einen speziellen Mundschutz für Brillenträger mit einer Folie, damit die Brille nicht beschlägt.
- Fragen Sie nach, ob bei der OP geröntgt wird. In diesem Fall ziehen Sie vor dem Waschen eine Bleischürze an.
- Ggf. hängen Sie die Röntgenbilder auf.
- Fragen Sie, ob Sie bei der Vorbereitung und Lagerung des Patienten mithelfen können.
- Waschen Sie Ihre Hände und führen Sie die chirurgische Desinfektion durch (s. S. 190).
- Steril einkleiden: Die Instrumentierperson hilft Ihnen von vorn in den sterilen Kittel. Das obere Band um den Hals bindet immer eine andere unsterile Person zu. Die Instrumentierperson hält Ihnen sterile Handschuhe hin, in die Sie nur hineinschlüpfen müssen.

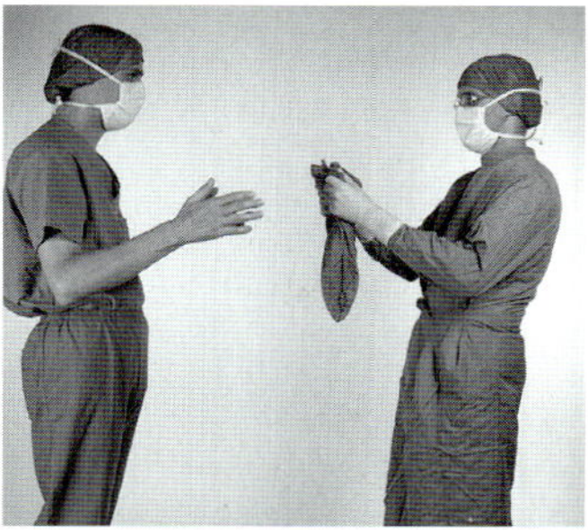

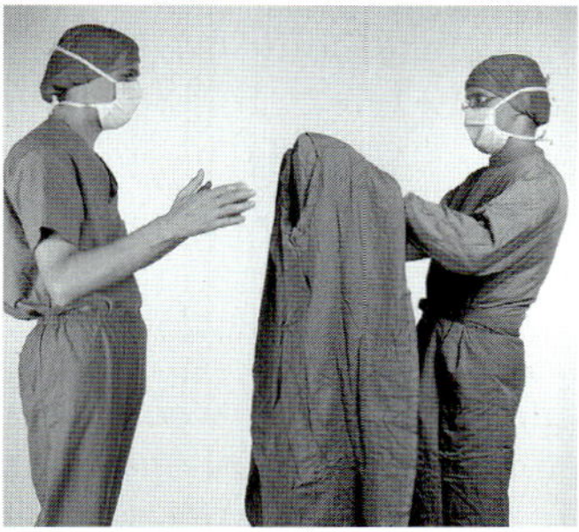

Eine sterile Hilfsperson hält den Kittel vor und lässt ihn sich entfalten

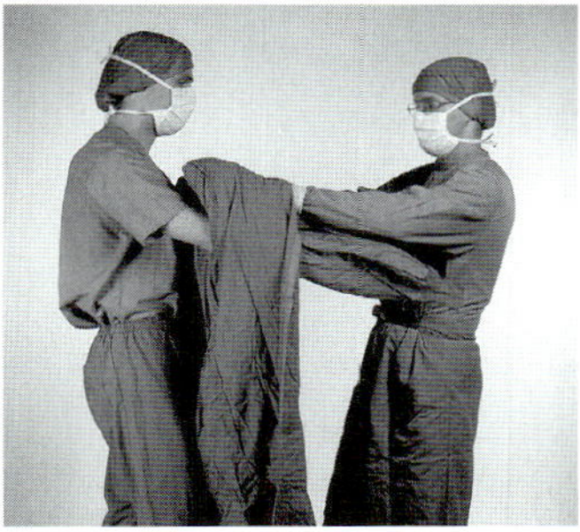

Hineingleiten

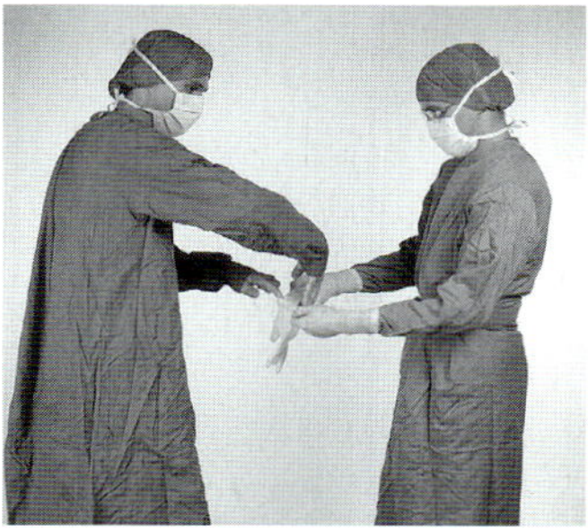

Vorgehaltene Handschuhe überstreifen

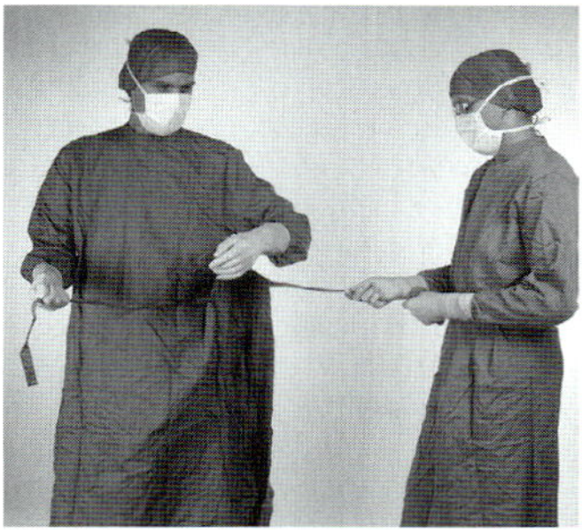

Reichen Sie das hintere der beiden Bänder einer sterilen Hilfsperson

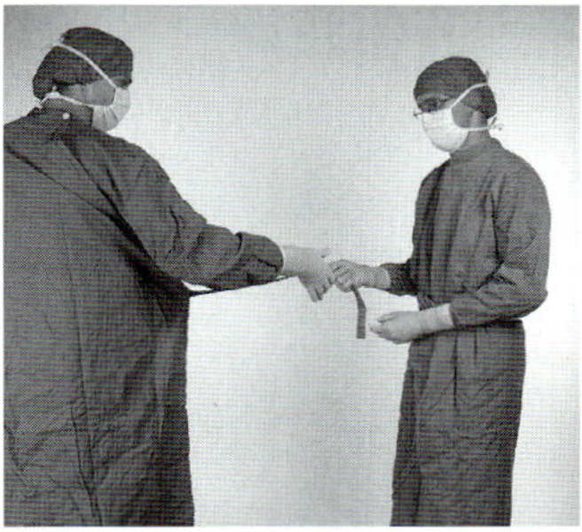

Wickeln Sie sich rechts herum ein, und knoten Sie die beiden Bänder vor Ihrem Leib zu

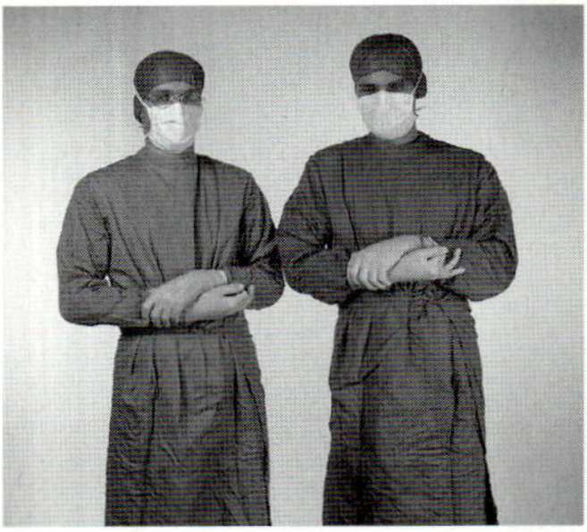

Nehmen Sie die sterile Ruhestellung ein

- **Falls Sie sich alleine einkleiden**: Reichen Sie das hintere Band einer sterilen Hilfsperson, oder klemmen Sie es zwischen sterile Gegenstände, z. B. zwischen einen sterilen Korb und ein steriles Instrumentiertuch, auf dem der Korb steht. Wickeln Sie sich rechts herum ein, knoten Sie die Schnur zu und nehmen Sie die sterile Ruhestellung (s. o.) ein.

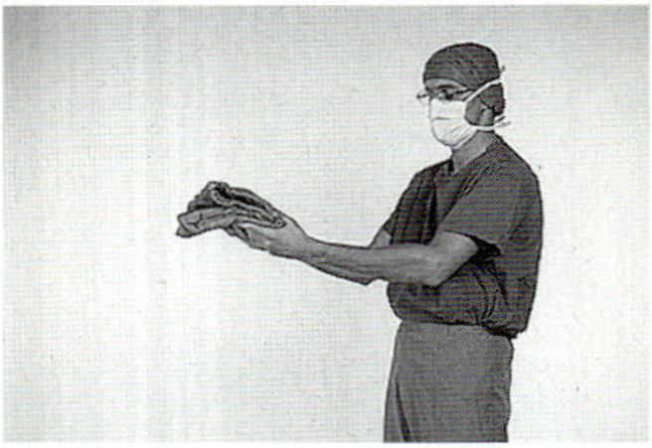

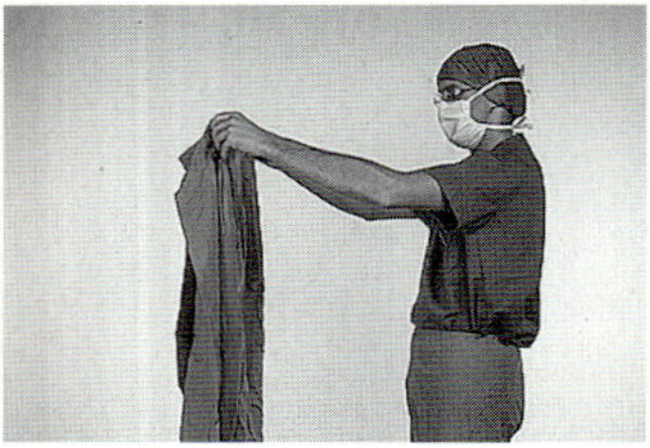

Fassen Sie die Innenseite des Kittels am Kragen, und lassen Sie den Kittel sich nach unten entfalten

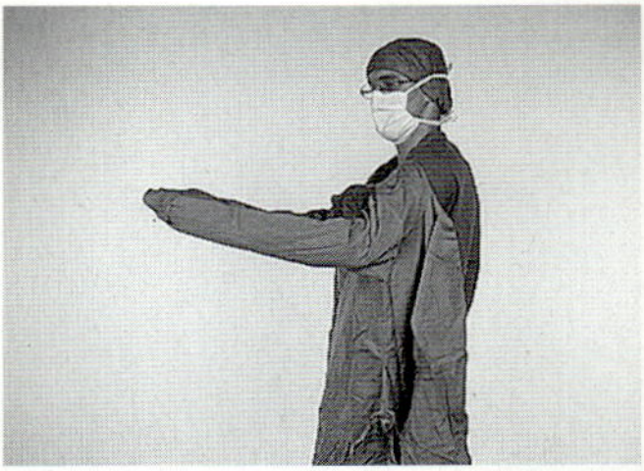

Gleiten Sie hinein, ohne dabei die Ärmel mit den Händen hochzuziehen

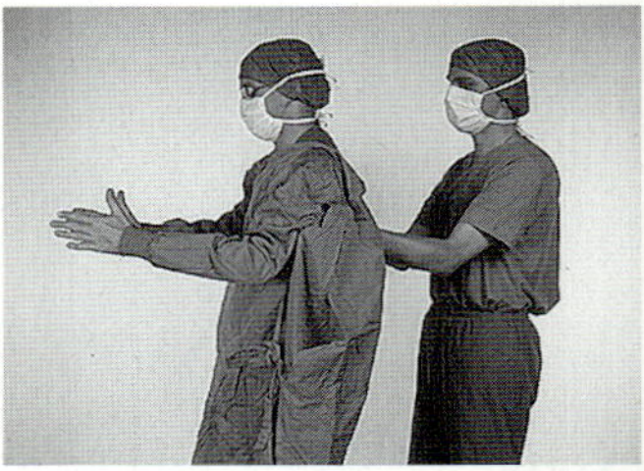

Eine Hilfsperson bindet den Kragen zu

- **Selbstständiges Überstreifen von sterilen Handschuhen:** Fassen Sie die nach außen umgeklappte Öffnung des Handschuhs von der Innenseite, und gleiten Sie mit der anderen Hand hinein. Dann fassen Sie mit dem sterilen Handschuh von außen in die beim anderen Handschuh umgeklappte Falte und gleiten mit der anderen Hand hinein.
- Merken Sie sich Ihre Handschuhgröße.
- Beim Abdecken richten Sie sich nach dem OP-Personal und fragen Sie bei Unklarheiten.
- Wenn nötig, lassen Sie sich vor der OP ein Bänkchen geben und achten Sie darauf, dass Sie wirklich gut stehen.

H6

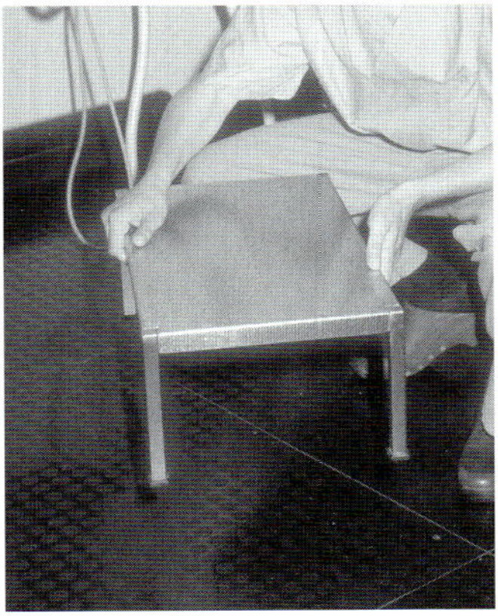

Verhalten während der OP

Steriles Verhalten

- Achten Sie auf Ihre eigene und die Sterilität der anderen. Melden sie sich, wenn Sie eine Unsterilität bemerken. Häufige Ursachen für Unsterilität :
  - Kopf am Lampengriff.
  - Berührung am Rücken.
  - Durchgeschwitzte oder durchnässte OP-Kleidung (z. B. bei Bauchspülungen).
  - Hinter dem Rücken des Operateurs zurückgegebene Instrumente.
  - Löcher im Handschuh.
  - Berührung des Rückens anderer, steril eingekleideter Personen (der Rücken gilt prinzipiell als unsteril).
- Als Anfänger werden Sie selbst sich wahrscheinlich häufiger unsteril machen. Verlieren Sie nicht den Mut.
- Halten Sie die Hände leicht erhoben (zwischen Bauchnabel und Brust) oder in Ruhestellung (gefaltet) vor dem Körper.
- Bewegen Sie sich möglichst wenig. Sprechen Sie möglichst wenig.
- Kehren Sie OP- und Instrumententisch nie den Rücken zu.
- Halten Sie 1 m Sicherheitsabstand zu unsterilen Gegenständen.

Assistenz bei einer OP

- Die Operationsassistenz beginnt bei der Lagerung auf dem OP-Tisch und endet mit der Umlagerung des Patienten in das Krankenbett.
- Die Position am Tisch sollte so bequem wie möglich sein, um auch längere Zeiten ohne Stellungswechsel durchzuhalten.
- Es wird prinzipiell nur mit Instrumenten assistiert. Sie werden unter Sicht und langsam an das Gewebe herangeführt. Sie sollten nur nach Aufforderung mit den Händen assistieren.
- Der erste (erfahrene) Assistent steht in der Regel auf der dem Operateur gegenüberliegenden Seite und ist aktiv in das Operationsgeschehen involviert, d. h. er übernimmt neben rein statischen Aufgaben auch die Hilfestellung bei Nähten, Blutstillung und beim Präparieren, muss also im Umgang mit allen Instrumenten bestens vertraut sein. Die übrigen Assistenten sind für optimale Sichtverhältnisse durch die vom Operateur gesetzten Haken verantwortlich. Sie sollten darüber hinaus nur ausdrücklich vom Operateur angeordnete Aufgaben übernehmen.
- Bei der Rückgabe von Instrumenten dürfen Sie den Operateur nicht behindern. Lassen Sie ein Instrument lieber mal oben liegen.
- Reichen Sie Instrumente nie hinter dem Rücken zurück, da Sie sich dabei leicht unsteril machen.
- Entfernen Sie evtl. abgeschnittene Fäden aus dem OP-Feld.
- Alle Handgriffe und Bewegungen müssen für den Operateur kontrollierbar erfolgen (keine hektischen Bewegungen) und dürfen nicht zu einer Behinderung des Aktionsradi-

us oder der Sicht des Operateurs führen.

- Stellen Sie ruhig Fragen, wenn die Situation nicht zu angespannt ist.

Nach der OP

- Die OP ist erst nach der Verbandanlage zu Ende. Erst dann dürfen Sie sich unsteril machen.
- Bei Saugdrainagen dürfen Sie den Schlauch erst öffnen, wenn die Wunde vollständig verschlossen und steril verbunden ist. Nach OP-Ende sollten Sie nachsehen, ob alle Drainagesysteme angeschlossen und die Schlauchklemmen geöffnet sind.
- Entsorgen Sie Handschuhe und OP-Kittel (Kittel in die Wäschesäcke, Handschuhe usw. in den Müll). Berühren Sie dabei keine verschmutzten Areale mit den bloßen Händen.
- Warten Sie in Ruhe die Extubation des Patienten ab und helfen Sie der Anästhesie beim Umlagern.
- Vorsicht bei der Umlagerung des Patienten vom OP-Tisch ins Krankenbett! Alle Schläuche (Drainagen, Infusionen) müssen kontrolliert werden, um eine Diskonnektierung zu vermeiden.
- Nach dem Ausschleusen des Patienten bringen Sie die Lagerungsmittel und Gurte zurück in den OP-Vorbereitungsraum.
- Kümmern Sie sich um Biopsie- oder OP-Präparate (Beschriftung), und füllen Sie ggf. Begleitscheine aus.
- Vor dem Umkleiden und Verlassen des OP-Traktes führen Sie noch eine hygienische Händedesinfektion durch.

Tipps und Tricks

- Rechnen Sie immer damit, dass die OP länger dauern kann als vorher angekündigt. Trinken Sie deswegen vorher nicht zu viel Kaffee, und gehen Sie auf jeden Fall vor dem Waschen zur Toilette.
- Fragen Sie vorher genau nach, wo Sie hin müssen. Je nach Größe des OP-Traktes finden Sie sich eventuell nicht so schnell zurecht, und die Personen sind mit OP-Maske nur schwer erkennbar.
- Tricks gegen einen möglichen Kreislaufkollaps:
  - Gutes Frühstück.
  - Muskelpumpe der Beine, treten Sie auf der Stelle und spannen Sie die Bein- und Gesäßmuskulatur immer wieder kurz an. Dabei dürfen Sie jedoch nicht im OP-Feld wackeln.
  - Eventuell sollten Sie Stützstrümpfe tragen.
  - Achten Sie auf Ihre Atmung.
- Melden Sie sich rechtzeitig, wenn Ihnen schlecht wird – Sie dürfen nicht am OP-Tisch kollabieren!
- Nutzen Sie die gute Laune des Operateurs und fragen Sie, ob Sie knoten oder nähen dürfen.
- In kritischen Situationen sagen Sie am besten gar nichts.
- Lehnen Sie sich nicht an den abgedeckten Arm des Patienten, der von der Anästhesie gebraucht wird (RR-Manschette, i. v.-Zugang, usw.).
- Sagen Sie, wohin Sie in den Pausen zwischen den OPs gehen bzw. fragen Sie, wann es weitergeht.
- Wechseln Sie OP-Kleidung und OP-Schuhe nach dem Gang zur Toilette.
- Es ist meistens verboten, beim Verlassen des OP-Traktes nur einen Kittel über die OP-Kleidung zu ziehen. Der Mundschutz sollte in den Pausen gewechselt werden, er verliert seine Wirksamkeit.
- Vielleicht lässt sich sogar am Anfang des Tertials ein Kurs organisieren mit einer Führung durch den OP-Trakt, Hinweisen zum Waschen, Anziehen, Haken halten usw.

Probleme und Sonderfälle

- **Heruntergefallene Utensilien:** Wenn Instrumente oder Tücher heruntergefallen sind, sollte das sofort gemeldet werden, damit bei der Zählung nach der OP daran gedacht wird.

- **Ausschleusen:** Rechnen Sie beim Ausschleusen damit, dass der Patient sich bewegt, herunterfällt, erbricht usw. Führen Sie immer einen Ambu-Beutel mit und schleusen Sie möglichst nicht alleine aus. Bitten Sie OP- und Anästhesiepersonal um Hilfe.

Assistenz im OP

Allgemeines

In der Chirurgie besteht die Hauptaufgabe des Studenten während der Operationen im Haken halten. Diese Tätigkeit ist anstrengend, jedoch auch unerlässlich, um eine erfolgreiche Operation zu gewährleisten. Außerdem gehört es je nach Situation zu Ihren Aufgaben, zu tupfen, Sekrete oder Blut wegzusaugen und Fäden zu führen oder abzuschneiden. Am Ende der OP dürfen sie vielleicht sogar den OP-Zugang zunähen.

Kleine Hakenkunde

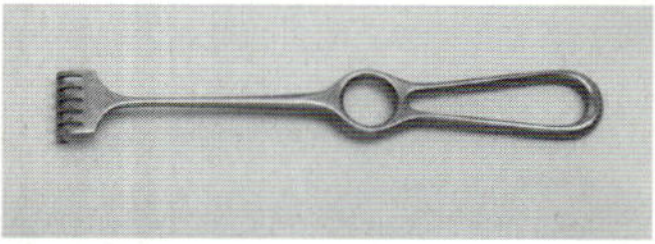

Scharfer Haken

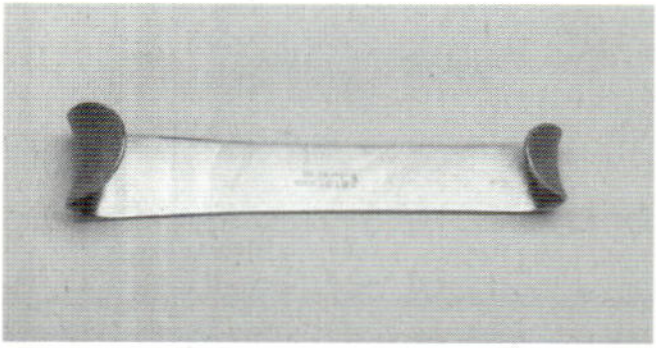

Roux-Haken

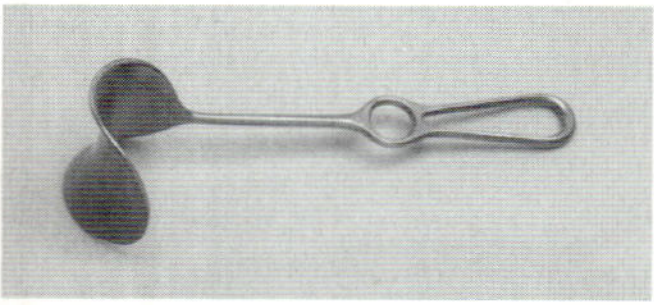

Fritsch-Haken

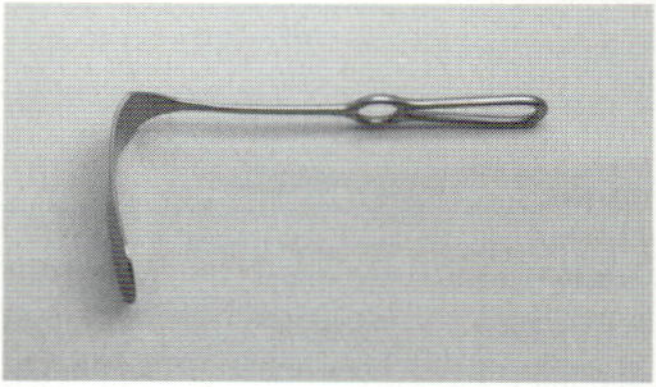

Mikulicz-Haken

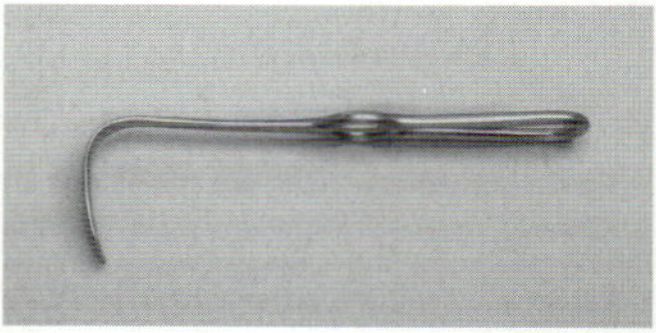

Langenbeck-Haken

Durchführung

Haken halten

- Nehmen Sie möglichst von Beginn an eine bequeme Haltung ein. Spätere Änderungen während der Operation sind meist nicht möglich.
- Alle Haken werden, wenn möglich, hinter und unter der Hand des Operateurs entgegengenommen.
- Im weiteren Verlauf darf sich weder die Spannung noch die Position des Hakens verändern. Der beste Griff ist je nach Hakenform unterschiedlich. Achten Sie jedoch darauf, dass der Haken nicht einschneidet und mit möglichst geringem Kraftaufwand auch über eine längere Zeit gehalten werden kann.
- Wird der Griff zu schmerzhaft, sollten Sie um einen Positionswechsel bitten, bevor beispielsweise durch den Versuch eines einhändigen Umgreifens mit Verlust des Hakens ein größeres Unglück geschieht.

- Ziehen Sie immer nur so fest an einem Haken, wie es für eine gute Sicht erforderlich ist. Dadurch lässt sich unnötige Gewebetraumatisierung vermeiden.
- Bei Aufforderung „Spitze betonen“ kippen Sie den Hakengriff leicht nach oben, ohne den Zug zu verstärken.

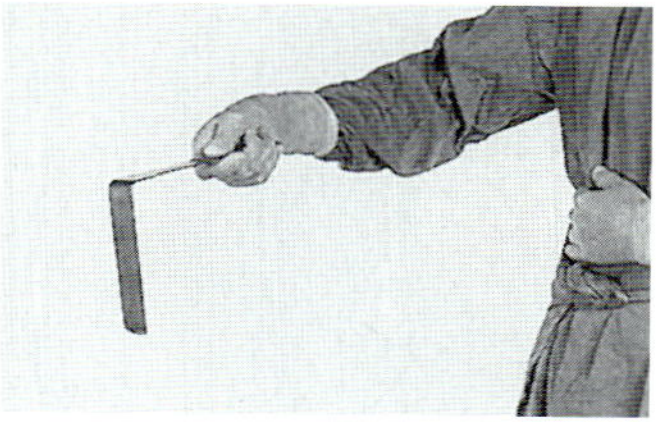

Obergriff

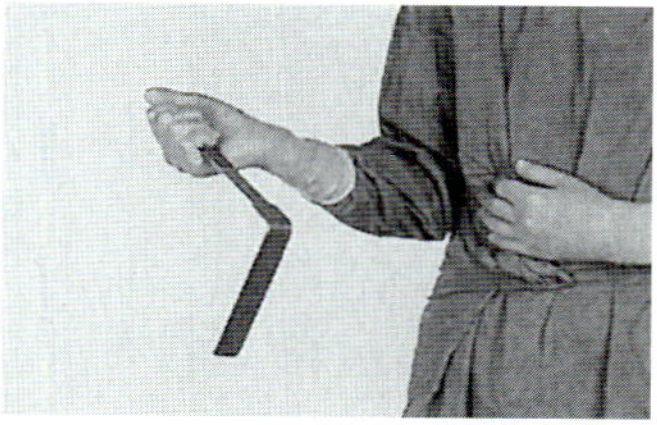

Untergriff

Tupfen

- Gelegentlich werden Sie aufgefordert, mit einer freien Hand im OP-Gebiet zu tupfen. Dazu nehmen Sie den Tupfer oder die Kompresse von der instrumentierenden Person entgegen und drücken vorsichtig auf die entsprechende Stelle.
- Nicht reiben oder wischen, denn Sie könnten blutstillende Blutkoagel wegwischen und eine erneute Blutung auslösen.

Umgang mit dem Sauger

Führen Sie einen Sauger langsam an den abzusaugenden Blut- oder Sekretspiegel heran. Vermeiden Sie Gewebekontakt.
Nach dem Absaugen von Eiter oder Darminhalt dürfen Sie den Sauger nicht mehr in anderen Operationsbereichen verwenden und nicht auf den sterilen Instrumententisch zurücklegen. Tauschen Sie ihn aus.
Manche Operateure möchten, dass der Rauch bei Hochfrequenz-Diathermie zur Verbesserung der Sicht abgesaugt wird. Dabei darf der Sauger die Sicht nicht behindern.

Fäden schneiden

- Greifen Sie die Schere mit Daumen und Ringfinger. Zeige- und Mittelfinger ruhen zur Stabilisierung auf den Branchen.
- Sie müssen sich sicher sein, welcher Faden geschnitten werden soll. Im Zweifel sollten Sie noch einmal fragen.
- Sie sollten den Faden gut sehen können. Stochern Sie nie im Dunkeln!
- Halten Sie die Schere bis unmittelbar vor dem Faden geschlossen.
- Öffnen Sie die Schere leicht, die Scherenspitze legt sich um den Faden.
- Durch leichtes Verkanten der hinteren Schenkel (Beugung des Ringfingers in Mittel- und Endgelenk) erhöhen Sie den Andruck der Schnei-

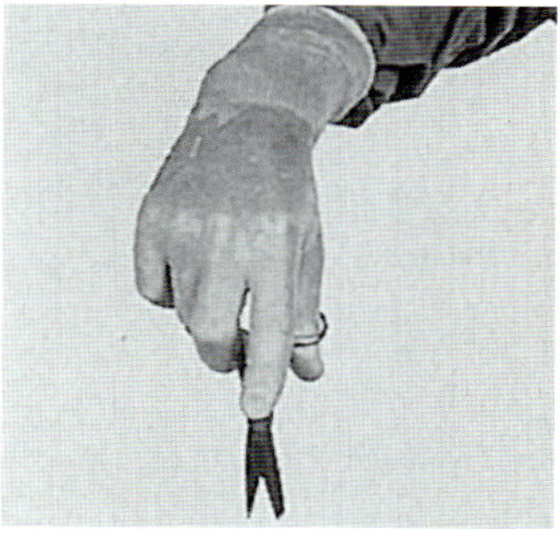

Korrekte Haltung der Schere (Aufsicht)

den, was einen sauberen Schnitt ermöglicht.

- Wenn die Schere nicht mehr gebraucht wird, legen Sie sie ab oder reichen Sie sie über dem OP-Feld der instrumentierenden Person an, aber nicht hinter dem Rücken.

Nähen

Allgemein gibt es Nähte zur Blutstillung (Umstechungsligatur), zum Wundverschluss (primäre Naht), Anastomosennähte (im Darm oder für Gefäßanastomosen) und Fixationsnähte (Drainagen, Implantate). Neben dem rein mechanischen Verschluss einer Wunde besteht die Aufgabe einer Naht auch darin, durch eine saubere Adaptation der Wundränder die Wundheilung zu beschleunigen. Die folgenden Hautnähte sind die wichtigsten:

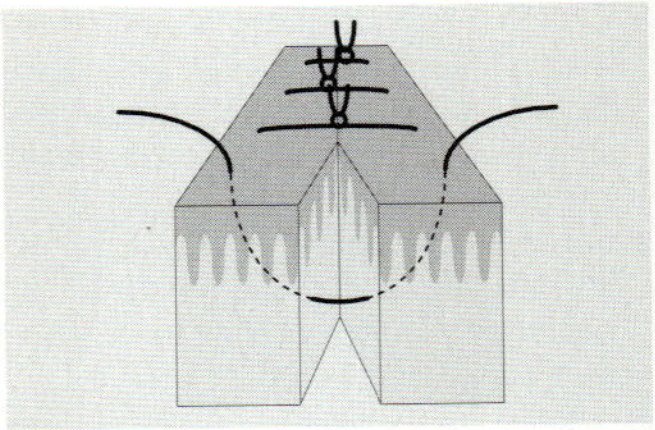

Einzelknopfnaht

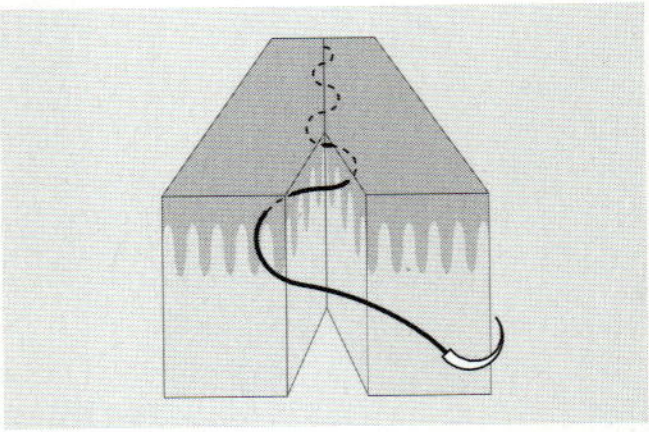

Intrakutannaht

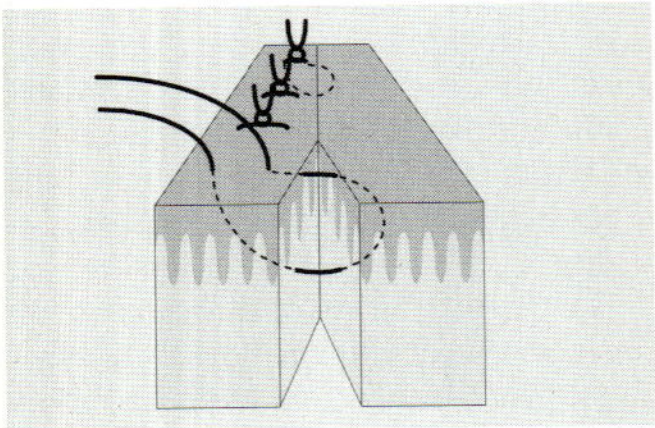

Allgöwer-Naht

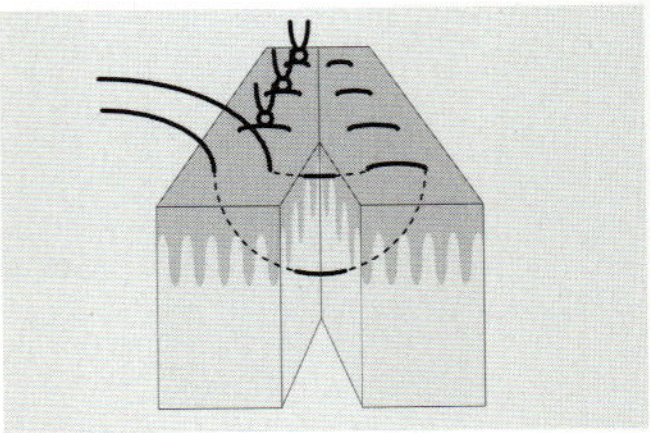

Rückstichnaht nach Donati

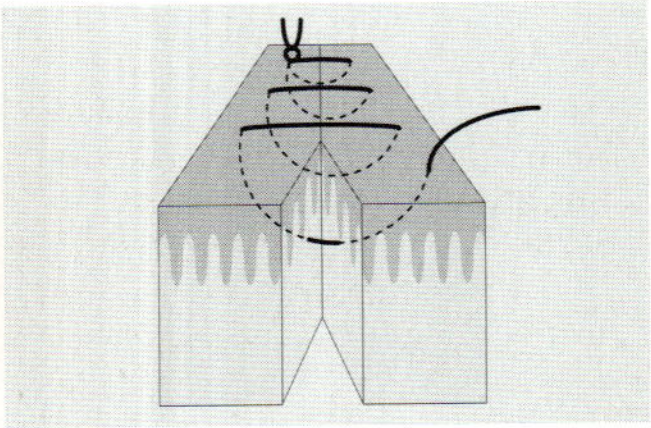

Kürschner-Naht (fortlaufende Naht)

Die Auswahl des Nahtmaterials hängt von der Lokalisation und den Anforderungen an die Belastbarkeit der Naht ab. Für Hautnähte werden z. B. im Gegensatz zu den Subkutannähten und den meisten intrakorporalen Nähten nichtresorbierbare, monofile (glatte Oberfläche) Nahtmaterialien oder Klammern verwendet.

Knoten

Überkreuzter Knoten:

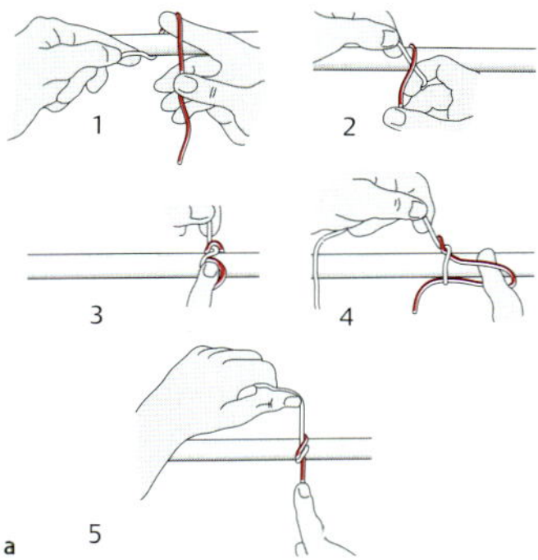

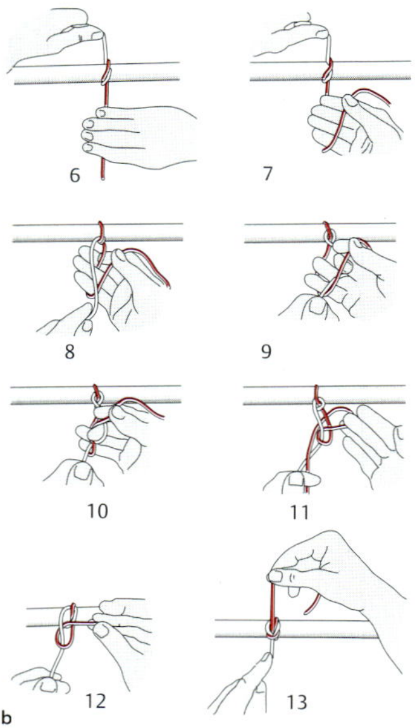

Überkreuzter Knoten: Ein „rückwärts" geknüpfter Knoten (a) wird durch einen zweiten, „vorwärts" geknüpften Knoten (b) gesichert.

Das Knoten der Fäden ist in erster Linie eine praktische Tätigkeit, die sich schwer beschreiben lässt. Man unterscheidet Knüpftechniken mit der Hand von instrumentellen Knoten.

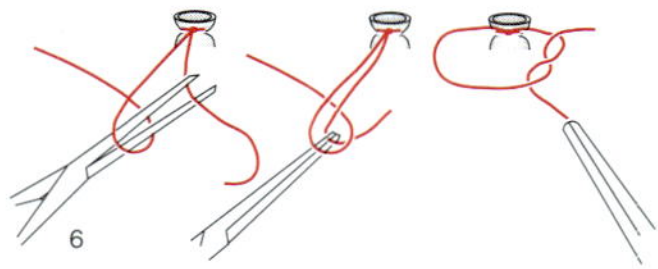

Instrumenteller Knoten: Wickeln Sie die Spitze der Péan-Klemme einmal in das längere Fadenende ein, und fassen Sie mit der Klemme dann das kürzere Ende. Bei der zweiten Umschnürung gehen Sie in der umgekehrten Richtung vor.

In der Regel werden 3 Knoten gegenläufig übereinander geknüpft, bei glatten Fäden auch 4–5 Knoten.

Tipps und Tricks

- Setzen Sie einen Haken nie ohne Anweisung um, auch wenn Sie sich ganz sicher sind, wo er hingesetzt werden muss. Es ist in jedem Fall eine Irritation des Operateurs.
- Wenn der Operateur Ihnen in den Haken greift, müssen Sie kurz locker lassen, um den Positionswechsel des Hakens durch den Operateur nicht zu behindern. Dann fassen Sie ihn wieder fest in der veränderten Stellung.
- Nutzen Sie kurze Pausen im OP-Feld, um den Muskeltonus zu lockern, ohne jedoch die Hakenstellung grundlegend zu ändern.
- Haken halten ist unter Umständen körperlich extrem belastend. Tipps gegen den Kreislaufkollaps s. S. 222.
- Bei Anastomosen und Gefäßnähten müssen Sie die Haken besonders ruhig halten und sich konzentrieren.

H 7

- Scharfe Haken sind wirklich scharf. Also seien Sie damit vorsichtig, um nicht sich oder andere zu verletzen.
- Keine Angst vor dem Zittern. Es ist normal, dass Sie zittern, wenn Sie nach angespanntem Hakenhalten filigrane Fäden schneiden sollen.
- Im Bauchraum wird im Allgemeinen ein Faden einige Millimeter über dem Knoten abgeschnitten. Auf der Haut wird er etwa mit einer Länge von 1 cm abgeschnitten. Subkutane Fäden dürfen nicht aus der Haut ragen.
- Abgeschnittene Fäden müssen aus dem OP-Feld verschwinden.
- Ein Knoten sollte möglichst klein sein, da dies geringere Gewebereaktionen verursacht.
- Halten Sie beim Knoten ein Fadenende immer unter Spannung, ohne jemals zu zerren und zu reißen.
- Ein Knoten muss so fest sein, dass er sich nicht mehr lockert.
- Adaptierende Knoten dürfen Sie nicht zu fest setzen, da es sonst zu Gewebenekrosen kommen kann.
- Sie sollten zu Hause ausgiebig üben. Besorgen Sie sich vom OP-Personal einige Fäden und üben Sie das Knoten an einer vollen Tasse. (Siehe auch S. 192).
- Zum Thema „Knoten“ wird von den meisten Fadenherstellern ein kleines Handbuch oder Heft angeboten. Eventuell stellt auch ein Kollege oder jemand vom OP-Personal eine solche Anleitung zur Verfügung.

H 7

Postoperative Betreuung

Allgemeines

Durch die postoperative Betreuung sollen Komplikationen vermieden oder rechtzeitig erkannt werden. Auch der praktisch tätige Student hat eine Mitverantwortung für das Wohlbefinden des operierten Patienten. Er kann auf viele Dinge achten, die in der Routine des Stationsbetriebes untergehen können.

Durchführung

- **Materialien zur Übernahme eines Patienten direkt aus dem OP-Trakt:**
  - Ambu-Beutel (muss dabei sein!).
  - Nierenschale.
  - Zellstoff.
  - Frisches Hemd.
  - Stethoskop.
  - Blutdruckmanschette.
  - Guedel-Tubus.
  - Evtl. Schlüssel für den Aufzug.
- Holen Sie den Patienten grundsätzlich nur mit einer Hilfsperson ab.
- Informieren Sie sich über den Patienten beim OP- bzw. Anästhesiepersonal bei der Übernahme aus dem OP-Trakt. Fragen Sie nach Besonderheiten des OP-Verlaufs und der Medikation (Analgesie? Infusionen? Bluttransfusion?).
- Der Patient muss vor der Übernahme wach gewesen sein. Bei gestörten Vitalfunktionen muss er nach Rücksprache mit der Anästhesie auf die Intensiv- oder Aufwachstation verlegt werden.
- Kontrollieren Sie die Lagerung, Anschluss und Funktion von Drainagen und Infusionen sowie den Zustand des Verbandes. Sorgen Sie für eine ordnungsgemäße Befestigung und Sicherung für den Transport.
- Untersuchen Sie, ob sich noch Gegenstände aus dem OP-Saal im Bett befinden.
- Nehmen Sie alle Unterlagen des Patienten mit. Prüfen Sie auch, ob Anweisungen zur postoperativen Therapie schriftlich fixiert wurden.
- Nehmen Sie nach Möglichkeit keine mündlichen Anordnungen entgegen, um Verwechslungen oder Vergessen zu vermeiden.
- Wenn keine andere Anordnung (z. B. Lumbalanästhesie, Myelographie, Strumektomie) erfolgt, lagern Sie den Patienten während des Transportes in leichter Kopftieflage.
- Reden Sie mit dem Patienten während der Fahrt (auch wenn er zu schlafen scheint).
- Sichern Sie den Patienten vor einem Sturz aus dem Bett, denn er kann sich jederzeit plötzlich und unkontrolliert bewegen.
- Fahren Sie das Bett mit den Füßen voraus, und beobachten Sie den Patienten aufmerksam. Es besteht immer die Gefahr, dass er sich plötzlich Infusionen, Tubus oder Drainagen herausreißt.
- Überwachen Sie den Patienten nach Anordnung. Achten Sie besonders auf Veränderungen der Kreislaufparameter, Temperatur, Atmung, Hautfarbe, Darmgeräusche, periphere Pulse, Bewusstsein (einfache Fragen stellen, z. B. Alter, Name, Zimmernummer usw.), Nierenfunktion (Urinproduktion mindestens 30 ml/h); bei Schienen- oder Gipsanlage Kontrolle von Nerven und Pulsen der betroffenen Extremität.
- Führen Sie wenn möglich ein kurzes Gespräch mit dem Patienten, und teilen Sie ihm mit, wo er sich befindet, wie spät es ist und fragen Sie ihn, ob Angehörige benachrichtigt werden sollen.

Tipps und Tricks

- Patienten frieren oft nach Operationen. Besorgen Sie eine zweite Decke, aber unterlassen Sie die direkte Wärmeanwendung (z. B. Wärmflasche), da es dabei leicht zu Verbrennungen kommt.
- Kennzeichnen Sie kleine Nachblutungen durch den Verband evtl. mit einem Stift, um die Entwicklung beurteilen zu können. Kontrollieren Sie häufiger.
- Nach Darmoperationen wird der Patient parenteral ernährt, bis zum ersten Mal wieder Stuhl entleert wurde. Der Patient erhält auch keine Getränke.
- Nach dem vollständigen Erwachen nach anderen Operationen erhält der Patient löffelweise Tee (Rückfrage nach speziellen Anordnungen).
- Übelkeit und Erbrechen sind häufige postoperative Symptome. Vermerken Sie die Frequenz, und sehen Sie sich das Erbrochene an bzw. erkundigen Sie sich nach dem Aussehen (Blut? Kaffesatzartig?).

Probleme und Sonderfälle

- **Stark blutiger Verband:** Arzt benachrichtigen.
- **Rasch gefüllte Drainagen:** mögliche Blutung, Arzt benachrichtigen.
- **Ausbleibende Miktion:** Die Miktion sollte nach 12 Stunden wieder anlaufen und mindestens 30 ml/h betragen. Sonst versuchen Sie zunächst einfache Mittel (Wasser laufen lassen, Sichtschutz vor Zuschauern, Nachtstuhl statt Bettpfanne bei nichtkatheterisierten Patienten). Wenn sich kein Erfolg einstellt, müssen Sie den Arzt benachrichtigen.
- **Fehlende Darmgeräusche:** Darmgeräusche kehren bei abdominellen Operationen normalerweise am dritten bis vierten Tag zurück.
- **Zwischenfall während Transport:** Steuern Sie sofort die am nächsten gelegene Station an, und rufen Sie einen Arzt.

Redon-Drainagen

Allgemeines

Redon-Drainagen dienen der Vermeidung postoperativer Hämatom- oder Serombildung und liegen meist im subkutanen Fettgewebe oder subfaszial. Der Sog ist nicht kontrollierbar, deshalb werden sie nicht in der Bauchhöhle angewandt.

Durchführung

Lage der Drainage

- Das gelöcherte Ende der Redon-Drainage liegt im Wundgebiet und wird in eine unter Sog stehende Glas- oder Hartplastikflasche geleitet. Der Zugang wird mit einer Stichnadel durch die Haut gebohrt.

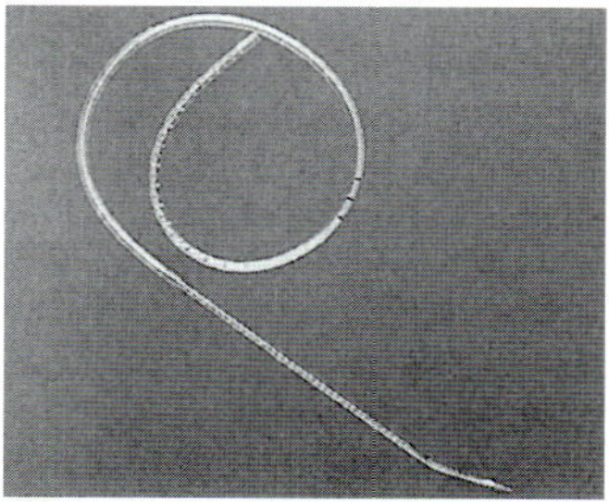

Drainageschlauch mit Sticheisen

- Die Nadel wird abgeschnitten und das Drainageende mit dem Anschlussstück der Redon-Flasche verbunden.
- Der Schlauch wird mit einem Hautstich an der Haut fixiert.
- Je mehr Sekret bereits in der Flasche ist, desto weniger Sog steht noch zur Verfügung. Deshalb müssen Sie die Flasche rechtzeitig wechseln.
- Fordern Sie den Patienten auf, jegliche Beschwerden im Zusammenhang mit der Drainage unverzüglich zu melden.
- Pflege, Wechsel oder Entfernung der Drainage sind selten schmerzhaft, können empfindlichen Patienten jedoch unangenehm sein.

Drainagenwechsel

- **Materialien:**
  - Kocher- oder Péan-Klemme (soweit nicht bereits am Schlauchsystem vorhanden).
  - Tupfer.
  - Abfallbeutel.
  - Desinfektionsmittel, Handschuhe, Einmalunterlage.
  - Neue Flasche, abgeklemmt und mit intaktem Sog (eingezogene Ziehharmonika).

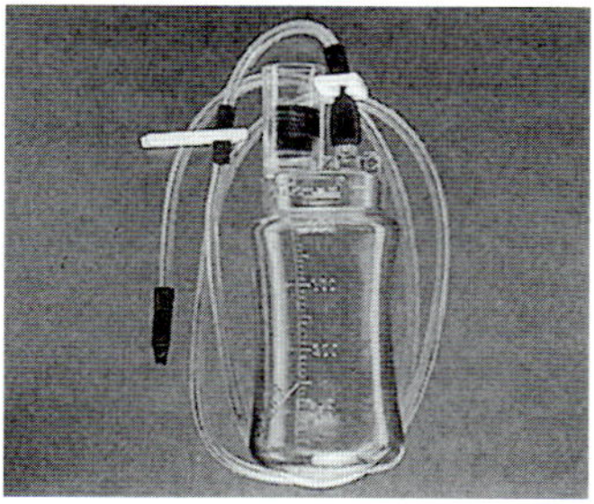

Abgeklemmte Redonflasche mit intaktem Sog

- Entfernen Sie den Verband.
- Untersuchen Sie die Wunde auf Rötung, Eiter und Ekzeme.
- Klemmen Sie die Drainage ab (Kocher-Klemme).
- Breiten Sie eine Unterlage unter dem Arbeitsfeld aus.
- Nehmen Sie die alte Sekretflasche ab, und schließen Sie sofort eine neue Flasche an.
- Öffnen Sie die neue Flasche. Hierbei können wegen des frischen Soges

H 9

eventuell zu Beginn leichte Schmerzen auftreten.

- Wechseln Sie die Redonflasche dann, wenn sie so voll ist, dass kein Sog mehr besteht. Die Ziehharmonika am Kopf der Flasche zeigt an, wieviel Sog noch auf der Flasche ist. Es existiert eine grobe Skalierung von „max“ bis „min“.

Anzeige der Sogstärke durch grobe Skalierung

- Überprüfen Sie das Sekret auf Farbe, Konsistenz und Geruch.
- Notieren Sie die Sekretmenge.
- Entsorgen Sie die alte Sekretflasche gesondert.

Drainagenentfernung

- Die Drainage wird nach ärztlicher Anordnung entfernt (Richtwerte s. Tab. 27).
- **Materialien:** wie beim Drainagewechsel (s. o.), zusätzlich
  - Verbandsmaterial, sterile Kompressen.
  - Skalpell.
  - Pinzette.
- Lösen Sie den Verband und inspizieren Sie die Wunde.
- Ziehen Sie zuerst den Faden, mit dem der Redon fixiert ist.
- Desinfizieren Sie die Wunde.
- Fordern Sie den Patienten zum tiefen Einatmen auf.
- Ziehen Sie die Drainage unter Sog und gleichmäßigem Zug heraus. Zu starker Zug kann zu Gewebeverletzungen führen und ist außerdem schmerzhafter. Bei Widerstand und starken Schmerzen sollten Sie den Sog eventuell wegnehmen (Klemme schließen).
- Legen Sie einen Wundverband mit sterilen Kompressen an.

Tipps und Tricks

- Vermeiden Sie Zug am Drain.
- Achten Sie Immer darauf, dass die Verbindungsstellen dicht sind. Eventuell verkleben Sie sie mit Pflaster. Klemmen Sie jedoch zuvor die Redon-Drainage ab.
- Betrachten Sie jedes Sekret als potenziell infektiös, und behandeln Sie es auch so.
- Der Patient darf die Wunde und das Schlauchsystem nicht berühren.
- Liegen mehrere Drains in einer Wunde, müssen zum Wechsel einer Flasche alle Flaschen abgeklemmt werden.

Tabele 27 Richtwerte zur Drainageentfernung

OP	Zeit
Schilddrüsenoperation	nach 24–48 Stunden
Mammaoperation	nach 48 Stunden
Herzoperation	substernale und Perikarddrainage spätestens nach 48 Stunden
Darmoperation	Redon in kleinem Becken für 5 Tage
Knochenoperation	nach 24–48 Stunden

- Bringen Sie die Redonflasche immer unterhalb des Patienten am Bett an, um einen Reflux zu vermeiden.
- Aus hygienischen Gründen sollte die Flasche nicht auf dem Fußboden liegen.
- Versuchen Sie bei gestörtem Abfluss, den Schlauch zur Flasche hin auszustreichen und eventuelle Gerinnsel zu lösen.
- Bei nur geringfügig gefülltem Drainagesystem kann der Sog abgelassen oder abgeklemmt werden, bevor die Drainage gezogen wird. Dies ist für den Patienten dann weniger schmerzhaft.

Probleme und Sonderfälle

Herausreißen der Drainage: Wenn die Drainage versehentlich herausgerissen wurde, darf sie nicht zurückgeschoben werden. Verbinden Sie statt dessen die Wunde steril und benachrichtigen Sie den Arzt.

I Beatmung – Notfall – Reanimation

Maskenbeatmung

Allgemeines

Bei jeder Allgemeinnarkose, vor der endotrachealen Intubation und zwischen prolongierten Intubationsversuchen sowie im Rahmen von Reanimation und anderen Notfallmaßnahmen ist die Freihaltung der Atemwege und Beatmung mit der Maske eine wesentliche ärztliche Tätigkeit. Obwohl es so einfach aussieht, ist es eine nur durch regelmäßiges Üben wirklich zu erlernende Tätigkeit.

Vorbereitung

- Wählen Sie die richtige Maskengröße: Es gibt verschiedene Größen und anatomisch unterschiedlich geformte Masken.

3er-, 2er-, 1er- und Kindermaske

- Überprüfen Sie die Beatmungsmöglichkeit; wenn möglich, sollten Sie immer mit Sauerstoff beatmen.

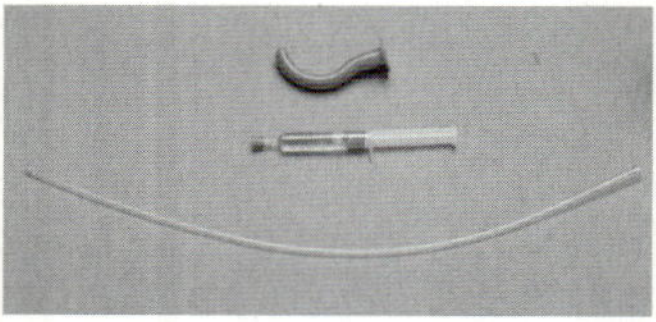

Guedel-Tubus, Gleitmittel, Sauger

- Hilfsmittel: Guedel-Tubus, Gleitmittel, Sauger.
- Inspizieren Sie den Mundraum. Entfernen Sie Zahnprothesen und ggf. Erbrochenes. Achten Sie auf anatomische Besonderheiten.
- Als Monitoring ist die Pulsoxymetrie sinnvoll.

Durchführung

- Beim bewusstlosen oder narkotisierten Patienten sind die Atemwege prinzipiell durch die Zunge, die den Rachen verlegt, blockiert. Durch den Esmarch-Handgriff (Überstrecken des Kopfes und Vorziehen des Unterkiefers) wird der Zungengrund angehoben und die Beatmung mittels Maske möglich (S. 249).
- Mit dem Mittel- und Ringfinger der linken Hand halten Sie den Unterkiefer fest und den Kopf rekliniert. Klemmen Sie dabei die Zunge nicht zwischen den Zähnen ein.
- Legen Sie die Maske mit der rechten Hand auf Nase und Mund. Das schmale Ende gehört auf die Nase, das breite Ende auf den Mund.
- Mit Zeigefinger und Daumen der linken Hand drücken und schmiegen Sie die Maske an. Dabei liegt der Zeigefinger unterhalb der Öffnung und der Daumen oberhalb (C-Griff) (S. 241).
- Beatmen Sie mit der rechten Hand entweder assistiert oder kontrolliert. Wenn keine Hilfsmittel benutzt werden, wird durch die Nase beatmet, und der Mund bleibt geschlossen. Dabei müssen Sie auf die Thoraxexkursion achten und kritisch beurteilen, ob der Patient wirklich ventiliert wird. Bei entweichender Luft (d. h. undichter Sitz der Maske) spielen Sie mit der Maske auf dem Gesicht ein wenig hin und her. Vielleicht reklinieren Sie den Kopf noch etwas weiter und ziehen den Unterkiefer weiter vor. Versuchen Sie nicht, die Luft hineinzupressen, da sie sonst leicht in den Magen gelangt. Die Lunge lässt sich fast widerstandslos beatmen.

11

Tipps und Tricks

- Ursachen einer unzureichenden Beatmung:
  - schlechte Lagerung des Kopfes
  - zu geringer Zug am Unterkiefer
  - zu kleine Maske (Nasenöffnungen werden zusammengepresst)
  - eine Magensonde kann die Beatmung erschweren
  - anatomische Besonderheiten.
- **Guedel-Tubus:** Insbesondere bei zahnlosen Patienten und bei sonst nur schwer dichtzuhaltender Maske (Bartträger, dicke Patienten usw.) ist der Guedel-Tubus eine wirksame Hilfe zur Freihaltung der Atemwege und erleichtert damit die Beatmung. Allerdings wird der Tubus nur bei Bewusstlosen oder genügend tief narkotisierten Patienten toleriert. Sobald der Patient mit Husten oder Würgen reagiert, muss der Tubus sofort entfernt werden. Die konkave Seite wird zunächst gaumenwärts eingeführt und durch eine Drehbewegung um 180° im Mund richtig platziert, so dass sich die konkave Seite der Zunge anschmiegt.

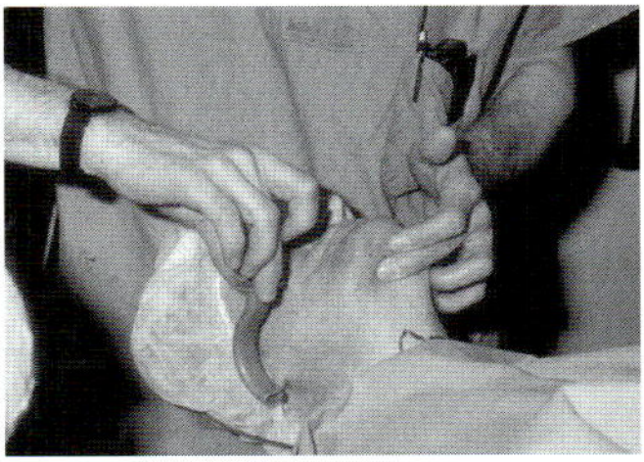

Position des Guedel-Tubus bei korrekter Platzierung

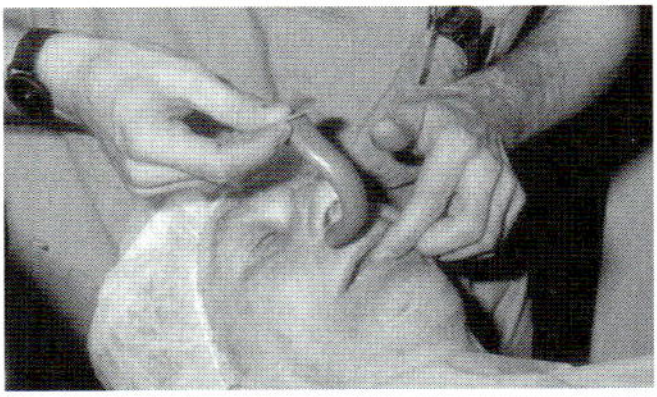

Ausgangsposition

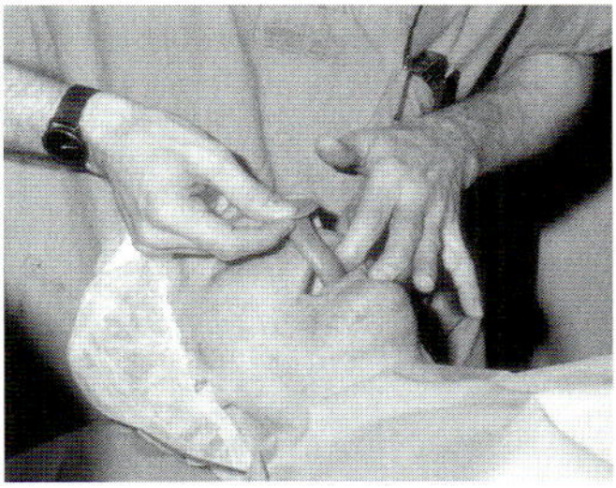

Einführung

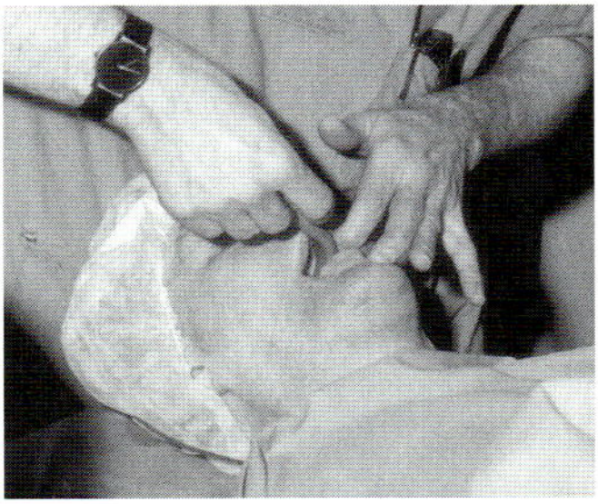

Drehung des Guedel-Tubus bis zur Endposition (I)

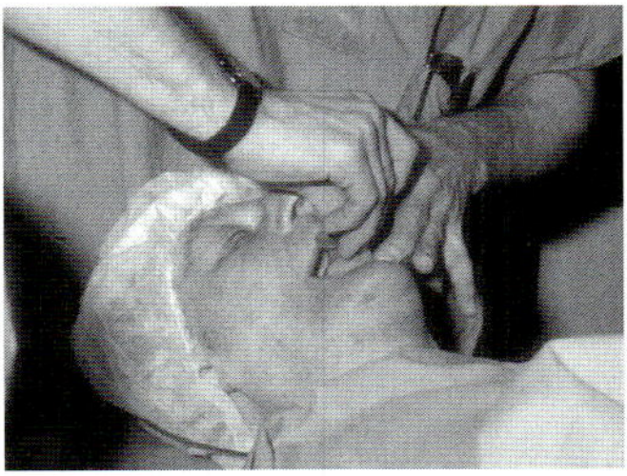

Drehung des Guedel-Tubus bis zur Endposition (II)

- Steht eine Hilfsperson zur Verfügung, können Sie diese bitten, die Beutelbeatmung zu übernehmen, während Sie selbst versuchen, die Maske mit zwei Händen abzudichten, indem Sie z. B. schlaffe Wangen hochziehen.

- Sind Sie allein und nicht in der Lage, die Maske befriedigend abzudichten, können Sie den Beutel zwischen die Knie klemmen oder auf den Fußboden legen und mit dem Fuß komprimieren. Dadurch können beide Hände die Maske abdichten.

Probleme und Sonderfälle

- **Nicht-nüchterner Patient:** Die Gefahr von Erbrechen und Aspiration wird durch „Aufblasen" des Magens erhöht. Hier sollte möglichst schnell die Intubation angestrebt werden. Ein hypoxischer Patient wird jedoch selbstverständlich auch mit der Maske zwischenbeatmet, wenn er nicht nüchtern ist.

Intubation

Allgemeines

Eine Famulatur oder ein PJ-Tertial in der Anästhesiologie ermöglicht einen guten Einblick in die Chirurgie und ist eine ideale Ergänzung für den Berufswunsch Internist oder Chirurg. Als ziemlich übersichtliches Fach ermöglicht die Anästhesiologie das Einüben einiger sehr wichtiger Tätigkeiten, wie z. B. Zugänge legen, Intubation, Maskenbeatmung. Außerdem ermöglicht es einen weiten Freiraum, da im Gegensatz zu manchen anderen Fächern der Student nicht wirklich zum Mitarbeiten gebraucht wird, sondern sich ganz auf das Lernen konzentrieren kann. Dies ist natürlich als „fünftes Rad am Wagen" möglicherweise auch ein Nachteil. Wenn Sie keine feste Zeit in der Anästhesiologie verbringen, sollten Sie die Zeit in einem chirurgischen Fach nutzen, um Kontakt zur Anästhesiologie herzustellen. Auf diese Art können Sie vielleicht doch die Intubation einüben.
Die endotracheale Intubation dient der Schaffung kontinuierlich freier Atemwege zur kontrollierten und/oder assistierten Beatmung bei akuten Störungen oder Intubationsnarkose. Sie stellt einen wirksamen Aspirationsschutz dar und ermöglicht die kontrollierte, maschinelle Beatmung. Prinzipiell kann man zwischen nasotrachealer und orotrachealer Intubation unterscheiden. Auch gibt es unterschiedliche Intubationstechniken bei der Narkose sowie im Rahmen einer Reanimation und pulmonaler Insuffizienz. Weiterhin bestehen prinzipielle Unterschiede zwischen nüchternen und nicht-nüchternen Patienten. Hier wird zunächst die unkomplizierte orotracheale Intubation unter kontrollierten Bedingungen am nüchternen Patienten dargestellt.

Vorbereitung

- Klären sie den Patienten über die Maßnahmen auf („Sie schlafen jetzt gleich ein, dann wird ein kleiner Schlauch in die Luftröhre eingelegt" usw.).
- Legen Sie einen venösen Zugang.
- Schließen Sie das Monitoring soweit wie nötig an, z. B. Pulsoxymetrie, EKG, RR.
- **Materialien:**
  - Tubus.
  - Blockerspritze.
  - Laryngoskop.
  - Geeigneten Spatel (2 er-Spatel für normale Intubation, 3 er für große Erwachsene, 1 er für Kinder).
  - Ambu-Beutel.
  - Maske.
  - Pflasterstreifen (hier nicht abgebildet).
  - Einmalhandschuhe.
  - Guedel-Tubus.
  - Magillzange in Bereitschaft.

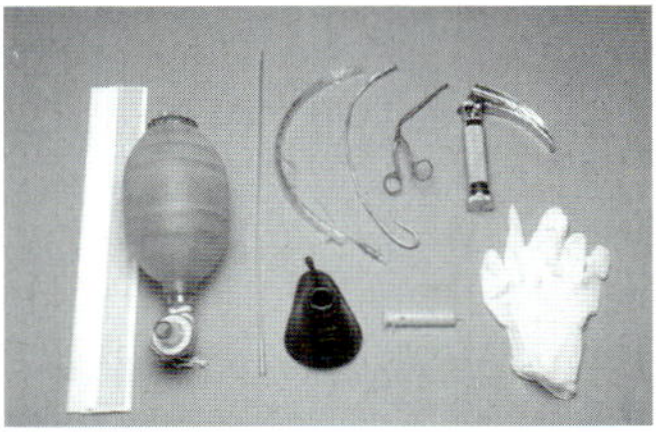

Materialien

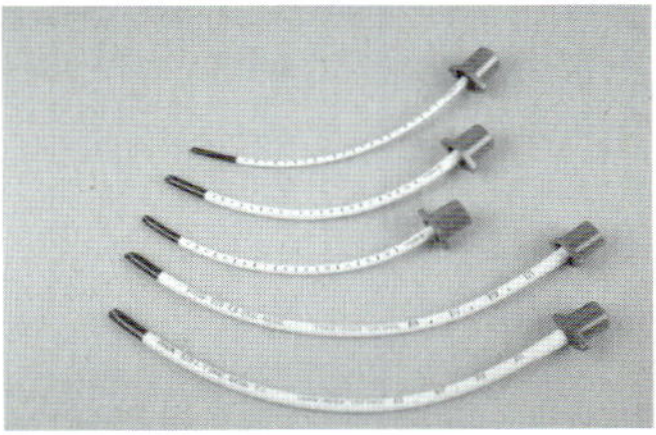

Tubus

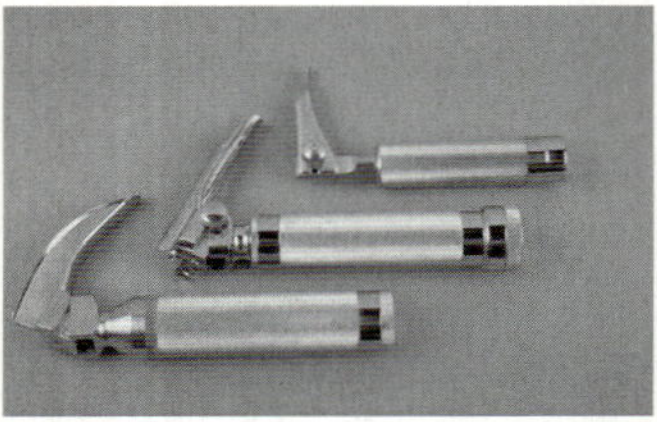

Laryngoskop

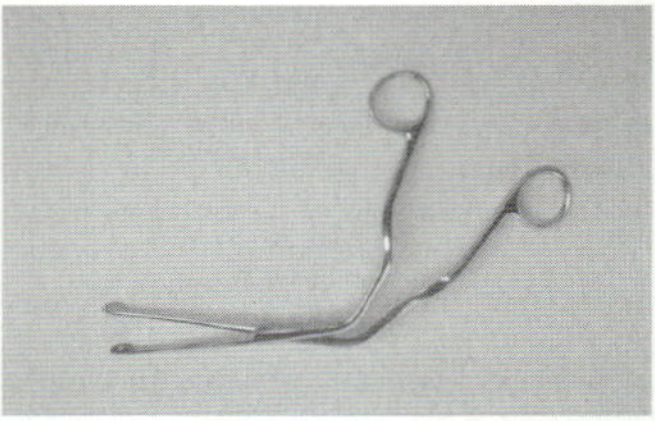

Magillzange

- Absaugung.
- Medikamente (Beispiel für Person mit 70 kg Gewicht s. Tab. 28).

Auswahl des Tubus:

- **Form:** Als Standardtubus gilt der gebogene Magill-Tubus. Je nach Indikation können auch andere Tuben zum Einsatz kommen, wie z. B. der Woodbridge-Tubus (Spiraltubus)

Tabelle 28 Medikamente

i. v.-Narkotikum	• Trapanal 350–500 mg (5 mg/kgKG) • Hypnomidate 15–20 mg (0,2–0,3 mg/kgKG) • Propofol 140–200 mg (2 mg/kgKG)
Muskelrelaxans	• Norcuron 7 mg (0,1 mg/kg KG) • evtl. Opiat z. B. Rapifen 1,5–2,5 mg (0,02 mg/kgKG)

Tabelle 29 Tubusgrößen

Gewicht/Alter	Innendurchmesser (ID) in mm	Außendurchmesser (Charriere)	Abstand Mundwinkel – Tubusspitze in cm
unter 1500 g	2,5	12	8
0–6 Monate	3,0	14	10
7–18 Monate	3,5	16	12
19–36 Monate	4,0	18	14
3–5 Jahre	4,5	20	15
5–6 Jahre	5,0	22	16
6–8 Jahre	5,5	24	17
8–10 Jahre	6,0	26	18
10–14 Jahre	6,5	28	20
Frauen	7–8		
Männer	8–9		

bei erhöhter Abknickgefahr oder bei vorgesehener längerer Intubationsdauer so genannte „high-Volume low-Pressure cuff"-Tuben.

- **Größe:** je nach Alter (s. Tabelle 29). Als Faustregel für den Kindertubus gilt: Der Tubus ist so groß wie der kleine Finger des Kindes. Bis zum Alter von 10 Jahren wird ohne Cuff gearbeitet.

Tubuspräparation und Testung notwendiger Voraussetzungen

- Prüfen Sie den Cuff des Tubus auf Dichtigkeit (Blocken).

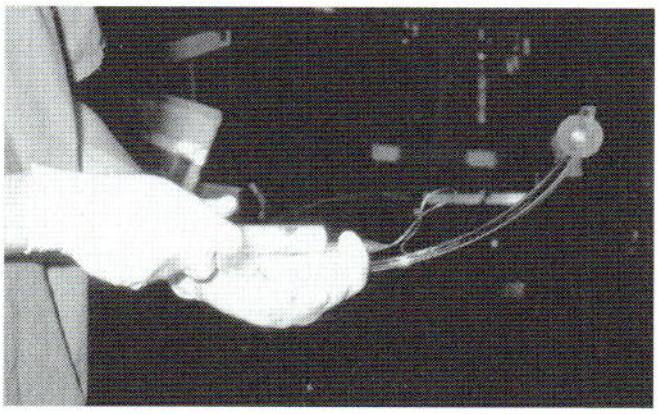

- Sprühen Sie den Tubus mit Lidocain- oder Silikonspray ein, um ihn gleitfähig zu machen.
- Prüfen Sie das Laryngoskop auf seine Funktionsfähigkeit.
- Verständigen Sie eine Hilfsperson.
- Legen Sie evtl. einen Führungsstab ein. Dieses Vorgehen variiert von Klinik zu Klinik – manche Häuser benutzen einen Führungsstab nur bei der schwierigen Intubation, andere legen ihn grundsätzlich ein (Spitze darf nicht vorschauen, vorher gleitfähig machen).
- Prüfen Sie die Beatmungsmöglichkeit: Narkosegerät, Ambu-Beutel, Sauerstoff (nicht mit Raumluft beatmen). Probieren Sie immer aus, ob die Ansatzstücke aufeinander passen.

Praktisches Vorgehen

- Nach Anästhesie und Relaxation erfolgt die kurzfristige Beatmung mit der Maske, wobei Sie am Kopf des Patienten stehen.

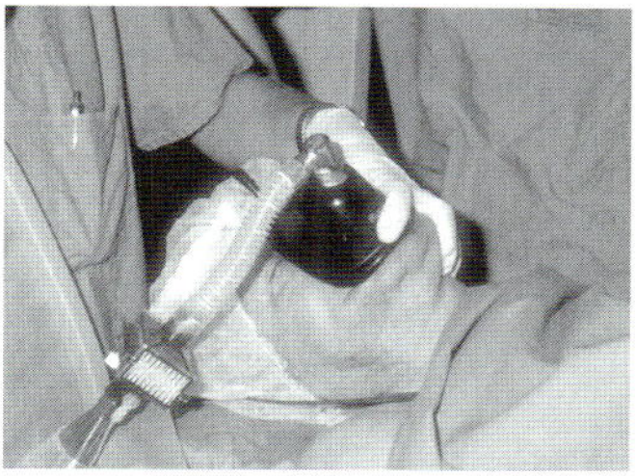

- Lagern Sie den Patienten in der Jackson-Position (Kopf 5–10 cm erhöht und etwas rekliniert). Überstrecken Sie den Nacken so weit, dass Mundhöhle, Larynx und Trachea eine Längsachse bilden. In der Abbildung sehen Sie außerdem den Esmarch-Heiberg-Handgriff.

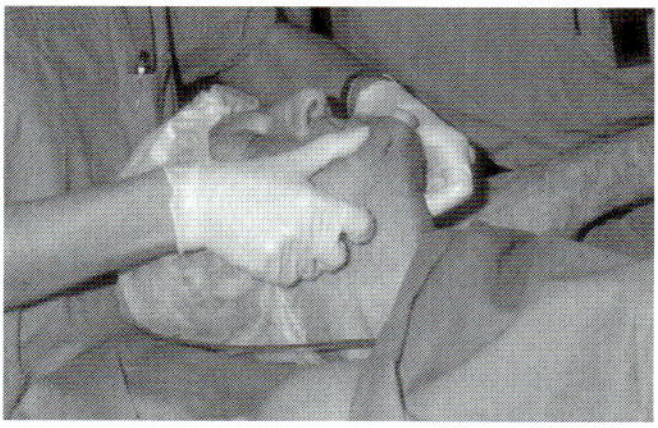

- Eventuell verabreichen Sie eine Schleimhautanästhesie.
- Sprühen Sie den Tubus mit Silikonspray ein.
- Keine Hektik! Sie haben mehr Zeit als Sie glauben.
- Öffnen Sie den Mund mit den Fingern einer Hand. Zeige- und Mittelfinger fixieren den Oberkiefer, während der Daumen den Unterkiefer nach unten drückt. Verwenden Sie zur Mundöffnung nie das Laryngoskop. Der Mund muss so weit geöffnet sein, dass der Spatel – ohne die Zähne zu berühren – eingeführt werden kann.
- Inspizieren Sie den Mund und entfernen Sie Zahnprothesen oder an-

dere Intubationshindernisse, falls dies noch nicht geschehen ist. Sehen Sie den weichen Gaumen und das Zäpfchen, lässt sich der Kehlkopf gewöhnlich gut einstellen.
- Führen Sie das aufgeklappte und eingerastete Laryngoskop mit der linken Hand in den rechten Mundwinkel ein.

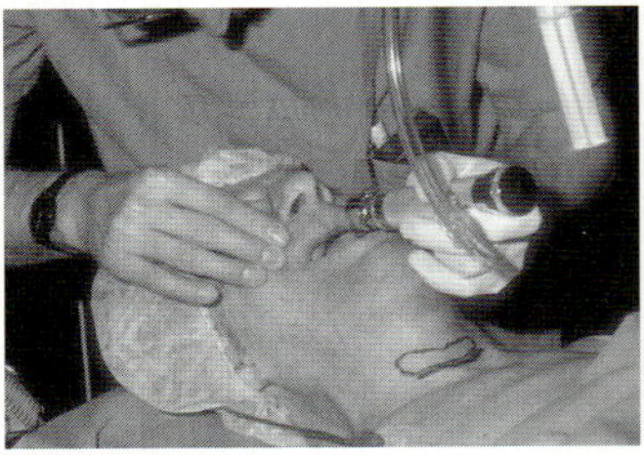

- Dabei wird die Zunge aufgeladen und nach links gedrückt. Erst wenn die Zunge unter Kontrolle ist, d. h. links vom Laryngoskop in der Mundhöhle liegt und nicht mehr rechts davon hervorquillt, schieben Sie den Spatel unter Sicht zunächst bis zum Zungengrund vor.
- Dann gleiten Sie langsam über den Zungengrund, bis die Epiglottis sichtbar wird und die Spatelspitze in der Falte zwischen Epiglottis und Zungengrund zu liegen kommt. Durch Betonung der Spitze nach vorne oben in Richtung des Laryngoskopgriffes und gleichzeitigem Zug des Laryngoskops nach vorne (nicht über den Oberkiefer hebeln!), klappt die Epiglottis auf und gibt die Sicht auf die Stimmbänder frei.

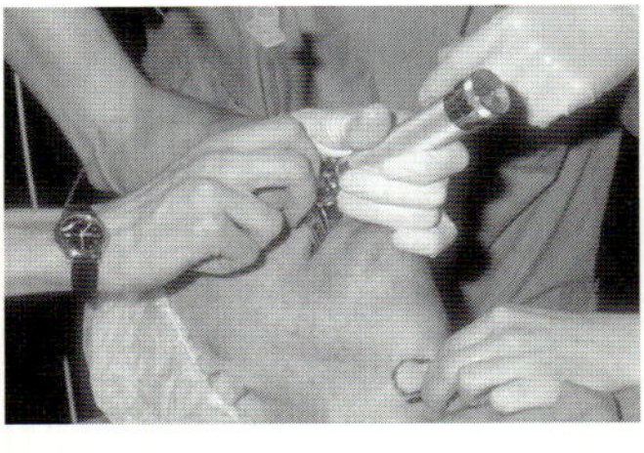

- Nehmen Sie den Tubus in die rechte Hand und führen Sie ihn rechts am Laryngoskop vorbei zwischen die weißlich schimmernden Stimmbänder so tief ein, dass der Cuff hinter den Stimmbändern verschwindet und ungefähr 1 cm dahinter zu liegen kommt.
- Blocken Sie die Manschette oder bitten Sie eine Hilfsperson darum.
- Überprüfen Sie die Lage. Achten Sie dabei auf seitengleiche Thoraxexkursionen. Auskultatorisch (möglichst weit lateral) hören Sie eine seitengleiche Belüftung. Die Kapnometrie ist – wenn vorhanden – das sicherste Kriterium, da es CO2 nur in der Lunge gibt, der Nachweis schließt jedoch eine zu tiefe Intubation nicht aus (→ Auskultation).
- Schließen Sie den Tubus an das Beatmungsgerät an.
- Fixieren Sie den Tubus gut mit Pflaster in einem Mundwinkel oder mit einer Mullbinde (nicht an den Lippen), und merken Sie sich seine Tiefe ab der Zahnreihe (ca. 22–24 cm).

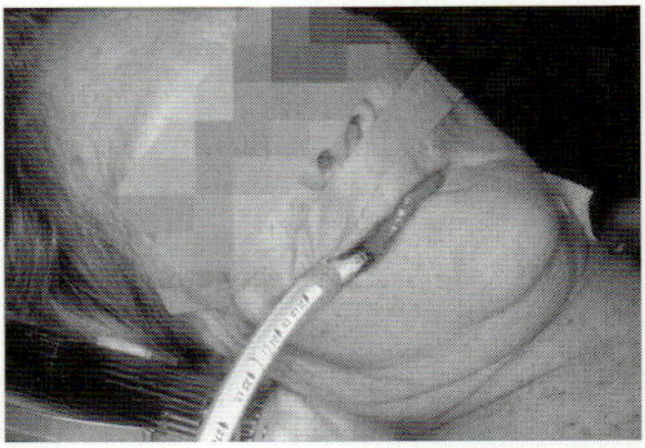

- Nach Intubation und Blockung führen Sie einen Guedel-Tubus oder eine Mullbindenrolle als Beißschutz ein.

Extubation

- Lösen Sie die Fixierung.
- Saugen Sie den Patienten ab.
- Mit einer Spritze entleeren Sie die Blockung und entfernen den Tubus unter Absaugung und guter Oxygenierung.

Tipps und Tricks

- Üben Sie den Zusammenbau des Laryngoskops einige Male „trocken".
- Die Fixierung des Tubus muss ein versehentliches Herausrutschen, z. B. beim Umlagern, sicher verhüten.
- Vermeiden Sie während der Intubation Verletzungen von Lippen, Zähnen, Schleimhaut, Kehlkopf und Stimmbändern. Verletzungen von Lippen oder Zunge entstehen meist durch Einklemmungen, von Zähnen meist durch Hebeln mit dem Laryngoskop.
- Häufige Fehler des Anfängers:
  - zu tiefes Einführen des Laryngoskops und Aufladen der Epiglottis
  - Hebeln des Laryngoskops
  - zu tiefe Intubation (keine Belüftung des linken Lungenflügels)
  - zu hohe Intubation
  - Intubation in Ösophagus.
- Bei lockeren Zähnen sollten Sie einen Zahnschutz anbringen.
- Intubieren Sie nur bei sichtbaren Stimmbändern! Seien Sie sich selbst und anderen gegenüber ehrlich, ob Sie die Stimmbänder sehen oder nicht.
- Wenn die Stimmbänder nicht sichtbar sind, bitten Sie eine Hilfsperson, von außen gegen den Kehlkopf zu drücken.
- Schließen Sie Sauerstoff nicht eigenmächtig an.
- Zur Lagekontrolle können Sie auch das Epigastrium abhören. Liegt der Tubus im Ösophagus, auskultieren Sie bei Inspiration ein Blubbern statt eines Atemgeräusches.
- Fassen Sie das Laryngoskop möglichst nah am Spatel. So haben Sie ein besseres Gefühl, und das Laryngoskop liegt sicherer in der Hand. Auch die Betonung der Spatelspitze ohne gleichzeitiges Hebeln ist so besser möglich.
- Endotracheale Intubation über liegende Larynxmaske bei problematischer primär endotrachealen Intubation und Maskenbeatmung (z. B. bei Vollbartträgern) s. S. 247

Handhabung des Ambu-Beutels

Diese schwierige Aufgabe erfordert Übung und verursacht zu Beginn Muskelkater. Das Ziel ist eine ausreichende Oxygenierung des Patienten, um den Zeitraum bis zur erfolgten Intubation oder zwischen zwei Intubationsversuchen zu überbrükken. Es empfiehlt sich, mit dem Erlernen der Maskenbeatmung (s. S. 236) zu beginnen.

Larynxmaske

Allgemeines

Die Larynxmaske (Kehlkopfmaske) besteht aus einem Silikonkörper an einem Gummischlauch (Tubus).

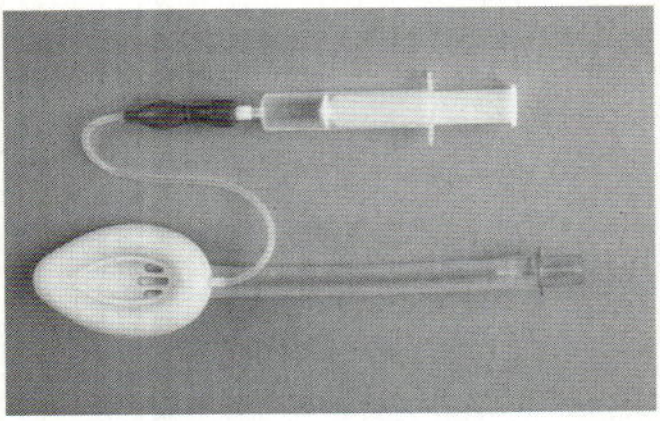

Larynxmaske

Eine Narkose kann hiermit sowohl in spontan/assistierter Beatmung als auch in vollkontrollierter Beatmung durchgeführt werden. Die Kehlkopfmaske ist gewissermaßen ein Mittelding zwischen der Maskenbeatmung und endotrachealer Intubation.
Das bei jeder endotrachealen Intubation bestehende Risiko einer Stimmbandläsion besteht nicht. Voraussetzung für die Anwendung der Larynxmaske ist ausreichende Erfahrung mit der konventionellen Maskenbeatmung, der endotrachealen Intubation und der Narkoseführung.

Vorbereitung

- Halten Sie zur Sicherheit das Instrumentarium für eine konventionelle Intubationsnarkose (s. o.) bereit (inklusive Tuben in verschiedenen Größen), ebenso eine ausreichende Menge an Hypnotika, am besten Propofol.
- Legen Sie sich eine 20-ml-Blockerspritze, Handschuhe und Larynxmasken in verschiedenen Größen zurecht.
- Bitten Sie eine Hilfsperson um Assistenz.

Tabelle 30 Auswahl der richtigen Größe

Größe 1	Neugeborene und Säuglinge bis 6,5 kg
Größe 2	Kinder von 6,5–20 kg
Größe 2,5	Kinder von 20–30 kg
Größe 3	Kinder über 30 kg und kleine Erwachsene
Größe 4	Erwachsene
Größe 5	Erwachsene über 90 kg

- Kehlkopfmasken werden unsteril geliefert. Vor Gebrauch wird eine Sterilisation im Autoklav bei 134 °C empfohlen. Kehlkopfmasken lassen sich mehrmals verwenden. Mittlerweile sind auch Einmalmasken erhältlich.
- Nach der Sterilisation sollten Sie den Cuff blocken und entlüften. Undichtigkeiten lassen sich innerhalb von zwei Minuten nachweisen (evtl. unter Wasser halten). Das Ventil kann nach mehrmaligem Gebrauch beschädigt sein, aber es lässt sich separat ersetzen.

Praktisches Vorgehen

- Ziehen Sie die Handschuhe an.
- Entleeren Sie den Cuff vor dem Gebrauch vollständig. Am besten ziehen Sie die Luft ab, während die fla-

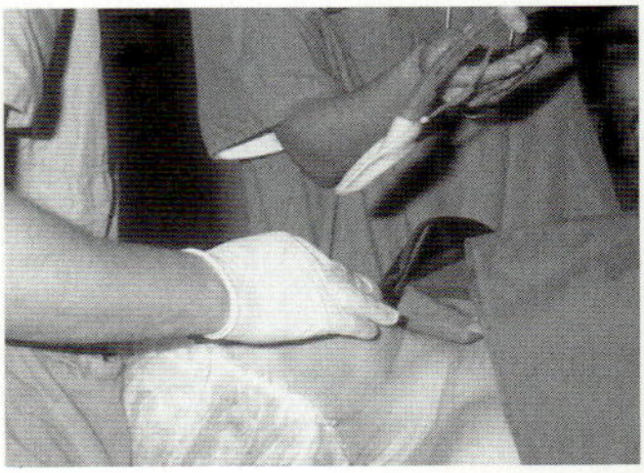

che Hand auf dem Cuff liegt. Es sollen sich keine Falten bilden, und der Rand des Cuffs soll sich von der Öffnung weglegen.

- Halten Sie die Maske vor dem Einführen kurz unter fließendes Wasser.
- Versetzen Sie den Patienten in tiefe Narkose. Propofol eignet sich am besten.
- Überstrecken Sie den Kopf des Patienten mit der nichtdominanten Hand, und flektieren Sie durch Anheben den Hals.
- Die Hilfsperson zieht den Unterkiefer herunter.
- Der Mittelfinger des Arztes an der Unterlippe hält den Mund offen.

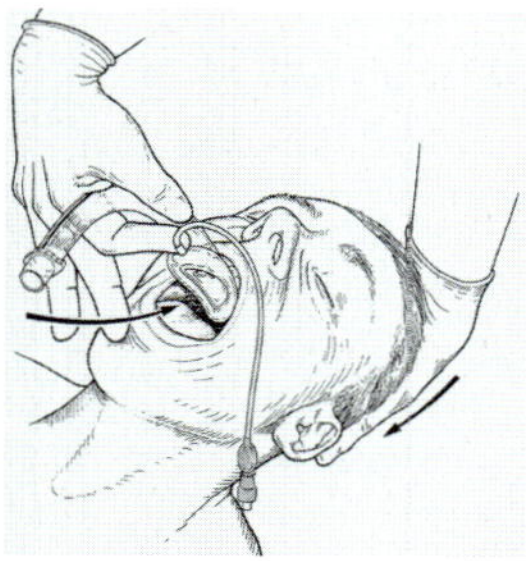

- Schieben Sie die Kehlkopfmaske am harten Gaumen und hinteren Pharynx entlang vor.

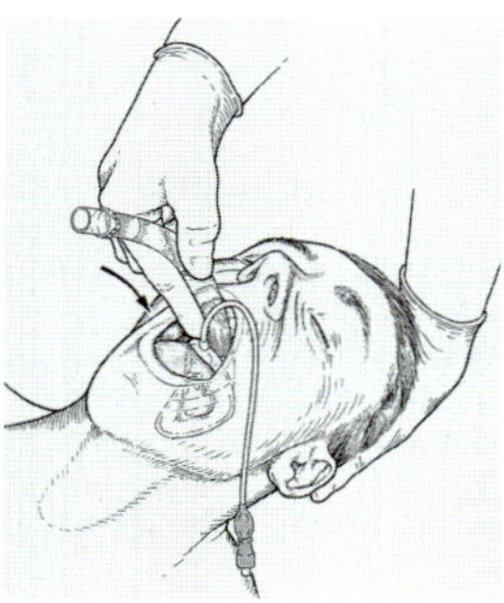

- Der Zeigefinger führt die Maske auf den Kehlkopf zu, bis ein Widerstand zu spüren ist.

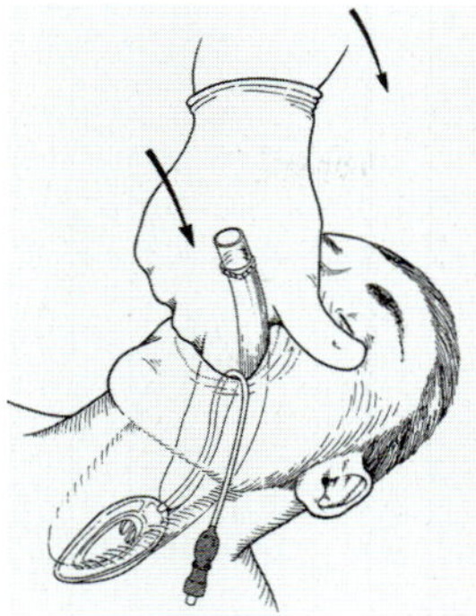

- Sobald ein Widerstand gefühlt wird, fassen Sie den Tubus fest mit der anderen Hand und ziehen den Zeigefinger heraus.

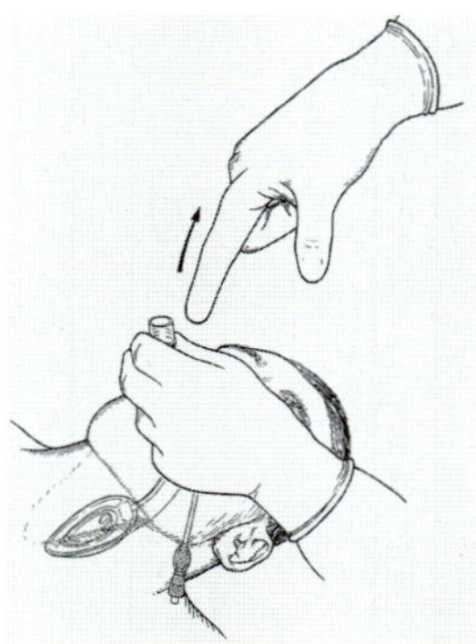

Beachten Sie dabei die schwarze Linie auf dem Tubus, die in Richtung Oberlippe zeigen sollte, ansonsten ist die Larynxmaske verdreht. Wenn Sie sich nicht sicher sind, können Sie die ungeblockte Maske leicht anheben und wieder herabdrücken, um den Sitz zu optimieren (up-and-down-Manöver). Mit etwas Übung

I 3

können Sie es fühlen, wenn die Maske richtig sitzt.

- Drücken Sie den Tubus noch einmal leicht hinunter. Bei richtiger Lage spüren Sie einen federnden Widerstand.
- Blocken Sie den Cuff ohne den Tubus festzuhalten – die Maske setzt sich selbst fest.

Tabelle 31 Füllvolumina des Cuffs

Größe 1	2–4 ml
Größe 2	bis 10 ml
Größe 2,5	bis 15 ml
Größe 3	bis 20 ml
Größe 4	bis 30 ml
Größe 5	bis 40 ml

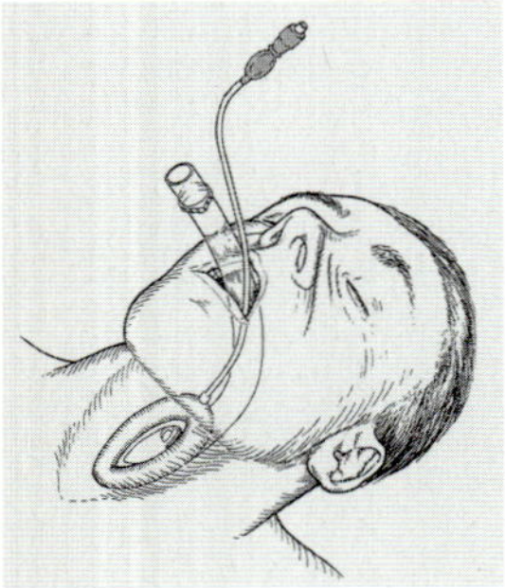

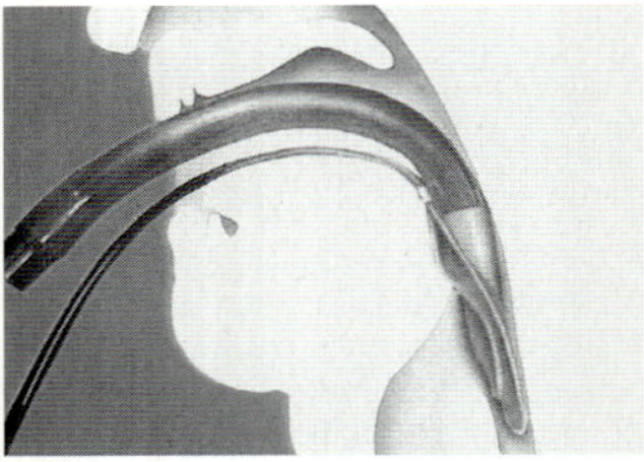

Richtiger Sitz der Kehlkopfmaske

- **Narkoseführung bei liegender Larynxmaske:** Die tiefe Narkose sollte bis zum Ende der OP beibehalten werden. Bei unzureichender Narkosetiefe kann es beim Umlagern zum Husten kommen.
- Bei vollkontrollierter Beatmung dürfen die Beatmungsdrücke nicht höher als 20 mmHg sein, da sonst Luft in den Magen gedrückt werden kann.

Ausleitung

- Wenn der Patient ausreichend atmet, kann er mit Larynxmaske in den Aufwachraum gefahren werden, jedoch wird er nicht auf der Seite gelagert.
- Kein vorzeitiges Ansprechen oder Rütteln.
- Vor dem Entblocken müssen Husten- und Schluckreflex zurückgekehrt sein. Der Patient muss den Mund selbstständig öffnen können. Vor dem Entfernen der Maske ziehen Sie Handschuhe an und halten ein Papiertuch zum Ablegen der Maske bereit.
- Husten während der Aufwachphase wird meist nicht durch die Larynxmaske hervorgerufen, da es kaum Stimulationen im Kehlkopfbereich gibt. Im Übrigen kann auch bei liegender Larynxmaske gut abgehustet werden.

Tipps und Tricks

- Es ist wichtig, den Gebrauch der Larynxmaske unter optimalen Bedingungen zu üben und nicht erst, wenn bei laufender Anästhesieeinleitung eine Maskenbeatmung und endotracheale Intubation unmöglich ist.
- Eine gute Präoxygenierung verlängert die Zeit, die Sie für die Platzierung zur Verfügung haben. Gerade als Ungeübter brauchen Sie erheblich länger, bis die Kehlkopfmaske richtig platziert ist.
- Es empfiehlt sich, die Larynxmaske nach dem Einführen gerade über dem Kopf des Patienten zu fixieren,

da eine seitliche Fixierung der Schläuche an der Standardaufhängung (Frankfurter Stern) häufig zu Lageveränderungen und damit zu Undichtigkeiten der Maske führt.

Probleme und Sonderfälle

- **Laryngospasmus:** In den ersten 20 Sekunden nach Einbringen der Larynxmaske können durch einen Larynxreflex die Atemwege verlegt werden. Dies hat nichts mit einer Fehlplatzierung der Larynxmaske zu tun. Kurzes Abwarten ist sinnvoll.
- **Kontraindikationen:** Blut und Sekrete von oberhalb des Larynx gelangen nicht in die Lunge. Es kann aber trotzdem zur Aspiration kommen, die Larynxmaske stellt keinen absoluten Schutz dar. Bei aspirationsgefährdeten Patienten (z. B. Oberbaucheingriffe, extreme Adipositas) ist daher der Gebrauch der Larynxmaske kontraindiziert. Relative Kontraindikationen sind extreme Seitenlagerung, Neugeborene unter 5 kg, extreme Einschränkung der Mundöffnung und primär bekannte schwerwiegende Intubationshindernisse.
- **Unerwartet schwierige oder unmögliche endotracheale Intubation und schwierige Maskenbeatmung (z. B. bei Vollbartträgern):** Hier sichert der schnelle Einsatz der Larynxmaske die Ventilation des Patienten. Über eine liegende Larynxmaske der Größe 3 oder 4 ist die endotracheale Intubation möglich. Ein 6-mm-Tubus kann durch die Larynxmaske endotracheal vorgeschoben werden. Nachträgliches Entfernen der Larynxmaske ist nicht erforderlich.
- **Rettungsdienst:** Über die notfallmäßige Anwendung der Larynxmaske durch Hilfspersonal im Rettungsdienst gehen die Meinungen auseinander, der Gebrauch scheint insgesamt nur bei geübtem Personal sinnvoll.
- **Legen einer Magensonde, Endoskopieren (Bronchien und Magen) und bronchiales Absaugen:** Dies alles ist bei liegender Larynxmaske möglich, sollte aber nur von erfahrenen Anästhesisten durchgeführt werden.

Notfall auf Station und Reanimation

Allgemeines

Als kardiopulmonale Wiederbelebung (Reanimation) werden Therapiemaßnahmen bezeichnet, die beim plötzlichem Stillstand der Atem- und Herz-Kreislauf-Funktion eines Menschen durchzuführen sind.
Stillstand der Atmung und des Herzens sind untrennbar miteinander verbunden. Hört die Atmung auf, so bleibt das Herz spätestens nach 6–10 min stehen, tritt der Herzstillstand zuerst ein, so folgt innerhalb einer Minute der Atemstillstand.
Eine Reanimation ist für alle Beteiligten eine extreme Ausnahmesituation, weil sie in aller Regel unvorbereitet sind; meist besteht Handlungsbedarf innerhalb von Sekunden, und das Leben eines Menschen bzw. die Lebensqualität werden nach der Reanimation entscheidend vom richtigen Handeln aller Beteiligten mitbestimmt.
Viele Stationen legen fest, welche Patienten aufgrund ihrer Grunderkrankung reanimiert werden sollen und welche nicht. Bei einem unbekannten Patienten müssen Sie reanimieren.

Verhalten im Notfall

Merke: Erstes Gebot ist, nicht im Weg zu stehen!
→ Sofort Hilfe holen.
→ Erste Hilfe leisten.

- **Vorbereitung:** Auf jeder Station gibt es einen Notfallkoffer, der die wichtigsten Medikamente und Instrumente zur Erstversorgung akuter Notfälle enthält. Sein Standort sollte gekennzeichnet sein, und jedes Mitglied des Stationsteams sollte darüber informiert sein. Meistens ist in den Kliniken die anästhesiologische Abteilung für die Bestückung, Wartung und Verplombung des Notfallkoffers zuständig; dort können Sie sich über den Inhalt der Koffer informieren.
- Informieren Sie sich darüber, wie die Geräte funktionieren (Wie funktioniert der Defibrillator? Wo ist die Sauerstoffleitung und wie wird sie an den Ambu-Beutel angeschlossen? Wie funktioniert der Sauger, das Laryngoskop und der Ambu-Beutel?) (s. S. 241).
- **Akutsituation:** folgende Fragen klären: Was hat der Patient für eine Grunderkrankung? Soll reanimiert werden? Gibt es dazu eine Absprache? Muss der Patient transportiert werden? Wird der Aufzugschlüssel benötigt? Soll die Intensivstation informiert werden? Soll der diensthabende Anästhesist gerufen werden?
- Häufig muss Blut zur notfallmäßigen Bestimmung von Laborparametern (z. B. der Herzinfarktparameter) abgenommen werden; holen Sie dazu die Blutentnahmeutensilien mit den richtigen Röhrchen, und füllen Sie die Scheine aus.

Tipp: Versuchen Sie das Vorgehen im Notfall immer wieder gedanklich durchzuspielen: Wer muss wo informiert werden? Wo steht die Nummer des Anästhesisten? Wo steht der Notfallkoffer? Wichtig ist, innerlich und nach Möglichkeit auch ausstattungsmäßig auf die Reanimation vorbereitet zu sein. Fast jedes Krankenhaus besitzt eine Notfallpuppe (in der Anästhesieabteilung fragen), an der Sie die wichtigsten Techniken einüben können. Oft ergibt sich auch im Krankenhaus die Möglichkeit, das Verfahren der Intubation von den Anästhesisten zu erlernen.

Ablauf/Durchführung

Die Rettungskette umfasst folgende Elemente:

- Frühe Alarmierung.
- Schnelle Durchführung von Ersthelfermaßnahmen (Basic Life Support).
- Frühdefibrillation.
- Erweiterte lebensrettende Maßnahmen.

Diagnose bei Kollaps oder lebloser Person

1. Ansprechbarkeit überprüfen (wenige Sekunden).
2. Beobachtung von Atmung, Hautfarbe.
3. Taktiler Reiz (z. B. an beiden Schultern schütteln, Achselfalte kneifen).

Bei fehlender Reaktion müssen Sie unverzüglich Hilfe holen („Phone first"). Ausnahme: Bei Kindern unter 8 Jahren zunächst eine Minute Ersthelfermaßnahmen (ABC) durchführen und dann alarmieren („Phone fast").

Nach der Alarmierung beginnen die Ersthelfermaßnahmen, die sobald wie möglich durch professionelle Hilfe ergänzt werden sollten:

A: Atemwege freimachen.
B: Beatmung.
C: Cardiokompression.
D: Defibrillation.

Ersthelfermaßnahmen

A – Atemwege freimachen

- Patienten flach auf den Rücken lagern, Kopf überstrecken.
  Tipp: Räumen Sie Kissen und Decken aus dem Bett und rücken Sie dieses evtl. von der Wand ab, sodass Sie Platz zum Arbeiten gewinnen.
- Öffnen Sie den Mund des Patienten (Esmarch-Handgriff).
- Entfernen Sie ggf. eine Zahnprothese aus dem Mund und räumen Sie Erbrochenes mit dem Finger aus dem Mund (Handschuhe anziehen, falls vorhanden).

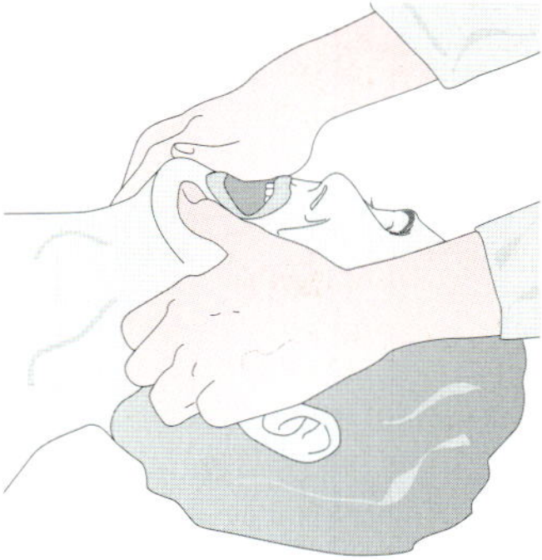

Esmarch-Handgriff

- Für die Ersthelfermaßnahmen gilt: keine Zeitverschwendung durch Suche nach Fremdkörpern.

B – Beatmung

Es gibt verschiedene Möglichkeiten: Mund-zu-Mund- oder Mund-zu-Nase-Beatmung, Maskenbeatmung über Beatmungsbeutel, Kehlkopfmaske (nur von Geübten durchzuführen) oder Intubation mit Beatmung.

- **Mund-zu-Mund-Beatmung:**
  → Mit einer Hand an der Stirn-Haar-Grenze den Kopf reklinieren; Nase des Patienten zuhalten.
  → Umschließen Sie mit Ihren Lippen den Mund des Patienten und geben Sie Ihre Ausatemluft an den Patienten weiter. Die korrekte Beatmung erkennen Sie an der Thoraxbewegung des Patienten und Sie spüren, wie die Luft aus dem Patientenmund wieder herausströmt.
- **Mund-zu-Nase-Beatmung:**
  → Überstrecken Sie den Kopf des Patienten maximal, dabei liegt eine Hand flach unter dem Kinn, der Daumen verschließt den Mund des Patienten.

→ Umschließen Sie beim Ausatmen die Nase des Patienten mit Ihren Lippen und geben Sie Ihre Ausatemluft an den Patienten weiter (nicht zu fest blasen).

Im Krankenhaus werden Sie nicht lange mit diesen Maßnahmen beschäftigt sein. Lassen Sie sich so schnell wie möglich einen Ambu-Beutel bringen.

C – Zirkulation sichern

- Laienhelfer sollten keine Zeit darauf verwenden, den Puls zu tasten. Für Fachpersonal gilt: maximal 10 Sekunden suchen. Im Zweifelsfall beginnen Sie die Herzdruckmassage.
- **Herzdruckmassage:** Der Patient muss rücklings auf einer harten Unterlage liegen. Am Krankenbett eignet sich das Brett vom Fuß- oder Kopfteil zur Unterlage. Legen Sie eventuell den Patienten auf den Fußboden.
  → Während der Herzmassage sollte der Patient beatmet werden. Ist dies nicht möglich, dann ist es besser, nur die Kardiokompression durchzuführen als gar nichts zu tun.
  → Der Helfer kniet oder steht seitlich vom Patienten.
  → Druckpunkt und Armhaltung: Ein Handballen wird 3 Querfinger oberhalb des Xiphoids aufgesetzt und der zweite Handballen wird auf den ersten platziert, wobei sich die Finger beider Hände kreuzen. Die Ellenbogen sind während der ganzen Zeit durchgedrückt, und die Hände haben die ganze Zeit Patientenkontakt. Die Massagefrequenz soll 100/min betragen. Die Kompressionstiefe beträgt 4–5 cm oder etwa 1/3 des Thoraxdurchmessers. Der Erfolg kann durch Palpation der A. femoralis oder A. carotis kontrolliert werden. Bei Ermüdung abwechseln! (Am besten alle 3–5 Minuten) Rippenfrakturen sind möglich, trotzdem Herzmassage nicht unterbrechen.

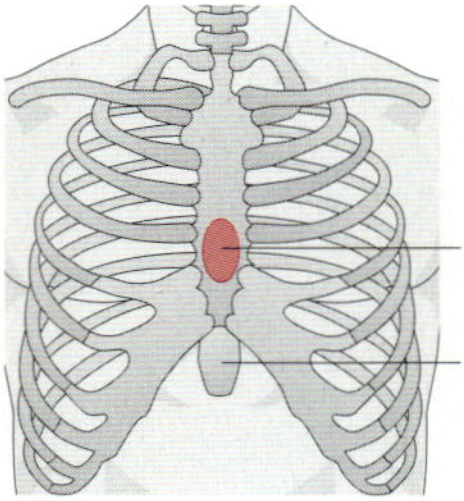

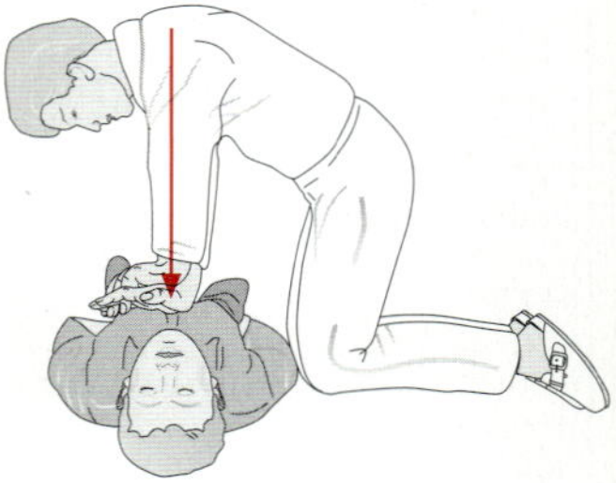

Herzdruckmassage

- **Ein-Helfer-Methode/Zwei-Helfer-Methode:** Bei beiden Verfahren soll das Verhältnis Kardiokompression: Beatmung 15 : 2 betragen. Beginnen Sie mit der Atemspende und schließen Sie dann die Herzdruckmassage sofort an. Ausnahme: Bei Kindern unter 8 Jahren beträgt das Verhältnis Kardiokompression : Beatmung 5 : 1.

D – Defibrillation

- Die Frühdefibrillation ist die effektivste Maßnahme der Reanimation und hat Vorrang! Mit jeder Minute, die es dauert, bis eine Defibrillation durchgeführt werden kann, reduziert sich die Chance für eine erfolgreiche Reanimation um 7–10%.

Nach einem erfolglosen Defibrillationsblock injizieren Sie 1 mg Adrenalin alle 3–5 Minuten.

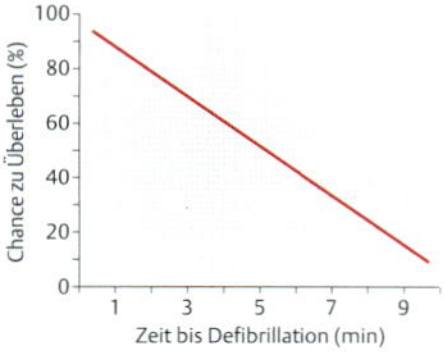

Abhängigkeit der Überlebenschance vom Zeitpunkt der Defibrillation

- **Indikation:** Kammerflimmern, Kammerflattern.
- **Dosis:** 200 J, 300 J, 360 J, dann 360 J für jede weitere Defibrilllation

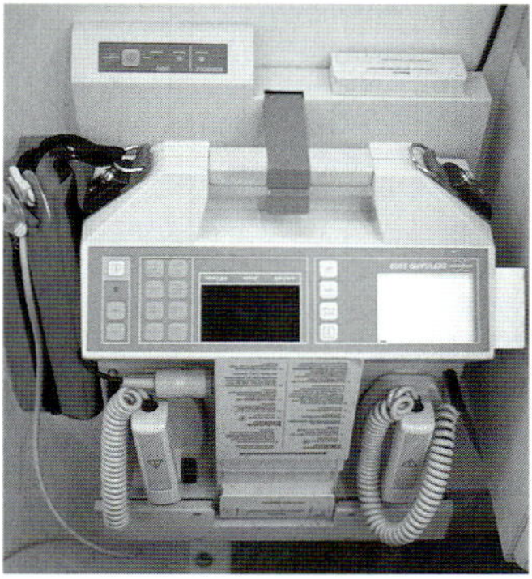

Defibrillator

- **Durchführung:**
  - Stellen Sie den Defibrillator bereit und schalten Sie ihn ein.
  - Leiten Sie über Klebeelektroden ein EKG ab (auch über Paddels möglich).
  - Geben Sie Elektrodengel auf die Defibrillatorpaddels oder kleben Sie Hautschutzfolie auf.
  - Stellen Sie 200 Joule ein.
  - Laden Sie den Defibrillator. Der Ladevorgang funktioniert bei jedem Gerät unterschiedlich durch den Charge- oder Ladeknopf des einen Paddels oder beide Knöpfe an beiden Paddeln gleichzeitig. Manche Geräte zeigen die vollständige Ladung durch ein Piepen an.
  - Lassen Sie Helfer vom Bett zurücktreten, und achten Sie darauf, dass Sie keinen Kontakt zum Bett haben.
  - Setzen Sie die Defibrillatorpaddel auf: 1 Paddel über Herzspitze (über Herzspitzenstoß unterhalb der linken Mamille); 1 Paddel über Herzbasis (rechtsthorakal parasternal unter dem Schlüsselbein). Drücken Sie die Paddel gut an.

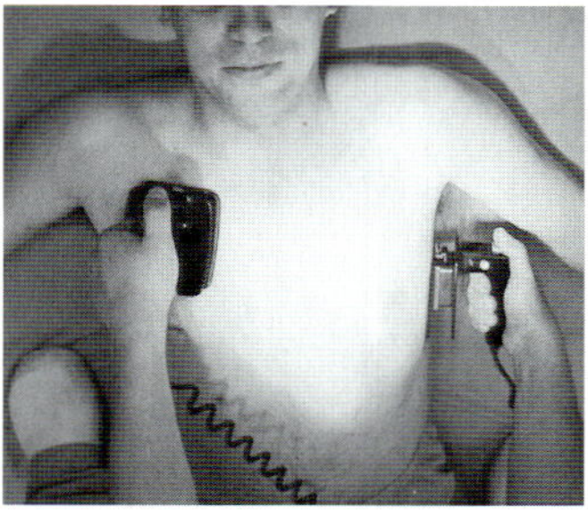

Position der Defibrillatorpaddel

  - Warnen Sie alle anderen Helfer durch Zuruf („Achtung! Defibrillation!“).
  - Entladen Sie die Paddels durch Knopfdruck beide gleichzeitig.
- **EKG-Kontrolle:** Bei persistierendem Kammerflimmern erneuter Versuch mit 300, dann mit 360 Joule. Andere Maßnahmen der Reanimation weiterführen (Beatmung, Adrenalingabe). Warten Sie nach jedem Versuch einige Sekunden lang die Reaktion des Herzens ab.
- **Defibrillation bei Trägern eines Herzschrittmachers:** Setzen Sie das Paddel nicht über der Batterie an. Die Lage der Batterie erkennen Sie an der Narbe und eventuell an der leichten Erhebung der Haut.

- **Frühdefibrillation/Laiendefibrillation:** Für nicht-ärztliches Personal oder medizinische Laien wurden automatische Defibrillationssysteme entwickelt, die nach Anlegen des Paddels eine Herzrhythmusanalyse durchführen und bei entsprechender Notwendigkeit automatisch einen Stromstoß abgeben. Auf diese Weise ist eine frühestmögliche Defibrillation auch vor Eintreffen des Arztes umzusetzen.

Erweiterte Reanimationsmaßnahmen

Die erweiterten Reanimationsmaßnahmen erfolgen durch professionelle Helfer. Es ist davon auszugehen, dass bei deren Eintreffen ein Defibrillator sowie Materialien zur Beatmung vorhanden sind.

1. Fortsetzung der Basismaßnahmen.
2. Anschließen des Defibrillators und des EKGs zur Rhythmusanalyse und Defibrillation haben Priorität. Im EKG müssen ventrikuläre Tachykardien/Kammerflimmern von einer Asystolie oder pulslosen elektrischen Aktivität (elektromechanische Entkopplung) unterschieden werden.

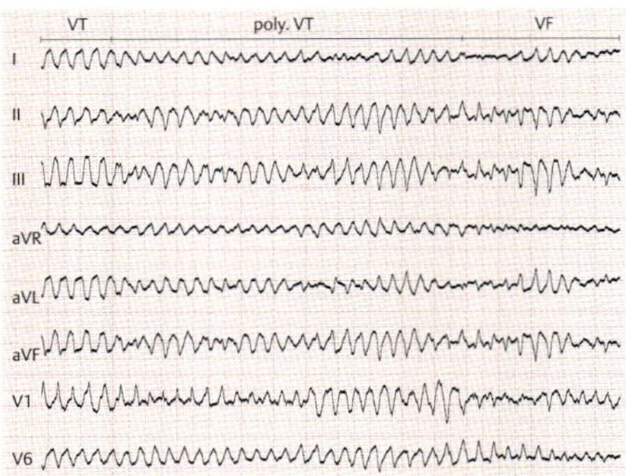

Kammerflattern (VT, linke Bildhälfte) mit Degeneration in Kammerflimmern (VF, rechte Bildhälfte)

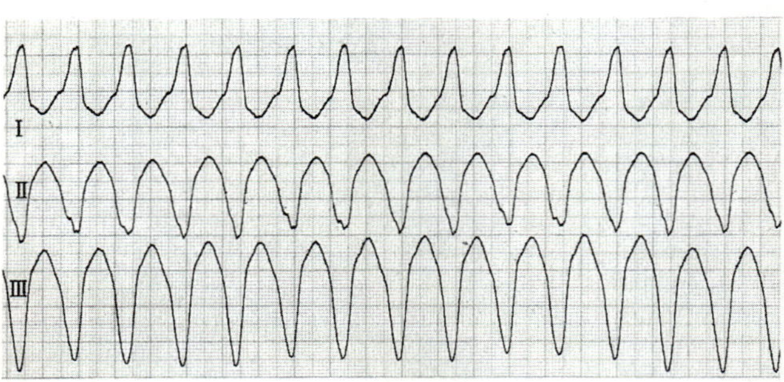

Kammerflattern: haarnadelähnliche QRS-Komplexe

- **Ventrikuläre Tachykardien/Kammerflimmern**
  Defibrillationsblock:
  → 200 J – Rhythmuskontrolle
  → 300 J – Rhythmuskontrolle
  → 360 J – Rhythmuskontrolle
  anschließend 1 Minute CPR (cardiopulmonale Reanimation).
- **Asystolie oder pulslose elektrische Aktivität:**
  - 3 Minuten CPR (cardiopulmonale Reanimation).
  - Adrenalin sobald wie möglich (1 mg i. v. oder 3 mg endotracheal über einen dünnen Katheter).
  - Wiederholung alle 3–5 Minuten.

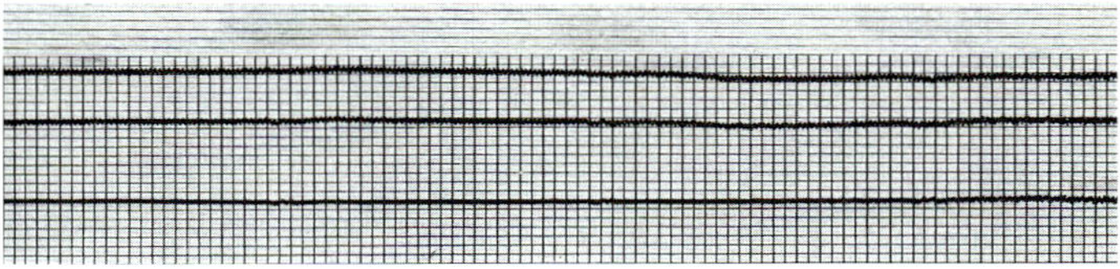

Asystolie

3. Venöser Zugang: Falls möglich (und noch nötig) venösen Zugang schaffen, beim kardiogenen Schock auch über die Vena jugularis externa. Bei fehlender peripherer Zugangsmöglichkeit ist unter stationären Bedingungen die Indikation für einen zentralen Zugang gegeben. Adrenalin kann auch endotracheal über den Tubus durch einen Absaugkatheter gegeben werden, wenn es zunächst nicht gelingt, einen intravenösen Zugang zu legen.
4. Intubation: Die beste und sicherste Methode zur Sicherung der Atemwege ist die Intubation. Näheres dazu s. S. 239. Hierbei ist das Blocken des Tubus, Lagekontrolle durch Auskultation sowie das richtige Fixieren des Tubus von entscheidender Bedeutung. Eine gelungene Intubation muss durch Kapnometrie dokumentiert werden. Falls das Verfahren der Intubation nicht geläufig ist, sollte besser eine zuverlässigere Maskenbeatmung erfolgen, als Zeit durch mehrere frustrane Intubationsversuche zu verlieren. Die Intubation sollte dann sobald wie möglich vorgenommen werden.

- **Beatmung mit dem Ambu-Beutel**
  → Häufigste Beatmungsform im stationären Umfeld.
  → Reklinieren Sie den Kopf wie oben beschrieben.
  → Die Maske wird mit Daumen und Zeigefinger auf das Gesicht gedrückt. Sie muss dicht aufsitzen, was unter Umständen erheblichen Druck erfordert!
  → Mit der anderen Hand wird der Beutel komprimiert und so Luft in den Thorax des Patienten insuffliert. Kontrollieren Sie den Beatmungserfolg anhand der Thoraxbewegung.

Der Beutel darf nicht vollständig leer gepumpt werden. Das Hubvolumen soll 6–7 ml/kg betragen. Die Maskenbeatmung erfolgt unter gleichzeitiger Sauerstoffinsufflation in den Beutel.

Merke: Die Maßnahmen Beatmung, Kardiokompression, ggf. Defibrillation und Adrenalininjektion werden wiederholt, solange die Reanimation durchgeführt wird. Während der Reanimation muss man sich die häufigsten Ursachen, die zu Herz-Kreislauf-Stillstand geführt haben könnten, durch den Kopf gehen lassen und überlegen, ob diese akut behandelbar sind.

Tabelle 32 Medikamente zur Reanimation

Medikament	Dosierung (i. v.); Applikation	Indikation
Adrenalin	Erwachsene: 0,5–1,0 mg i. v. *Säuglinge/Kleinkinder:* 0,01 mg/kg; 1 ml (1 mg) mit 9 ml NaCl 0,9 % verdünnt = 0,1 ml/kg *Neugeborene:* 0,01–0,03 mg/kg; verdünnt mit NaCl 0,9 % = 0,1–0,3 ml/kg Adrenalin wird in 2–3 min abgebaut, deshalb Dosis in kürzerem Intervall geben.	Einsatz laut Algorithmus (s. S. 257), Wiederholung der angegebenen Dosierung in 2- bis 3-min-Abständen, falls kein Spontankreislauf, Dosis erhöhen auf 2–5 mg; Bei Defibrillation zwischen einzelnen Defibrillationsversuchen geben.
Vasopressin	Erwachsene: 40 IE einmalig wegen langer Halbwertszeit	Kammerflimmern, ventrikuläre Tachykardie, Asystolie. Die genaue Indikation wird noch durch Studien geprüft. Muss gekühlt aufbewahrt werden.
Amiodaron	Erwachsene: 300 mg als Kurzinfusion über 15–20 min. Bei bekannter reduzierter linksventrikulärer Pumpfunktion 150 mg über 15–20 min.	Rezidivierendes Kammerflimmern; schmal- und breitkomplexige Tachykardie bei reduzierter linksventrikulärer Pumpfunktion
Atropin	Bradykardie: 1 mg i. v. Asystolie: 3 mg i. v.	Bei symptomatischer Bradykardie oder Asystolie nach erfolgloser Adrenalingabe
Natriumbikarbonat	Dosierung ca. 1 mmol/kg, möglichst Blutgase bestimmen	Umstrittenes Medikament im Notfall, evtl. sinnvoll bei Hyperkaliämie, vorbestehender Azidose, Intoxikation mit trizyklischen Antidepressiva oder Phenobarbital

Potenziell reversible Ursachen:
Hypoxie
Hypovolämie
Hyperkaliämie, Hypokaliämie
metabolische Störungen
Hypothermie
Spannungspneumothorax
Perikardtamponade
Intoxikation
Lungenembolie

Medikamente

Je nach Konstellation kommen folgende zusätzliche Medikamente in Betracht (s. Tab. 32).

Tipps und Tricks

- Bei Herz-Kreislauf-Stillstand eines intubierten Intensivpatienten den inspiratorischen Sauerstoffanteil auf 100 % erhöhen.
- Bei Beginn der Reanimation ist ein Blick auf die Uhr sinnvoll. Während

der Reanimation verlieren die Betroffenen oft das Zeitgefühl. Nach etwa einer halben Stunde können Sie eine Reanimation in den meisten Fällen abbrechen, wenn im EKG keine Eigenerregung zu sehen ist, keine Pulse tastbar sind und der Patient nicht unterkühlt ist. Ausnahmen sind unterkühlte oder sehr junge Patienten sowie Patienten mit Lungenembolie oder Intoxikation, bei denen auch länger reanimiert werden kann: „nobody is dead until he is warm and dead". Im Einzelnen liegt die Entscheidung zur Einstellung der Reanimationsmaßnahmen beim Arzt.

- Wenn Sie die Möglichkeit haben, eine Reanimation zu beobachten, so nutzen Sie diese Chance. Stellen Sie sich an die Seite und beobachten einfach, was passiert. Das geht natürlich nur, wenn Ihre Mithilfe in dem Moment nicht notwendig ist.
- Tragen Sie immer Handschuhe.
- Versuchen Sie, nicht im Weg zu stehen.

Probleme und Sonderfälle

Parkinson-Patienten: Im EKG kann hier wegen des Zitterns fälschlicherweise Kammerflimmern diagnostiziert werden!

Reanimation von Kindern, Säuglingen und Neugeborenen

Sie folgt ebenfalls dem standardisierten Schema der ABC-Regel.

A – Atemwege freimachen

- Reklination des Kopfes (bei Säuglingen und Neugeborenen nur mäßig) und Anheben des Unterkiefers.
- Wichtig bei Neugeborenen: unmittelbar postpartal absaugen!
- Guedel-Tubus: Verhindert das Zurückfallen der Zunge, Größe 000 (bei Frühgeborenen) bis 4.

B – Beatmung

- Beatmung Mund-zu-Nase bzw. Mund-zu-Mund-und-Nase (Säuglinge und Neugeborene).
- Beim Säugling nur einen Mund voll Beatmungsvolumen verwenden. Wenn der Thorax sich hebt, ist das Volumen in der Regel ausreichend. Unter klinischen Bedingungen möglichst Intubation oder Beutelbeatmung.
- Faustregel für den altersbezogenen Innendurchmesser eines Tubus: 16 plus Alter in Jahren/4 = Tubusinnendurchmesser in mm.
- Beatmungsfrequenzen:
  - Neugeborene 40–60/min.
  - Säuglinge 20/min.
  - Kinder 15–20/min.

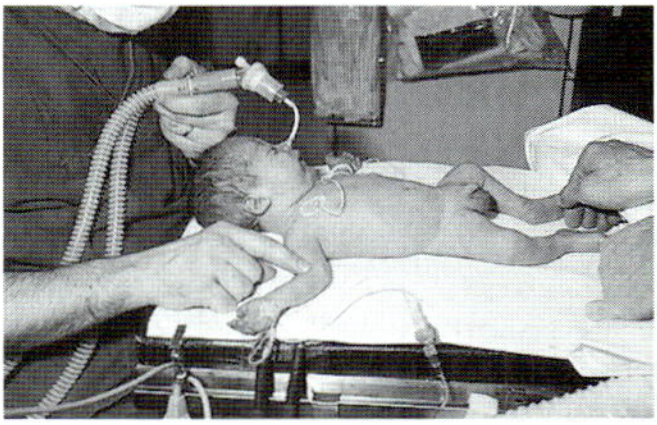

C – Zirkulation: Technik der Herzmassage bei Kindern

- **Bei Neugeborenen und Säuglingen:**
  - Brustkorb mit beiden Händen umschließen, mittleres Sternum mit beiden Daumen komprimieren.
  - Kompressionstiefe 2–3 cm.
  - Frequenz: 100 (Säuglinge) bis 120 (Neugeborene).

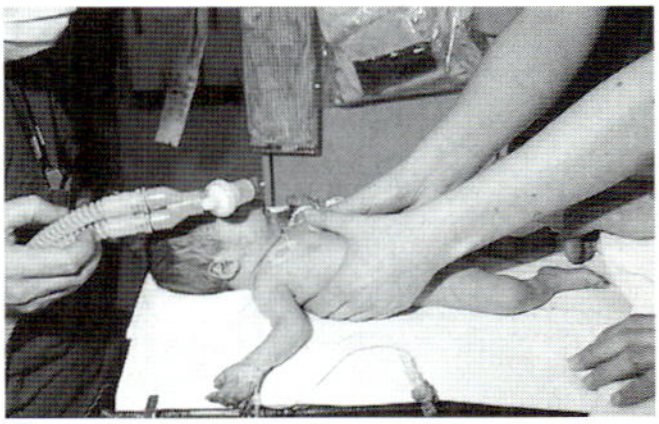

Algorithmus beim Notfall

Ansprechbarkeit überprüfen

↓ nicht ansprechbar

↓ ansprechbar → spezielle Therapie, keine Reanimation

nicht ansprechbar → Hilfe holen, Rettungsdienst alamieren → Diagnostischer Block:

Atmung überprüfen (Mund öffnen, Thoraxbewegungen beobachten oder fühlen, Atmung hören oder fühlen)
Pulskontrolle (A. carotis oder A. femoralis)

↓ Keine Atmung kein Puls

↓ Atmung → spezielle Therapie stabile Seitenlage

Keine Atmung kein Puls → Beatmung/ Herzdruckmassage → erweiterte Maßnahmen:

EKG anlegen
Intubation
i.v. Zugang

Notfall

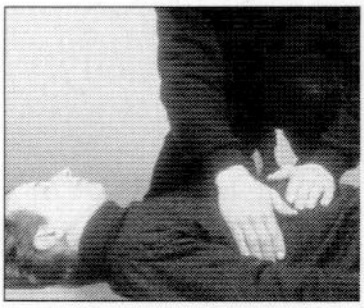

Helfer seitlich neben Oberkörper Thoraxbewegungen fühlen

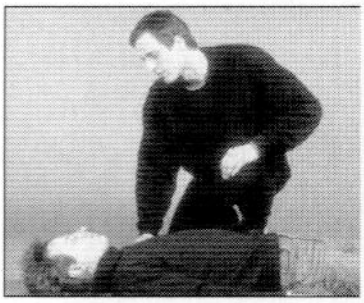

Karotispalpation

Keine Atmung, kein Puls Hilfe herbeirufen

Mund-zu-Nase Beatmung

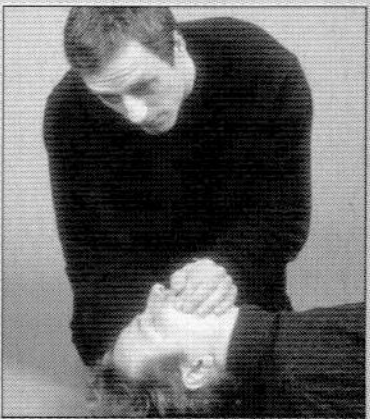

Eine Hand flach unter dem Kinn

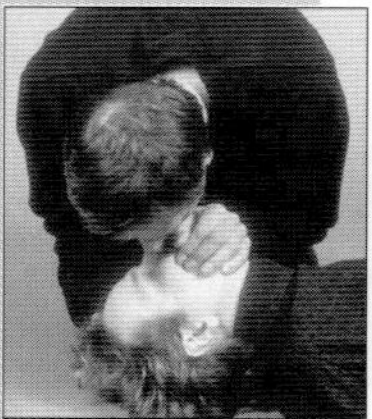

Helfer gibt Ausatemluft an Patient

Hören/Fühlen der wiederausströmenden Luft

Herzdruckmassage

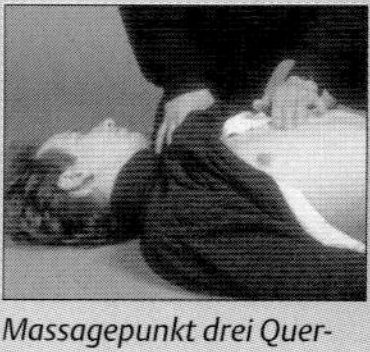

Massagepunkt drei Querfinger oberhalb Xiphoid

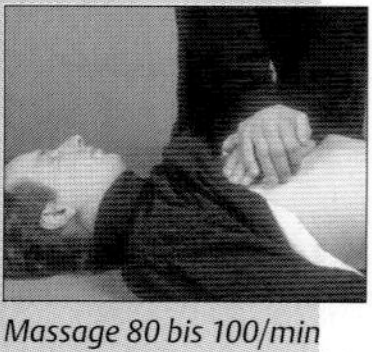

Massage 80 bis 100/min Ellenbogen durchgedrückt

Allgemeines Vorgehen bei einem Notfall

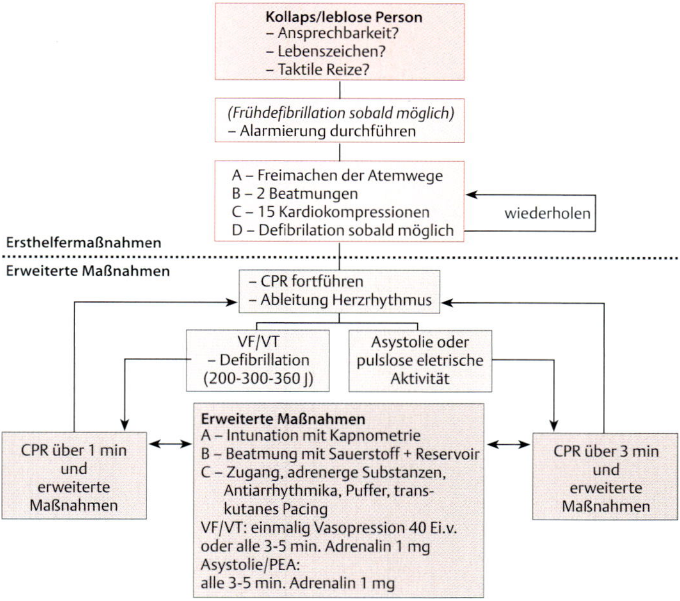

Reanimationsalgorithmus für Erwachsene

- **Bei Kindern:**
  - Handballenmethode mit Druckpunkt auf die untere Sternumhälfte.
  - Kompressionstiefe 3–5 cm.
  - Frequenz: 80–100.

Beenden der Reanimation

- **Erfolgreiche Reanimation:** Karotis- und Femoralispulse sind wieder gut tastbar, die Herzmassage kann dann beendet werden. Meist ist unter stationären Bedingungen noch eine kurze maschinelle Nachbeatmung am Respirator erforderlich.
- **Erfolglose Reanimation:** Wenn nach 30 Minuten kardiopulmonaler Reanimation keine ausreichenden eigenen Herzaktionen erfolgen, sind die Chancen einer erfolgreichen Reanimation sehr schlecht. Meist wird dann die Entscheidung zum Abbruch der Reanimation getroffen. Dabei sind, falls möglich, die Vorerkrankungen, das Alter und die Ursache des Kreislaufstillstandes zu berücksichtigen. Bei Unterkühlung sollte deutlich länger reanimiert werden (s. o.).

Sachverzeichnis

B

L

M

N

O

P

Q

R

S

V

W

Z

Bildnachweis

Aus Aktuelle Leitlinien der Reanimation. Med. Klinik 11/2003; 633+634

Aus Füeßl HS, Middeke M. Duale Reihe Anamnese und Klinische Untersuchung. 2. Aufl. Stuttgart: Georg Thieme; 2002: Abb. C-5.3 (S. 322)

Aus Gonska BD, Heinecker Rolf. EKG in Klinik und Praxis. 14. Aufl. Stuttgart: Georg Thieme; 1999: Abb. 561 (S. 617)

Aus Hahn JM. Checkliste Innere Medizin. 4. Aufl. Stuttgart: Georg Thieme; 2003: Abb. 1 (S. 3), Abb. 2 (S. 3), Abb. 7 (S. 26), Abb. 20 (S. 49), Abb. 21 (S. 49), Abb. 29 (S. 68), Abb. 32 (S. 71), Abb. 33 (S. 72), Abb. 36 (S. 75), Abb. 38 (S. 78), Abb. 39 (S. 79), Abb. 44 (S. 86), Abb. 100 (S. 650), Abb. 105 (S. 653), Abb. 106 (S. 653)

Aus Hamm ChW, Willems S. Checkliste EKG. 2. Aufl. Stuttgart: Georg Thieme; 2001: Abb. 146 (S. 180)

Aus Handbuch der ärztlichen Tätigkeiten. Berlin: Antilla Medizin Verlag; 1995: Abb. S. 29, 6 Abb. S. 245, 5 Abb. S. 246, 5 Abb. S. 259, 6 Abb. S. 370

Aus Klinge R. Das Elektrokardiogramm. 8. Aufl. Stuttgart: Georg Thieme; 2002: Abb. 170 (S. 226), Abb. 207 (S. 272)

Aus Kopp H, Ludwig M. Checkliste Dopplersonographie. 2. Aufl. Stuttgart: Georg Thieme; 2001: Abb. 51 (S. 75), Abb. 52 (S. 75)

Aus Möller TB, Reif E. Taschenatlas der Röntgenanatomie. 2. Aufl. Stuttgart: Georg Thieme; 1998: Abb. S. 192, Abb. S. 196

Aus Schüttler J, Neglein J, Bremer F. Checkliste Anästhesie. Stuttgart: Georg Thieme; 2000: Abb. 72 b+c (S. 635)

Aus Schuster HP, Trappe HJ. EKG-Kurs für Isabel. 3. Aufl. Stuttgart: Georg Thieme; 2001: Übungsbeispiel 1 (S. 192/193)

Aus Thiemes Pflege. 10. Aufl. Stuttgart: Georg Thieme; 2004: Abb. 20.19 a+b (S. 282)

Aus Via medici. Stuttgart: Georg Thieme;
- Heft 1/97: Abb. 1, 2, 4 (S. 40), Abb. 5-8 (S. 41)
- Heft 1/98: Abb. 2 (S. 48), Abb. 8+9 (S. 52)
- Heft 3/98: Abb. 2 (S. 31), Abb. 4+5 (S. 32), Abb. 6-9 (S. 34), Abb. 11+12 (S. 36)
- Heft 4/98: Abb. 2+3 (S. 41), Abb. 5-8 (S. 42)
- Heft 2/00: Abb. 7+8 (S. 57), Abb. 9 (S. 58), Abb. 12+13 (S. 59)

Aus Vieten M. Handbuch der Arzthelferin. 3. Aufl. Stuttgart: Hippokrates; 2002: Abb. S. 64, 2 Abb. S. 65, 2 Abb. S. 68, Abb. S. 69, Abb. S. 80, 2 Abb. S. 84, Abb. S. 85, 6 Abb. S. 218, Abb. S. 219, 2 Abb. S. 271

www.gesundheit.allianz.de